Culture générale

Réflexions sur quelques problèmes contemporains

Daniel AMSON
Professeur à l'Université de Paris XII
Avocat à la Cour d'appel de Paris

Culture générale

Réflexions sur quelques problèmes contemporains

3e édition

Montchrestien

Du même auteur

La Cohabitation politique en France ; la règle de deux, Paris, PUF, 1985.

La Haute Cour, 1789-1987, en collaboration avec Raymond Lindon, Paris, PUF, 1987.

Adolphe Crémieux. L'oublié de la Gloire, Paris, Le Seuil, 1988, prix Licra 1988.

De Gaulle et Israël, Paris, PUF, 1991.

Carnot, Paris, Perrin, 1992.

Israël et Palestine (Territoires sans frontières), Paris, PUF, 1992.

Gambetta. Le rêve brisé, Paris Tallandier, 1994, prix du Palais littéraire, 1995.

Droit constitutionnel et institutions politiques, Paris, Litec, 1997, 1999, 2000.

Poincaré : l'acharné de la politique, Paris, Tallandier, 1997.

Borotra : de Wimbledon à Vichy, Paris, Tallandier, 1999.

La Protection des libertés économiques et sociales, Paris, Montchrestien, 1999 (Rééd. en coll. 2003 et 2006).

La République du flou, Paris, Odile Jacob, 2002.

La vie politique sous la Ve République, Paris, Ellipses, 2002.

La querelle religieuse, Paris, Odile Jacob, 2004.

L'auteur remercie sa fille Ariane et Mademoiselle Anne-Sophie Ract qui l'ont aidé à rassembler sa documentation.

31 rue Falguière, 75741 PARIS Cedex 15
ISBN : 978-2-7076-1526-8

À ma femme, qui m'a aidé à surmonter
une douloureuse épreuve

Sommaire

Conseils de méthode

Les étudiants doivent faire leur possible pour respecter les principes généraux de la grammaire et de l'orthographe. La langue est faite de *conventions*, dont il n'appartient pas aux candidats de s'affranchir. À ce propos, il leur est vivement conseillé de consacrer quelques dizaines de minutes, chaque jour, à lire des auteurs classiques (Balzac, Chateaubriand, Flaubert, le Général de Gaulle, Victor Hugo, Stendhal, etc). Il en est, à certains égards, de la lecture comme de l'entraînement sportif : on ne peut être sûr de devenir un champion ou un écrivain en s'adonnant régulièrement au sport ou à l'écriture ; mais, dans les deux domaines, un exercice régulier ne peut que conduire à des progrès. Or, en améliorant son style, l'étudiant augmente ses chances d'obtenir une meilleure note à une épreuve écrite.

Il faut également que les étudiants aient présent à l'esprit qu'un devoir écrit – ou même une interrogation orale – doit s'ordonner autour d'un plan. Il n'y a pas de règle absolue quant au nombre des parties entre lesquelles un devoir doit être divisé. Mais – sauf exception – il est recommandé, dans la mesure du possible, de s'en tenir à la règle des deux parties, dont l'application permet, sur la plupart des sujets, d'exposer les avantages ou les inconvénients de telle ou telle réponse à une question posée.

Il est permis d'être pour ou contre la représentation proportionnelle ou le scrutin uninominal majoritaire à un ou à deux tours. Mais on ne peut répondre à une question comme « *Quel est, selon vous, le meilleur mode de scrutin ?* », sans détailler les avantages et les inconvénients de chacun des deux mécanismes. De même, pour un devoir posant la question de savoir si « *Napoléon a été le continuateur ou le destructeur de la Révolution française* », il faut se garder de répondre d'une manière abrupte en exposant seulement les arguments qui confortent sa thèse, mais, au contraire, défendre dans un première partie, la position que l'on n'adopte pas et expliquer, dans une seconde, la solution qui a sa préférence. Un devoir doit être argumenté et, à l'intérieur de chaque partie, il est vivement recommandé de diviser son propos en plusieurs sous-parties.

De même encore, il est essentiel de consacrer un quart d'heure, à la fin d'une épreuve écrite, à relire son devoir, afin de corriger les éventuelles fautes de syntaxe ou d'orthographe et de supprimer, dans la mesure du possible, les lourdeurs du style. Une démonstration orale, un devoir écrit doivent suivre un cours naturel qui ne fasse pas buter le lecteur sur des obstacles qui ralentissent son attention.

Cette nécessité du plan ne résulte pas d'un choix arbitraire, mais répond au souci de rendre plus facile la lecture d'un devoir, précisément parce que celui-ci se réfèrera aux orientations annoncées dès son début.

Le respect de la grammaire et de l'orthographe, l'obligation du plan sont des impératifs que les étudiants ne doivent jamais perdre de vue.

Bibliographie sommaire

AUTEURS CLASSIQUES

– Marc BLOCH, *L'Histoire, la Guerre, la Résistance*, 2006, Quarto Gallimard

– Roger CAILLOIS, *Circonstancielles*, 1973, Gallimard

– CICÉRON, *Savoir Vieillir – L'Amitié – Devant la Mort – Devant la Souffrance*, septembre 1990, janvier 1991, mars 1991, septembre 1991, (Les quatre volumes susécrits, Arléa)

– Gustave FLAUBERT
- *Le dictionnaire des idées reçues*, 2005, Le Castor astral
- *Le catalogue des idées chic*, 2005, Le Castor astral

– Anatole FRANCE, *Histoire contemporaine (L'Orme du Mail – Le Mannequin d'osier – L'Anneau d'Améthyste – M. Bergeret à Paris)*, 1981, Calmann-Lévy

– Duc de LA ROCHEFOUCAULD, *Réflexions ou Sentences et Maximes morales*, 1970, Jean de Bonnot

– André MALRAUX, *Les chênes qu'on abat* (in *Le Miroir des limbes*, 1976, La Pléiade, Gallimard, pages 615 à 735)

– Claude MAURIAC, *Conversations avec André Gide*, 1951, Albin Michel

– Henri MONDOR, *Alain*, 1953, Gallimard

– Paul RICOEUR, *Le Mal*, 2004, Labor et Fides (Genève)

ESSAYISTES

– Daniel AMSON
- *La cohabitation politique en France : la règle de deux*, 1985, P.U.F.

- *La Haute Cour, 1789-1987*, en collaboration avec Raymond LINDON, 1987, P.U.F.
- *La querelle religieuse. Quinze siècles d'incompréhension*, 2004, Odile Jacob

– Diane de BELLESCIZE et Laurence FRANCESHINI, *Droit de la communication*, 2005, P.U.F.

– Guy BRAIBANT et Bernard STIRN, *Le droit administratif français*, 2005, Presses de la Fondation nationale des Sciences Politiques

– Éric COBAST, *La terreur, une passion moderne*, 2004, Sirey

– Emmanuel DREYER, *Droit de l'information. Responsabilité pénale des médias*, 2002, Litec

– Jean GAUDEMET, *Sociologie historique. Les Maîtres du pouvoir*, 1994, Montchrestien

– Robert de JOUVENEL, *La République des camarades*, 1914, Grasset

– Jean LACOUTURE, *Mes héros et nos monstres*, 1995, Seuil

– Pierre LEPAPE, *Le pays de la littérature. Des Serments de Strasbourg à l'enterrement de Sartre*, 2003, Seuil

– Thomas de QUINCEY, *Les derniers jours d'Emmanuel Kant*, 1985, Ombres (Toulouse)

– Thierry RENOUX et Michel de VILLIERS, *Code constitutionnel*, 2004, Litec

– Jean-Pierre ROYER et Bernard DURAND (textes réunis et présentés par), *Secrets et Justice. Le secret entre éthique et technique ?*, 2000, L'*Espace juridique*, Centre d'histoire judiciaire de la Faculté des Sciences Juridiques, Politiques et sociales de Lille

– Roger-Gérard SCHWARTZENBERG, *Sociologie politique*, 1998, Montchrestien

– Didier SICARD
- *La médecine sans le corps. Une nouvelle réflexion éthique*, 2002, Plon
- *L'alibi éthique*, 2006, Plon

– Tzvetan TODOROV, *Les Aventuriers de l'absolu*, 2006, Robert Laffont

Avant-propos

Cette troisième édition, mise à jour à la suite de l'évolution d'un certain nombre de *problèmes de société* au cours des dernières années, répond à une attente. Celle d'étudiants soucieux de parfaire leur *culture générale* en vue de la préparation d'un concours ou d'un examen, voire même – pourquoi ne pas leur faire ce crédit ? – sans mobile universitaire particulier. Sans doute, ces quelques pages ne pourront-elles faire acquérir une *culture générale* à ceux qui n'en ont aucune, pas plus que quelques semaines d'entraînement intensif ne suffiraient à transformer en sportif talentueux un jeune homme ou une jeune fille habitué à la sédentarité. Mais, de même qu'un stage peut contribuer à faire éclore les qualités qui donneront le goût de se dépasser dans l'effort, de même la lecture de *ces réflexions sur quelques problèmes contemporains* – par exemple, la famille, la vieillesse, l'égalité, la justice – pourra convaincre les étudiants qu'il n'y a, souvent, pas de réflexion utile et, par suite, pas de recherche de solution qui vaille, sans une certaine connaissance du contexte historique de la question posée.

Pour apprécier la portée de la revendication du pouvoir politique par les femmes – avant comme après la loi constitutionnelle du 8 juillet 1999 sur la parité (intégrée dans les articles 3 (alinéa 5) et 4 (alinéa 2) de la Constitution de 1958) –, il faut, sans doute, savoir qu'elle ne date évidemment pas de l'époque moderne, mais que la Bible et l'histoire de France en offrent maints exemples. Pour essayer d'harmoniser les exigences contradictoires de la justice et de la politique, il faut être bien convaincu qu'il s'agit là d'un problème qui déjoue, depuis plus de deux siècles, les intentions du législateur et du constituant.

Si, au hasard de sa lecture, l'étudiant retient le ou les types de divorce les plus souvent pratiqués en France, le nombre prévisible de centenaires en 2050, les régions de France où les habitants vivent le plus vieux, le rôle politique des femmes sous l'Ancien Régime, la question de la responsabilité politique et pénale du chef de l'État en France, à la suite, notamment, de la décision du Conseil constitutionnel du 22 janvier 1999 et de l'arrêt de la Cour de cassation du 10 octobre 2001 ; s'il découvre le problème quasiment insoluble de l'euthanasie (malgré la loi du 22 avril 2005), le rôle majeur de l'*abus de droit* dans le système juridique français (depuis l'abus de priorité en voiture et la légèreté blâmable avec intention de nuire dans le droit de la famille jusqu'au retranchement derrière la *lettre* d'un texte fiscal qui en méconnaît l'*esprit*), s'il perçoit que l'*inviolabilité parlementaire* a cessé, depuis longtemps, d'être une *garantie* pour devenir un *privilège,* il se sera, sans nul doute, *cultivé* et aura augmenté ses chances de bien répondre à diverses questions qui pourront lui être posées. Si, par surcroît, il ne s'est pas ennuyé, l'auteur aura atteint les objectifs qu'il s'était fixés.

Daniel AMSON
le 1er décembre 2006

Aujourd'hui n'est pas le lendemain d'hier.
Il est, au contraire, la veille de demain.

Charles Péguy[1]

1. Cité par Charles de Gaulle, *Lettres, notes et carnets,* mai 1969 – novembre 1970 *(et) Compléments* 1908-1968, 1988, Plon, page 176.

Introduction au chapitre 1

Littré définit la famille comme « *l'ensemble des personnes d'un même sang, comme père, mère, enfants, frères, oncles, neveux, cousins, etc.* ». Quelques années plus tard, *Le Petit Robert* la limite aux « *personnes apparentées vivant sous le même toit, et spécialement le père, la mère et les enfants* ». Mais il cite Balzac, qui observait que « *la famille sera toujours la base des sociétés* ».

Le mot *famille* a, certes, été discrédité par le fait qu'il figurait dans la devise *Travail, Famille, Patrie,* que le régime de Vichy avait substituée à la trilogie républicaine. Et, de fait, l'article 56 du projet de constitution pétainiste disposait que « *la loi, par un ensemble d'avantages réels et de mesures efficaces, favorise le mariage, facilite la fondation des foyers, soutient la maternité, assiste les familles nombreuses, retient la mère au foyer, protège l'enfance* ». Ainsi, prévoyait-on que le chef de famille aurait, à titres égaux, une priorité pour les emplois ; que le suffrage serait familial ; que l'État donnerait l'exemple en imposant un salaire familial pour ses fonctionnaires.

Mais le soutien apporté par Vichy aux valeurs familiales ne doit pas laisser croire que la doctrine de la République entendait les négliger. La paternité du Code de la famille appartient, en effet, à la IIIe République et c'est après la Libération que furent prises les mesures natalistes qui permirent à la IVe de tenir le cap des 800 000 naissances annuelles et de connaître un baby-boom, qui se poursuivra jusqu'en 1965[1]. Ces mesures natalistes seront de divers ordres : allocations prénatales ; remboursement intégral aux salariés des soins nécessaires aux tout petits enfants ; primes d'allaitement ; congés de grossesse progressivement portés à 14 semaines[2] ; adoption du système du quotient familial pour le calcul de l'impôt sur le revenu ; prestations familiales instituées par la loi du 22 août 1946 ; allocation de salaire unique puis allocation de la mère au foyer.

1. De 1946 à 1950, la France connaîtra une moyenne annuelle de 860 000 naissances. Tous les records seront battus en 1964, avec 864 000. Le déclin commencera l'année suivante, où le nombre de naissances tombera à 862 000. Grâce au baby-boom, la population française passera d'environ 40 000 000 d'habitants en 1946 à 44 500 000 en 1958.
2. Cette durée est actuellement de 16 semaines, aux termes de l'article L. 122-26 du Code du travail. Elle est portée à 34 semaines, « *lorsque des naissances multiples sont prévues* » et à 46 semaines, « *en cas de naissance de plus de deux enfants* ».

Mais la famille n'est pas seulement le cadre du développement naturel d'une cellule harmonieuse, rythmé par des avantages fiscaux et des allocations. Elle est aussi le cadre d'ambitions et de jalousies qui se font jour d'autant plus facilement que ceux qui les éprouvent – les membres d'une fratrie – ont, en principe, commencé leur vie dans des conditions voisines et que le succès des uns semble à ceux qui ne le connaissent pas un faussement de l'ordre naturel des choses. « Base des sociétés », la famille est le cadre naturel des discussions les plus mesquines, des partages les plus imparfaits, des procès les plus difficiles à terminer. Comment ne pas évoquer, à ce sujet, le célèbre « Dîner en famille », retracé, en deux images, par *Le Figaro* du 14 février 1898 : la première montrant des bourgeois fort convenables écoutant avec respect le chef de famille déclarer : *« Surtout ! ne parlons pas de l'affaire Dreyfus ! »* ; la seconde révélant l'assistance engagée dans un véritable pugilat autour de la table et des meubles renversés, avec cette simple légende : *« Ils en ont parlé ! »*...

Fondement de l'ordre social, exaltée par Vichy, mais encouragée constamment par la République, « redécouverte » par la gauche en mars 2000, lorsqu'elle créa, pour le confier à Madame Ségolène Royal, – devenue aujourd'hui un des chantres les plus écoutés de ses mérites, en même temps que la candidate du parti socialiste à l'élection présidentielle de 2007 – un « ministère délégué à la famille et à l'enfance », la famille semble maintenant reconnue comme seule capable d'assurer la transmission des valeurs, *« seule garante à long terme de la cohésion sociale »*, concluait un groupe de travail réuni à l'initiative de Madame Martine Aubry (voir *Le Monde* du 6 avril 2000, page 1).

Pour l'étudier, nous consacrerons divers développements au mariage, au divorce, aux nouvelles structures de la famille et aux problèmes récents posés par les personnes âgées.

CHAPITRE 1

LE MARIAGE

Publicité, âge minimum, courtage matrimonial, transsexualisme, impuissance, polygamie, inceste

Il est du véritable amour comme de l'apparition des esprits : tout le monde en parle, mais peu de gens en ont vu.

Une honneste femme est un trésor caché ; celuy qui l'a trouvé fait fort bien de ne s'en pas vanter.

La Rochefoucauld[1]

CÉLIBATAIRES

Fous, égoïstes et débauchés. On devrait les imposer. Se préparent à une triste vieillesse.

Gustave Flaubert[2]

Sans prétendre être exhaustifs, nous évoquerons, successivement, les principaux problèmes que le mariage peut entraîner.

A. LA PUBLICITÉ DU MARIAGE

Elle est, en principe, organisée par les articles 63 et 64 du Code civil, qui prévoient l'affichage, pendant dix jours, (ci-après, « *à la porte de la maison commune* »), de diverses précisions relatives à l'état civil des futurs conjoints. Cette institution est l'héritière des bans de mariage, qui se faisaient solennellement, trois dimanches consécutifs, à l'église paroissiale. Bien que laïcisée depuis la Révolution française, la loi civile s'est inspirée des règles du droit canonique pour soumettre le mariage à des formalités préalables et la loi du 21 juin 1907 – intervenue quelques mois après la séparation des Églises et de l'État – a remplacé les publications orales à la porte de la mairie par une publication effectuée par voie d'affiche apposée – encore une fois – « *à la porte de la maison commune* ».

1. La Rochefoucauld, *Réflexions ou Sentences et Maximes Morales*, 1970, Jean de Bonnot, pages 29 et 222.
2. Gustave Flaubert, *Le Dictionnaire des Idées Reçues*, 2005, Le Castor Astral, page 32.

Depuis la loi n° 2003-1119 du 26 novembre 2003, l'officier d'état civil ne peut procéder à cette publication sans avoir procédé – sauf impossibilité – à l'audition commune des futurs époux.

Il faut, cependant, noter qu'aux termes de l'article 169 du Code civil, le procureur de la République dans l'arrondissement duquel sera célébré le mariage peut dispenser de la publication « *pour des causes graves* ».

La médiatisation de la société a donné, récemment, à cette dispense des conséquences inattendues :

Le caractère privé du mariage a été confirmé par un jugement, en date du 16 décembre 1998, par lequel le Tribunal de grande instance de Paris a précisé que, « *si le mariage est un fait d'état civil qui revêt un caractère privé dans les conditions prévues par la loi, les circonstances qui entourent l'organisation de cet évènement, le lieu où se déroule la réception, les personnes qui y sont invitées, sont autant d'éléments qui relèvent de la vie privée des intéressés et ne peuvent être divulgués sans leur autorisation* » (voir TGI Paris, 16 décembre 1998, *RG* 6496 et 6699/98). La Cour de Paris a adopté la même position, dans un arrêt du 6 octobre 1999, à la suite de la publication d'une vidéo, filmant les nouveaux époux, sans leur consentement, à l'issue de la cérémonie de leur mariage (Paris, 6 octobre 1999, *D.* 2000, jurispr. p. 268).

Un comédien notoire avait décidé d'épouser sa compagne et obtenu une dispense de publication des bans. Mais, malgré cette précaution, un hebdomadaire annonça le mariage à ses lecteurs, croyant – ou feignant de croire – qu'il remplissait ainsi un devoir d'information. L'acteur assigna en référé la société éditrice du journal, en invoquant les dispositions de l'article 9 du Code civil, relatif à la protection de la vie privée. Le juge fit droit à sa demande de provision en énonçant que, « *si le mariage est un fait d'état civil dont la publicité est organisée par la loi, il appartient aux intéressés d'en faire eux-mêmes l'annonce, quand bon leur semble et sur le support de leur choix ; ...qu'en prenant l'initiative d'informer (ses lecteurs) du mariage (du comédien)... ; en précisant qu'il épousait sa compagne..., la société (éditrice) s'est à l'évidence immiscée dans le domaine de la vie privée du demandeur* » (voir TGI Paris, réf., 2 février 1998, n° 50818/98).

B. L'ÂGE DU MARIAGE (ÂGE MINIMUM, CONSENTEMENT, ABUS DU DROIT, LIMITE D'ÂGE)

a. L'ÂGE MINIMUM ET LE CONSENTEMENT DES PARENTS AU MARIAGE D'UN MINEUR

Fondement de la cellule familiale, le mariage a pour vocation naturelle de permettre aux époux d'avoir une descendance légitime. Mais le mariage n'implique pas obligatoirement la volonté – ni, par suite, la capacité – d'avoir des enfants. La loi a, dès lors, transformé la condition d'aptitude physiologique en une condition d'âge, qui, aux termes de l'article 144 du Code civil, a longtemps été de 18 ans pour les hommes et de 15 ans pour les femmes. Mais la loi n° 2006-399 du 4 avril 2006 *renforçant la prévention et la répression des violences au sein du couple ou commises contre les mineurs* a disposé que **l'homme et la femme ne**

peuvent contracter mariage « *avant dix-huit ans révolus* ». Mais le Code atténue la rigidité de cette règle arbitraire, en permettant au procureur de la République du lieu de célébration du mariage « *d'accorder des dispenses... pour des motifs graves* »[3].

L'article 148 du Code civil, qui prévoit que « *les mineurs ne peuvent contracter mariage sans le consentement de leurs père et mère* (et qu')*en cas de dissentiment entre le père et la mère, ce partage emporte consentement* », n'a pas été supprimé à la suite de la modification de l'article 144 qui interdit à l'homme et à la femme de contracter mariage « *avant dix-huit ans révolus* ». Il faut en déduire que, lorsque le procureur de la République accorde « *des dispenses d'âge pour des motifs graves* », en vertu du pouvoir que lui confère l'article 145, les parents conservent leur droit d'opposition, dans les termes fixés par l'article 148.

b. LE POUVOIR DISCRÉTIONNAIRE DES PARENTS N'EXCLUT PAS L'ABUS DE DROIT

Observons qu'à une époque où la motivation des actes administratifs tend à devenir la règle, les parents qui refusent de consentir au mariage de leur enfant mineur, n'ont pas à faire connaître les motifs de leur refus (Rouen, 22 juillet 1949, *D.*1951, 532). Il en résulte que, même après avoir donné son consentement, l'ascendant peut le retirer avant la cérémonie du mariage, sans que ce retrait puisse donner lieu à des dommages-intérêts au profit de l'enfant. Toutefois, s'il était démontré que l'ascendant avait commis une faute, au sens de l'article 1382 du Code civil – en retirant, par exemple, un consentement qu'il avait donné à la légère – il pourrait être tenu à réparation envers les fiancés qui auraient, de ce fait, subi un préjudice (s'ils avaient engagé des dépenses avant le retrait du consentement). Comme tout droit, celui de consentir au mariage de son enfant mineur est susceptible de devenir abusif, lorsqu'il est mis au service de la malveillance ou d'une obstination irréfléchie.

Il faut observer que, lorsque le consentement au mariage d'un mineur doit être donné par le conseil de famille (hypothèse d'un mineur sous tutelle), la délibération prise par cet organe est nécessairement motivée. L'article 1220 du nouveau Code de procédure civile prévoit même que, « *toutes les fois que (cette décision) n'est pas prise à l'unanimité, l'avis de chacun des membres est mentionné dans le procès-verbal* ».

Dans ces diverses hypothèses, le défaut de consentement de la personne qui doit le donner entraîne la nullité du mariage. Mais il ne s'agit

3. Avant la loi du 23 décembre 1970, le pouvoir d'accorder des « *dispenses d'âge pour des motifs graves* » appartenait au président de la République. Mais celui-ci, personnalité politique, ne dispose pas d'une compétence particulière pour l'exercer. Il faut, dès lors, se réjouir qu'il ait été transféré à un magistrat (ce transfert de compétence a pris effet le 1er février 1971).

que d'une nullité relative, qui permet la confirmation de l'acte si le consentement est recueilli.

c. PEUT-ON SE MARIER À 120 ANS ? LE PROBLÈME DU MARIAGE *IN EXTREMIS*

Notons que le Code civil, malgré Portalis – qui estimait que « *le mariage, ce contrat des vivants, pût être formé avec un cadavre commencé et que le terme de la vie dût être le premier moment de la société conjugale* » – n'a pas fixé de limite d'âge maximum pour le mariage. La vieillesse n'empêche pas de contracter une union légitime, ce qui montre bien la vocation patrimoniale de l'institution (souci de permettre à l'épouse de recevoir la pension de réversion, versée, après la mort du bénéficiaire, au conjoint survivant). Un haut fonctionnaire, qui fut chargé du protocole à l'Élysée au début de la présidence du général de Gaulle, raconte, toutefois, que le chef de l'État ne voulut pas reconnaître le mariage tardif d'un de ses anciens – et plus fidèles – compagnons, en refusant, lors des dîners officiels, d'avoir pour voisine la jeune femme, de quarante ans sa cadette, qu'il avait épousée en troisièmes noces...

En tout état de cause, le mariage contracté aux approches de la mort, *in extremis,* est pleinement valable, alors que la législation de l'Ancien Régime – notamment l'Édit de mars 1697 – refusait les effets civils d'une telle union, au motif qu'il ne convenait pas d'encourager les relations illicites en permettant à la mort d'effacer les vices qui les affectaient. Le Code civil, passant sous silence les mariages *in extremis,* estima que leur validité tenait à celle du consentement des époux (art. 146 du Code civil : « *Il n'y a pas de mariage lorsqu'il n'y a point de consentement* », c'est-à-dire, par exemple, lorsque des époux ne se sont prêtés à la cérémonie qu'en vue d'atteindre un résultat étranger à l'union matrimoniale). Dans un arrêt du 20 mars 1872, la cour de Paris, statuant sur la validité d'un mariage célébré une heure et demie avant le décès d'un des époux, a estimé que « *les mots oui et non, les seuls et les derniers nettement articulés, que le mourant ait proféré dans la crise extrême d'une maladie cérébrale où une heure et demie après, sa vie allait s'éteindre,* ***ne peuvent qu'appartenir à l'espace incertain qui se partage entre la vie et la mort, et dans lesquels l'instinctif domine le réfléchi*** ». Elle a, dès lors, énoncé qu'ils « *perd(aient), aux yeux de la justice, le caractère d'une manifestation de l'intelligence et de la volonté propre à créer un lien de droit (et qu')on ne saurait y voir ... l'expression d'un consentement libre, conscient, spontané et réfléchi, tel que la loi le requiert pour la validité du mariage* » (Paris, 20 mars 1872, *D.P.* 1872, II, 109). Sous cette réserve et celle des règles relatives à la tutelle des majeurs (l'article 506 du Code civil prévoit que « *le mariage d'un majeur en tutelle n'est permis qu'avec le consentement d'un conseil de famille spécialement convoqué pour en délibérer* »), la célèbre Jeanne Calment aurait pu se remarier à 120 ans...

Les problèmes tenant à l'âge du mariage sont devenus aujourd'hui relativement rares, à la suite de l'abaissement de la majorité civile à 18 ans (par la loi n° 74-631 du 5 juillet 1974)[4], même si certains peuvent survenir à nouveau du fait de la loi du 4 avril 2006 fixant à 18 ans, **pour l'homme et la femme**, l'âge minimum du mariage.

C. LES CONVENTIONS SUR LE MARIAGE ET LE COURTAGE MATRIMONIAL (ORDRE PUBLIC, CHOSES DANS LE COMMERCE, CONDITIONS DE L'OFFRE)

a. PEUT-ON VALABLEMENT « *NÉGOCIER* » UN MARIAGE ?

L'article 6 du Code civil dispose qu'« *on ne peut déroger, par des conventions particulières, aux lois qui intéressent l'ordre public et les bonnes mœurs* ». Dans le même sens, l'article 1128 précise qu'« *il n'y a que les choses qui sont dans le commerce qui puissent être l'objet des conventions* ».

Le droit au mariage étant un droit individuel d'ordre public, il ne saurait lui être dérogé dans un contrat à titre onéreux, sauf raison impérieuse. Mais les juges peuvent ordonner la restitution de la somme d'argent versée par le futur mari au père de la future épouse sous la condition résolutoire de la non-célébration du mariage, dès qu'il n'est allégué aucune atteinte à la liberté de l'un ou l'autre des futurs conjoints de donner ou de refuser son consentement à ce mariage :

En l'espèce, S... avait remis à B... la somme de 17 500 F en vue de la célébration de son mariage avec la jeune A... B... fille mineure de B... La jeune fille étant revenue chez son père avant la comparution devant l'officier d'état civil, S... demanda à B... la restitution de la somme qu'il avait versée. La cour d'appel fit droit à sa demande, admettant ainsi la validité du contrat qu'il avait conclu avec son futur beau-père. La Cour de cassation rejeta le pourvoi formé contre l'arrêt qui avait fait droit à cette demande de restitution, en estimant qu'« *en l'absence de toute allégation d'une atteinte à la liberté de l'un ou l'autre des futurs conjoints..., le fait qu'une somme d'argent ait été versée par le futur mari au père de la future épouse en vue de cette célébration et sous la condition résolutoire de la non-célébration, ne portait pas atteinte à l'ordre public* » (Cass. civ. I, 4 avril 1978, *Bull.* I, n° 137).

4. L'allongement de la durée de la vie fera, sans doute, apparaître, dans ce domaine, de nouvelles difficultés.

b. LE DOMAINE D'ACTION DU COURTIER EN MARIAGE

Bien que, de toute évidence, le mariage ne soit pas une chose « *dans le commerce* » – ce qui n'empêche pas (on l'a vu) l'esprit bourgeois d'en faire souvent une alliance d'intérêts – il existe, en France, plusieurs milliers d'agences matrimoniales (deux fois plus dans les années 1990 que dans les années 1980) qui, exploitant le « *marché de la solitude* », réaliseraient un chiffre d'affaires supérieur à 75 millions d'euros pour 60 000 à 70 000 clients par an, les tarifs pouvant aller de 750 à 4 500 euros, « *selon la catégorie d'agence et les prestations promises* » (voir *Juriscl. civ.*, app. art. 144 à 147, fasc. 20, n° 4). Comment concilier cet essor du commerce du mariage – les professionnels laissent entendre que le taux de réussite serait de 50 à 70 % – avec les textes du Code civil qui ont été rappelés ?

Dans une première phase, la jurisprudence a tenu pour illicite le contrat de courtage matrimonial. La Cour de cassation estimait que, s'agissant des « *relations destinées à préparer l'indissoluble société dans laquelle chacun des époux apporte avec ses biens, sa personne même et sa vie toute entière, un pacte de cette nature mêlerait l'intervention et l'intérêt d'un agent dominé par des idées de spéculation et de trafic* » (Cass. civ. 1er mai 1855, *D.P.* 55, 1, 147). Cette jurisprudence est restée de principe jusqu'à un arrêt de la Chambre des requêtes du 27 décembre 1944, qui admit la validité du courtage matrimonial, sous la seule réserve qu'il conduise à rapprocher les personnes sans peser sur la liberté de leur consentement, les tribunaux se réservant par là le droit de contrôler les honoraires des courtiers (Cass. req., 27 décembre 1944, *S.*1945, 1, 32).

c. LES CONDITIONS DE LA LÉGALITÉ DE L'OFFRE DE MARIAGE

La loi n° 89-421 du 23 juin 1989 a confirmé la licéité du courtage matrimonial, mais a précisé qu'il devait respecter un certain nombre de conditions. En particulier, il faut que l'offre figurant dans les annonces publiques liées au projet de réalisation d'un mariage :

1) contienne les mentions relatives au sexe, à l'âge, à la situation familiale, au secteur d'activité professionnelle, à la région de résidence de la personne concernée et aux qualités de la personne recherchée par elle ;

2) fasse l'objet d'un contrat écrit et en double exemplaire, l'un étant remis au cocontractant de l'agence.

Mais, surtout, s'inspirant d'autres lois consuméristes (par exemple, la loi du 10 janvier 1978 sur les opérations de crédit immobilier), le texte prévoit que le cocontractant de l'agence de courtage peut revenir sur son engagement dans un délai de sept jours, avant l'expiration duquel il ne pourra être reçu de lui aucun paiement.

L'application de ces principes est, cependant, parfois malaisée. La Cour de cassation a ainsi estimé qu'ils ne s'appliquaient pas à la convention d'adhésion à un club de loisirs privés, qui s'engageait à établir un programme trimestriel d'activités et à faire figurer sur son annuaire informatique ou dans son service minitel, le profil de l'adhérent et à le communiquer, avec son autorisation, à tout autre adhérent (Cass. civ. I, 21 février 1995, *Bull.* I, n° 98).

À l'inverse, la Chambre criminelle de la Cour de cassation a jugé illégale une publicité annonçant « *Pour la première fois, une agence matrimoniale est accessible à partir de 900 francs* », qui permettait aux bénéficiaires d'accéder pendant un mois, par un service télématique, à un fichier, à l'aide d'un code et d'un mot de passe, moyennant le versement d'une redevance au centre serveur. Elle a justifié sa décision par le fait que « *l'utilisation corrélative de la messagerie télématique à laquelle le contrat proposé donnait accès, emportait nécessairement le versement d'une redevance complémentaire dont l'annonce ne précisait ni l'existence, ni le montant* » (Cass. crim., 28 septembre 1994, cité par *Juriscl. civ., id.* n° 19).

Mais, si le mariage peut, à certaines conditions, être mis dans le commerce, il n'est pas, pour autant, ouvert à toute personne. Cela conduit à étudier le problème du droit de se marier.

D. LE DROIT DE SE MARIER (TRANSSEXUALISME, IMPUISSANCE, HOMOSEXUALITÉ, POLYGAMIE, INCESTE) ET LE PACS

En dehors du problème de l'impuberté – qui a été étudié à propos du consentement au mariage des mineurs – le droit de se marier, garanti par l'article 12 de la Convention européenne des droits de l'homme, peut se heurter à quatre difficultés : l'impuissance du mari, l'identité du sexe biologique, la polygamie et l'inceste. Chacune fera l'objet de brèves observations.

a. LE PROBLÈME DU MARIAGE DES IMPUISSANTS

L'ancien droit concluait à la nullité du mariage d'une femme avec « *un homme incapable physiquement de pratiquer le coït* » (définition de l'impuissance empruntée au *Dictionnaire Hachette encyclopédique*, 2002, page 806). Le Code civil n'a pas repris cette interdiction. Mais, si les auteurs se sont divisés sur ce problème – la majorité estimant, toutefois, selon l'opinion du doyen Cornu, que, bien que la procréation fût une des fins du mariage, elle ne devrait pas être la seule et que « *la conception spiritualiste du mariage français* » ne saurait permettre de le définir « *comme la seule union des corps* » – la jurisprudence s'est toujours prononcée en faveur de la validité du mariage des impuissants (en sens contraire, dans un cas où la femme ignorait l'impuissance du mari, voir Paris, 26 mars 1982, *Répertoire Defrénois,* article 32930, n° 54).

En tout état de cause, le mariage ne peut unir que des personnes de sexes biologiques différents.

b. LE MARIAGE NE PEUT UNIR QUE DES PERSONNES DE SEXES BIOLOGIQUES DIFFÉRENTS

Le Code civil ne mentionne pas l'identité de sexe comme formant obstacle au mariage. Mais – très éloignés des manipulations génétiques et de la reconnaissance de l'homosexualité – ses rédacteurs n'imaginaient sans doute pas qu'il fût possible de procéder à l'union de deux personnes de même sexe. Malgré cette lacune des textes, la jurisprudence a été presque unanime à décider que l'absence de sexe ou l'impossibilité de reconnaître le sexe de l'un des époux devaient être assimilées à l'identité de sexe et emporter la nullité du mariage (Nîmes, 29 novembre 1869, *D.P.*1872, 1, 52 ; Douai, 1er mai 1901, *S.*1901, 2, 303). Toutefois, la Cour de cassation a estimé que, dès lors que le sexe de chacun des époux était reconnaissable et qu'il différait de celui de l'autre conjoint, la faiblesse ou l'imperfection de certains organes ne pouvaient exercer d'influence sur la validité du mariage. Il a ainsi été jugé que, si une femme était dépourvue d'organes génitaux internes, mais présentait toutes les apparences extérieures du sexe féminin – de telle sorte qu'on ne pouvait pas dire que son sexe fût méconnaissable ou identique à celui de son conjoint – la validité de son mariage devait être reconnue (Cass. civ. 6 avril 1903, *D.P.* 1904, 1, 395).

Dans un tel cas, le divorce serait, sans doute, la seule issue... Mais la question se pose de savoir ce qu'il en est du mariage des transsexuels et des homosexuels.

b.1. Le problème du mariage des transsexuels

Contrairement à certains pays étrangers, la France a, d'abord, adopté une attitude rigoureuse à l'égard du transsexualisme, au motif que la détermination chromosomique du sexe était biologiquement invariable, c'est-à-dire « *indépendante des manifestations et attributs externes, des convictions cérébrales ou attitudes relationnelles* ». La Cour de cassation a ainsi rejeté les demandes de modifications du sexe sur les registres d'état civil, au nom du principe de l'indisponibilité des personnes (Cass. civ. I, 16 décembre 1975, *D.*1976, 399 ; 21 mai 1990, *Bull.* I, n° 117).

Mais, dans un arrêt du 25 mars 1992, la Cour européenne des droits de l'homme a estimé que l'attitude de la France portait atteinte au respect de la vie privée des transsexuels, violant ainsi l'article 8 de la Convention européenne des droits de l'homme (*JCP* 1992, II, 21955). La Cour de cassation s'est alors inclinée et, dans un arrêt de l'assemblée plénière du 11 décembre 1992, elle a admis une demande de rectification d'état civil, en se fondant sur le critère psychologique du sexe et le respect de la vie privée (Cass. ass. plén. 11 décembre 1992, deux arrêts, *JCP* 93, II, 21991).

En matière de mariage, le Tribunal de grande instance de Paris fut, d'abord, saisi dans une affaire où le père d'une jeune fille, ayant appris que son futur gendre était transsexuel, forma une opposition au mariage. La cour d'appel de Paris accueillit sa demande par un arrêt infirmatif du 17 février 1984 (*D.*1984,350).

Le revirement jurisprudentiel de la Cour de cassation en 1992 devrait rendre la question sans objet, puisque le droit à la modification d'état civil étant admis, le transsexuel ne sera plus amené, désormais, à contracter mariage qu'en conformité avec le sexe qu'il aura choisi.

La Cour européenne des droits de l'homme a, d'ailleurs, estimé, dans un arrêt du 11 juillet 2002, que le législateur qui interdisait le mariage aux transsexuels ayant obtenu la modification de leur état, méconnaissait l'article 12 de la Convention européenne des droits de l'homme dans la mesure où il portait atteinte au **droit de se marier**, au-delà de la marge d'appréciation reconnue aux États (*Christine Goodwin contre Royaume-Uni*, GA CEDH, n° 38).

Reste la question de savoir ce qui doit se passer lorsque deux personnes de sexes différents s'étant mariées, l'une d'elles se fait opérer et obtient une modification de la mention de son sexe dans les actes de l'état civil. Quel est le sort d'un mariage qui lie désormais deux personnes juridiquement du même sexe ? Il ne saurait être question de nullité puisque, lors de la célébration du mariage, la condition de différence de sexe était respectée. Prononcer le divorce pour faute aux torts du transsexuel n'est guère convaincant et suppose que le conjoint le sollicite (voir Nîmes, 7 juin 2000, *Revue de droit de la famille*, 2001, n° 4). La caducité semble la solution la plus exacte techniquement et, en pratique, la mieux appropriée (voir Philippe Malaurie et Hugues Fulchiron, *La famille*, 2004, Éditions Defrénois, n° 170).

b.2. Le mariage des homosexuels

Le mariage « *classique* » supposait, par définition, une différence de sexe. Sans le formuler expressément, le Code civil le suggérait avec élégance en précisant, à l'article 144 : « *L'homme avant dix-huit ans révolus, la femme avant quinze ans révolus, ne peuvent contracter mariage* ». La loi du 4 avril 2006, énonçant que « *l'homme et la femme ne peuvent contracter mariage avant dix-huit ans révolus* », n'a pas remis en cause cette conception, qui repose également sur le dernier alinéa de l'article 75, selon lequel l'officier de l'état civil « *recevra de chaque partie, l'une après l'autre, la déclaration qu'elles veulent se prendre pour mari et femme* ». Le droit français tranche ainsi de la façon la plus nette : le mariage suppose une différence de sexe.

Toutefois, certains pays admettent aujourd'hui le mariage homosexuel. C'est le cas des Pays-Bas (loi du 21 décembre 2000, entrée en vigueur le 1er avril 2001), de la Belgique (l'article 143 du Code civil belge, issu de la loi du 13 février 2003 énonce que « *deux personnes de sexes différents ou de même sexe peuvent contracter mariage* »), de l'Espagne (loi du 30 juin 2005, entrée en vigueur le 2 juillet suivant) et de la Grande-Bretagne (loi sur le *civil partnership*, entrée en vigueur le 5 décembre 2005)[5].

5. L'Église anglicane, première religion du pays, a refusé de bénir de telles unions. Malgré cette interdiction, le chanteur Elton John et son partenaire David Furnish se sont unis le 21 décembre 2005, à l'hôtel de ville de Windsor.

Au Canada, les Cours d'appel de huit provinces ou territoires – dans l'ordre chronologique : Ontario (juillet 2002), Québec (septembre 2002), Colombie britannique (mai 2003), Yukon (juillet 2004), Manitoba (septembre 2004), Nouvelle-Ecosse (septembre 2004), Saskatchewan (novembre 2004) et Terre-Neuve-et-Labrador (décembre 2004) –, sur les treize entités que comprend la Fédération, ont jugé que le droit à l'égalité sans discrimination **exigeait une égalité d'accès au mariage civil pour les conjoints de même sexe. Une loi fédérale, définitivement adoptée le 20 juillet 2005, a défini le mariage comme « *l'union légitime de deux personnes, à l'exclusion de toute autre personne* » consacrant ainsi le droit au mariage homosexuel.**

Dans le même sens, par une décision du 30 novembre 2004, la Cour Suprême d'appel d'Afrique du Sud a défini le mariage comme « *l'union de deux personnes* » sans se référer à la différence de sexe. Sur appel du Gouvernement, la Cour constitutionnelle s'est prononcée dans le même sens le 1er décembre 2005, donnant une année au Parlement pour modifier la définition légale du mariage.

Au surplus, trois États fédérés des États-Unis permettent le mariage entre personnes du même sexe, à la suite de décisions de leurs Cours de justice respectives : Hawaï et l'Alaska (depuis 2001) et le Massachusetts (depuis 2004).

De son côté, le Danemark a autorisé, le 1er octobre 1989, l'union de couples homosexuels à la mairie, en adoptant la loi sur le *partenariat enregistré,* qui accorde aux couples *gays* les mêmes droits que ceux des couples hétérosexuels, à l'exception du droit à l'adoption ou à l'insémination artificielle. En outre, depuis 1999 – **sans que le terme « *mariage* » soit évoqué –** les homosexuels danois qui ont enregistré leur *partenariat,* peuvent adopter les enfants de leur conjoint.

Enfin, depuis 1997, les couples homosexuels hongrois sont reconnus en tant que concubins, au même titre que les couples hétérosexuels et, depuis mars 2001, ils peuvent s'unir légalement au Portugal, en contractant un *partenariat.*

Se pose alors la question de l'accueil en France du mariage homosexuel étranger. Selon un raisonnement classique, deux hypothèses doivent être distinguées.

La première concerne la célébration en France d'une union homosexuelle entre Belge et Hollandais. Un tel mariage est impossible dans la mesure où, bien que les conditions de fond soient régies par la loi nationale des intéressés, l'ordre public français, qui réserve le mariage aux personnes de sexes différents, s'oppose à ce qu'une telle situation soit créée sur le territoire national.

S'agissant, en revanche, des effets en France d'un mariage valablement célébré aux Pays-Bas ou en Belgique entre deux personnes de même sexe, conformément à leurs lois nationales, la question est plus complexe. Mais il est permis de se demander si une telle union pourrait être qualifiée de « *mariage* » en droit français. Certes, il est de tradition, en droit international privé, d'élargir les catégories du for pour y faire entrer des institutions étrangères que le droit interne ne connaît pas : ainsi le mariage polygamique produit, en France, les effets qui ne sont pas radicalement incompatibles avec notre ordre public : successoraux (Cass. civ. I, 3 janvier 1980, *Bull.* I, n° 4), alimentaires (Cass. civ. I., 19 février 1963, *Bull.* I, n° 108) ou liés à la réparation en cas de décès du mari.

Mais il n'en va pas de même dans le cas d'une union entre deux personnes de même sexe. Ce qui est en cause n'est alors plus un simple élargissement des catégories du droit interne, mais la nature même de l'institution du mariage. À premier examen, l'ordre public français priverait une telle union de tout effet en France (voir Malaurie et Fulchiron, *op. cit.*, nos 171 à 173 et 220).

Néanmoins, le débat sur le droit des homosexuels au mariage (et à l'adoption) est ouvert dans le cadre de l'élection présidentielle de 2007. Les responsables politiques évoluent : la gauche s'engage dans cette voie et la droite n'y est pas opposée. Madame Ségolène Royal, candidate du parti socialiste, estime qu'il faut avancer « *avec tact* », au nom de la « *lutte contre les discriminations* », tandis que Monsieur Nicolas Sarkozy, candidat probable de l'UMP, recommande d'avoir « *une réflexion ouverte* », malgré l'hostilité des militants qui soutiennent son action (voir *Le Monde* du 13 juin 2006, page 12). Il a, d'ailleurs, en juin 2006, confié à Monsieur Luc Ferry, philosophe et ancien ministre de l'Éducation, une mission de réflexion sur l'ouverture du mariage et de l'adoption aux couples homosexuels (voir *Le Monde* des 25 et 26 juin 2006, page 8).

Il est vrai que, d'ores et déjà, un premier mariage *gay* a été célébré, en France (entre Stéphane Chapin – habillé en blanc – et Bertrand Charpentier), dans la mairie de Bègles, le 5 juin 2004, par le maire de la ville, Monsieur Noël Mamère (voir *Le Monde* du 8 juin 2004, page 14).

Mais, d'une part, à la requête du ministre de la Justice de l'époque – Monsieur Dominique Perben – le procureur de la République de Bordeaux a demandé l'annulation de ce mariage, qui a été prononcée par un jugement du Tribunal de grande instance de Bordeaux en date du 27 juillet 2004, confirmé par un arrêt de la Cour d'appel de la même ville du 19 avril 2005.

D'autre part, à la demande du ministre de l'Intérieur de l'époque – Monsieur Dominique de Villepin – le préfet de la Gironde, Monsieur Alain Gehin a engagé une procédure de sanction à l'encontre du maire, sur le fondement de l'article L. 2122-16 du Code général des collectivités territoriales, qui dispose que « *le maire et les adjoints, après avoir été entendus ou invités à fournir des explications écrites sur les faits qui leur sont reprochés, peuvent être suspendus par arrêté ministériel motivé pour une durée qui n'excède pas un mois* », précisant qu'« *ils ne peuvent être révoqués que par décret motivé pris en Conseil des ministres* ».

De fait, par un arrêté du 15 juin 2004, le ministre de l'Intérieur a suspendu Monsieur Mamère de ses fonctions municipales pour une durée d'un mois. Par un jugement du 9 juillet 2004, le Tribunal administratif de

Bordeaux a rejeté le recours que Monsieur Mamère avait formé contre cet arrêté.

Il faut noter qu'un sondage, réalisé en 2003, montrait que 55 % des Français contre 43 %, se déclaraient favorables au mariage des couples homosexuels (voir *Le Monde* des 29-30 juin 2003, page 8). En juin 2006, cette proportion est passée à 61 %, 37 % des sondés manifestant leur opposition. En revanche, l'adoption par des couples de même sexe est rejetée par 55 % des Français contre 44 % (voir *Le Monde* du 21 juin 2006, page 12). Le 24 juin 2006 a eu lieu, à Paris, la *Marche des fiertés homosexuelles* avec, pour mot d'ordre : « *L'égalité en 2007 !* » (voir *Le Monde* du 24 juin 2006, page 22). 600 000 à 800 000 personnes – « *gaies, lesbiennes, bi et trans* » – ont défilé, avec, à leur tête, « *plusieurs personnalités de gauche, dont François Hollande, Premier secrétaire du parti socialiste* » (voir *Le Monde* du 27 juin 2006, page 12).

Tenant compte de cette évolution, la loi n° 2004-1486 du 30 décembre 2004 a réprimé les propos homophobes, au même titre que les propos antisémites ou racistes, et créé la *Haute Autorité de lutte contre les discriminations et pour l'égalité* (Halde), présidée par Monsieur Louis Schweitzer. Allant plus loin encore, la Cour de cassation, dans un arrêt du 24 février 2006, a accepté les délégations d'autorité parentale au sein d'un couple d'homosexuelles, Sophie Marin et Christine Boudet (Cass. civ. I, pourvoi n° 04-17090, arrêt n° 652 ; voir également *Le Monde* du 24 juin 2006, page 23). Dans des cas très rares, les Tribunaux de grande instance de Paris et de Clermont-Ferrand ont admis l'adoption d'enfants par la compagne de leur mère biologique ou l'adoption, par celle-ci, d'enfants auxquels sa compagne avait donné naissance grâce à une insémination artificielle (voir *Le Monde* du 24 juin 2006, page 23). La Cour d'appel de Riom a, toutefois, par un arrêt du 27 juin 2006, infirmé la décision du Tribunal de Clermont-Ferrand (voir *Le Monde* du 29 juin 2006, page 13).

En tout état de cause, pour favoriser les unions homosexuelles, une loi du 15 novembre 1999 a crée le *pacte civil de solidarité*, qui sera examiné plus loin.

Mais, pour rester dans le cadre rigoureux du *mariage*, il convient d'étudier le problème posé par la polygamie.

c. LE PROBLÈME DE LA POLYGAMIE

L'article 147 du Code civil dispose qu'« *on ne peut contracter un second mariage avant la dissolution du premier* ». Il en résulte que tout mariage célébré en France – même entre deux étrangers par les agents diplomatiques ou consulaires de leur pays en France – est entaché de nullité absolue, dès lors que l'un au moins des conjoints est, au moment du mariage, engagé dans les liens d'un précédent mariage non dissous.

La polygamie est, d'ailleurs, un délit et l'article 433-20 du Nouveau Code pénal punit d'un an d'emprisonnement et de 45 000 euros d'amende « *le fait, pour une personne engagée dans les liens du mariage, d'en contracter un autre avant la dissolution du précédent* ». Au surplus, l'article 30 de l'ordonnance du 2 novembre 1945, dans la rédaction que lui avait donnée la loi n° 93-1027 du 24 août 1993, énonçait que, « *lorsqu'un étranger polygame réside sur le territoire français avec un premier conjoint, le bénéfice du regroupement familial ne peut être accordé à un autre conjoint* ». Le texte précisait que, « *sauf si cet autre conjoint est décédé ou déchu de ses droits parentaux, ses enfants ne bénéficient pas non plus du regroupement familial* ».

Ces dispositions, annulées par l'ordonnance n° 2004-1248 du 24 novembre 2004, ont été **reprises par l'article L. 411-7 du Code de l'entrée et du séjour des étrangers et du droit d'asile.**

Les règles sont évidemment différentes si le mariage a été célébré à l'étranger. Il a ainsi été jugé que la deuxième épouse d'un mariage polygamique, régulièrement célébré à l'étranger, avait des droits alimentaires (Cass. civ. 19 février 1963, *JCP* 1963, II, 13112) ; des droits successoraux, ainsi que ses enfants, sur les immeubles situés en France (Cass. civ. I, 3 janvier 1980, *D.*1980.549) ; un droit à l'assurance-maladie et maternité (Cass. soc. 1er mars 1973, *Rev. crit. DIP* 1975, 54). Mais, si les tribunaux français admettent certaines conséquences d'une union contractée à l'étranger en état de bigamie, un étranger déjà marié ne saurait contracter en France un nouveau mariage avant la dissolution du premier, même si son statut personnel le permet. Le principe selon lequel la polygamie est contraire à l'ordre public français entraîne, dès lors, la nullité du mariage en France d'un étranger déjà engagé dans les liens d'une précédente union. Il en est de même si le divorce mettant fin au précédent mariage a été prononcé à l'étranger dans des conditions frauduleuses et se trouve ainsi inopposable en France (TGI Seine, 1er juillet 1965, *Gaz. Pal.* 1965, 2, 411).

d. L'HISTOIRE TOURMENTÉE DE LA PROHIBITION DE L'INCESTE

d.1. Le droit canonique

Comme la monogamie – dont le doyen Carbonnier fait « *une clé de voûte de la civilisation juridique européenne* » – la prohibition de l'inceste a un fondement d'ordre religieux.

Dès l'époque carolingienne, l'Église déclara le mariage prohibé entre parents ou alliés jusqu'au sixième degré canonique (équivalant, en fait, au douzième degré romain). Elle accrut encore la rigueur de ses règles au cours de la période féodale (du Xe au XIIIe siècle), en interdisant le mariage entre parents ou alliés jusqu'au septième degré canonique et en créant de nouveaux empêchements pour cause de parenté spirituelle (entre parrain ou marraine et filleuls) et d'honnêteté publique (entre une personne vivant en concubinage et les parents du concubin, mais également entre un fiancé et tous les parents que son éventuel mariage aurait rendus inaptes).

La rigueur démesurée de ces règles canoniques s'avéra, bien évidemment – dans une société beaucoup moins ouverte que la nôtre – une source de graves difficultés. Cela explique qu'en 1215, le Concile de Latran décida de restreindre au quatrième degré canonique les prohibitions entre parents ou alliés. Cette évolution se poursuivit et, dans sa rédaction actuelle, le Nouveau Code de droit canonique, promulgué le 25 janvier 1983, par le pape Jean-Paul II, prohibe seulement le mariage :

– entre parents en ligne directe : à tous les degrés ;

– entre parents en ligne collatérale : jusqu'au quatrième degré inclusivement ;

– entre alliés : en ligne directe, à tous les degrés.

Par ailleurs, l'empêchement d'honnêteté publique n'interdit plus que le mariage au premier degré en ligne directe entre l'homme et les consanguins de la femme et *vice versa*.

d.2. La Révolution et le Code civil

Certes, à l'époque de la Révolution, la laïcisation du mariage fit presque table rase des empêchements canoniques. Mais le Code civil de 1804 prohiba, à nouveau, le mariage entre parents collatéraux au troisième degré, entre alliés au deuxième degré ainsi – en cas de divorce – que le remariage des époux divorcés ou le remariage de l'époux coupable d'adultère avec son complice.

d.3. La situation actuelle

À l'heure actuelle, aux termes des articles 161 à 163 du Code civil, le mariage est prohibé :

– en ligne directe : « ***entre tous les ascendants et descendants légitimes ou naturels, et les alliés dans la même ligne*** » ;

– en ligne collatérale : « ***entre le frère et la sœur légitimes ou naturels*** » ; « ***entre l'oncle et la nièce, la tante et le neveu, que la parenté soit légitime ou naturelle*** ».

Néanmoins, l'article 164 permet au président de la République de lever, « *pour des causes graves* », certaines des interdictions prévues. Il faut, semble-t-il, regretter ce texte, qui accorde, en réalité, au chef de l'État un pouvoir discrétionnaire. Il serait, sans doute, préférable que le droit d'accorder des dispenses soit confié à un magistrat de l'ordre judiciaire et exercé sous le contrôle de la Cour de cassation.

De la même façon, il serait souhaitable de prévoir une réforme des règles qui s'appliquent au mariage posthume.

E. LE MARIAGE POSTHUME : L'ÉTRANGE ARRÊT DE LA COUR DE CASSATION DU 6 DÉCEMBRE 1989

a. L'ÉVOLUTION DES RÈGLES RELATIVES AU MARIAGE POSTHUME

Ce sont, bien évidemment, les périodes de guerre qui ont conduit le législateur à permettre le mariage de deux personnes, dont l'une était déjà décédée. Des lois du 7 avril 1917 et du 5 mars 1940 permirent ainsi l'union de deux personnes, dont l'une était décédée, et ce afin de protéger les droits de la femme et des enfants nés des œuvres du fiancé reparti pour l'armée.

Ces dispositions furent étendues, par la loi du 28 novembre 1957, « *aux militaires des forces armées françaises employées au maintien de l'ordre et à la pacification hors de la France métropolitaine* ».

Mais, ces divers textes faisaient du mariage posthume une faveur exceptionnelle accordée à la fiancée et aux descendants éventuels du militaire tombé au champ d'honneur.

Il a perdu ce caractère aux termes d'une loi du 31 décembre 1959, votée dans la précipitation, à la suite de la catastrophe du barrage de Malpasset, survenue le 2 décembre précédent. Parmi les victimes de ce drame, figurait, en effet, un jeune homme qui devait se marier deux semaines plus tard et dont la fiancée était enceinte. Afin de répondre à cette situation douloureuse, le législateur – malgré les interventions de Monsieur Jean Foyer, futur garde des Sceaux, qui aurait souhaité une réflexion plus approfondie – adopta un texte qui devint l'article 171 du Code civil et disposait :

« *Le président de la République peut, pour des motifs graves, autoriser la célébration du mariage si l'un des futurs époux est décédé après l'accomplissement des formalités officielles marquant, sans équivoque son consentement.*

Dans ce cas, les effets du mariage remontent à la date du jour précédant celui du décès de l'époux... ».

C'était permettre la généralisation d'une mesure qui devait rester exceptionnelle. C'était également donner à une autorité politique, élue plus tard au suffrage universel – et agissant, par suite, dans le but de ne pas déplaire aux citoyens qui l'ont élu – le droit de se substituer à l'officier d'état civil, pour vérifier si les conditions d'un mariage, acte purement civil, se trouvaient réunies.

b. L'ÉTRANGE ARRÊT DE LA COUR DE CASSATION DU 6 DÉCEMBRE 1989

La jurisprudence n'allait pas tarder à révéler les conséquences fâcheuses du pouvoir discrétionnaire confié au chef de l'État. Ces critiques apparurent clairement dans l'affaire qui donna lieu à l'arrêt de la Cour de cassation du 6 décembre 1989. L'espèce était la suivante :

Né en 1903, Jean-Marie Z... avait eu, de son premier mariage, dissous par divorce en 1956, quatre filles. En 1975, âgé de 73 ans, il noua une liaison avec une Madame Y..., de 33 ans sa cadette, laquelle était alors mariée. Constatant la diminution des facultés mentales de leur père, les quatre filles de Jean-Marie Z... demandèrent sa mise sous tutelle. Alors que cette procédure de tutelle était en cours et qu'un rapport d'expertise concluait, le 23 juillet 1980, à la démence sénile, Madame Y... se libéra des liens qui l'unissaient à son précédent époux, par un divorce, en date du 30 septembre 1980. Elle entreprit aussitôt d'épouser Monsieur Jean-Marie Z..., et les bans furent publiés dès le 15 octobre. Mais, à la suite d'une opposition formée à cette union en se fondant sur l'état de démence du futur époux (art. 174-2° du Code civil), le mariage n'eut pas lieu. De fait, par un jugement du 13 janvier 1981, le juge des tutelles concluant, au vu du rapport de trois experts, à la démence sénile et à la nécessité d'une représentation, décida d'ouvrir la tutelle. Jean-Marie Z... décéda le 25 mars 1983, laissant un testament par lequel il léguait à Madame Y... la quotité disponible. Celle-ci entreprit alors des démarches afin d'obtenir du président de la République l'autorisation nécessaire à la célébration d'un mariage posthume, sur le fondement de l'article 171 du Code civil. Ce texte – introduit dans notre droit à la suite des circonstances qui ont été relatées – permet au chef de l'État d'autoriser, « *pour des motifs graves... la célébration du mariage si l'un des futurs époux est décédé après l'accomplissement de formalités officielles marquant sans équivoque son consentement* ». Dans le cas qui nous occupe, il ne faisait aucun doute que Monsieur Jean-Marie Z..., atteint de démence sénile, n'avait pu « *marquer sans équivoque* » son libre consentement à un mariage avec Madame Y... Néanmoins, contre toute attente, le président de la République de l'époque (François Mitterrand) autorisa le mariage posthume de Madame Y... avec Jean-Marie Z..., permettant à la première, non seulement de recevoir une confortable pension de réversion, mais également de bénéficier du legs consenti par son époux, en payant des droits de succession au taux non de 60 % applicable entre étrangers, mais à celui de 20 % applicable entre époux. Une des filles du défunt, Madame X..., saisit alors le Tribunal de grande instance de Paris d'une demande tendant à l'annulation de ce mariage. Les magistrats ne mirent, semble-t-il, aucun empressement à lui permettre de réunir les éléments de preuve nécessaires au succès de son action puisque le commentateur de la *Revue trimestrielle de droit civil,* observe, sous la décision de première instance (1986.573), que la demanderesse « *ne fut autorisée ni à se faire remettre le dossier de tutelle, ni à faire sommer la caisse de retraite de communiquer les renseignements afférents à la réversion de la retraite de l'époux défunt à l'épouse posthume* ». De fait, par un jugement du 10 juin 1986, le Tribunal rejeta la demande d'annulation, au motif que l'autorisation de mariage posthume constituait une prérogative du président de la République, relevant de son pouvoir discrétionnaire, tant en ce qui concerne l'appréciation des motifs graves justifiant la mesure, que l'accomplissement de formalités officielles marquant sans équivoque le consentement de l'époux décédé. Sur appel, la Cour de Paris, par arrêt du 26 novembre 1987, confirma ce jugement pour des motifs analogues. La Cour de cassation rejeta le pourvoi formé contre cet arrêt, en estimant, d'une part, que « *l'appréciation de l'existence comme de la gravité des motifs qui justifient le mariage posthume relève du pouvoir discrétionnaire du président de la République* » et, d'autre part, que celui-ci « *apprécie souverainement si (les formalités officielles accomplies) sont de nature à marquer sans équivoque le consentement au mariage de l'époux décédé* » (Cass. civ. I, 6 décembre 1989, *Bull.* I, n° 380).

« *Personne n'avait jusqu'à présent imaginé* – observait un commentateur – *que les intérêts pécuniaires de la concubine puissent constituer les motifs graves justifiant l'octroi par le président de la République de l'autorisation de célébrer le mariage posthume. Mais l'espèce présente montre qu'une fois encore, dans ce pays, la réalité dépasse la fiction... Une telle solution invite à s'interroger sur ce qui distingue les motifs graves du bon plaisir ? La réponse est : rien, sinon les bornes que le chef de l'État s'impose à lui-même en raison de la haute conscience qu'il a de sa fonction. Or précisément, celles-ci paraissent avoir cédé, en la circonstance, au point qu'on peut parler d'un véritable dévoiement de l'institution* » (voir François Terré et Yves Lequette, *Les grands arrêts de la jurisprudence civile,* 1994, Dalloz, pages 151-155).

Un nouvel arrêt de la Cour de cassation, en date du 30 mars 1999, à la suite d'une autorisation de *mariage posthume* donnée par Monsieur Jacques Chirac, devait conduire un haut magistrat à souhaiter que le pouvoir du chef de l'État en la matière soit supprimé (voir Cass. civ. I., 30 mars 1999, *Répertoire Defrénois,* 1999, Doctrine et Jurisprudence, art. 37071).

Ce qui est en cause en l'espèce, ce ne sont, bien évidemment, pas les arrêts, qui ne font qu'appliquer la règle de droit ; c'est la règle de droit elle-même, qui ne saurait être confiée à l'interprétation d'une personnalité politique, si éminente soit-elle.

Mais, en dehors même du concubinage, aux effets juridiques limités, le législateur français a crée, en 1999, le *pacte civil de solidarité.*

F. LE PACTE CIVIL DE SOLIDARITÉ

Le concubinage était une situation reconnue par le droit français bien avant la loi n° 99-944 du 15 novembre 1999, relative au **pacte civil de solidarité.**

L'article 340 du Code civil, dans sa rédaction antérieure à la loi du 8 janvier 1993, déclarait, par exemple, que l'action en recherche de paternité naturelle pouvait être engagée « *dans le cas où le père prétendu et la mère ont vécu, pendant la période légale de conception, en état de concubinage, impliquant, à défaut de communauté de vie, des relations stables et continues* ».

Il reste que la Cour de cassation avait toujours fermement refusé de qualifier de *concubinage* les relations entre deux personnes du même sexe. Significative était, à cet égard, la jurisprudence appliquée en matière de sécurité sociale, illustrée par un arrêt du 11 juillet 1989, dans l'espèce suivante :

Madame L. se déclarant la concubine de Madame D., assurée sociale, avec laquelle elle vivait depuis deux ans, en étant à sa charge effective, avait demandé à la Caisse Primaire d'assurance maladie, puis à la Commission de recours gracieux, de lui reconnaître la qualité d'ayant droit de Madame D., sur le fondement de l'article 13 de la loi du 2 janvier 1978 relative à la généralisation de la sécurité sociale (art. 161-14 du Code de la Sécurité sociale), qui dispose : « *La personne qui vit maritalement avec un assuré social et se trouve à sa charge effective et permanente (...) a, à condition d'en rapporter la preuve, la qualité d'ayant droit de l'assuré pour l'ouverture du droit aux prestations en nature des assurances maladie et maternité* ».

N'ayant pu obtenir les prestations dont il s'agit, Madame L. saisit la Commission de première instance du contentieux de la sécurité sociale, qui la débouta de son recours. Cette décision fut confirmée par un arrêt de la Cour d'appel de Rennes, contre lequel elle forma un pourvoi en cassation.

Pour rejeter ce pourvoi, le Haute juridiction rappela que l'article 13 de la loi du 2 janvier 1978 disposait que la personne vivant maritalement avec un assuré social et se trouvant à sa charge effective totale et permanente avait bien la qualité d'ayant droit de l'assuré pour l'ouverture du droit aux prestations en nature des assurances maladie et maternité. Mais elle précisa qu'en se référant, dans cet article, à la notion de vie maritale, le législateur avait, par là même, entendu limiter les effets de droit, au regard des assurances maladie et maternité, *à la situation de fait consistant dans la vie commune de deux personnes ayant décidé de vivre comme des époux, sans pour autant s'unir par le mariage, ce qui ne pouvait concerner qu'un couple constitué d'un homme et d'une femme* (Cass. soc. 11 juillet 1989, *Gaz. Pal.* 1990, 1, 216, conclusions Dorwling-Carter).

De même, si l'article 14 de la loi du 6 juillet 1989, *sur l'amélioration des rapports locatifs*, accordait « *aux concubins notoires* » la continuation du bail « *en cas d'abandon du domicile par le locataire* », il visait seulement – avant la loi du 15 novembre 1999 – le concubinage entre personnes de sexes différents.

Ce fut dans ce contexte qu'à partir des années 1990, la question de l'adoption d'un *statut légal du concubinage*, commun aux couples hétérosexuels et homosexuels, se posa, sous l'influence de divers facteurs :

– l'évolution des mœurs, dans la mesure où les enquêtes d'opinion montraient qu'une majorité de Français était favorable à un statut pour les concubins homosexuels ou hétérosexuels, mais hostile à la possibilité pour les couples homosexuels d'adopter un enfant (dans le droit fil des enquêtes précitées, un sondage BVA, publié le 8 octobre 1998, indiquait que 57 % des Français voteraient pour le *pacs* s'ils étaient députés, alors que 63 % se déclaraient s'opposer à ce qu'un couple homosexuel, qui vivrait dans le cadre d'un *pacs*, fût en droit d'adopter des enfants) ;

– le rôle des groupes de pression homosexuels, qui réclamaient avec virulence et un certain *sens du spectacle* – par l'organisation de la *gay pride* – un statut conçu comme une reconnaissance officielle ;

– le développement du sida qui, en multipliant les situations de détresse individuelle, donne un nouvel essor aux associations homosexuelles, qui attirèrent l'attention sur les lacunes de la protection de leurs membres, en particulier lors du décès d'un des partenaires.

Après le changement de majorité intervenu en 1997, deux propositions de lois envisageant de créer un *pacte civil de solidarité* furent déposées puis fusionnées, pour aboutir à un texte, finalement voté par les deux Assemblées, qui devint la loi n° 99-944 du 15 novembre 1999. Le Conseil Constitutionnel valida le texte par une décision du 9 novembre précédent, formulant, toutefois, des « *précisions additives* » et des « *réserves d'interprétation* » (décision n° 99-419, par laquelle on a pu dire que le Conseil s'était « *fait législateur associé* »).

f.1. La nature juridique du *pacs*

Le *pacs*, pourtant expressément qualifié de **contrat** (art. 515-1 du Code civil : « *Un pacte civil de solidarité est un contrat conclu par deux personnes physiques majeures, de sexe différent ou de même sexe, pour organiser leur vie commune* »), figure dans le Livre Premier du Code civil, consacré aux **personnes**. Il en résulte une certaine ambiguïté : le *pacs* est un contrat, mais la notion de *vie commune* (art. 515-1, *in fine*) en fait tout autant, voire d'abord, une union charnelle à l'image du mariage. De fait, si le législateur l'a maintenu à l'écart des actes de l'état civil, à la différence de certains droits des pays étrangers, il n'en a pas moins prévu sa transcription au greffe du Tribunal d'instance dans le ressort duquel les personnes qui le concluent « *fixent leur résidence commune* ». En outre, si sa mention n'apparaît pas en marge de l'acte de naissance, le *pacs* produit un certain nombre d'effets légaux (notamment, en matière de solidarité pour les dettes ménagères, de présomption de propriété des biens et – depuis la loi n° 99-944 du 15 décembre 1999 – de droit à la reprise d'un logement), qui en font un véritable statut, parallèle au mariage.

Le *pacs* n'est pas, dès lors, une simple convention, même s'il est soumis au droit des contrats et implique, par suite, le consentement et la capacité des parties.

Toutefois, il n'est pas non plus « *un simple arrangement entre amis* », puisqu'il suppose une vie commune et que, dans sa décision du 9 novembre 1999, le Conseil Constitutionnel a précisé que « *la notion de vie commune ne recouvre pas seulement une communauté d'intérêts et ne se limite pas à l'exigence d'une simple cohabitation entre deux personnes* », mais « *suppose, outre une résidence commune, une vie de couple* ». C'est un contrat *sui generis* (*de son propre genre*), dont la spécificité a été reconnue par un arrêt du Conseil d'État du 28 juin 2002 (*M.X.*, requête 220361, *JCP* 2003, I, 101, n° 3).

f.2. La formation du *pacs*

Il convient d'examiner, successivement, les empêchements au *pacs* puis les conditions de fond et de forme auxquelles il est soumis.

f.2.1. Les empêchements au *pacs*

L'article 515-2 du Code civil dispose qu'« *à peine de nullité, il ne peut y avoir de pacte civil de solidarité :*

1° Entre ascendant et descendant en ligne directe, entre alliés en ligne directe et entre collatéraux jusqu'au troisième degré inclus ;

2° Entre deux personnes dont l'une au moins est engagée dans les liens du mariage ;

3° Entre deux personnes dont l'une au moins est déjà liée par un pacte civil de solidarité ».

Ces empêchements sont, pour les deux premiers, repris des règles du mariage. Toutefois, en ce qui concerne les collatéraux, et à la différence de ce qui est prévu en matière de mariage (aux termes des articles 163 et 164 du Code civil, le président de la République – ce qui est choquant – peut « *lever, pour des causes graves, les prohibitions portées ... aux mariages entre alliés en ligne directe lorsque la personne qui a créé l'alliance est décédée* (et) *aux mariages entre l'oncle et la nièce, la tante et le neveu, ... que la parenté soit légitime ou naturelle* »), ils ne sont pas susceptibles de faire l'objet d'une dispense.

f.2.2. Les conditions de fond

L'article 515-3 du Code civil prévoit que les personnes qui concluent un *pacte civil de solidarité* doivent établir une convention qui est déposée au greffe du Tribunal d'instance dans le ressort duquel ils fixent leur résidence commune. Comme il a déjà été indiqué, il convient, dès lors, d'appliquer les règles du droit commun des contrats ; le *pacs* est régi par les articles 1109 et suivants du Code civil, non par les règles du mariage. Le consentement doit donc être exempt de vice et, en particulier, ne pas reposer sur une erreur (serait, par exemple, victime de celle-ci l'homme – ou la femme – qui, ayant cru se *pacser* avec une personne de son sexe, constaterait que son partenaire est, en réalité, un transsexuel qui avait obtenu son changement de sexe à l'état civil).

En ce qui concerne la capacité, il faut rappeler que, selon l'article 515-1 du Code civil, le *pacs* ne peut être conclu qu'entre deux personnes physiques majeures et que l'article 506-1 énonce que « *les majeurs placés sous tutelle ne peuvent conclure un pacte civil de solidarité* ». Toutefois, rien n'est prévu pour la curatelle et l'application pure et simple du droit commun (le majeur en curatelle peut se marier avec le consentement du curateur et, à défaut, celui du juge des tutelles) ne semble guère possible, puisqu'en interdisant aux majeurs sous tutelle de contracter un *pacs* (article 506-1), le législateur a édicté une règle spéciale, particulièrement sévère (aux termes de l'article 506, le majeur sous tutelle peut se marier « *avec le consentement d'un conseil de famille spécialement convoqué pour en délibérer* »). Il semble bien qu'il s'agisse, en l'espèce, d'un **oubli du législateur.**

f.2.3. Les conditions de forme

Du point de vue de la forme, le *pacs* se construit en trois temps : la rédaction d'un contrat qui n'est soumis à aucune forme particulière (il n'est, toutefois, pas permis de recourir à un acte notarié, dans la mesure où les originaux d'un tel acte ne doivent pas quitter l'étude dans laquelle ils ont été passés, alors que l'article 515-3, alinéa 4, prévoit que « *le greffier vise et date les deux exemplaires originaux de la convention...* »); la déclaration conjointe au greffe du Tribunal d'instance dans le ressort duquel les partenaires fixent leur résidence commune, ce qui semble leur imposer de se présenter en personne ; l'enregistrement de cette déclaration sur un registre spécial tenu au Tribunal d'instance (art. 515-3, alinéa 3 du Code civil) qui la rend opposable aux tiers et lui confère date certaine (art. 515-3, alinéa 6).

f.3. Les effets du *pacs*

Le *pacs* produit des effets de nature diverse : **civils**, **fiscaux**, **sociaux** et **professionnels**. Ces différents effets seront examinés successivement.

f.3.1. Les effets civils du *pacs*

Les effets **civils** du *pacs* peuvent être extra-patrimoniaux, ils peuvent être également patrimoniaux.

1) Les effets extra-patrimoniaux

La loi du 15 novembre 1999 abandonne les effets extra-patrimoniaux du *pacs* à la discrétion des partenaires ou de la jurisprudence. Il en est ainsi pour le nom, l'adoption (ou la procréation médicalement assistée), la liberté matrimoniale et la communauté de vie.

❑ Le nom patronymique

Le *pacs*, comme le concubinage, n'affecte pas le droit du nom patronymique. Le partenaire n'a aucun droit de porter, fût-ce au titre du simple usage, le nom de l'autre.

De même, dans les rapports parents-enfants, le *pacs* ne modifie en rien l'état du droit positif. Il faut, d'ailleurs, noter que l'ordonnance du 4 juillet 2005 *portant réforme de la filiation* est fondée sur l'égalité entre les enfants et abandonne les notions de filiation légitime et naturelle (voir *Dalloz*, 2005, n° 28, *Dernière Actualité*, page 1870 et *Dalloz*, 2006, n° 1, *Doctrine*, page 17).

❑ L'adoption et le recours à une procréation médicalement assistée

Devant le mutisme de la loi, il faut admettre que le *pacs* ne confère pas le droit aux partenaires d'adopter ensemble un enfant ou, en cas de *pacs* homosexuel, de recourir à une procréation médicalement assistée. Le Conseil Constitutionnel s'est prononcé en ce sens dans sa décision précitée du 9 novembre 1999.

❑ La liberté matrimoniale des partenaires

La liberté nuptiale est un principe d'ordre public. Le droit au mariage ne peut ainsi se limiter ou s'aliéner. En principe, dès lors, une clause de célibat est réputée nulle. Au demeurant, l'article 12 de la Convention européenne de sauvegarde des droits de l'homme dispose qu'« *à partir de l'âge nubile, l'homme et la femme ont le droit de se marier et de fonder une famille selon les lois nationales régissant l'exercice de ce droit* ». La loi sur le *pacs* ne pouvait déroger à cette règle. C'est la raison pour laquelle, lorsqu'une personne est dans les liens du *pacs*, **elle peut se marier, avec son partenaire ou avec un tiers,** alors qu'elle ne peut conclure un autre *pacs*. Mais, bien évidemment, le fait, pour un des partenaires, de se marier, constitue une cause de dissolution du *pacs* (article 515-7, alinéa 3).

❑ La communauté de vie

L'existence d'un *pacs* n'impose aux partenaires aucun devoir de fidélité, à moins que la jurisprudence ne finisse par l'imposer au titre de l'**exécution de bonne foi des conventions**, sur le fondement de l'article 1134, alinéa 3, du Code civil (les conventions « *doivent être exécutées de bonne foi* »).

La question se pose de savoir si les partenaires pourraient, dans leur convention, inclure une obligation de fidélité, avec mise en jeu de la responsabilité contractuelle et, éventuellement, une clause pénale. Mais l'objet d'une telle clause – l'exclusivité des relations sexuelles – n'est pas dans le commerce. Seul le mariage peut créer une telle obligation. Dans une ordonnance qui a donné lieu à controverse, le président du Tribunal de grande instance de Lille s'est néanmoins fondé sur « *l'obligation de loyauté découlant du droit commun des contrats* » pour affirmer que « *l'obligation de devoir exécuter loyalement le devoir de communauté de vie commande de sanctionner toute forme d'infidélité entre partenaires* » (*D.*, 2003, 515 ; *RTD civ*, 2003, page 270). En l'espèce, Monsieur X. soupçonnait son partenaire, Monsieur Y., de le tromper avec Monsieur Z.

Accédant à sa demande, le juge commit un huissier de justice « *aux fins de constater l'adultère perpétré par Monsieur Y* », ordonna que l'huissier se fît assister d'un « *serrurier et du commissaire de police* » et l'autorisa à pénétrer dans l'immeuble abritant l'appartement de Monsieur Y. « *Le ridicule de cette version renouvelée des vaudevilles fin de siècle ferait sourire si les enjeux (respect de la vie privée, respect, tout simplement, du droit) n'étaient si graves* » (voir Malaurie et Fulchiron, *op. cit.*, page 168).

Il convient de noter qu'au fil des réponses ministérielles et des décisions de jurisprudence, le statut juridique et social des partenaires se dessine. Il a ainsi été précisé que les demandes de mutation des enseignants liés par un *pacs* seront examinées selon la même procédure que pour les agents mariés (*Rép. min.*, n° 11222, *JO Sénat*, Q, 8 juillet 2004), que les dispositions de l'article L. 784-1 du Code du travail visant le conjoint du chef d'entreprise salarié par lui et instaurant une présomption de subordination sont également applicables dans le cadre du *pacs* (*Rép. min.*, n° 44166, *JOAN*, Q, 31 août 2004), que le partenaire d'un fonctionnaire muté ou admis à faire valoir ses droits à la retraite pourra demander, en qualité de membre de la famille, à être inscrit sur les listes électorales en dehors des périodes de révision (Cass. civ. II, 25 mars 2004, *RTD. civ.*, 2004, page 489). En revanche, pour des raisons qui ne semblent guère logiques, il a été décidé que le partenaire d'un *pacs* ne pouvait prétendre au même statut que le conjoint collaborateur dans une exploitation agricole pour obtenir des droits comparables en matière de retraites (*Rép. min.*, n° 9552, *JOAN*, Q, 9 juin 2003).

2) Les effets patrimoniaux du *pacs*

La loi du 15 novembre 1999 impose aux partenaires du *pacs* une aide mutuelle et matérielle et définit le régime de leurs biens.

❑ L'aide mutuelle et matérielle

Aux termes de l'article 515-4, « *les partenaires liés par un pacte civil de solidarité s'apportent une aide mutuelle et matérielle. Les modalités de cette aide sont fixées par le pacte* ».

C'est là un aspect essentiel du *pacs* et le Conseil constitutionnel a précisé que « *serait nulle toute clause méconnaissant le caractère obligatoire de ladite aide* ». Cette aide ne saurait, dès lors, être éludée : les partenaires peuvent seulement en fixer les modalités. Il en résulte, implicitement mais nécessairement, que, dans le silence du pacte, il appartiendrait au juge du contrat, en cas de litige, de définir les modalités de cette aide en fonction de la situation respective des partenaires.

Par ailleurs, la loi ne donnant aucune précision sur le contenu du devoir qu'elle impose, il semble raisonnable d'admettre que, *matériel* pouvant s'opposer à *moral* l'aide prévue par l'article 515-4 s'analyse en une contribution financière et économique, très proche, par suite, de la contribution aux charges du mariage.

L'exigence que l'aide soit **mutuelle** interdit de dispenser conventionnellement l'un des partenaires de son devoir à l'égard de l'autre, même s'il apparaît légitime que la contribution attendue de chacun ne soit pas identique. Bien qu'encore une fois la loi soit muette sur ce point, il est possible de se référer au **principe de proportionnalité** posé à l'article 214 du Code civil, aux termes duquel « *si les conventions matrimoniales ne règlent pas la contribution des époux aux charges du mariage, ils y contribuent à proportion de leurs facultés respectives* ».

Il appartient aux partenaires de définir conventionnellement les modalités concrètes de l'aide qu'ils se doivent. Peuvent ainsi être précisées la forme qu'elle revêtira (financière ou résultant d'une prestation en nature), sa fréquence, son importance quantitative et ses modifications éventuelles. Si l'un des partenaires ne remplissait pas son devoir, l'autre devrait pouvoir obtenir sa condamnation en justice. Mais la sanction encourue risquerait fort d'être illusoire, puisque le partenaire débiteur pourrait toujours décider de résilier le contrat qui l'obligerait au paiement d'une somme d'argent. Il n'en resterait pas moins tenu, dans cette hypothèse, au paiement des sommes qu'il devait avant la résiliation du *pacs.*

❑ L'organisation des biens des partenaires

L'article L.515-5 réserve un sort différent aux **meubles meublants** et aux **autres biens.**

– Les meubles meublants

L'article 534 du Code civil définit les *meubles meublants* comme ceux qui sont « *destinés à l'usage et à l'ornement des appartements, comme tapisseries, lits, sièges, glaces, pendules, tables, porcelaines et autres objets de cette nature* ». Le même article précise que « *les tableaux et les statues (...) y sont aussi compris, mais non les collections de tableaux qui peuvent être dans les galeries ou pièces particulières* », la même distinction étant faite pour les « *porcelaines* ».

S'agissant du *pacs,* l'article 515-5 énonce que « *les partenaires ... indiquent, dans la convention visée au deuxième alinéa de l'article 515-3, s'ils entendent soumettre au régime de l'indivision les meubles meublants dont ils feraient l'acquisition à titre onéreux postérieurement à la conclusion du pacte* ». Le texte prévoit qu'« *à défaut, ces meubles sont présumés indivis par moitié* » et qu'« *il en est de même lorsque la date d'acquisition de ces biens ne peut être établie* ».

Le législateur a ainsi institué une *présomption d'indivision par moitié,* à laquelle les partenaires peuvent apporter des aménagements conventionnels.

– Les autres biens

L'article 515-5, alinéa 2, dispose que « *les autres biens dont les partenaires deviennent propriétaires à titre onéreux postérieurement à la conclusion du pacte sont présumés indivis par moitié si l'acte d'acquisition ou de souscription n'en dispose autrement* ».

En d'autres termes, alors que pour les **meubles meublants**, la présomption cède devant les termes de la **convention** des parties, pour les **autres biens**, elle ne peut être combattue que par les termes de l'**acte d'acquisition ou de souscription.**

Lorsque le bien est acquis par les deux partenaires, la *présomption d'indivision* a naturellement vocation à jouer sans entrave, au moins dans le silence de l'acte. Il semble raisonnable de penser que, s'agissant notamment des immeubles, les parties préciseront leurs intentions dans l'acte d'acquisition.

f.3.2. Les effets fiscaux du *pacs*

Les partenaires du *pacs* ont vocation à former un foyer fiscal, à l'instar des époux auxquels ils sont assimilés, tant au regard de l'impôt sur le revenu qu'au regard des impôts locaux.

À l'origine, il résultait de l'article 6-1 du Code Général des Impôts (complété par l'article 4 de la loi du 15 novembre 1999), que « *les partenaires liés par un pacte civil de solidarité (faisaient) l'objet, pour les revenus (...), d'une imposition commune* ***à compter de l'imposition des revenus du troisième anniversaire de l'enregistrement du pacs*** ».

L'imposition était alors « *établie à leurs deux noms, séparés par le mot :* ***ou*** ». À partir de l'imposition des revenus de l'année du troisième anniversaire de l'enregistrement du *pacs*, les partenaires étaient soumis aux règles applicables aux couples mariés.

Mais la loi n° 2004-1484 du 30 décembre 2004 de finances pour 2005 a supprimé le délai de trois ans antérieurement exigé pour accéder à une imposition commune. Le principe est, désormais, que les *pacsés* sont soumis à cette imposition dès la conclusion du *pacs*. En cas de rupture, l'imposition commune cesse à compter de la date à laquelle le pacte prend fin (article 8 de la loi). Par ailleurs, le régime fiscal des SARL de famille est étendu aux partenaires liés par un *pacs*, ce qui légalise une option qui n'était auparavant qu'une tolérance administrative.

Ensuite, si elle ne modifie pas le montant des droits de mutation applicables aux libéralités entre *pacsés* (qui restent un peu moins avantageux que ceux appliqués aux libéralités entre époux : par exemple, abattement de 57 000 euros pour les *pacsés* au lieu de 76 000 euros pour les époux), la loi supprime néanmoins le délai de carence de deux ans requis antérieurement.

Enfin, s'agissant des droits de mutation par décès, la loi étend aux partenaires liés par un *pacs* le bénéfice de l'abattement de 20 % sur la valeur de l'immeuble constituant, au jour du décès, la résidence principale du défunt et de son conjoint. En revanche, le nouvel abattement global de 50 000 euros destiné à faciliter la conservation dans la famille (enfants, ascendants et conjoint du défunt) du patrimoine, et tout spécialement de la résidence principale, n'est pas applicable au *pacs*.

Par ailleurs, aux termes de l'article 885-A du Code Général des Impôts, dans la rédaction que lui a donnée l'article 6 de la loi du 15 novembre 1999, « *les partenaires liés par un pacte civil de solidarité (...) font l'objet d'une imposition commune* » à l'impôt de solidarité sur la fortune. Mais, à la différence de la solution initialement retenue en matière d'impôt sur le revenu, la loi a prévu que l'assujettissement à l'ISF s'appliquerait sans délai, dès lors qu'au 1er janvier de l'année, les partenaires remplissaient les conditions prévues.

f.3.3. Les effets sociaux du *pacs*

Les assurances maladie et maternité reconnaissent, depuis longtemps, la qualité d'*ayant droit* au concubin de l'assuré, pour l'ouverture du droit aux prestations qu'elles prévoient. La loi du 15 novembre 1999 sur le *pacs* permet, désormais, de conférer la qualité d'*ayant droit* au concubin homosexuel (il bénéficiait déjà de ce statut en application des règles de la sécurité sociale) et de lui conférer également cette qualité de plein droit, s'il n'est pas lui-même assuré social.

En ce qui concerne l'assurance-décès, le versement du capital est effectué, conformément à l'article L. 361-4 du Code de la sécurité sociale, par priorité, aux personnes qui étaient, au jour du décès, à la charge effective, totale et permanente du défunt. La disposition, parce qu'elle ne prend pas en considération le statut juridique des personnes appelées à bénéficier du capital, peut s'appliquer au partenaire d'un *pacs*. En revanche, si aucune priorité n'est invoquée – c'est-à-dire si aucune personne ne se trouve être *à la charge effective, totale et permanente du défunt* – l'article L. 361-4 établit une liste de bénéficiaires désignés, parmi lesquels figure aujourd'hui le partenaire du *pacs*.

Mais – revers de la médaille – le *pacs* est parfois assimilé au mariage comme cause d'interruption de certaines prestations, telles que l'*allocation de veuvage* ou l'*allocation de soutien familial*. Le service de ces deux prestations est, en effet, interrompu si leurs bénéficiaires concluent un *pacs*.

f.3.4. Les effets professionnels du *pacs*

Certaines dispositions particulières sont prévues pour les fonctionnaires, les salariés et les commerçants.

1) La situation des fonctionnaires

La loi prend le *pacs* en considération pour les mouvements ou mutations des fonctionnaires de l'État et des fonctions publiques territoriale et hospitalière. Cela veut dire que – notamment, depuis la *réponse ministérielle* précitée de juillet 2004 – un fonctionnaire séparé, pour des raisons professionnelles, du partenaire avec lequel il est lié par un *pacs*, **bénéficie d'une priorité pour l'examen de sa demande de mutation**, priorité s'exerçant juste après celle des époux et avant celle des handicapés.

2) La situation des salariés

Le législateur a entendu faire bénéficier les partenaires du *pacs* de certains avantages réservés, jusqu'alors, aux seuls époux. Ainsi, aux termes de l'article 8 de la loi du 15 novembre 1999, les dispositions du dernier alinéa de l'article L. 223-7 du Code du travail, prévoyant que « *les conjoints travaillant dans une même entreprise ont droit à un congé simultané* », sont applicables aux partenaires d'un *pacs*. Cette disposition ne profite pas aux concubins, sous réserve des conventions collectives et règlements d'établissement.

Le même article 8 de la loi du 15 novembre 1999 autorise le partenaire d'un *pacs* à bénéficier d'une autorisation exceptionnelle d'absence de deux jours en cas de décès de celui avec qui il était lié (article L. 226-1, alinéa 4, du Code du travail).

3) <u>La situation des commerçants</u>

Il faut souligner qu'alors même que le *pacs* est susceptible d'engendrer des conséquences sur la situation des commerçants et des tiers en rapport avec eux, ni la loi ni les décrets d'application n'ont organisé sa publicité spécifique, qui aurait naturellement eu comme support le registre du commerce et des sociétés. Néanmoins, sauf stipulation contraire dans le pacte ou disposition particulière dans l'acte d'acquisition ou de souscription, les biens acquis à titre onéreux par les partenaires sont réputés indivis (article 515-5 du Code civil) : ils sont placés, dès lors, sous la menace permanente d'une liquidation anticipée. Les conséquences du partage risquent ainsi de se révéler catastrophiques pour le partenaire du débiteur, qui, faute d'avoir le droit de faire la preuve de sa propriété personnelle, ne récupérera que la moitié de la valeur de son bien en vertu de la présomption d'indivision.

f.4. La dissolution du *pacs*

Le *pacs* peut prendre fin par la déclaration conjointe écrite des partenaires. En effet – comme le prévoit l'article 515-7, alinéa 1er, du Code civil – « *lorsque les partenaires décident d'un commun accord de mettre fin au pacte civil de solidarité, ils remettent une déclaration conjointe écrite au greffe du tribunal d'instance dans le ressort duquel l'un d'entre eux au moins a sa résidence. Le greffier inscrit cette déclaration sur un registre et en assure la conservation* ».

Il y a ainsi un *parallélisme des formes* avec les règles relatives à la conclusion du *pacs*.

Mais – comme en matière de divorce – l'initiative de la rupture du *pacs* peut émaner d'un seul des partenaires. Celui-ci doit alors « *signifie(r) à l'autre sa décision et adresse(r) copie de cette signification au greffe du tribunal d'instance qui a reçu l'acte initial* ». Il en va de même lorsque cet abandon du *pacs* résulte du mariage de l'un des partenaires.

Bien évidemment – en application de l'article 515-7, alinéa 4 – « *lorsque le pacte civil de solidarité prend fin par le décès de l'un au moins des partenaires, le survivant ou tout intéressé adresse copie de l'acte de décès au greffe du tribunal d'instance qui a reçu l'acte initial* ».

Quel que soit le mode de rupture, il appartient au greffier de porter ou faire porter « *mention de la fin du pacte en marge de l'acte initial* ». Il faut observer que, si le *pacs* prend fin « *à la date du mariage ou du décès de l'un des partenaires* » ou encore « *dès la mention en marge de l'acte initial de la déclaration conjointe* », en cas de rupture unilatérale par l'un des partenaires, il ne se termine que « *trois mois après la signification délivrée (à l'autre) (...), sous réserve qu'une copie en ait été portée à la connaissance du greffier du tribunal (d'instance)* ».

Dans toutes ces hypothèses – et sauf en cas de décès – les droits et obligations résultant du pacte sont, en principe, liquidés conventionnellement, le dernier alinéa de l'article 515-7 disposant, toutefois, qu'« *à défaut d'accord, le juge statue sur les conséquences patrimoniales de la rupture, sans préjudice de la réparation du dommage éventuellement subi* ». Il est permis d'admettre que la rupture du *pacs* peut ainsi ouvrir droit à une sorte de **prestation compensatoire**, destinée – pour reprendre les termes de l'article 270 du Code civil, applicable au seul divorce – « *à compenser, autant qu'il est possible, la disparité que la rupture ... crée dans les conditions de vie respectives* ».

Par ailleurs, aux termes de l'article 515-6 du Code civil, les dispositions de l'article 832 du même code (permettant au conjoint survivant de demander l'**attribution préférentielle** des biens à l'exploitation desquels il a contribué) sont applicables, à l'exception de celles relatives à une exploitation agricole. La demande d'**attribution préférentielle** peut porter non seulement sur le local d'habitation, mais encore sur le local professionnel, une entreprise commerciale industrielle ou artisanale.

Enfin, il a déjà été indiqué que la dissolution du *pacs* devait être mentionnée au greffe du tribunal d'instance qui avait reçu l'acte initial. Sa mention est alors portée, par le greffier, sur le registre spécial, prévu par l'article 515-3, alinéa 3. Même s'il n'existe – comme on l'a vu – aucune publicité du *pacs* au registre du commerce, les tiers peuvent ainsi être tenus informés de la conclusion, ou de la dissolution, d'un *pacs*.

f.5. Réflexions sur le *pacs*. L'institution est-elle un succès?

Dans *Le Monde* du 14 octobre 2000, il était écrit :

« *23 071 pactes civils de solidarité ont été enregistrés par les tribunaux d'instance entre le 16 novembre 1999, jour de la promulgation de la loi et le 30 septembre 2000, a annoncé jeudi 12 octobre (2000), le ministère de la Justice. Le rythme des signatures semble se ralentir : 6 211 pacs ont été enregistrés entre le 16 novembre 1999 et le 31 décembre 1999, 7 761 au premier trimestre 2000, 5 082 au second trimestre et 4 017 au troisième trimestre* » (voir *Le Monde* du 14 octobre 2000, page 16).

Mais, un article publié, le 30 janvier 2001, dans le même journal, précisait que :

«*Le premier bilan du nombre de pacs signés est sensiblement inférieur aux prévisions*. Il était mentionné que le nombre de pacs n'atteignait pas *l'estimation la plus basse avancée par l'Institut national d'études démographiques. Cette hypothèse minimum était que, chaque année, seraient conclus 30 000 à 40 000* » *pacs,* étant précisé qu'il s'agissait, dans l'esprit du public, d'une « *forme d'union compliquée* » (voir *Le Monde* du 30 janvier 2001, page 10).

Toutefois, dans son numéro du 15 novembre suivant, le même quotidien indiquait : « *Un rapport parlementaire dresse un bilan très positif des deux ans d'existence du pacs. Près de 50 000 pacs ont été conclus. (...) 70 % des Français se disaient favorables au pacs dans les sondages en septembre 2000, contre 49 % deux années plus tôt* » (voir *Le Monde* du 15 novembre 2001, page 11).

En réalité, le nombre des déclarations de *pacs* a été le suivant :

1999 : 6 139
2000 : 22 108
2001 : 19 410
2002 : 24 979
2003 : 31 161
2004 : 39 576
2005 : 59 837

En revanche, il est impossible de savoir exactement le nombre des *pacs* qui ont été rompus depuis l'entrée en vigueur de la loi. Malgré les termes de l'article 515-3, alinéa 4 du Code civil, un certain nombre de *pacs* ont été dissous sans que leur rupture figure sur les registres. Au surplus, inspiré par le souci de protection de la vie privée – que l'on peut juger quelque peu hypocrite (peut-on vouloir, à la fois, reconnaissance et avantages légaux d'une part, refus de toute publicité, d'autre part ?) – le législateur a interdit les statistiques relatives au sexe des partenaires. Il n'est pas possible, dès lors, de savoir si le *pacs* a attiré plus de couples homosexuels que de couples hétérosexuels (voir Malaurie et Fulchiron, *op. cit.*, page 159).

Il faut ajouter qu'en raison des insuffisances relevées dans les textes actuels, le gouvernement a désigné un groupe de travail, présidé par le Professeur Grimaldi, pour réfléchir à des améliorations possibles. Ses propositions ont fait l'objet d'un rapport qui a été remis au garde des Sceaux le 30 novembre 2004.

Ce rapport propose d'abandonner le régime complexe de l'indivision pour lui substituer un régime de séparation des patrimoines (les partenaires conservant, néanmoins, la possibilité d'aménager ce régime par les règles de l'indivision) et suggère de nombreuses retouches textuelles destinées à préciser les droits sociaux des *pacsés* ainsi que leur situation au regard du droit des étrangers. De façon générale, en préconisant de faire sortir le *pacs* de la sphère contractuelle pour le rattacher au domaine des relations personnelles, il ouvre la porte à une restructuration du Code civil sur les relations de couple. Le mariage n'en ressortirait pas indemne et le fait d'avoir pris le parti d'un *pacs* indifféremment ouvert aux couples hétérosexuels ou homosexuels ne rendrait que plus évident le paradoxe d'une *union légitime* qui serait réservée à des personnes de sexes différents (voir *Dalloz*, 2005, *Panorama*, n° 12, page 816).

CHAPITRE 2

LE DIVORCE

Différentes conceptions, histoire du divorce en France, les quatre types de divorce actuels, les différentes causes justifiant le divorce : adultère, homosexualité, non-consommation du mariage, querelles religieuses, querelles politiques, querelles avec la famille du conjoint, incorrections d'ordre patrimonial

« *Je m'en vais,* dit Ferrer, *je te quitte. Je te laisse tout mais je pars* ». Et comme les yeux de Suzanne, s'égarant vers le sol, s'arrêtaient sans raison sur une prise électrique, Félix Ferrer abandonna ses clefs sur la console de l'entrée. Puis il boutonna son manteau avant de sortir en refermant doucement la porte du pavillon.

Jean Echenoz[1]

Le 6 juin 1892, l'épouse d'Anatole France entra dans le cabinet de travail de son mari, « *quelque mot malsonnant à la bouche* ». L'écrivain, qui était en train de travailler en robe de chambre, se leva, plaça sur un plateau papier, plume et encrier, et quitta définitivement les lieux. Il marcha en cet accoutrement dans la rue, la ceinture de sa robe de chambre traînant sur le sol. Il s'installa à l'hôtel, d'où il envoya prendre les objets nécessaires et adressa à sa femme une lettre qui constituait une « *injure grave* » permettant de demander le divorce[2].

Il ne s'agit pas, dans le cadre de cette étude, de faire un cours de droit civil sur la rupture du lien conjugal, mais de donner quelques indications sur les différentes conceptions possibles du divorce et sur l'évolution de cette procédure au cours des dernières années.

1. Premier paragraphe du livre de Jean Echenoz, *Je m'en vais,* 1999, Éditions de Minuit, page 7 (Prix Goncourt 1999).
2. Voir, sur cet épisode, Marie-Claire Bancquart, *Anatole France. Un sceptique passionné,* 1984, Calmann-Lévy, page 182.

A. LES DIFFÉRENTES CONCEPTIONS POSSIBLES DU DIVORCE

Le divorce est la dissolution du mariage du vivant des époux. Il répond au fait que, dans un certain nombre de cas, les deux époux, ou – le plus souvent – l'un deux, ne souhaitent plus poursuivre l'union que le mariage avait consacrée.

Diverses attitudes peuvent alors être adoptées par le droit.

a. L'INTERDICTION DU DIVORCE

Il est concevable – au moins dans la rigueur des principes – d'interdire purement et simplement la dissolution du mariage. Le groupe social, considérant l'utilité et la fonction de la cellule familiale, peut interdire sa désagrégation, tant par le souci de l'ordre public que par celui du bien des enfants éventuellement issus du mariage. Telle a été la conception de la plupart des pays d'Europe pendant le Moyen-Âge, du fait de la compétence de l'Église catholique en matière de droit des personnes. Celle-ci considérait, en effet, que le mariage était un *sacrement* et fondait son indissolubilité sur un passage de l'Évangile de Matthieu : « *(L'homme et la femme mariés) ne sont plus deux, mais une seule chair. Eh bien ! ce que Dieu a uni, l'homme ne doit point le séparer* » (Matthieu, XVIII, 16[3]).

Mais, à la Renaissance, une certaine hostilité se manifesta contre cette situation. Dans leurs écrits, Érasme et les Humanistes attaquèrent l'indissolubilité du mariage et, en 1520, Luther proclama que l'union des époux était un acte purement consensualiste, dont la durée ne dépendait que de leur seule volonté. Calvin, tout en restant plus proche de la tradition, accepta le divorce pour cause d'adultère. Mais, lors du *Concile de Trente* (1563), l'Église catholique, se retranchant derrière ses positions doctrinales, refusa d'admettre le divorce, même pour cause d'adultère.

Cette conception du mariage indissoluble s'observe dans la plupart des droits primitifs influencés par le catholicisme. Elle persista longtemps, dans des systèmes juridiques plus évolués, mais soumis à une influence religieuse importante (l'Italie n'a, par exemple, admis le divorce qu'à l'issue d'un référendum du 12 mai 1974 – plus de 40 % des citoyens se déclarèrent hostiles à cette réforme – et l'Espagne ne l'a autorisé que par une loi de 1982).

3. Le même évangéliste avait déjà précisé : « *Quiconque répudie sa femme, hormis le cas de fornication, la voue à devenir adultère ; et si quelqu'un épouse une répudiée, il commet un adultère* » (Matthieu, V, 32).

b. LA LIBERTÉ DU DIVORCE

Une deuxième attitude – radicalement opposée à la précédente – consiste à permettre à chaque époux de mettre fin, à tout moment, au mariage, par une simple décision unilatérale.

Cette rupture unilatérale du mariage par simple manifestation de volonté est, parfois, appelée répudiation, bien que le terme, dans son sens initial, ne vise que la répudiation de la femme par le mari.

Cette possibilité de rupture unilatérale se rencontre dans un certain nombre de systèmes qui, soit permettent la répudiation de la femme par le mari, soit donnent aux deux époux la possibilité de mettre fin au mariage, à tout moment, par une simple déclaration de volonté. C'est à cette situation qu'était parvenu le droit romain dans son dernier état : le mariage y était conçu comme résultant, non pas d'un consentement initial donné de manière définitive, mais d'une volonté constamment révocable qui permettait à chacun des époux de reprendre sa liberté à tout moment (avant de devenir ministre de la Condition féminine, Françoise Giroud avait prôné l'introduction en France d'un système de ce type, estimant que le mariage pourrait être dissous, de plein droit, à l'expiration d'un certain délai – 5 ou 10 ans – sauf si les époux manifestaient expressément l'intention de le reconduire).

De même, en Union soviétique, il a longtemps été possible de divorcer, dans certains cas, par simple déclaration auprès de l'officier d'état civil.

En France même, il existe un courant doctrinal prônant, dans certains cas, un divorce qui ne serait plus judiciaire, mais administratif.

Un système comparable est pratiqué, à l'heure actuelle, dans un certain nombre de pays anglo-saxons ou nordiques, qui admettent le divorce pour incompatibilité d'humeur. Or, chacun sait que l'incompatibilité d'humeur n'est pas une notion objective, mais qu'elle résulte seulement de la manière que chacun des époux a de percevoir la vie commune. Il est, dès lors, très facile, pour l'un d'eux, de créer, par son seul comportement, le climat qui caractérise une telle situation.

À mi-chemin entre ces deux conceptions extrêmes (l'interdiction du divorce et le divorce par simple décision unilatérale), se trouvent des attitudes reconnaissant la nécessité du divorce, mais n'admettant pas qu'il puisse résulter de la simple décision unilatérale de l'un des deux époux. Ces attitudes intermédiaires sont de deux types.

c. LA THÉORIE CONTRACTUELLE DU MARIAGE ET DU DIVORCE

Il est possible d'admettre que le mariage, formé par un accord entre les deux époux, puisse être dissous par un accord de même nature. C'est le divorce par consentement mutuel, qui n'a fait son apparition en France – ou, plus exactement, sa réapparition au XXe siècle – que dans la loi du

11 juillet 1975 (voir aujourd'hui les articles 230 et 232 nouveaux du Code civil depuis l'entrée en vigueur de la loi du 26 mai 2004, relatifs au divorce sur demande conjointe des époux).

Cette forme de divorce implique une conception contractuelle, et non institutionnelle, du mariage et une philosophie individualiste, où l'union est davantage tournée vers l'épanouissement des époux que vers l'utilité sociale. La rupture de l'union suppose, toutefois, l'intervention d'un juge qui vérifie si les conventions souscrites par les époux pour régler leurs rapports – jusqu'au prononcé du divorce puis dans l'avenir – ne contiennent pas de dispositions qui, pour reprendre les termes de l'article 1100 du Nouveau Code de procédure civile, « *préservent insuffisamment les intérêts des enfants ou de l'un des époux* » (la convention homologuée, ayant la même force exécutoire qu'une décision de justice, ne peut être modifiée que par une nouvelle convention entre les époux, établie par écrit et homologuée, à son tour, par le juge[4]).

Il faut observer qu'aux termes même du Code civil, le divorce par consentement mutuel ne se limite pas au divorce sur demande conjointe des époux, prévu par les articles 230 et 232, mais comprend également le divorce demandé par un époux et accepté par l'autre, régi par les articles 233 et 234. Dans cette deuxième hypothèse, les conséquences du divorce sont fixées par le juge, mais le principe de la rupture du lien conjugal dépend du libre consentement des époux. Il faut, en effet, que l'un d'entre eux – ou les deux – en forment la demande et qu'« *ils (en) acceptent le principe (...) sans considération des faits à l'origine (de la rupture du mariage)* » (art. 233 nouveau du Code civil).

d. LE DIVORCE LIMITÉ AUX CAS PRÉVUS PAR LA LOI

La solution la plus fréquente est de reconnaître la nécessité du divorce, mais d'enfermer sa possibilité dans des hypothèses strictement définies par la loi. Une telle conception, qui suppose la reconnaissance de principe du caractère indissoluble du mariage – ou qui suppose, en tout cas, que cette indissolubilité constitue le droit commun – admet, cependant, que certaines dérogations peuvent lui être apportées. C'est alors la loi, et non les époux (comme dans l'hypothèse du divorce par consentement mutuel), qui détermine les cas dans lesquels cette dérogation peut être apportée, et le mariage dissous.

4. Il faut noter que le jugement de divorce sur demande conjointe des époux peut seulement faire l'objet d'un pourvoi en cassation dans les quinze jours de son prononcé. En pratique, la copie exécutoire du jugement n'étant remise aux parties que trois ou quatre semaines après ce prononcé, la formation d'un pourvoi est matériellement difficile. Elle suppose que celui des époux qui entend le former se rende au greffe, presque aussitôt après le prononcé, et demande que lui soit délivrée, dans les meilleurs délais – et, en tout cas, avant l'expiration du délai de quinze jours – une copie du jugement. On comprend que les pourvois en cassation contre les jugements de divorce sur requête conjointe ne soient pas fréquents...

En France, la loi prévoit qu'en dehors du consentement mutuel – qui peut prendre les deux formes qui viennent d'être indiquées – le divorce peut résulter, soit de fautes de l'un des époux, dès lors qu'elles « *constituent une violation grave ou renouvelée des devoirs et obligations du mariage et rendent intolérable le maintien de la vie commune* » (art. 242 du Code civil), soit de « *l'altération définitive du lien conjugal* », résultant de leur séparation « *depuis deux ans lors de l'assignation* » (art. 238 nouveau du Code civil).

Il convient maintenant de rappeler les grandes lignes de l'évolution du divorce en droit français.

B. BREF APERÇU SUR L'ÉVOLUTION DU DIVORCE EN FRANCE

a. L'ANCIEN RÉGIME

Sous l'Ancien Régime, le mariage, régi exclusivement par le droit religieux, était indissoluble.

Il faut, toutefois, nuancer ce propos, en observant :

– que les cas d'annulation du mariage par l'autorité ecclésiastique étaient beaucoup plus fréquents qu'ils ne le sont aujourd'hui (contrairement au divorce, qui ne produit d'effets que pour l'avenir, l'annulation entraîne la nullité du mariage, qui est réputé n'avoir jamais eu lieu) ;

– que la séparation de corps pouvait être prononcée par la justice ecclésiastique (à la demande du mari, pour adultère de la femme ; à la demande de la femme, pour diverses fautes commises par le mari) et permettait aux époux de cesser la vie commune, sans que le lien du mariage fût dissous ;

– que les non-catholiques – à l'époque, il est vrai, fort peu nombreux en France – pouvaient légalement divorcer, lorsque leur loi religieuse le permettait (tel était le cas des israélites).

b. LA RÉVOLUTION FRANÇAISE

Guidée par le souci prédominant de garantir la liberté individuelle des citoyens, la Révolution introduisit le divorce de manière très large. Par une loi du 20 septembre 1792 (votée lors de la dernière séance de la Constituante, le jour de la victoire de Valmy), elle admit, notamment, le divorce par consentement mutuel, manifesté par simple déclaration devant l'officier d'état civil[5]. Elle institua également le divorce sur demande de l'un des époux pour de très nombreuses causes, allant jus-

5. Voir le film de Jean-Paul Rappeneau, *Les mariés de l'An II* (avec Jean-Paul Belmondo).

qu'à l'incompatibilité d'humeur et de caractère, ce qui autorisait, en fait, une véritable liberté du divorce.

Aussi bien, le nombre de divorces sera-t-il très important pendant la période révolutionnaire, moins du fait de la dissolution des mœurs – que l'on invoque souvent, à tort, pour l'expliquer – que du souci de nombreux couples de profiter des nouvelles dispositions légales pour régulariser des désunions consommées depuis longtemps[6].

c. LE CODE CIVIL

Les auteurs du Code civil entendirent marquer une réaction contre le libéralisme dont avait fait preuve la Constituante. Certains même ne cachèrent pas leur hostilité au divorce. Mais Napoléon, prenant, sur ce point – comme sur beaucoup d'autres – une part active aux travaux, insista pour qu'il fût maintenu[7].

Le Code revint, dès lors, au principe de l'indissolubilité du mariage, à laquelle il ne pouvait être dérogé que dans deux cas précis : d'une part, le divorce pouvait être demandé par l'un des époux pour une faute commise par l'autre ; d'autre part, si le divorce par consentement mutuel était admis, il était enserré dans une procédure longue et imposait à chacun des époux de faire l'abandon immédiat de la moitié de sa fortune à ses enfants.

d. LA RESTAURATION, LA MONARCHIE DE JUILLET, LA IIe RÉPUBLIQUE ET LE SECOND EMPIRE

Très curieusement, le divorce ne fut pas aboli lors du retour de Louis XVIII, en 1814. Certes, les royalistes purs, très nombreux à la cour, entendaient bien rétablir l'influence du catholicisme et, dès juin 1814, ils réussirent à obtenir du roi – lui-même libre penseur – qu'il prît deux ordonnances : l'une qui prescrivait l'interruption de tous travaux les dimanches et fêtes, sous les peines les plus sévères ; l'autre, spéciale à Paris, qui interdisait la circulation des voitures de 8 heures du matin à 3 heures de l'après-midi le jour de la Fête-Dieu et le jour de l'Octave[8]. La même ardeur cléricale conduisit à expulser de son siège le cardinal Maury pour avoir accepté des mains de Napoléon l'archevêché de Paris. Mais le zèle des royalistes ne les conduisit pas à remettre en cause les règles du Code civil autorisant le divorce.

6. La première loi admettant le divorce en Europe avait été édictée par Frédéric le Grand, en 1752. C'était une loi très libérale, permettant à un époux d'obtenir le divorce en invoquant son « *aversion insupportable* » pour son conjoint.
7. Le divorce de Napoléon et de Joséphine fut prononcé le 15 décembre 1809. L'Empereur épousa Marie-Louise les 1er et 2 avril 1810.
8. Le huitième jour après une grande fête.

La situation se modifia au lendemain de l'échec des *Cent-Jours*. Dès mars 1816, le vicomte de Bonald, un des sectaires du catholicisme, réclama l'abrogation du divorce, à la Chambre des députés, au nom de la religion outragée. Sa proposition fut votée par acclamation et soumise, presque immédiatement, à la Chambre haute. Un pair, que n'aveuglait pas l'esprit de parti, demanda que le divorce fût au moins maintenu pour les citoyens n'appartenant pas au culte catholique. On refusa de l'écouter et le baron Pasquier, ancien préfet de police impérial – qui ne s'était pas opposé au divorce de Napoléon et de Joséphine[9] – demanda que la nouvelle loi fût votée séance tenante, sans discussion, par respect pour la morale. Quelques jours plus tard, l'indissolubilité du mariage reprenait officiellement sa place dans les lois du royaume. Elle devait la conserver pendant près de 70 ans.

En 1848, pourtant, le *gouvernement provisoire* avait inscrit à son programme le rétablissement du divorce, que souhaitait la majorité de l'opinion. Mais le garde des Sceaux, Adolphe Crémieux, ne défendit pas ce projet avec ardeur. « *Que voulez-vous* – racontera-t-il, sur le mode plaisant – *est-ce que ma femme ne s'est pas imaginée que c'était à cause d'elle que je demandais le divorce ? Je ne pouvais plus me faire servir chez moi, personne ne m'obéissait ; alors, j'ai cédé, j'ai retiré mon projet de loi* ».

e. LE RÉTABLISSEMENT DU DIVORCE EN 1884 : LA LOI NAQUET

Le divorce n'avait pas été rétabli sous la IIe République. Il ne le fut pas davantage au cours du second Empire, Napoléon III souhaitant se ménager le parti clérical, déjà prévenu à son encontre par sa politique italienne.

Il fallut, dès lors, attendre la loi du 27 juillet 1884, votée à l'initiative du député Naquet, sous le deuxième gouvernement Jules Ferry[10], pour voir le divorce rétabli en France.

Le projet soumis au Parlement était très large et prévoyait le divorce dans trois hypothèses :

– par consentement mutuel ;

– pour faute ;

– pour incompatibilité d'humeur (c'est-à-dire – et cela figurait dans l'exposé des motifs – par simple décision unilatérale).

Le débat d'opinion s'avéra très vif et, le 19 juillet 1884, l'évêque d'Angers déclarait, devant le Sénat : « *Qui vous a demandé le divorce ?... Quelques femmes écervelées, quelques romanciers qui se font un jeu des*

9. « *Jamais peut-être* – écrit-il dans ses Mémoires – *il n'y a eu d'occasion où les courtisans aient été plus embarrassés... (Mais) il fallait approuver la résolution du maître* ».
10. Le vote de la loi fut encouragé par le ministre de la Justice et des Cultes, Félix Martin-Feuillée.

mœurs et des lois... Et dans cette campagne antifrançaise, anticatholique, sur qui se sont-ils appuyés ? Je voudrais ne blesser personne mais enfin il faut appeler les choses par leur nom, il faut dire comment elles se sont passées : pour faire aboutir leur loi, ils se sont appuyés sur une poignée d'israélites ».

De vives exclamations se firent entendre à gauche, tandis que quelques sénateurs de droite déclaraient : « *Très bien ! Très bien !* ».

L'évêque reprit alors :

« *Le mouvement qui va aboutir à la loi du divorce est, dans le véritable sens du mot, un mouvement sémitique, un mouvement qui a commencé à Monsieur Crémieux pour finir à Monsieur Naquet..., à travers toute une série d'israélites fauteurs et promoteurs du divorce. Ailleurs, dans le reste de l'Europe, il se produit des mouvements antisémitiques ; et j'ai à peine besoin de vous dire Messieurs, que je ne les approuve en aucune façon, malgré les imprudences qui ont pu les provoquer. Ici au contraire, nous assistons à un mouvement sémitique qui va triompher dans la question du divorce... Eh bien, Messieurs, il me reste assez d'honneur français et de fierté chrétienne pour ne pas abaisser, en ce qui me concerne, devant les israélites, les barrières de la civilisation chrétienne... Par la loi que vous allez voter, vous prononcerez le divorce entre la Troisième République et l'Église catholique. Eh bien, votez cette loi ! Allez, si vous le voulez, du côté d'Israël, allez vers les Juifs ! Nous restons, nous, du côté de l'Église et de la France !* »[11].

Injuste querelle, qui contribua, sans doute, à réveiller des passions antisémites, apaisées en France depuis la monarchie de Juillet. Toujours est-il que le divorce fut rétabli par la Loi du 27 juillet 1884, qui n'admettait, finalement, que le divorce pour faute. La rupture du lien conjugal ne pouvait être prononcée que si l'un des époux rapportait la preuve d'une faute commise par l'autre, à la condition, d'une part, que cette faute constituât un manquement aux obligations du mariage et, d'autre part, qu'elle rendît intolérable le maintien du lien conjugal.

Cette conception du divorce-sanction avait un double inconvénient :

– d'une part, elle exacerbait les hostilités entre époux, contraints de se livrer, pendant le procès, une bataille sans merci, au cours de laquelle tous les éléments à la charge de l'un ou de l'autre, devaient être invoqués[12]. Le résultat en était qu'ils sortaient du divorce plus brouillés encore qu'à son début, ce qui entraînait les conséquences les plus fâcheuses pour leurs enfants ;

– d'autre part, la loi Naquet – dont les principes restèrent en application jusqu'en 1975 – ne permettait pas le divorce par consentement mutuel. Il en résultait que, lorsque deux époux voulaient divorcer d'un commun accord, l'un des deux se trouvait contraint d'accepter le rôle de fautif et de demander, par exemple, à ses propres amis de rédiger des

11 Cité par Irène Théry, *Le Démariage*, 1996, Éditions Odile Jacob, page 71.

12. À moins, évidemment, que l'un des époux ne renonçât à se défendre, ce qui pouvait avoir, pour lui, de graves conséquences matérielles.

attestations lui faisant grief de son inconduite. Cette comédie obligatoire avait, parfois, des effets fâcheux ; époux et témoins en venaient à se reprocher les attestations qu'ils avaient écrites ou sollicitées... Bref, même lorsqu'elle n'avait pas commencé dans un climat de mésentente, la procédure de divorce créait les conditions d'une hostilité entre les époux, qui, bien souvent, ne pouvait plus être atténuée.

Or, dans une société de plus en plus laïcisée, le divorce – malgré la réprobation sociale qu'il entraînait encore – répondait à une attente de plus en plus forte. De moins de 3 000 (2 950), en 1886 au lendemain de la loi, soit à peu près **1 pour 100** mariages, le nombre des divorces passait ainsi à 35 000 en 1950 (le régime de Vichy avait tenté de freiner cette progression, en interdisant de le demander pendant les trois premières années du mariage).

En 1966 – plus de vingt ans après le boom des séparations qu'avait entraîné la fin de la guerre – on ne comptait pas moins de 8,5 divorces pour 100 mariages. La *barre* des 40 000 était atteinte en 1970, celle des 50 000 en 1973 et celle des 60 000 en 1975.

L'ampleur du phénomène justifiait une réforme législative, que les députés – souvent réticents à se prononcer sur des sujets de société qui divisent les citoyens – n'étaient nullement pressés d'adopter. Il fallut attendre l'état de grâce qui suivit l'élection de Monsieur Giscard d'Estaing à la présidence de la République pour que le problème trouvât, enfin, une solution.

C. LES PRINCIPES QUI ONT RÉGI LE DIVORCE DEPUIS L'ENTRÉE EN VIGUEUR DE LA LOI DU 11 JUILLET 1975 JUSQU'AU 1er JANVIER 2005

Les principes posés par la loi du 11 juillet 1975 n'ont pas été remis en cause pendant près de trente ans.

Il faut en déduire que, dans son ensemble, la procédure de divorce instituée en 1975 répondait, dans une large mesure, aux attentes des citoyens.

Nous en examinerons rapidement les causes et les conséquences.

a. LES CAUSES DU DIVORCE DANS LA LOI DU 11 JUILLET 1975

Une des innovations fondamentales de la loi du 11 juillet 1975 était d'introduire, dans le droit français, le *divorce par consentement mutuel*. Jusqu'alors, en effet, deux époux qui le souhaitaient ne pouvaient divorcer que sur le fondement de la faute. Cela supposait qu'il y eût un « *coupable* » et un « *innocent* ». Dans la pratique, et même si aucun des époux n'avait de tort particulier à l'égard de l'autre et que la procédure de divorce résultât d'un simple *désamour,* il convenait que l'un des deux adressât des lettres injurieuses à l'autre ou reconnût qu'il avait gravement manqué aux règles et obligations du mariage. Il fallait, dès lors, bien souvent que le mari écrivît à son épouse qu'il l'avait trompée, alors même qu'il s'était astreint à respecter le devoir de fidélité pendant la période du mariage. Lorsque, malgré leur *désamour,* les deux membres du couple avaient une entente profonde, résultant d'une manière identique de percevoir les choses, cette obligation de désigner un *coupable* et un *innocent* ne posait pas de problèmes sérieux. Mais, dans le cas où les époux étaient *fragilisés* par la perspective de leur séparation, le rite procédural auquel ils devaient obéir aggravait le conflit qui existait déjà entre eux à l'état latent. En particulier, celui ou celle qui recevait des lettres d'injures, expédiées pour les seuls besoins de la procédure, finissait par se prendre pour une *victime,* alors que, dans la réalité des faits, elle pouvait porter une responsabilité égale à celle de l'autre dans la dégradation des rapports qui les avait conduit, tous deux, à souhaiter rompre le lien conjugal.

Ce fut le grand mérite de la loi du 11 juillet 1975 – à laquelle le Président Giscard d'Estaing attacha un grand prix – que de moderniser la procédure de divorce en supprimant l'obligation de *jouer le jeu du coupable et de l'innocent* et en permettant le **divorce sur requête conjointe**. En définitive, le législateur avait prévu cinq procédures de divorce qu'il convient, pour mémoire, d'examiner rapidement.

a.1. Le divorce sur demande conjointe des époux sous le régime de la loi du 11 juillet 1975

Le législateur avait voulu permettre à deux époux de tirer ensemble un constat d'échec de leur union, d'établir une convention qui régirait leurs rapports, et de soumettre leur projet au juge afin qu'il en vérifie la conformité aux règles générales du droit et de l'équité. Sous réserve, dès lors, que la demande ne fût pas présentée « *au cours des six premiers mois du mariage* » – ce qu'interdisait l'article 230 du Code civil – les époux, assistés soit de leurs avocats respectifs, soit d'un avocat commun (à condition qu'il n'ait pas, au préalable, conseillé l'un ou l'autre) pouvaient rédiger ensemble une *requête conjointe,* par laquelle ils faisaient connaître leur intention de mettre fin au lien conjugal. Ils n'avaient pas à indiquer la cause de leur volonté de rupture, mais seulement à soumettre au juge « *un projet de convention qui en régl(ait) les conséquences* ».

La notion de faute étant absente du débat, le magistrat tentait de concilier les époux, (s'il n'en était pas ainsi, il aurait seulement jouer le rôle d'un officier d'état civil chargé d'enregistrer leur volonté de mettre fin au mariage) puis, s'ils persistaient dans leur intention de divorcer, il leur indiquait que leur demande devrait être renouvelée après un délai de réflexion de trois mois, mais qu'elle serait caduque si elle ne l'était pas dans les neuf mois. Ces délais paraissaient sages : le premier pouvait permettre de calmer les conjoints qui n'avaient manifesté l'intention de se séparer qu'en cédant à un mouvement d'humeur ; le second obligeait les hésitants à ne pas se maintenir – et, parfois, se complaire – dans une situation de perpétuel atermoiement.

Si la demande était renouvelée dans le délai prescrit, le juge s'assurait de la volonté réelle et du libre accord persistant des époux – notamment, qu'aucun d'eux n'avait cédé à une pression de son conjoint – et vérifiait que la convention préservait suffisamment les intérêts des parties et de leurs enfants. S'il en avait acquis la conviction, il prononçait le divorce (art. 232 ancien du Code civil).

Cette forme de *divorce par consentement mutuel* était relativement simple. Il faut, toutefois, noter que cet avantage pouvait disparaître, si les époux possédaient un patrimoine immobilier d'une certaine importance, puisque le juge ne pouvait homologuer la convention réglant les effets du divorce qu'au vu d'un état liquidatif du régime matrimonial, établi « *en forme authentique devant notaire lorsque la liquidation porte sur des biens soumis à la publicité foncière* ». Compte tenu des délais – de fait plus que de droit – qu'imposait, le plus souvent, la liquidation d'un régime matrimonial, le *divorce sur requête conjointe* pouvait, presque, n'être recommandé qu'aux époux qui ne disposaient pas d'un patrimoine immobilier conséquent...

a.2. Le divorce sur demande acceptée sous le régime de la loi du 11 juillet 1975

Comme son appellation l'indique, la procédure *sur requête conjointe* – que nous venons d'examiner – supposait (et suppose toujours, puisqu'elle a été conservée, mais simplifiée, par la loi du 26 mai 2004) l'expression conjointe par les époux de leur volonté de rupture. Or, il arrive fréquemment que l'un des époux souhaite divorcer avec plus de force que l'autre, soit qu'il ait le projet de refaire sa vie, soit que le maintien de la vie commune lui paraisse conduire à une impasse dans laquelle il ne souhaite pas se laisser enfermer, tandis que son conjoint se résigne à ce que les choses demeurent en l'état. Ce dernier peut alors fort bien ne pas souhaiter prendre l'initiative du divorce – initiative qu'il prendrait en signant une requête, fût-elle conjointe – mais accepter, néanmoins, la demande formée par son époux. C'était l'hypothèse que visaient les articles 233 à 236 anciens du Code civil (numérotation qui – pour les deux premiers – a été conservée par la loi du 26 mai 2004).

L'idée générale de ce type de divorce est que, même si l'initiative n'en est pas prise par les deux époux agissant conjointement, il n'impose pas de faire valoir des torts, que le défendeur aurait causés à l'autre, mais de simples faits, dont l'ancien article 233 précisait que, « *procédant de l'un et de l'autre, (ils) rend(aient) intolérable le maintien de la vie commune* ».

Cette formule peut prêter à discussion. Lors de la discussion au Sénat, le gouvernement avait demandé l'addition au texte initial des mots « *objectivement décrits* » (« *faits procédant de l'un et de l'autre, objecti-*

vement décrits, qui rendent intolérable le maintien de la vie commune »). Le garde des Sceaux – Jean Lecanuet – indiqua que cette addition avait pour but de « *préciser sans équivoque possible que l'époux demandeur (devait), non pas chercher à imputer les faits qu'il invoqu(ait) pour demander le divorce à son conjoint, mais faire état d'une situation objectivement décrite* » (voir *JO déb.* Sénat, 1975, page 1553).

L'Assemblée nationale préféra la formule « *procédant de l'un et de l'autre* » (voir *JO* déb. Ass. nat., 1975, pages 4683 et 4684), ce qui supposait que les faits rendant intolérable le maintien de la vie commune fussent imputables à l'un et à l'autre, mais que l'un d'eux seulement prît l'initiative du divorce.

Cette situation, qui faisait que l'un des époux devenait demandeur à l'instance, et l'autre défendeur, avait – et a toujours – de sérieuses conséquences sur le déroulement de la procédure. Au lieu, en effet, de prononcer le divorce aux conditions fixées par les parties dans la convention qu'elles lui proposent – sauf, bien évidemment, s'il constate qu'elle n'exprime pas réellement leur volonté – le juge se borne, dans un premier temps, à le prononcer purement et simplement, mais sans statuer immédiatement sur ses conséquences, qui doivent être fixées par le tribunal, à l'issue d'une procédure obéissant aux règles du droit commun.

Ce type de divorce – qui, selon l'ancien article 234, produisait les effets d'un divorce aux torts partagés – présentait, par suite, deux phases distinctes :

– celle concernant le principe de la rupture, qui supposait, non pas une requête conjointe, mais une demande présentée par l'un des époux, « *faisant état d'un ensemble de faits, procédant de l'un et de l'autre, qui rendent intolérable le maintien de la vie commune* ». À cette demande devait être joint un **mémoire**, dans lequel l'époux demandeur s'efforçait de « *décrire objectivement la situation conjugale sans chercher à qualifier les faits ni à les imputer à l'un ou à l'autre conjoint* ». Dans le mois suivant la réception de la demande et du mémoire, le *défendeur* devait transmettre au greffe une *déclaration d'acceptation*, à laquelle il pouvait joindre « *un mémoire où, sans contester la relation des faits, il en propos(ait) ... sa version personnelle* », étant observé que, s'il rejetait le mémoire du *demandeur*, « *soit expressément, soit tacitement en s'abstenant d'y répondre* » dans le délai prescrit, la requête devenait caduque et la procédure ne pouvait pas être poursuivie (art. 233 ancien du Code civil et 1132 et 1133 anciens du Nouveau Code de procédure civile). Si le *défendeur* acceptait le mémoire du *demandeur*, la procédure se poursuivait et entrait dans sa deuxième phase :

– celle relative à la fixation des modalités de cette rupture qui, échappant – sauf accord – aux stipulations des parties, était réglée par le Tribunal de grande instance, l'article 1135 nouveau du Nouveau Code de procédure civile stipulant expressément que « *l'instruction de l'affaire et l'audition des époux sont limitées, en toute hypothèse, aux effets de la décision* ».

Certes, les époux débattaient – et débattent toujours – sur l'attribution du domicile conjugal, la prestation compensatoire, les conditions d'exercice de l'autorité parentale, la contribution à l'entretien et à l'éducation des enfants et, de façon générale, sur tous les sujets qui doivent être réglés à la suite de la rupture du lien conjugal. Mais ils ne s'affrontaient plus sur cette rupture elle-même, qui était réglée, par hypothèse, dès le début de l'instance.

Le doyen Jean Carbonnier pensait que cette procédure pourrait constituer le divorce des catholiques, dans la mesure où il ne s'agissait pas, pour le défendeur, de demander le divorce, mais « *de se laisser divorcer* ». N'était-ce pas, toutefois, faire preuve de « *jésuitisme* » ?[13]

La troisième hypothèse visée par la loi du 11 juillet 1975 était celle du *divorce pour séparation de fait depuis six ans.*

a.3. Le divorce pour séparation de fait depuis six ans sous le régime de la loi du 11 juillet 1975

a.3.1. Les conditions de la rupture

L'article 237 disposait qu'« *un époux peut demander le divorce en raison d'une rupture prolongée de la vie commune, lorsque les époux vivent séparés de fait depuis six ans* ».

L'intention du législateur était ici très claire : permettre la *régularisation* de la rupture entre deux époux qui n'étaient plus unis, depuis longtemps, par les liens de la vie commune, mais dont l'un, pour des scrupules – parfois religieux – qui peuvent être respectables, refuse les deux formes du *divorce par consentement mutuel* (le *divorce sur requête conjointe* et le *divorce sur demande acceptée* que nous venons, l'une et l'autre, d'examiner), alors qu'aucune faute ne saurait lui être reprochée.

Les auteurs de la loi de 1975 estimaient que, dans un tel cas, il ne servait à rien de maintenir un lien, devenu purement formel, et qu'il convenait de prendre acte d'une rupture dont tout laissait penser qu'elle était irréversible.

Il faut observer que l'article 237 ancien supposait la réunion de deux éléments qui peuvent, à premier examen, paraître identiques, mais qui traduisent, en fait, des réalités différentes : la séparation et la rupture de la vie commune. Un diplomate en poste dans un pays éloigné peut être séparé de fait de son épouse, si celle-ci est restée en France – pour assurer, par exemple, une meilleure scolarité de leurs enfants – sans marquer, pour autant, sa volonté de rompre la vie commune. Il est vrai que, sauf dans des circonstances exceptionnelles – captivité au cours d'une période de guerre, emprisonnement de longue durée – la séparation de fait dure rarement six années sans traduire, en même temps, une rupture prolongée de la vie commune. Le diplomate qui resterait dans son ambassade ou

13. Malaurie et Fulchiron, *Droit civil : La Famille,* 2004, Defrénois, page 239.

son consulat pendant six ans, sans visiter ou recevoir son épouse, ferait preuve d'une conscience professionnelle qui jetterait un doute sur sa fidélité conjugale et laisserait mal augurer de sa volonté de préserver les liens de la vie commune…

Il n'existe pas, pour autant, de critère objectif ni de la séparation de fait ni de la rupture prolongée de la vie commune. Comment qualifier, par exemple, une situation dans laquelle un mari n'adresse plus la parole à sa femme et se contente de déposer sur la table l'argent du ménage, sans autre commentaire ? Saisi de ce problème par le mari qui estimait que la séparation visée par l'article 237 n'était pas seulement celle de conjoints qui vivent en des lieux différents, mais aussi celle d'époux qui mènent, sous un même toit, une existence autonome avec rupture de la vie commune, le Tribunal de grande instance de Mulhouse a estimé qu'il ne pouvait y avoir séparation de fait qu'à partir du moment où les deux époux ne vivaient plus ensemble et qu'en décider autrement reviendrait à appliquer l'article 237 à tous les ménages qui font chambre séparée ou, qui, pour des motifs divers, se contentent de vivre côte à côte, dans un silence quotidien parfois plus oppressant que des scènes de violence occasionnelles (voir TGI Mulhouse, 20 novembre 1978, *JCP* 1979.II, 19097).

Bien délicate était – et est toujours, nous le verrons – la tâche du juge, qui doit rechercher si l'éloignement des époux « *comporte le désir de rompre ou, du moins, de se dérober clairement, de façon non équivoque, à toute vie commune* » (voir TGI Paris, 18 janvier 1977, *JCP* 1977.II, 18599, à propos d'une femme qui, après 21 ans de vie commune, avait quitté la résidence de son mari pour aller vivre sous un climat plus doux).

a.3.2. Les limitations au droit de rupture

Mais, en tout état de cause, on a pu estimer qu'il serait trop facile de se contenter d'attendre six ans (deux ans depuis la loi du 26 mai 2004) – parfois passés en bonne compagnie – pour obtenir un jugement de divorce fondé sur l'existence de cette séparation prolongée. C'était la raison pour laquelle l'article 240 disposait que, « *si l'un des époux établissait que le divorce aurait, soit pour lui, compte tenu notamment de son âge et de la durée du mariage, soit pour les enfants, des conséquences matérielles ou morales d'une exceptionnelle dureté, le juge rejetait la demande* ». Contrairement, dès lors, à une opinion répandue, la séparation de fait depuis six ans se traduisant par une *rupture prolongée de la vie commune*, ne suffisait pas à permettre à un époux d'obtenir le divorce ; il fallait encore que la séparation qui en résultait n'entraînât pas, pour son conjoint ou ses enfants, « *des conséquences d'une exceptionnelle dureté* ».

Toutefois, les tribunaux avaient marqué une certaine réticence à l'égard de cette clause de dureté et ne la retenaient, finalement, que dans trois hypothèses :

– l'*état de santé*, mentale ou physique, du conjoint, à la condition qu'il établît l'aggravation prévisible que lui causerait le divorce (il n'y avait pas lieu de faire jouer la *clause de dureté*, lorsque le mauvais état de santé existait depuis plusieurs années et qu'aucun lien ne pouvait, dès lors, être établi entre l'origine ou l'aggravation de la maladie et la procédure de divorce (voir Grenoble, 24 mars 1997, *Juris-Data*, n° 43035) ;

– les *conséquences matérielles*, lorsque, par exemple, l'époux défendeur, incapable d'exercer une activité salariée en raison de son âge, risquait de perdre le logement qu'il occupait – la loi n° 2001-1135 du 3 décembre 2001 accordant des droits nouveaux au conjoint successible en matière de logement (voir les articles 763 à 766 nouveaux du Code civil) a considérablement limité ce risque – et que le demandeur se trouvait dans l'impossibilité de lui consentir une aide matérielle suffisante ;

– les *convictions religieuses*, dans la mesure où les justiciables opposés au divorce sont, bien souvent, des personnes dont les opinions catholiques sont fortement ancrées (l'examen de la jurisprudence révèle, toutefois, que ces convictions, à elles seules, ne suffisaient pas à faire refuser le divorce et que, même accompagnées d'autres éléments, elles n'étaient retenues qu'à la condition d'être particulièrement profondes).

Notons qu'il a été jugé qu'une femme ne pouvait opposer ses convictions religieuses à une demande en rupture de la vie commune, dès lors que l'église à laquelle elle appartenait admettait le divorce (voir Montpellier, 6 mars 1997, *Juris-Data*, n° 34151) ou qu'il lui suffisait de ne pas se remarier pour être en règle avec les prescriptions de cette église (voir Paris, 25 février 1997, *Juris-Data*, n° 22422), solutions qui ne semblent pas incompatibles avec le principe de laïcité de l'État.

Les choses se trouvaient plus complexes encore lorsque le divorce était motivé par l'*altération des facultés mentales d'un époux*.

a.4. Le divorce pour altération des facultés mentales d'un époux sous le régime de la loi du 11 juillet 1975

a.4.1. La possibilité de divorcer d'une personne dont les facultés mentales étaient gravement altérées sous le régime de la loi du 11 juillet 1975

L'article 238 ancien du Code civil permettait à un époux de demander le divorce, « *lorsque les facultés mentales du conjoint se trouvaient, depuis six ans, si gravement altérées qu'aucune communauté de vie ne subsistait plus entre les époux et ne pourrait, selon les prévisions les plus raisonnables, se reconstituer dans l'avenir* ».

En adoptant ce texte, le législateur de 1975 avait réglé une difficulté ancienne, dont les implications juridiques et morales dépassaient le cadre du divorce pour atteindre la notion même de mariage. Il s'efforçait, en effet, de résoudre le douloureux problème humain de la personne mariée avec un grabataire dont les facultés mentales étaient altérées, mais sans résoudre celui – peut-être plus douloureux encore – de la personne malade, qui risquait ainsi de se voir abandonnée.

Il appartenait aux médecins d'établir que l'altération des facultés mentales de l'un des époux était telle que, « *selon les prévisions les plus raisonnables* », la « *communauté de vie ne pourra(it plus) se reconstituer dans l'avenir* ». Si, en effet, au bout d'un certain temps, et à la suite de soins appropriés, l'altération disparaissait définitivement, alors que, dans l'intervalle, le divorce avait été prononcé – et suivi, le cas échéant, d'un remariage de l'époux demandeur – la situation serait d'une réelle gravité. Il convenait, dès lors, que les hommes de science puis les magistrats fissent preuve de la plus grande circonspection et, pour les y inciter, l'article 1125 du Nouveau Code de procédure civile prévoyait que, dans une telle hypothèse, « *le juge aux affaires familiales ne (pouvait) prononcer le divorce qu'au vu d'un rapport médical établi par trois médecins experts qu'il choisi(ssait) sur la liste prévue à l'article 493-1 du Code civil* », c'est-à-dire sur une liste dressée par le procureur de la République.

Il est permis d'observer qu'un majeur protégé peut être placé sous tutelle si « *l'altération (de ses) facultés mentales ou corporelles* » a été constatée par un seul médecin figurant sur cette liste. La loi était ainsi moins exigeante pour décider qu'une personne devait être protégée contre elle-même que pour lui reconnaître le droit de divorcer d'un conjoint dont les facultés mentales se trouvaient altérées. Philosophie à la fois respectable et inquiétante…

a.4.2. Les limitations au droit de rupture pour altération des facultés mentales sous le régime de la loi du 11 juillet 1975

Le 2e alinéa de l'article 238 ancien permettait au juge de « *rejeter d'office* » la demande de *divorce pour altération des facultés mentales,* si la rupture du lien conjugal « *risqu(ait) d'avoir des conséquences trop graves sur la maladie du conjoint* ». Là encore, la tâche du juge était particulièrement délicate, puisqu'il ne devait pas seulement se demander si les « *conséquences matérielles ou morales* » seraient, pour le défendeur ou pour les enfants, « *d'une exceptionnelle dureté* » – hypothèse dans laquelle, selon l'article 240 ancien du Code civil, aucun divorce pour rupture de la vie commune (que ce soit pour *séparation de fait depuis six ans* ou pour *altération des facultés mentales*) ne pouvait être prononcé – mais qu'il devait aller plus loin et, se transformant en expert médical, dire si, oui ou non, la rupture du lien conjugal « *risqu(ait) d'avoir des conséquences trop graves* » sur la maladie du défendeur. Rôle presque impossible, qui pouvait, sans doute, conduire à dénouer les situations extrêmes (permettre, par exemple, de divorcer d'une personne en état de coma profond et irréversible), mais qui n'était pas adapté – et il convenait, peut-être, de s'en réjouir ! – aux drames ordinaires de la vie quotidienne…

Toutes ces difficultés pouvaient expliquer – au moins partiellement – que le traditionnel *divorce pour faute* continuât (**et continue**) de bénéficier d'une grande faveur.

L'article 242 ancien du Code civil – qui n'a guère été modifié par la loi du 26 mai 2004 – prévoyait que « *le divorce pouvait être demandé par un époux pour des faits imputables à l'autre, lorsque ces faits constituaient une violation grave ou renouvelée des devoirs et obligations du mariage et rendaient intolérable le maintien de la vie commune* ».

Ce texte abandonnait la notion de *cause péremptoire de divorce,* qui existait avant 1975. Le juge prononçait alors le divorce, dès que l'un des époux démontrait, soit que son conjoint avait commis un adultère, soit qu'il avait fait l'objet d'une condamnation à une peine afflictive et infamante. En présence de l'un des ces deux faits, le tribunal, à qui le divorce était demandé, n'avait pas le pouvoir de le refuser. Cela ne voulait certes pas dire que l'adultère entraînait automatiquement la rupture du lien conjugal (s'il en avait été ainsi, le nombre de divorces aurait été beaucoup plus élevé qu'il ne l'était !). Mais cela permettait à l'époux, qui rapportait la preuve de l'adultère de son conjoint – notamment par un constat d'huissier – d'être certain, s'il s'en prévalait, d'obtenir le divorce à son profit.

En d'autres termes, le juge, saisi d'une demande fondée sur un constat d'adultère dûment établi, n'avait pas le pouvoir de la rejeter. Le motif de cette demande était bien « *péremptoire* », dans la mesure où il détruisait d'avance toute objection.

La réforme de 1975 a supprimé les causes péremptoires de divorce, en même temps qu'elle supprimait les sanctions pénales qui s'attachaient alors à l'adultère[14].

Les causes péremptoires se trouvant supprimées, le divorce ne pouvait plus – et ne peut plus – être prononcé que pour des causes générales et facultatives. Aux termes de l'article 242 du Code civil, il supposait – et suppose toujours – que trois conditions soient réunies :

– il faut, d'abord, qu'il y ait « *une violation des devoirs et obligations du mariage* » ;

– il faut, ensuite, que cette violation soit « *grave ou renouvelée* », ce qui – pour reprendre la formule d'un député au cours de la discussion parlementaire de 1975 – « *permet de distinguer entre l'égarement d'un soir et la liaison suivie* » (voir *JO* déb. Ass. nat. 1975, page 3330) ;

– il importe, enfin, que cette violation grave ou renouvelée « *rende intolérable le maintien de la vie commune* ».

14. Le 5 juillet 1845, Victor Hugo et sa maîtresse, Léonie Biard, firent l'objet d'un constat d'adultère, à la requête du mari trompé. L'adultère étant établi, les agents conduisirent en prison l'épouse volage. Le commissaire demanda également à l'écrivain de le suivre, puisqu'il était passible des peines qui réprimaient la complicité d'adultère. Hugo s'avança et déclara alors majestueusement (mais, peut-être, sans beaucoup de galanterie !) : « *Je suis pair de France* », invoquant l'immunité attachée à sa fonction. Il ne fut pas poursuivi et Louis-Philippe, qui l'aimait beaucoup, commanda à Biard, artiste talentueux, des peintures murales. Le mari, apaisé, retira sa plainte, ce qui permit aux Parisiens de colporter ce mot : « *Ce sont ses fresques qui lui ont fait oublier les frasques de sa femme* ». Quant à Lamartine, il conseilla seulement à Hugo de partir quelque temps pour l'étranger : « *Ces choses-là s'oublient vite* », déclara-t-il. « *La France est élastique ; on se relève même d'un canapé* ».

Nous verrons, en étudiant la loi du 26 mai 2004, les hypothèses les plus classiques dans lesquelles les tribunaux estiment que ces conditions sont réunies.

Facilitée, *dédramatisée* et tenant compte de l'évolution de la société, la procédure de divorce instituée par la loi de 1975 n'en laissait pas moins subsister un certain nombre de problèmes quant à ses conséquences.

a.5. Le divorce pour faute

Dans la rédaction de la loi du 11 juillet 1975, l'article 242 du Code civil prévoyait que « *Le divorce peut être demandé par un époux pour des faits imputables à l'autre, lorsque ces faits constituent une violation grave ou renouvelée des devoirs d'obligation du mariage et rendent intolérable le maintien de la vie commune* ».

Ce texte n'ayant été que légèrement modifié par la loi du 26 mai 2004, il convient de renvoyer aux développements consacrés à la notion de « *faute* » dans l'étude du nouveau régime (voir le paragraphe b.4. de la section D. du présent chapitre).

b. LES PRINCIPALES CONSÉQUENCES DU DIVORCE DANS LA LOI DU 11 JUILLET 1975

Les conséquences du divorce institué en 1975 ne seront examinées que brièvement, puisque les effets de la rupture du mariage seront examinés, dans l'ensemble, au paragraphe suivant (**D**).

b.1. Le délai de viduité

Du latin *vidua (veuve)*, le *délai de viduité* est celui avant l'expiration duquel une femme, veuve ou divorcée, ne peut se remarier. L'article 228 du Code civil, dans la rédaction que lui avait donnée la loi du 9 août 1919, énonçait que « *la femme ne peut contracter un nouveau mariage qu'après trois cents jours révolus depuis la dissolution du mariage précédent* ». Le point de départ de ce délai était le jour du décès du mari ou celui où le jugement de divorce était définitif. Cette interdiction n'était pas fondée – comme on l'a cru parfois – sur des raisons de convenances, mais sur le désir d'éviter des conflits de paternité, tenant, en cas de divorce, à la question de savoir si l'enfant devait être rattaché au premier ou au deuxième mari, si l'épouse s'était remariée aussitôt après la dissolution de sa première union. La règle avait été assouplie par la loi du 11 juillet 1975, qui disposait que ce délai prenait fin, d'une part, « *en cas d'accouchement après le décès du mari* », d'autre part, « *si la femme produi(sait) un certificat médical attestant qu'elle n'(était) pas en état de grossesse* ».

b.2. Le nom patronymique

L'article 264 ancien du Code civil disposait – jusqu'à la loi du 26 mai 2004 – qu'« *à la suite du divorce, chacun des époux repren(ait) l'usage de son nom* ». Il permettait, toutefois, à la femme – en cas de divorce pour « *rupture prolongée de la vie commune lorsque les époux viv(aient) séparés de fait depuis six ans* » ou de divorce prononcé « *lorsque les facultés mentales du conjoint se trouv(aient), depuis six ans, si gravement altérées qu'aucune communauté de vie ne subsist(ait) plus entre les époux et ne pourra(it), selon les prévisions les plus raisonnables, se reconstituer dans l'avenir* » – de conserver l'usage du nom de son mari lorsque le divorce avait été demandé par celui-ci.

Dans les autres cas, elle ne pouvait conserver l'usage de ce nom qu'avec l'accord de son époux ou « *l'autorisation du juge, si elle justifi(ait) qu'un intérêt particulier s'y attach(ait) pour elle-même ou pour les enfants* ». Il faut noter, à propos des titres nobiliaires, que la poursuite de l'usage du nom patronymique n'entraînait pas automatiquement celle de l'usage du titre, du fait de l'autonomie du droit nobiliaire (voir Bourges, 24 février 1998, *JCP* 1998.II, 10072, faisant interdiction à l'épouse divorcée d'un duc de continuer à porter le titre de duchesse, bien qu'elle fût autorisée à conserver l'usage du nom de son mari).

b.3. La date des effets patrimoniaux du divorce

Depuis la loi du 11 juillet 1975, l'article 260 du Code civil disposait que « *la décision qui prononce le divorce dissout le mariage à la date à laquelle elle prend force de chose jugée* ». Cependant, l'article 262-1 ancien énonçait que « *le jugement de divorce prend effet dans les rapports entre époux, en ce qui concerne leurs biens, dès la date d'assignation* ».

Mais, par une subtile construction, tendant à *moraliser* le divorce, la loi de 1975 avait prévu que « *l'époux contre lequel le divorce (était) prononcé* » – c'est-à-dire celui auquel les torts exclusifs étaient imputés ou celui qui avait pris l'initiative d'un divorce « *obtenu en raison de la rupture de la vie commune* » – « *perd(ait) les droits que la loi ou des conventions passées avec les tiers attribu(aient) au conjoint divorcé* ». De plus, « *quand le divorce (était) prononcé aux torts exclusifs de l'un des époux, celui-ci perd(ait) de plein droit toutes les donations et tous les avantages matrimoniaux que son conjoint lui avait consentis, soit lors du mariage, soit après* ».

Enfin, avant la loi du 26 mai 2004, le législateur posait le principe de la **dissociation des causes et des effets du divorce**. Cela voulait dire que – sauf dans l'hypothèse d'un *divorce par consentement mutuel*, qui ne permettait au juge d'homologuer la convention passée entre les époux qu'au vu d'un état liquidatif du régime matrimonial – la liquidation et le partage des intérêts patrimoniaux des époux s'effectuaient **après le prononcé du divorce**. Il en résultait, bien souvent, en pratique, un *après-divorce* émaillé de querelles procédurales d'autant plus anachroniques qu'elles suivaient un jugement ou un arrêt mettant fin aux liens du mariage, mais d'autant plus vives qu'elles concernaient le patrimoine des ex-conjoints (les désaccords les plus marqués n'étant pas toujours ceux qui se rapportaient à la propriété de biens de grande valeur !).

b.4. La prestation compensatoire

Ce fut l'un des traits fondamentaux de la loi du 11 juillet 1975 que de substituer à l'ancienne « *pension* » de l'article 301 du Code civil une **prestation compensatoire**, à laquelle le Code civil ne consacrait pas moins de 15 articles (art. 270 à 280-1 anciens).

Sa création répondait au souci de *détacher de la faute les droits pécuniaires après-divorce*, selon la formule du doyen Carbonnier (*D.S.*1975, *chroniques* 115, page 120). Afin d'éviter « *l'excitation de la belligérance que représentait la fixation de la pension alimentaire sous le régime de l'ancienne loi, le texte de 1975 s'attachait à comparer les situations objectives des deux époux en vue de procéder à un* « *rééquilibrage* » entre *deux situations patrimoniales dont la disparité avait été jusqu'alors masquée par la communauté de vie* » (J. Carbonnier, *id.*).

Selon l'article 270 qui a été, sur ce point, conservé par la loi du 26 mai 2004, la prestation compensatoire est « *destinée à compenser, autant qu'il est possible, la disparité que la rupture du mariage crée dans les conditions de vie respectives* » des époux.

Comme la *pension alimentaire*, elle demeure fondée sur la comparaison des besoins et ressources respectives des parties. Mais elle s'en distingue par son régime et, notamment, son caractère forfaitaire. L'article 271 prévoit, dans une formule qui a été également conservée, qu'elle « *est fixée selon les besoins de l'époux à qui elle est versée et les ressources de l'autre en tenant compte de la situation au moment du divorce et de l'évolution de celle-ci dans un avenir prévisible* ». La loi n° 2000-596 du 30 juin 2000 – qui sera complétée par la loi du 26 mai 2004 – précisera que, « *dans la détermination des besoins et des ressources, le juge prend en considération notamment : l'âge et la santé des époux ; la durée du mariage ; le temps déjà consacré ou qu'il leur faudra consacrer à l'éducation des enfants ; leur qualification et leur situation professionnelle au regard du marché du travail ; leurs droits existants et prévisibles ; leur situation respective en matière de pensions de retraite* ».

Le caractère forfaitaire de la prestation compensatoire était affirmé par l'article 273 et l'article 274 – dans la rédaction que lui avait donnée la loi du 30 juin 2000 – énonçait qu'elle prenait « *la forme d'un capital dont le montant (était) fixé par le juge* ». Celui-ci appréciait souverainement l'évolution prévisible de la situation des époux, tenant compte, par exemple, des charges que sa situation de divorcée ferait peser sur la femme ou de la possibilité, pour elle, d'exercer un métier ou encore de l'état de concubinage dans lequel vivait l'un des deux conjoints, qui pouvait le décharger de certaines dépenses.

En tout état de cause, le juge du divorce avait – et a toujours – pour mission de régler définitivement, dans toute la mesure du possible, les conséquences de la « *disparité* » que la rupture du mariage créait « *dans les conditions de vie respectives* » des époux. Pour affirmer le caractère forfaitaire de la prestation compensatoire, la loi de 1975 disposait qu'elle prenait, en principe, la forme d'« *un capital dont le montant (était) fixé par le juge* ». Toutefois, lorsque l'allocation d'un capital était impossible ou insuffisante, le tribunal, dans la rédaction de l'article 276 résultant de la loi du 30 juin 2000, pouvait, « *par décision spécialement motivée, en raison de l'âge ou de l'état de santé du créancier ne lui permettant pas de subvenir à ses besoins, fixer la prestation compensatoire sous forme de rente viagère* ».

La pratique ayant montré que l'époux débiteur éprouvait de grandes difficultés à s'acquitter de la prestation compensatoire par un versement en capital, le recours à la rente se développa. Une étude spécifique aux Cours d'appel de Rennes et d'Angers montra même que, dans les premières années d'application de la loi de 1975, elle concernait 85 % des cas. C'était là une déviation regrettable du système légal qui posait le principe de son versement en capital, le recours à la rente devant seulement constituer une exception[15].

Au surplus, l'article 273 du Code civil, dans sa rédaction de 1975, disposait que la prestation compensatoire « *ne peut être révisée même en cas de changement imprévu dans les ressources ou les besoins des parties, sauf si l'absence de révision devait avoir pour l'un des conjoints des conséquences d'une exceptionnelle gravité* », cette dernière notion étant distincte de la *force majeure* (Cass. civ. II, 14 décembre 1987, *Bull.* II, n° 265). La formule de l'article 273 (« *sauf si l'absence de révision devait avoir pour l'un des conjoints des conséquences d'une exceptionnelle gravité* ») demeurait, néanmoins, d'une application malaisée et le législateur du 30 juin 2000 la supprima, se bornant à réaffirmer, à l'article 273, que « *la prestation compensatoire a un caractère forfaitaire* »[16].

Enfin, dans le système institué par la loi de 1975, l'article 280-1 du Code civil énonçait que « *l'époux aux torts exclusifs de qui le divorce est prononcé n'a droit à aucune prestation compensatoire* ». Cette disposition avait une grande portée pratique dans la mesure où, en cas d'adultère – et même si celui-ci ne constituait plus une cause péremptoire de divorce – l'époux *innocent* qui avait pu faire constater l'inconduite de son conjoint pouvait, même s'il disposait de ressources nettement plus importantes que celui-ci, engager la procédure en position de force, fermant la voie de la condamnation à une prestation compensatoire (sauf en cas de divorce aux torts partagés).

15. Raymond Lindon et Alain Bénabent, *Le droit du divorce*, 1984, LITEC, pages 234 et 235.

16. Dans la seule hypothèse du *divorce par consentement mutuel*, l'article 279 ancien permettait aux époux « *de prévoir dans leur convention que chacun d'eux pourra(it), en cas de changement imprévu dans ses ressources et ses besoins, demander au juge de réviser la prestation compensatoire* ».

Il nous reste à examiner brièvement les effets du divorce sur les enfants, dans le système institué par le législateur de 1975.

b.5. Les effets du divorce à l'égard des enfants

L'article 286 ancien du Code civil rappelait que « *le divorce laisse subsister les droits et les devoirs des père et mère à l'égard de leurs enfants* », sous réserve des règles relatives à l'exercice de l'autorité parentale. Celle-ci, depuis la loi du 8 janvier 1993, était « *exercée en commun par les deux parents* », le juge désignant, « *à défaut d'accord amiable ou si cet accord lui apparaissait contraire à l'intérêt de l'enfant, le parent chez lequel les enfants avaient leur résidence habituelle* ». Le texte précisait même que, « *si l'intérêt de l'enfant le commande, le juge peut confier l'exercice de l'autorité parentale à l'un des deux parents* » (art. 287, alinéa 2) ou, « *à titre exceptionnel et si l'intérêt des enfants l'exige* », fixer leur résidence, « *soit chez une autre personne choisie de préférence dans leur parenté, soit, si cela s'avérait impossible, dans un établissement d'éducation* » (art. 287-1).

La loi du 26 mai 2004 a modifié d'une manière assez profonde les dispositions relatives au divorce, poursuivant l'œuvre de **simplification** – et, dans une large mesure, de **pacification** – entreprise par le législateur de 1975.

D. LA LOI DU 26 MAI 2004 ET LES PRINCIPES QUI RÉGISSENT LE DIVORCE ACTUEL

a. D'UNE RÉFORME À L'AUTRE

Comme précédemment, nous examinerons les nouvelles causes du divorce et les conséquences qui en résultent.

Pendant le quart de siècle qui suivit l'entrée en vigueur de la loi du 11 juillet 1975, le nombre de divorces ne cessa guère d'augmenter : 61 000 en 1974, 107 505 en 1985, 119 189 en 1995, 122 666 en 2002. Sans doute, l'existence même de procédures qui facilitent la rupture du lien conjugal incite-t-elle les hésitants à *passer à l'acte*. Au surplus – comme il a été dit – l'instauration d'un *divorce par consentement mutuel* permettait à ceux qui *subissaient* le mariage plus qu'ils ne le *vivaient* de mettre un terme à une situation, parfois dénuée de tout sens. Mais d'autres facteurs jouaient également dans le même sens. L'indépendance financière, de plus en plus souvent acquise par les femmes, et l'acceptation par la société du statut de femme divorcée ont tenu leur rôle puisque, statistiquement, les femmes demandent plus souvent le divorce que les maris.

En tout état de cause, si le nombre de divorces se stabilisait **entre 120 000 et 130 000 par an** (122 666 en 2002 et 126 388 en 2003), et le *taux de divortialité,* qui était d'environ 5 % en 1914, de 10 % vers 1970, de 30 % vers 1985, atteignait 45 % au début du XXIe siècle.

Dans les années qui précédèrent la loi du 26 mai 2004, le pourcentage des divorces obtenus *pour faute* était de l'ordre de 45 % et augmentait régulièrement depuis 1976. Il était possible de voir, dans cette progression, le signe d'une évolution des mœurs traduisant la *banalisation* du divorce. Mais, contrairement à l'analyse qui pouvait s'évincer de cette hypothèse, il importait de noter que l'on divorçait beaucoup par *consentement mutuel* dans les départements conservateurs – par exemple, les Alpes-Maritimes – et, bien souvent, *pour faute* dans les départements du Nord, plutôt progressistes. En réalité, le choix de la procédure semblait résulter davantage de l'*appartenance sociale* que de l'*opinion politique,* et le *divorce par consentement mutuel* était d'autant plus fréquent que l'on s'élevait dans la hiérarchie sociale.

Un certain nombre de personnalités, notamment Madame Ségolène Royal – alors ministre délégué chargé de la Famille, de l'Enfance et des Personnes handicapées – et la sociologue Irène Théry ont fait connaître leur préférence pour un **divorce sans juge.**

Une telle procédure, qui permettrait – dans les cas les plus simples – de divorcer, comme on se marie, par simple déclaration devant l'officier d'état civil, pourrait avoir pour effet bénéfique de *dédramatiser* la solution d'un différend d'ordre privé, au règlement duquel la Justice prête la solennité de son appareil (appareil, au demeurant, réduit, puisque les affaires de divorce sont plaidées, le plus souvent, devant le seul juge aux Affaires familiales). Mais il ne faut pas se dissimuler que – parce qu'il impliquerait la suppression du rôle obligatoire de l'avocat – un tel système risquerait de favoriser celui des deux conjoints qui, par sa science juridique, supposée ou réelle, est en mesure d'abuser de la crédulité de l'autre. Avant de s'engager dans cette voie, il faudrait s'assurer que le **divorce sans juge** offrirait des garanties égales d'information aux deux conjoints. En tout état de cause, le ministre de la Justice de l'époque, Madame Lebranchu, après l'avoir envisagé, y a finalement renoncé. « *Nous pourrons peut-être y revenir dans dix ans,* a-t-elle observé. *Mais, pour l'instant, il nous faut prendre en compte les inégalités matérielles et culturelles, toutes les femmes sur lesquelles pourraient s'exercer des pressions* ».

Le député François Colcombet, ancien président du Syndicat de la Magistrature, déposa une proposition de loi qui, sans aller jusqu'à instaurer un *divorce sans juge,* bouleversait l'esprit de la procédure en ne retenant plus que deux cas (le *consentement mutuel* et la *rupture irrémédiable du lien conjugal*) et en faisant disparaître le *divorce pour faute.* Ce texte fut amendé par le Sénat, qui réintroduisit le *divorce pour faute,* mais conserva les dispositions relatives à l'aménagement du *divorce par consentement mutuel* et le règlement global des effets patrimoniaux de la rupture du mariage. Avant la fin de la douzième législature (1997-2002), les textes d'initiative parlementaire furent abandonnés et le gouvernement déposa un projet de loi, assorti d'une déclaration d'urgence. L'objectif était de moderniser le droit du divorce en simplifiant les procédures lorsque les époux ne se trouvaient pas en conflit et en diminuant, lorsqu'ils l'étaient, l'importance de leurs désaccords.

Mais, bien que l'« *éternelle réforme du divorce* » eût été promise par le gouvernement Jospin en 1997, la fin de la législature arriva sans qu'elle fût parvenue à son terme. La raison en était, sans doute, le remplacement de Madame Guigou par Madame Lebranchu au poste de garde des Sceaux, la seconde « *a(yant) souhaité avoir sa propre vision du dossier et consulter les Français* » (voir *Le Monde* du 5 avril 2002, page 18).

Un nouveau projet fut déposé par le gouvernement Raffarin, qui aboutit à un texte « *responsable et apaisé* », allant, selon Madame Théry, allait « *dans le sens de l'idée contemporaine du mariage* ».

« *Il ne s'agit pas de condamner les gens qui divorcent,* déclarait Monsieur Dominique Perben, ministre de la Justice, au début de l'année 2004. *Nous devons être respectueux de la possibilité de chaque homme et chaque femme de refaire sa vie après une séparation. Il faut donc éviter, dans la mesure du possible, ces divorces destructeurs qui durent des années, véritables cauchemars pour les enfants et les parents. Préserver la famille, ça peut vouloir dire rendre plus facile sa reconstruction après un divorce* ».

À la question de savoir pourquoi le nouveau texte ne supprimait pas le *divorce pour faute,* Monsieur Perben répondait : « *Je ne peux pas être le garde des Sceaux qui mesure la terrible réalité des violences conjugales et, dans le même temps, être celui qui supprimerait la faute. Je suis consterné par ce que je découvre chaque jour dans l'exercice de mes fonctions... On peut se marier, se pacser, ou vivre en simple concubinage. Avoir un enfant sans être marié n'entraîne plus de discrimination. Il y a donc différents choix de vie, dont le mariage et ses devoirs. La fidélité, entre autres, qui est inscrite dans notre Code civil. Bien évidemment, le juge ne s'y intéresse que parce qu'un des époux dénonce l'infidélité de son conjoint. Quand on interroge les jeunes, la fidélité arrive très haut dans l'idée qu'ils se font du couple* ». Et le ministre concluait : « *Le divorce reste un moment difficile de la vie. Il ne peut en aucun cas être une simple formalité administrative. Mais il n'a plus la connotation négative d'autrefois* » (voir *Libération* du 7 janvier 2004, page 18).

« *L'importance des lois ne se mesure pas nécessairement au tapage qu'elles provoquent* ». C'est à ce premier constat, moins rassurant qu'il ne paraît à premier examen, que conduit d'abord la loi n° 2004-439 du 26 mai 2004. Sans grand bruit, elle modifie pourtant en profondeur notre droit du divorce[17].

Simplification, pacification, responsabilisation, tels furent les maître-mots de la réforme. Sans remettre en cause les principes posés par la loi du 11 juillet 1975, gouvernement et Parlement s'entendirent pour

17. Voir Jean-Jacques Lemouland, *La loi n° 2004-439 du 26 mai 2004 relative au divorce, D.* 2004, *chroniques*, page 1825.

l'adapter aux évolutions sociologiques qui avaient marqué les dernières décennies. En particulier, la *dédramatisation* souhaitée en 1975 – et qui s'était, notamment, traduite par l'instauration d'un *divorce par consentement mutuel* – n'avait été que partiellement réalisée. Au surplus, et, bien que le nombre des divorces, après avoir triplé entre 1960 et 1980, se fût stabilisé depuis le début du XXIe siècle, le contentieux auquel donnait lieu la rupture du lien conjugal demeurait, « *plus que jamais,* ***un contentieux de masse*** »[18]. Pour remédier à cette situation et satisfaire des revendications qui se faisaient jour avec une certaine force, l'hypothèse d'un **divorce sans juge** fut, nous l'avons vu, envisagée par un certain nombre de personnalités, notamment Madame Ségolène Royal – alors ministre délégué chargé de la Famille, de l'Enfance et des Personnes handicapées (du 28 mars 2001 au 5 mai 2002) – et la sociologue Irène Théry, auteur d'ouvrages remarqués sur l'évolution de la famille. Le législateur de 2004 limita, finalement, à quatre les hypothèses de divorce.

b. LES CAUSES DE DIVORCE SOUS LE RÉGIME DE LA LOI DU 26 MAI 2004

Les quatre causes de rupture du lien conjugal sont désormais :

– le *divorce par consentement mutuel* (art. 230 et 232 nouveaux du Code civil) ;

– le *divorce accepté* (art. 233 et 234 nouveaux du Code civil) ;

– le *divorce pour altération définitive du lien conjugal* (art. 237 et 238 nouveaux du Code civil) ;

– le *divorce pour faute* (art. 242, 245-1 et 246 nouveaux et art. 244 et 245 du Code civil).

b.1. Le divorce par consentement mutuel sous le régime de la loi du 26 mai 2004

Le *divorce par consentement mutuel,* qui avait été admis en 1792 puis – avec des conditions rigoureuses – par le Code Napoléon, et supprimé de 1816 à 1975, ne pouvait être accordé qu'au terme d'une procédure qui exigeait deux comparutions des époux devant le juge aux affaires familiales, la seconde devant être demandée à l'issue d'un délai de réflexion de trois à neuf mois après la première comparution (art. 231 ancien du Code civil).

La nouvelle loi réduit de <u>deux à une</u> le nombre des requêtes nécessaires à la procédure (une seule requête au lieu d'une *requête initiale* et d'une *requête réitérée*). Cela veut dire que les époux qui divorcent par *consentement mutuel* ne doivent plus se présenter qu'une seule fois devant le juge aux affaires familiales. De fait, dans le système ancien, la

18. *Ibid.* et Hugues Fulchiron, *Les métamorphoses des cas de divorce, Répertoire Defrénois,* n° 17/04, page 1103.

seconde comparution était souvent perçue comme inutile, le magistrat se contentant, dans la plupart des cas, d'homologuer la convention proposée et, par voie de conséquence, de prononcer le divorce. La loi de 2004, soucieuse d'apaisement, a supprimé la seconde comparution, sauf si le juge estime que les conditions nécessaires ne sont pas réunies. L'article 230 nouveau dispose ainsi que « *le divorce peut être demandé conjointement par les époux* ***lorsqu'ils s'entendent sur la rupture du mariage et ses effets en soumettant à l'approbation du juge une convention réglant les conséquences du divorce*** ». Et l'article 232 précise que le magistrat « *homologue la convention et prononce le divorce* ***s'il a acquis la conviction que la volonté de chacun des époux (était) réelle et que leur consentement (était) libre et éclairé*** » (art. 232, alinéa 1er). Ce n'est que « *s'il constate que la convention préserve insuffisamment les intérêts des enfants ou de l'un des époux* » qu'« *il peut refuser l'homologation et ne pas prononcer le divorce* » (art. 232, alinéa 2).

Dans la pratique, les époux se présentent devant le magistrat, assistés de leurs avocats respectifs ou d'un avocat choisi d'un commun accord ; le juge entend, d'abord, chacun des époux puis ils les réunit et, enfin, « *appelle le ou les avocats* » (art. 250). S'il constate que les conditions légales (prévues à l'article 232) sont réunies, il prononce le divorce le jour de cette unique comparution, par un jugement susceptible d'un pourvoi en cassation dans les quinze jours de son prononcé, qui suspend l'exécution de la décision.

La procédure est, dès lors, simplifiée, étant précisé que le *divorce par consentement mutuel* suppose que les époux s'entendent, à la fois, sur le principe de la rupture du mariage et sur ses effets. Dans ce but, ils doivent soumettre au juge une **convention** réglant les conséquences du divorce (art. 230). Aucun motif de désunion ne leur est demandé, mais cette observation perd de son importance puisque, dans les autres types de divorce, l'indication des motifs n'est pas non plus requise au niveau de la requête initiale (art. 251, relatif à « *la procédure applicable aux autres cas de divorce* » que le *divorce par consentement mutuel* : «*l'époux qui forme une demande en divorce présente, par avocat, une requête au juge, sans indiquer les motifs du divorce* »).

Les nouvelles dispositions des articles 230, 232 et 250 à 250-3 rendront-elles plus facile le *divorce par consentement mutuel* ? La réponse à cette question doit être nuancée. Certes, la possibilité de voir la rupture du lien conjugal officialisée dès la première comparution devant le juge permettra une accélération de la procédure. Dans la rigueur des principes, il est possible d'imaginer, par exemple, qu'un mari et une femme, ayant consulté un avocat le 15 septembre et s'étant mis d'accord sur les termes de la convention, soient divorcés, s'ils font diligence, deux ou trois mois plus tard. Cela constitue un gain de temps appréciable, même s'il ne faut pas perdre de vue qu'en matière de divorce, les emportements passagers peuvent être quelquefois remis en cause par une appréciation plus mesurée – et, par suite, plus tardive – des conséquences qu'ils entraînent.

Mais, en réalité, la longueur, non pas de la procédure au sens strict, mais des discussions préalables au divorce, dépendra, aujourd'hui comme hier, de la capacité des époux à organiser eux-mêmes leur séparation et à préparer la liquidation de leurs intérêts communs. À cet égard, il n'est pas certain qu'au moins dans l'hypothèse où les parties disposent d'un patrimoine d'une certaine importance, la durée des débats sur la rupture du lien conjugal soit finalement réduite. Du moins, évitera-t-on les *chantages au consentement* qui, dans le système ancien, permettaient à un époux d'obtenir tel ou tel avantage en menaçant de retirer son accord avant la deuxième comparution devant le juge aux affaires familiales. Ce dernier avantage permet de conclure que, malgré de nécessaires imperfections (quelle procédure n'en comporte pas ?), la réforme du *divorce par consentement mutuel,* organisée par la loi du 26 mai 2004, doit être tenue pour satisfaisante.

b.2. Le divorce accepté sous le régime de la loi du 26 mai 2004

Qualifié de « *divorce hybride* », mi-gracieux mi-contentieux, le *divorce sur demande acceptée* n'a jamais vraiment trouvé sa place et n'a pas connu un grand succès dans la pratique (15 % environ de l'ensemble des divorces). Il avait, par suite, été envisagé de le supprimer et le Sénat n'avait pas insisté pour le maintenir lors des discussions sur la proposition de loi déposée sous la précédente législature. Il fut, néanmoins, conservé, avec des aménagements qui devraient le simplifier.

Désormais, en effet, par application de l'article 251 précité du Code civil, l'époux qui forme une demande en divorce n'a pas à en indiquer les motifs. Au surplus, l'article 233 précise que « *le divorce peut être demandé par l'un ou l'autre des époux ou par les deux lorsqu'ils acceptent le principe de la rupture du mariage* ***sans considération des faits à l'origine de celle-ci*** ». Il n'y a plus, dès lors, de demande accompagnée d'un mémoire ni même de double aveu de *faits rendant intolérable le maintien de la vie commune* ; il ne s'agit plus que d'époux qui, selon l'article 234 nouveau, « ***acceptent le principe de la rupture du mariage sans considération des faits à l'origine de celle-ci*** ».

Le même article énonce que « *cette acceptation n'est pas susceptible de rétractation, même par la voie de l'appel* ». Précision utile, dans la mesure où la Cour de cassation avait admis que l'aveu des époux devant le juge aux affaires matrimoniales pouvait être rétracté librement par la voie de l'appel (Cass. civ. II, 16 juillet 1987, *Defrénois* 1988, page 304, avec la note réservée du conseiller Massip, qui observait que « *la possibilité de rétractation n'(était) prévue par les textes que jusqu'à la comparution des époux devant le juge (aux affaires familiales)* ». Ce détournement – ou cette interprétation – des textes par la Cour de cassation rendait incertaine, jusqu'à ce que l'ordonnance de non-conciliation fût définitive, une procédure dont l'un des buts était de permettre, d'entrée de jeu, l'acceptation du principe du divorce.

Désormais, la procédure est considérablement simplifiée et, si le juge *acquiert la conviction que chacun des époux a donné librement son accord,* il « *prononce le divorce et statue sur ses conséquences* ».

Enfin, selon l'article 234 ancien, le *divorce sur demande acceptée* produisait les effets d'un *divorce aux torts partagés,* ce qui signifiait que chacun des époux avait des torts à l'égard de l'autre. Toute allusion aux faits, fautes ou torts ayant aujourd'hui disparu, le nouveau *divorce accepté* est d'une parfaite neutralité.

b.3. Le divorce pour altération définitive du lien conjugal sous le régime de la loi du 26 mai 2004

Le *divorce pour altération définitive du lien conjugal* succède au *divorce pour rupture de la vie commune,* institué par la loi du 11 juillet 1975. Ce dernier supposait, soit « *une rupture prolongée de la vie commune, lorsque les époux viv(aient) séparés de fait depuis six ans* », soit que « *les facultés mentales* » d'un des époux fussent, « *depuis six ans, si gravement altérées qu'aucune communauté de vie ne subsist(ait) plus (...) et ne pourra(it), selon les prévisions les plus raisonnables, se reconstituer dans l'avenir* ». Dans les deux cas, le mariage était devenu une *coquille vide* et, à l'expiration du long délai prévu par la loi (six ans de *séparation de fait* ou d'*altération des facultés mentales*), le demandeur régularisait, le plus souvent, un concubinage qui durait depuis plusieurs années, en se « *libérant* » d'un époux qui ne voulait pas du divorce (à supposer qu'il fût conscient des effets qu'il entraînerait) et à qui aucune faute ne pouvait être reprochée. Cela revenait, au terme d'une période *probatoire,* permettant au futur *défendeur* de se préparer à l'inéluctable, à admettre que l'un des époux obligeât l'autre à divorcer, **en dehors même de tout comportement fautif**, dès lors que la rupture du lien conjugal *ne risquait pas d'avoir des conséquences trop graves sur la maladie du conjoint.*

Désormais, selon l'article 237 du Code civil, « *le divorce peut être demandé par l'un des époux lorsque le lien conjugal est définitivement altéré* ». Une fois ce principe posé, le législateur précise, à l'article 238, alinéa 1er, que « *l'altération définitive du lien conjugal résulte de la cessation de la communauté de vie entre les époux, lorsqu'ils vivent séparés depuis deux ans lors de l'assignation en divorce* ». La règle tranche clairement avec celle de l'article 237 ancien, selon lequel *un époux pouvait demander le divorce, en raison d'une rupture prolongée de la vie commune, lorsque les époux vivaient séparés depuis six ans.* En passant de six à deux ans, le législateur a considérablement facilité l'*officialisation* de la rupture de fait qui, dans la rigueur des principes, pourrait résulter de simples circonstances ne traduisant pas une hostilité de l'un des époux à l'égard de l'autre. Supposons un diplomate ou un homme d'affaires que ses fonctions appellent dans une région lointaine (par exemple, en Australie ou au Japon ou, plus encore, au Groenland, dont le sous-sol connaît un regain d'exploitation). Il peut être amené, pour des raisons fortuites (économiques ou de santé), à ne pas effectuer, pendant deux ans, un voyage long et éprouvant. Son conjoint pourrait *profiter* d'une telle situation pour engager une procédure de divorce, c'est-à-dire déposer une requête qui n'aurait pas à être motivée (art. 251 nouveau) et, aussitôt après l'ordonnance de non-conciliation, faire délivrer une assignation à son conjoint. La réalité de la *séparation de fait* ne soulevant, dans cette hypothèse, aucune difficulté, le divorce pourrait être prononcé d'une manière trop rapide !

Il en est d'autant plus ainsi que l'article 238 exige seulement une « *cessation de la communauté de vie entre les époux* », alors que, sous le régime de l'article 237 ancien, la jurisprudence imposait que deux éléments fussent réunis : un élément matériel, c'est-à-dire une *séparation de fait*, et un élément intentionnel, c'est-à-dire la volonté de mettre fin à la vie commune (Cass. civ. II, 2 octobre 1980, *Bull.* II, n° 193 : en l'espèce, le mari vivait en concubinage depuis plus de six ans avec sa maîtresse dont il avait un enfant, « *dans des conditions semblables à celles d'une cellule familiale* », mais continuait à séjourner, à intervalles réguliers, avec son épouse à laquelle il adressait, durant ses absences, une correspondance affectueuse ; la Cour de cassation jugea qu'il n'y avait pas *séparation de fait*).

La nouvelle rédaction du texte ne s'embarrasse pas de telles subtilités. Toutefois, le cas particulier de l'*altération des facultés mentales* disparaît, ce qui signifie que, dès lors que les époux continuent à vivre ensemble, tandis que l'un d'eux est si gravement affaibli mentalement « *qu'aucune communauté de vie ne subsiste plus et ne pourra, selon les prévisions les plus raisonnables, se reconstituer dans l'avenir* », la rupture du lien conjugal ne saurait être prononcée. C'est une disposition heureuse sur le plan moral, dans la mesure où la formule de l'article 238 ancien semblait en contradiction avec le devoir d'assistance résultant du mariage. Mais comment, dans une telle hypothèse, déterminer avec certitude les obligations que la morale impose ? Le nouveau texte n'incitera-t-il pas l'époux bien portant à se séparer de celui dont la santé mentale est gravement altérée, afin d'officialiser la rupture, alors qu'il aurait peut-être continué à l'assister, même si son divorce avait été prononcé ? On pourra objecter qu'il serait toujours en mesure de le faire après une *séparation de fait* de deux années. Mais ne risque-t-on pas de créer une tension, du fait de l'obligation de vivre séparés pendant deux ans – et de ne plus apporter une aide qui prouverait qu'on ne l'est pas – génératrice d'un isolement futur pour le malade ?

Plus n'est besoin de rechercher si toute communauté d'esprit, si toute affection conjugale, ont disparu pendant le délai légal. Dès lors que chacun a vécu chez soi pendant deux ans, le divorce pourra être demandé sur le fondement des articles 237 et 238 nouveaux. « *Malheur aux faibles !* », observent, avec pertinence, deux éminents auteurs[19]. Il serait hypocrite de laisser croire que nos conceptions du mariage et du divorce ne se trouveront pas affectées par ces nouvelles dispositions, d'autant plus que la réserve de l'article 238 ancien (« *le juge peut rejeter*

19. Malaurie et Fulchiron, *Droit civil, op. cit.*, page 245.

d'office (la) demande (...) si le divorce risque d'avoir des conséquences trop graves sur la maladie du conjoint ») n'a pas été reprise par le nouveau texte. Les chiffres le montreront, sans doute, bien vite : le *divorce pour altération définitive du lien conjugal* risque d'avoir un succès beaucoup plus grand que l'ancien *divorce pour rupture de la vie commune*.

Il nous reste enfin à examiner le *divorce pour faute*, qui a été maintenu par les articles 242, 244, 245, 245-1 et 246 de la loi du 26 mai 2004.

b.4. Le divorce pour faute sous le régime de la loi du 26 mai 2004

La loi du 26 mai 2004 a maintenu l'antique *divorce pour faute*, parce qu'il répond à une réalité et, sans doute, à un besoin. Une liberté sans responsabilité est, en effet, une « *liberté d'irresponsable* ». Traiter un homme ou une femme en adulte, c'est le faire répondre de ses actes. Comment, si le *divorce pour faute* n'existait pas, pourrait-on sanctionner celui qui bat son conjoint, terrorise sa famille, bafoue ses engagements ou abuse de ses enfants ? Le mariage est un engagement : quelle en serait la valeur si les obligations qu'il impose – fidélité, secours, assistance, respect de l'autre – ne trouvaient de sanction que dans les mécanismes de droit commun de la responsabilité civile ? Comme le souligne le rapport de la Commission présidée par Madame Dekeuwer-Défossez (actuel doyen de la Faculté de droit de l'Université de Lille II), « *il ne semble pas qu'une telle évolution corresponde à une demande sociale majoritaire, alors qu'elle pourrait avoir des effets tout à fait négatifs en termes symboliques* »[20].

L'article 242 du Code civil n'a, dès lors, subi qu'une modification de faible importance. Il prévoit que « *le divorce peut être demandé par l'un des époux lorsque des faits constitutifs d'une violation grave ou renouvelée des devoirs et obligations résultant du mariage sont imputables à son conjoint et rendent intolérable le maintien de la vie commune* »[21]. Il faut toujours que les faits qui justifieront une demande de divorce formée sur le fondement de l'article 242 soient imputables à l'autre, ce qui pourrait exclure un acte commis par un conjoint sous l'empire de l'aliénation mentale (Cass. civ. II, 12 mars 1980, *D.*1981, inf. rap. 76) ou de la force majeure. Mais, bien évidemment, si, au moment des faits (injures ou violences), le mari était sous l'emprise de la drogue ou de l'alcool, son comportement pourrait constituer une faute qui justifierait la demande en divorce.

En résumé, pour qu'un fait soit une cause de rupture du lien conjugal, il faut, d'abord, qu'il soit fautif et constitue « *une violation grave ou*

20. *Ibid.*, page 250.

21. Selon l'ancienne rédaction, « *le divorce (pouvait) être demandé par un époux pour des faits imputables à l'autre lorsque ces faits constitu(aient) une violation grave ou renouvelée des devoirs et obligations du mariage et rend(aient) intolérable le maintien de la vie commune* ».

renouvelée des devoirs et obligations du mariage », l'emploi de l'adjectif « *renouvelée* » se justifiant par le fait que la plupart des crises matrimoniales ont davantage pour cause la répétition de petits faits – « *des piqûres d'épingle renouvelées brisent aussi sûrement l'harmonie conjugale qu'une faute plus éclatante mais isolée* », soulignait, avec pertinence, le doyen Carbonnier – qu'un acte d'une certaine gravité objective. Mais – deuxième condition – il importe que la faute commise ait « *rend(u) intolérable le maintien de la vie commune* », ce qui laisse aux tribunaux un pouvoir souverain d'appréciation qui peut être regardé comme excessif.

Dans quels cas, le juge estime-t-il que ces diverses conditions sont réunies, étant précisé – encore une fois – que la suppression des causes péremptoires de divorce lui confère un pouvoir souverain d'appréciation ?

b.4.1. L'ADULTÈRE

Il en est ainsi, de toute évidence, pour les manquements au devoir de fidélité – expressément prévu par l'article 212 du Code civil (« *les époux se doivent mutuellement fidélité, secours, assistance* »), qui n'a pas été modifié par la loi de 2004 – dès lors, comme il a déjà été indiqué, qu'ils présentent un certain caractère de gravité[22]. Des questions délicates peuvent, toutefois, se poser à cet égard, notamment en cas de viol (avant même la loi de 1975, il avait été jugé que l'adultère n'existait pas en cas de viol : TGI Niort, 21 novembre 1960, *D.*1961.247[23]), d'hypnose, d'aliénation mentale (il n'y a faute que si l'adultère comporte un élément intentionnel, qui n'existe pas en cas d'aliénation mentale : Cass. civ. II, 29 mars 1966, *Bull.* II, n° 429) ou d'« *infidélité d'ordre intellectuel* » (sur ce dernier cas, voir Paris, 13 février 1986, *Gaz. Pal.* 1986.I.216[24]).

De façon générale, l'inconduite du demandeur est susceptible d'excuser l'adultère qu'il reproche à son conjoint. Il a ainsi été jugé que le fait, pour un mari, d'avoir passé, dans un journal, une petite annonce destinée à lui permettre de retrouver une compagne était excusé par la liai-

22. Il faut noter un jugement du Tribunal de grande instance de Béthune du 12 juin 1973 – infirmé par la Cour d'appel de Douai le 26 septembre 1974 – selon lequel les baisers sur la bouche échangés par une femme mariée et un tiers ne seraient gravement injurieux que s'ils étaient répétés, « *un baiser isolé ne faisant qu'égratigner le contrat conjugal et cette égratignure devant normalement se cicatriser et ne pas rendre intolérable le maintien du lien conjugal* » (voir *Juriscl. Civ.*, Art. 242 à 246, Fasc. 20, n° 14).

23. Le Tribunal a estimé que le mari ne rapportait la preuve d'aucun motif légitime, à l'appui de sa demande en divorce, dès lors qu'il était établi que la femme, « *si elle a[vait] eu des rapports sexuels avec son beau-père, a[vait] été victime de violences pour vaincre sa résistance, celui-ci ayant abusé d'elle alors qu'elle était en état de syncope* ». Les juges n'ont pas, dès lors, retenu l'adultère, qui suppose l'œuvre d'une volonté consciente.

24. Un mari – vieux et accaparant – qui se trouvait en vacances avec sa femme et ses enfants, avait refusé d'accueillir un évêque, compagnon habituel de son épouse, pendant cette période de l'année. La femme l'assigna en séparation de corps sur le fondement de ce refus. Mais le Tribunal ne la suivit pas et estima, au contraire, qu'elle avait, « *sur le plan de la pensée, cédé à l'ascendant d'un homme dont la valeur intellectuelle était, à ses yeux, supérieure à celle de son mari, pour se détacher progressivement de celui-ci et lui donner l'impression qu'elle le tenait pour quantité négligeable* ». Les juges estimèrent, dès lors, qu'elle « *a(vait) ainsi commis une infidélité d'ordre intellectuel qui justifi[ait] que [fût] admise la demande formée par son mari* ».

son notoire de son épouse, quelques années auparavant (Agen, 19 janvier 1987, *Juris-Data,* n° 40621).

Bien évidemment, l'adultère cesse d'être fautif lorsqu'il est excusé par la connivence du conjoint. Le mari qui fait tomber sa femme dans des pièges, la prête, la donne ou la vend à un tiers, sera mal fondé à le lui reprocher (voir TGI Carcassonne, 19 mars 1982, *D.*1982, inf. rap. 426 : «*la connivence de deux époux enlève à l'adultère du mari consommé avec l'épouse de l'amant de sa propre femme, son caractère offensant pour le conjoint qui a eu lui-même une conduite déshonorante dont il ne peut tirer avantage* », formule dont la clarté n'est sans doute pas la vertu première).

Mais – les époux en instance de divorce l'oublient parfois – l'introduction d'une procédure et le prononcé d'une ordonnance de non-conciliation ne délient pas de l'obligation de fidélité (Cass. civ. II, 3 mai 1995, *Defrénois,* 1996, art. 36272, n° 3 : en l'espèce, les époux étaient séparés depuis 1984 et il était établi que le mari vivait en concubinage et qu'un enfant était issu de cette union en 1986. La Cour d'appel avait retenu ces faits pour prononcer le divorce aux torts partagés des époux. La Cour de cassation a rejeté le pourvoi formé contre cet arrêt. Elle a énoncé, selon une formule classique, que *l'introduction de la demande en divorce ne confère pas aux époux, encore dans les liens du mariage, une immunité privant de leurs effets normaux les faits dont ils peuvent se rendre coupables l'un envers l'autre.* Dès lors, observe-t-elle, *c'est dans l'exercice de son pouvoir souverain d'appréciation, que la Cour d'appel a estimé que le concubinage constaté en l'espèce* ***constituait une violation grave et renouvelée des devoirs et obligations du mariage de nature à rendre la vie commune intolérable***[25].

Mais l'infidélité reste, en elle-même, une cause de divorce (voir Cass. civ. II, 3 janvier 1964, *Bull.* II, n° 4, à propos des fréquentations d'une femme recevant des individus louches et des repris de justice au domicile conjugal), et ce quel que soit le sexe du complice de l'adultère.

b.4.2. L'HOMOSEXUALITÉ

Bien évidemment, le fait qu'un époux ait des relations homosexuelles constitue une attitude outrageante pour son conjoint et justifie le prononcé du divorce. Tel est le cas d'un mari qui a entretenu des relations homosexuelles suivies avec un de ses employés sur son lieu de travail (Metz, 21 janvier 1988, *Juris-Data,* n° 40588) ou d'un époux dont la persistance des amitiés particulières a été jugée intolérable (Cass. civ. II, 3 janvier 1969, *Bull.* II, n° 1)[26].

25. On consultera, à ce sujet, avec profit, l'étude de Véronique Balestriero, *Le devoir de fidélité pendant la procédure de divorce, Les Petites affiches,* 8 novembre 1995, n° 134, pages 17 et suivantes.

26. L'arrêt énonce que les mœurs contre nature du mari, jointes à une indifférence complète, constituaient l'injure grave rendant intolérable le maintien de la vie commune.

Quand bien même, d'ailleurs, l'homosexualité du mari n'est pas prouvée, sa cohabitation avec un autre homme constitue une intimité injurieuse pour la femme (Metz, 8 avril 1997, *Juris-Data,* n° 49996). Le divorce doit également être prononcé aux torts du mari qui, en entretenant une relation au moins sentimentale avec un autre homme, a porté atteinte à la fidélité et la loyauté exigées pendant le mariage (Bordeaux, 10 avril 1996, *Juris-Data,* n° 44067).

Mais les relations sexuelles fournissent d'autres motifs de rupture du lien conjugal.

b.4.3. La non-consommation du mariage

Le refus des relations charnelles, qu'implique le devoir de cohabitation intime, constitue traditionnellement une faute, du moins s'il est injustifié (Cass. civ. II, 8 octobre 1970, *Gaz. Pal.* 1971.1.26). C'est au juge qu'il appartient de préciser cette absence de justification (Cass. civ. II, 5 novembre 1969, *D.*1970.223). Une déficience physique ou psychique n'est pas une justification, s'il pouvait y être remédié par des soins qui n'ont pas été entrepris (Cass. civ. II, 16 décembre 1963, *D.*1964.227) ou si le mari ne s'est pas prêté à une opération chirurgicale conseillée par les médecins et qui, selon eux, lui aurait rendu une virilité normale (Nancy, 6 mai 1946, *Gaz. Pal.* 1946.2.7).

De même, est coupable d'injure grave le mari qui, connaissant avant le mariage son état d'impuissance psychique, l'a laissé ignorer par la future épouse et qui prétend imposer la continuation d'une union non consommée et stérile (Cass. civ. 25 janvier 1922, S.1925, 1, 15). En vertu de cette jurisprudence, l'épouse d'André Gide aurait, sans doute, obtenu un divorce aux torts de son mari, puisque celui-ci déclarait, à propos de leur couple : « *La force spirituelle de mon amour inhibait tout désir charnel* »[27].

La question s'est posée différemment pour un mari qui, déjà frappé d'impuissance avant le mariage, n'avait pu s'en apercevoir parce qu'il s'était tenu à l'écart de toute expérience sexuelle (Lyon, 11 mars 1964, *Gaz. Pal.* 1964.I., somm. page 3).

Mais, à l'impuissance de l'homme, les tribunaux assimilent la réticence de la femme, et le principe d'égalité entre les époux fait que le divorce sera prononcé aux torts exclusifs de cette dernière, si elle se refuse à des relations sexuelles avec son mari. « *S'il est admissible de refuser des relations sexuelles à son conjoint pendant quelques semaines* – énonce la Cour d'Amiens – *cela ne l'est plus lorsque le refus s'est installé pendant plus d'une année et qu'il n'est pas prévu d'y mettre fin un jour* » (Amiens, 28 février 1996, *Juris-Data,* n° 2016).

Le progrès technique a, toutefois, permis à la jurisprudence de nuancer ses positions. Il a ainsi été jugé que le fait, pour une femme, de renoncer à se prêter à une fécondation *in vitro,* après s'être soumise à cinq consultations en vue de la réaliser, ne saurait constituer une faute au sens de l'article 242 du Code civil, ce choix traduisant l'expression d'un des

27. Voir Jean-Jacques Thierry, *André Gide,* 1986, Hachette, page 71.

droits primordiaux de la personne (Bordeaux, 1er octobre 1991, *JCP*.1192.I.3593). Mais le refus persistant de l'épouse de soigner sa stérilité constitue un comportement fautif et injurieux. « *En refusant de se soigner pendant une aussi longue période (six ans)* – ont relevé les juges – *elle a manifesté, par sa carence prolongée, un comportement fautif et injurieux constituant un grief particulièrement sérieux* » (Bordeaux, 7 juin 1994, *JCP*.1996.II.22590). Il faut noter, enfin, que la Cour de cassation a admis que devait être regardé comme gravement injurieux le fait, pour une femme, d'interrompre sa grossesse à l'insu de son mari (Cass. civ. II, 27 mars 1974, *Bull.* II, n° 111).

Inversement, le divorce est prononcé aux torts du mari, s'il demande avec insistance à sa femme de subir un avortement (Paris, 5 mai 1987, *Juris-Data,* n° 23023). Cela montre bien que la faute grave entraînant la rupture du lien conjugal peut tenir à des mobiles spirituels, au sens le plus élevé et soulève la question des divorces liés à des considérations d'ordre religieux.

b.4.4. Les considérations d'ordre religieux

Les motifs d'ordre religieux jouent un rôle important dans le contentieux du divorce. Ils résultent, soit de conflits relatifs à l'éducation des enfants, soit d'atteintes à la liberté religieuse des époux eux-mêmes.

1) Les conflits relatifs à l'éducation religieuse des enfants

Dans notre pays où la laïcité est un principe posé par la Constitution (art. 1er de la Constitution du 4 octobre 1958 : « *La France est une République indivisible, laïque, démocratique et sociale. Elle assure l'égalité devant la loi de tous les citoyens sans distinction d'origine, de race ou de religion. Elle respecte toutes les croyances* ») et où, à la différence de beaucoup d'autres, ni l'état civil ni les autorités administratives ou scolaires n'ont à connaître la religion des citoyens ou leur éloignement de toute croyance religieuse, il peut paraître surprenant que des conflits d'ordre confessionnel soient à l'origine d'un divorce. Mais ce n'est pas, en vérité, le choix d'une religion particulière qui risque d'entraîner la rupture du lien conjugal ; c'est la violation des engagements que les époux ont pris en la matière, aux termes d'une convention, expresse ou tacite, dont les tribunaux admettent la validité.

C'est ainsi qu'il a été jugé qu'un mari incroyant, mais qui avait accepté que son mariage fût béni par un prêtre catholique, commettait une injure en refusant de laisser baptiser son fils, dans des circonstances où son attitude pouvait causer à sa femme, après un accouchement difficile, une émotion fatale pour sa vie (Lyon, 25 mars 1873, *D.P.* 1874.5, page 445)[28]. Encore faut-il que la méconnaissance de l'accord conclu entre les époux soit de nature à « *rendre intolérable le maintien de la vie*

28. Cette décision n'a pas été rendue – comme on pourrait le penser – à l'époque de l'ordre moral, qui a commencé après le remplacement de Thiers par Mac-Mahon, le 24 mai 1873, soit quelques semaines après son prononcé.

commune ». Tel n'est pas le cas pour une femme séparée de fait qui, revenant sur l'accord qu'elle avait donné, ne permet pas à un enfant de continuer à suivre des cours de catéchisme préparant à la communion solennelle, dans la mesure où l'éducation religieuse souhaitée par le mari ne semblait pas avoir été, pour lui, le moyen privilégié de faire accéder ses enfants à une vie spirituelle exigeante, au plan métaphysique, mais seulement de leur assurer « *un élément de culture au sein d'une société... imprégnée, pendant 2000 ans, de la foi chrétienne* » (Paris, 15 octobre 1971, *Gaz. Pal.* 1971.1.121).

Les conflits peuvent être plus délicats lorsqu'ils portent sur la liberté religieuse du conjoint lui-même.

2) Les conflits relatifs à la liberté religieuse des époux

Chacun des époux est libre de choisir la religion qui lui convient et tenu de respecter la liberté confessionnelle de l'autre. Ainsi, ne saurait être considéré comme une injure grave, à la charge de l'épouse, le fait d'avoir donné son adhésion à une secte religieuse, en l'espèce, celle des témoins de Jéhovah, contrairement à la volonté du mari (Aix-en-Provence, 5 décembre 1986, *Juris-Data,* n° 45502). Il ne pourrait en aller autrement que si le mari établissait l'influence néfaste sur la vie conjugale de l'appartenance de sa femme à la *secte* en cause (Aix-en-Provence, 29 mars 1991, *Juris-Data,* n° 50022).

Pour rester dans le domaine des *sectes,* la Cour de cassation a admis que le divorce soit prononcé contre une épouse qui, convertie aux témoins de Jéhovah, refusait de participer aux fêtes de famille et aux fêtes de Noël et de Pâques, dont le caractère est aussi familial que religieux (Cass. civ. II, 9 octobre 1996, *Bull.* II, n° 224), tandis que la simple adhésion à cette même secte ne présentait pas un caractère fautif (voir Dijon, 23 septembre 1997, *JCP* 1998.IV, 3143). Ce ne sont pas, dès lors, les pratiques religieuses – fussent-elles seulement superstitieuses – qui justifient la rupture du lien conjugal ; c'est le caractère abusif du zèle religieux. La Cour de cassation a estimé, par exemple, que le divorce pouvait être prononcé aux torts d'un mari qui, converti à une secte et pris d'une véritable frénésie religieuse, avait transformé la maison familiale en édifice consacré à son culte, obligé sa femme et ses enfants à de longues prières et méditations et restreint considérablement le budget du ménage par les défenses qu'il faisait pour l'achat d'objets de piété (Cass. civ. II, 19 juin 1975, *Gaz. Pal.* 1975.II.721). Mais elle a jugé que manquait de base légale l'arrêt qui, pour accueillir la demande en divorce du mari, se bornait à énoncer que l'appartenance de la femme à une secte avait eu un effet néfaste sur les relations conjugales, sans apporter la moindre précision sur la détérioration de celles-ci (voir Cass. civ. II, 8 novembre 1995, *Bull.* II, n° 271 et *Defrénois,* 1997, p. 300 : *la cassation est d'autant plus justifiée que l'adhésion à un mouvement religieux ou philosophique relève de la liberté de penser et ne peut constituer en elle-même une cause de divorce si elle n'entraîne pas le conjoint à négliger ou à méconnaître ses devoirs et ses obligations*).

Dans ce domaine – comme dans bien d'autres – tout est affaire de mesure et de tact. La liberté religieuse de chaque époux n'est absolue que pour autant qu'elle ne porte pas une atteinte grave aux droits essentiels de l'autre. Le problème se pose dans les mêmes termes pour les opinions politiques.

b.4.5. Les conflits politiques entre les époux

Chaque époux doit respecter la liberté des convictions politiques de l'autre. Il en résulte qu'en adhérant à un parti politique, une femme ne commet pas une injure grave envers son conjoint, même si l'assiduité aux réunions du dimanche est contraire à la volonté de celui-ci (Trib. civ. Seine, 18 juin 1945, *Gaz. Pal.* 1945.II.38). Mais l'adhésion à un groupement dont l'activité est au service de l'ennemi dépasse la liberté politique et constitue, à elle seule, une injure grave à l'égard du conjoint, qui risque d'en être marqué dans ses sentiments patriotiques et aux yeux de l'opinion publique (Trib. civ. Saint-Calais, 14 novembre 1944, *Gaz. Pal.* 1945.I.10, à propos d'un engagement dans la milice).

Le simple engagement politique d'un époux n'est, dès lors, une cause de rupture du lien conjugal que dans des cas extrêmes. Mais des activités syndicales qui entraînent des absences prolongées peuvent devenir fautives, non pas à raison de leur nature – comme dans le cas de l'adhésion à la milice – mais des violations graves ou renouvelées des obligations du mariage, qui en sont la conséquence (Douai, 12 octobre 1984, *D.*1985, 523).

De façon plus générale, des scènes de violence et divergences politiques graves peuvent conduire à prononcer le divorce aux torts partagés (Paris, 24 juillet 1979, *Juris-Data* n° 257).

Mais le respect que chacun des époux doit à l'autre ne lui fait pas seulement obligation d'accepter ses opinions ; il lui impose – ce qui est, parfois, plus difficile et peut paraître anachronique à certains – d'éviter les conflits avec sa famille.

b.4.6. Les injures résultant de conflits avec la famille du conjoint

« *Le respect de la dignité et des sentiments du conjoint impose un devoir de considération envers ses parents et plus généralement envers sa famille* » (*Juriscl. civ.*, Art. 242 à 246, Fasc. 20, n° 127). C'est ainsi qu'un époux doit s'abstenir d'outrager les parents et les proches de son conjoint. Des paroles blessantes prononcées à leur sujet constituent une injure grave (Cass. civ. II, 5 décembre 1952, *Bull.* II, n° 33 ; 22 mai 1963, *Bull.* II, n° 368).

De même, il a été jugé, avec sagesse, que des injures à l'égard d'une première épouse du mari et de l'enfant issu du premier mariage étaient injurieuses pour le mari lui-même et justifiaient le divorce (Cass. civ. II, 4 mai 1955, *Bull.* II, n° 229).

La cohabitation avec la belle-famille pose, souvent, des problèmes délicats. Un époux n'est, certes, pas tenu d'accepter de cohabiter avec les parents de l'autre et le mari commettrait une injure grave, justifiant le prononcé du divorce à ses torts, s'il imposait obstinément à la femme la cohabitation avec ses parents malgré les dissentiments qui les opposent (Cass. req. 22 janvier 1935, *Gaz. Pal.* 1935.I.433). Mais, de façon, en quelque sorte, symétrique, il a été jugé que constituait une faute du mari le fait de demander le départ de son beau-père du domicile conjugal à un moment où ce dernier, dans un état de santé défectueux, avait besoin de la présence de sa fille (Cass. civ. II, 12 juin 1996, *Juris-Data,* n° 2445).

Enfin, parmi les injures fréquemment retenues par les tribunaux, il faut noter les incorrections d'ordre patrimonial.

b.4.7. Les incorrections d'ordre patrimonial

Les époux se doivent égards et loyauté dans la défense de leurs intérêts respectifs. Il en résulte que de graves incorrections d'ordre patrimonial aux dépens du conjoint peuvent justifier le divorce à son profit. Des soustractions commises entre époux, bien qu'elles ne constituent pas une infraction pénale[29], sont susceptibles d'être regardées comme des injures graves justifiant le divorce (Cass. civ. II, 13 février 1953, *Bull.* II, n° 52). Tel est le cas du mari qui s'approprie la dot en argent de sa femme sous prétexte de placement (Lyon, 2 janvier 1939, *S.*1939.2.119) ; de la femme qui, ayant une procuration du mari, trompe sa confiance en retirant une somme importante du compte de celui-ci pendant son absence (Cass. civ. II, 13 février 1963, *Bull.* II, n° 137) ou qui, quelques jours avant la présentation d'une demande en séparation de corps, retire des sommes importantes sur le livret de caisse d'épargne de son mari et de sa fille mineure (Cass. civ. II, 6 mai 1964, *Bull.* II, n° 347).

Dans le même sens, il a été jugé que l'imitation par le mari de la signature de sa femme, afin de lui faire cautionner, à son insu, un emprunt très élevé, constituait une faute au sens de l'article 242 du Code civil (Bordeaux, 17 décembre 1996, *Juris-Data,* n° 47804).

En dehors du traditionnel *divorce pour faute* – dont il a été indiqué que le maintien répondait à un souci légitime – la loi du 26 mai 2004, tout en conservant l'esprit de celle du 11 juillet 1975, a modifié, de manière sensible, les causes du divorce. Elle a encore, sans doute plus nettement, posé des principes nouveaux en ce qui concerne ses conséquences.

29. L'article 311-12-2° du Nouveau Code pénal énonce que « *ne peut donner lieu à des poursuites pénales le vol commis par une personne au préjudice de son conjoint, sauf lorsque les époux sont séparés de corps ou autorisés à résider séparément* ».

c. LES CONSÉQUENCES DU DIVORCE SOUS LE RÉGIME DE LA LOI DU 26 MAI 2004

c.1. Le délai de viduité

La loi du 26 mai 2004 a purement et simplement supprimé le délai de viduité qui, ne s'imposant qu'à l'épouse, était contraire au principe d'égalité entre l'homme et la femme.

c.2. Le nom patronymique

L'ancien article 264, après avoir posé le principe selon lequel « *à la suite du divorce, chacun des époux repren(ait) l'usage de son nom* », s'intéressait seulement à la femme, lui reconnaissant « *le droit de conserver l'usage du nom du mari lorsque le divorce a(vait) été demandé par celui-ci* » ou, dans les autres cas, soit avec son accord, « *soit avec l'autorisation du juge, si elle justifi(ait) qu'un intérêt particulier s'y attach(ait) pour elle-même ou pour les enfants* ».

Le nouvel article a mis, en quelque sorte, les époux à égalité. L'article 264 nouveau énonce qu'« ***à la suite du divorce, chacun des époux perd l'usage du nom de son conjoint*** » : plus que ne le fait la mort, le divorce brise le mariage, et le nouveau nom porté par la femme traduit sa liberté et son indépendance. Mais, à ce principe, il existe une exception, dont l'intérêt pratique ne saurait être méconnu. Elle est prévue par le deuxième alinéa de l'article 264 qui dispose que « *l'un des époux peut néanmoins conserver l'usage du nom de l'autre, soit avec l'accord de celui-ci, soit avec l'autorisation du juge, s'il justifie d'un intérêt particulier pour lui ou pour les enfants* ».

Cette possibilité ouverte à la femme de conserver l'usage du nom de son mari s'explique par la réticence psychologique – parfois mondaine (il est rare qu'une Rothschild divorcée abandonne son patronyme d'épouse) – à revenir à son nom de jeune fille.

D'autre part, une femme éprouve parfois un préjudice réel à changer de nom, soit parce qu'elle exerçait une profession commerciale ou artistique sous le nom du mari[30] (la romancière Eve de Castro ou Dominique Payen de la Garanderie, première femme élue aux fonctions de Bâtonnier de l'Ordre des Avocats à la Cour de Paris), soit, tout simplement, parce qu'elle en usait depuis longtemps (Cass. civ. II, 2 mars 1989, *Bull.* II, n° 125, dans une hypothèse où le mariage ayant été célébré « *depuis plus de 36 ans* », la femme « *port(ait) le nom de son mari depuis cette date, et a(vait) été toujours connue sous ce nom par son employeur, ses collègues de travail et les services administratifs ou sociaux avec lesquels elle a(vait) été en rapport* »), soit encore pour une raison religieuse (TGI Boulogne,

30. La comédienne Sandrine Kiberlain, épouse de Vincent Lindon, n'a pas *profité* de son mariage pour s'approprier, dans sa vie d'actrice, le patronyme de son mari, pourtant illustré par l'oncle et le grand-père de celui-ci (l'éditeur Jérôme Lindon et Raymond Lindon, Premier avocat général à la Cour de cassation).

7 mars 1977, *D.*1978, inf. rap. 37, 2e esp., qui évoque « *l'éthique d'indissolubilité du mariage professé par la femme* »), voire l'intérêt des enfants confiés à la garde de la mère, qui vivent ainsi dans un symbolique foyer conjugal (TGI Paris, 18 janvier 1977, *D.*1978, inf. rap. 37). Etendue au mari, au nom de l'égalité, la règle pourrait lui permettre de continuer à porter le nom de sa femme dans l'hypothèse où celui-ci aurait été attribué aux enfants en tant que nom de famille.

c.3. La liquidation et la date des effets patrimoniaux du divorce

c.3.1. La possibilité d'une liquidation plus rapide du régime matrimonial

Un des objectifs principaux de la loi du 26 mai 2004 était d'accélérer, autant que possible, le processus de liquidation du régime matrimonial. À cet égard, les efforts du législateur ont principalement porté sur les divorces contentieux.

En premier lieu, la nouvelle loi a complété la liste des mesures provisoires que le juge aux affaires familiales peut ordonner, dès la première comparution des époux, lors de la tentative de conciliation. C'est ainsi qu'il est, désormais, en droit de « *désigner tout professionnel qualifié en vue de dresser un inventaire estimatif ou de faire des propositions quant au règlement des intérêts pécuniaires des époux* » ainsi qu'« *un notaire en vue d'élaborer un projet de liquidation du régime patrimonial et de formation des lots à partager* » (art. 256, 9° et 10°, nouveau).

L'objectif est que « *ces mesures, essentielles pour la préparation de la liquidation des intérêts patrimoniaux des époux, puissent être ordonnées* ***le plus en amont possible des procédures de divorce*** *et avant même la délivrance de l'assignation* ».

Il convient de relever que le pouvoir de désigner un notaire présente un intérêt particulier lorsque la liquidation porte sur un bien soumis à la publicité foncière – un bien immobilier – puisque l'intervention de cet officier ministériel est alors obligatoire (voir, sur ces divers points, la circulaire du garde des Sceaux du 23 novembre 2004, n° CIV/16/04).

Au surplus, la loi nouvelle permet aux époux, « *pendant l'instance, (de) soumettre à l'homologation du juge des conventions réglant tout ou partie des conséquences du divorce* » (art. 268, alinéa 1er, nouveau). Et, afin d'éviter le retard qui résultait de l'obligation, pour le tribunal – en dehors de l'ancien *divorce sur demande conjointe des époux* – de n'ordonner la liquidation du régime matrimonial que dans le jugement qu'il prononçait, ce qui revenait à différer parfois cette liquidation de plusieurs années, le juge peut, désormais, « *après avoir vérifié que les intérêts de chacun des époux et des enfants sont préservés, homologue(r) les conventions en prononçant le divorce* » (art. 268, alinéa 2, nouveau).

Sans doute, dans les divorces contentieux, l'article 1450 ancien du Nouveau Code de procédure civile ouvrait-il aux époux la possibilité – qui n'existait pas jusque-là – de passer, pendant l'instance en divorce et par-devant notaire, « *toutes conventions pour la liquidation et le partage de la communauté* ». Mais ce droit n'était guère utilisé, ne serait-ce que parce qu'il était impossible d'y inclure les éléments relatifs à l'attribution d'une prestation compensatoire, domaine réservé du juge aux affaires familiales (Cass. civ. I, 23 mars 1994, *Defrénois*, 1994, art. 35891, n° 99, qui précise que, *contrairement à ce qui se passe en cas de divorce sur requête conjointe, la convention des époux ne peut avoir pour objet de fixer le montant ou les modalités d'exécution de la prestation compensatoire, cette question relevant de la compétence du juge et de lui seul*). Cette restriction privait, très largement, de portée, l'article 1450 ancien du Nouveau Code de procédure civile, dans la mesure où, la liquidation des intérêts patrimoniaux des époux constituant un tout, il était impossible de répartir les biens communs si l'on ignorait quels seraient le montant et les modalités de la prestation compensatoire.

Pour mettre fin à ces incertitudes et favoriser la liquidation rapide des intérêts patrimoniaux, l'article 265-2 nouveau permet aux époux de passer, « *pendant l'instance en divorce, toutes conventions pour la liquidation et le partage de leur régime matrimonial* », l'exigence d'un acte notarié étant supprimée, sauf pour les biens soumis à publicité foncière.

c.3.2. La date des effets patrimoniaux

La loi du 26 mai 2004 n'a pas modifié l'article 260 du Code civil, selon lequel « *la décision qui prononce le divorce dissout le mariage à la date à laquelle elle prend force de chose jugée* » (jusqu'à cette date, les époux sont considérés comme unis par le mariage). Elle n'a pas non plus remis en cause l'article 262, selon lequel « *le jugement de divorce est opposable aux tiers, en ce qui concerne les biens des époux, à partir du jour où les formalités de mention en marge prescrites par les règles de l'état civil ont été accomplies* ».

Mais, dans les rapports entre époux, en ce qui concerne leurs biens, le texte distingue, désormais, deux hypothèses :

– lorsque le divorce est prononcé par *consentement mutuel*, il prend effet à la date de l'homologation de la convention réglant l'ensemble de ses conséquences, à moins que celle-ci n'en dispose autrement ;

– lorsque le divorce est prononcé *pour acceptation du principe de la rupture du mariage, pour altération définitive du lien conjugal* ou *pour faute*, il prend effet à la date de l'ordonnance de non-conciliation.

Ces modifications sont essentielles. La date des effets du divorce en ce qui concerne leurs biens, qui était autrefois celle de l'assignation, est abandonnée au profit de celle de l'ordonnance de non-conciliation. Solution, évidemment, plus réaliste puisque, dans la plupart des cas, cette date constitue le point de départ de la séparation officielle des époux.

Là encore se manifeste l'idée générale qui a inspiré la réforme de 2004 : pacifier le divorce en limitant la durée des conflits patrimoniaux qu'il entraîne et faire en sorte qu'un règlement complet et définitif soit intervenu – ou intervienne – au moment du prononcé.

c.4. La prestation compensatoire

La prestation compensatoire est un domaine dans lequel le législateur a toujours eu du mal à faire appliquer les objectifs qu'il s'était fixés. Depuis 1975, pourtant, et afin de remédier à la situation inhérente au caractère flexible des pensions alimentaires, son ambition a été de faire en sorte que le divorce mette un point final aux règlements pécuniaires entre époux et, par suite, aux contentieux qui pouvaient subsister entre eux. C'est l'objectif que poursuivait déjà la loi du 11 juillet 1975, en observant que « *la prestation compensatoire a un caractère forfaitaire (et qu')elle ne peut être révisée même en cas de changement imprévu dans les ressources ou les besoins des parties, sauf si l'absence de révision devait avoir pour l'un des conjoints des conséquences d'une exceptionnelle gravité* » (art. 273 ancien). C'est le même but qu'il se fixait en disposant que, « *lorsque la consistance des biens de l'époux débiteur de la prestation compensatoire le permet, celle-ci prend la forme d'un capital* » (art. 274 ancien).

Mais, dans la pratique – nous l'avons vu – la prestation a, le plus souvent, été versée sous forme de rente, en application de l'article 276 ancien (« *à défaut de capital ou si celui-ci n'est pas suffisant, la prestation compensatoire prend la forme d'une rente* »). Toutefois, bien que le recours à la rente n'eût qu'un caractère subsidiaire, il constituait, en pratique, le mode de prestation compensatoire le plus fréquent. Certes, le législateur du 30 juin 2000 avait entendu mettre fin à cette dérive, en réaffirmant le caractère exceptionnel d'une prestation compensatoire sous forme de rente viagère (art. 276, dans la rédaction du 30 juin 2000 : « *à titre exceptionnel, le juge peut, par décision spécialement motivée, en raison de l'âge ou de l'état de santé du créancier ne lui permettant pas de subvenir à ses besoins, fixer la prestation compensatoire sous forme de rente viagère* »). Néanmoins, les tribunaux interprétèrent largement le mot « *exceptionnel* » et condamnèrent fréquemment le débiteur de la prestation à verser celle-ci sous forme de « *rente viagère* ».

Afin de « *marginaliser* » le recours à la rente, la loi du 26 mai 2004 a réaffirmé que la prestation compensatoire avait « *un caractère forfaitaire* » et « *pren(ait) la forme d'un capital dont le montant (était) fixé par le juge* » (art. 270, alinéa 2, nouveau du Code civil). Et, afin que les tribunaux soient plus exactement éclairés sur les ressources du débiteur et les besoins du créancier, le nouvel article 272 – reprenant une disposition prévue par l'article 271, alinéa 2, du Code civil, dans la rédaction de la loi du 30 juin 2000 – énonce que, « *dans le cadre de la fixation d'une prestation compensatoire, par le juge ou par les parties ..., (celles-ci) fournissent au juge une déclaration certifiant sur l'honneur l'exactitude de leurs ressources, revenus, patrimoine et conditions de vie* ». Selon l'article 274 nouveau, « *le capital prend la forme, soit du versement immédiat d'une somme d'argent, soit de l'attribution d'un bien en propriété ou d'un droit temporaire ou viager d'usage, d'habitation ou d'usufruit* ». Mais – précision qui ne figurait pas dans l'article 275 ancien – l'accord de l'époux débiteur est exigé pour l'attribution en propriété d'un bien propre reçu par succession ou donation. Il doit résulter des conclusions versées au débat ou de la convention des parties, cette restriction n'étant pas étendue à l'attribution d'un droit d'usage, d'habitation ou d'usufruit sur un tel bien.

Par ailleurs, l'article 1080 du Nouveau Code de procédure civile, dans la rédaction que lui a donnée la loi du 26 mai 2004, indique les éléments qui doivent figurer dans la convention homologuée ou le jugement qui prononce le divorce, lorsque des biens ou des droits sont attribués à titre de prestation compensatoire. Leur valeur doit être précisée ainsi que – s'il s'agit de biens ou droits soumis à la publicité foncière – les mentions nécessaires à la publication du titre de propriété dans les formes légales.

Cependant, il peut arriver que le débiteur ne soit pas en mesure de verser immédiatement l'intégralité de la somme fixée. C'est à cette préoccupation que répond la nouvelle rédaction de l'article 275, selon laquelle le capital peut être fractionné **sur une période n'excédant pas huit années, sous forme de versements périodiques**. Ce n'est qu'« *à titre exceptionnel* » – il est permis de craindre que, là encore, l'expression soit interprétée extensivement ! – que le juge peut, « *par décision spéciale et motivée, autoriser le versement du capital sur une durée totale supérieure à huit ans* ».

Cependant, le législateur – qui incite, parfois, à la *banalisation de l'exceptionnel* – permet au juge, « *à titre exceptionnel (et) par décision spécialement motivée, lorsque l'âge ou l'état de santé du créancier ne lui permet pas de subvenir à ses besoins, (de) fixer la prestation compensatoire sous forme de rente viagère* ».

Enfin, il faut relever que – recours à une notion peu fréquente en droit civil français – « *le juge peut refuser d'accorder une prestation (compensatoire) si l'équité le commande* », notamment « *lorsque le divorce est prononcé aux torts exclusifs de l'époux qui demande le bénéfice de cette prestation, au regard des circonstances particulières de la rupture* ».

Sous cette réserve – et compte tenu de l'évolution prévisible de la jurisprudence – la loi du 26 mai 2004 n'aurait pas apporté de modifications substantielles au régime de la prestation compensatoire, si elle n'avait pas prévu, pour sa révision, des modalités moins rigoureuses.

L'ancien article 273 du Code civil prévoyait que la prestation compensatoire « *ne (pouvait) être révisée même en cas de changement imprévu dans les ressources ou les besoins des parties, sauf si l'absence de révision devait avoir pour l'un des conjoints des conséquences d'une exceptionnelle gravité* ». Dans un monde d'incertitude économique, de chômage, de ruptures et de recompositions familiales, cette règle apparut rapidement trop rigoureuse. L'exigence d'un « *changement imprévu* » limitait, en effet, considérablement les possibilités de révision. Est-il « *imprévisible* », pour un salarié, de perdre son emploi ? Est-il « *imprévisible* », pour un homme ou une femme, de se remarier et, conformément à la finalité naturelle du mariage, d'avoir de nouveaux enfants ? Comment le soutenir sérieusement ? Néanmoins, celui qui perdait son emploi ou contractait une nouvelle union se trouvait dans une situation différente de celle que les parties (en cas de *divorce par consentement mutuel*) ou le juge avaient envisagée au moment du divorce. Le paiement de la prestation pouvait lui devenir insupportable, surtout lorsque le conjoint créancier avait refait sa vie et nageait dans l'opulence. Mais – encore une fois – ne se trouvant pas dans une situation « *imprévisible* », il ne pouvait utilement demander la réduction de la somme mise à charge à titre de prestation compensatoire.

La nouvelle loi a, dès lors, légitimement assoupli le caractère intangible de cette prestation. S'agissant d'un versement en capital, l'article 275, alinéa 2, nouveau, permet au débiteur de « *demander la révision (des) modalités de paiement en cas de* ***changement <u>important</u>*** *de sa situation* ». La substitution de l'adjectif « *important* » à celui d'« *imprévu* » modifie, en effet, très largement, le régime de la prestation compensatoire. Le chômeur – ou, peut-être, tout simplement celui dont le salaire est notablement réduit – l'homme ou la femme dont le remariage a été suivi par la naissance d'un ou plusieurs enfants et qui, dès lors, doit faire face à des charges conséquentes (mais non « *imprévisibles* »), peut, grâce à la loi de 2004, obtenir la révision (en l'espèce, la réduction) du capital mis à sa charge au titre de la prestation compensatoire.

Et, lorsqu'il s'agit d'une prestation allouée sous forme de rente, l'article 276-3 nouveau énonce qu'elle « *peut être révisée, suspendue ou supprimée en cas de* ***changement <u>important</u> dans les ressources ou les besoins de l'une ou l'autre des parties*** ».

En dehors même de ces larges possibilités de réduction, la loi permet au débiteur d'une prestation sous forme de rente de demander, « *à tout moment* » la « *substitution d'un capital à tout ou partie de la rente* » (art. 276-4 nouveau). Et le même article prévoit, à son dernier alinéa, que le refus du juge de faire droit à cette demande « *doit être spécialement motivé* ».

Enfin, la loi de 2004 a entendu clarifier et assouplir les règles relatives à la transmission aux héritiers de la charge d'une prestation compensatoire. Jusqu'alors, l'article 276-2, dans la rédaction que lui avait donnée la loi du 30 juin 2000, disposait qu'« *à la mort de l'époux débiteur, la charge de la rente viagère pass(ait) à ses héritiers* ». C'était là une situation curieuse qui pouvait conduire la seconde épouse à verser à la première une rente régulière à titre de prestation (Cass. civ. I, 15 octobre 1996, *Defrénois*, 1997, art. 36526, n° 58. L'espèce était la suivante :

Une décision de divorce du 3 juillet 1991 avait condamné le mari à payer à son ex-femme une prestation compensatoire sous la forme d'une rente mensuelle de 10 000 francs. L'ex-époux s'était remarié le 11 décembre de la même année sous le régime de la communauté universelle avec clause d'attribution intégrale de celle-ci au conjoint survivant. Il décédait le 26 mars 1993.

La question était de savoir si la seconde épouse devait payer la rente due, « *sans limitation de durée* », à la première, jusqu'au décès de celle-ci. La Cour de cassation répondit par l'affirmative, estimant que la prestation compensatoire constituait une *dette commune incombant à la veuve attributaire*).

Mais, si le principe même de la transmission de la dette aux héritiers n'est pas remis en cause, l'article 280 nouveau énonce qu'« *à la mort de l'époux débiteur, le paiement de la prestation compensatoire, quelle que soit sa forme, est prélevé sur la succession* » et que « *le paiement est supporté par tous les héritiers, qui n'y sont pas tenus personnellement, dans la limite de l'actif successoral et, en cas d'insuffisance, par tous les légataires particuliers, proportionnellement à leur émolument...* ». Cela veut dire que les héritiers ne supportent pas la charge personnelle de la prestation compensatoire due par leur auteur, mais que cette charge doit être prélevée sur l'actif de la succession que celui-ci a laissé à son décès. Qu'elle ait été fixée sous forme d'un capital payable en plusieurs années (conformément à l'article 275 nouveau) ou sous forme de rente viagère (art. 276 nouveau), le solde du capital ou le montant du capital substitué à la rente, devient « *immédiatement exigible* » (art. 280, alinéas 2 et 3, nouveau).

Dispositions sages, destinées à éviter que les héritiers et l'ex-conjoint créancier n'entretiennent trop longtemps des relations pécuniaires qui pourraient se révéler délicates. Sur ce point, la réforme intervenue en 2004 ne saurait qu'être approuvée.

Il nous reste à examiner les principaux effets du divorce à l'égard des enfants, tels qu'ils résultent, en particulier, de la loi du 4 mars 2002.

c.5. Les conséquences de la législation récente sur les enfants nés de parents divorcés

Les modifications récentes des effets du divorce sur les enfants résultent, pour l'essentiel, de la loi n° 2002-305 du 4 mars 2002. Celle-ci, reprenant les propositions de la Commission Dekeuwer-Défossez a construit un droit commun de l'autorité parentale, s'appliquant à toutes les filiations (légitimes et naturelles). Soucieuse d'appliquer la formule selon laquelle *le couple parental doit survivre à la rupture du lien conjugal* – qui correspond aux besoins d'une société dans laquelle vivent plus de 1,5 million d'enfants de parents divorcés – cette loi a, pour l'essentiel, généralisé l'exercice en commun de l'autorité parentale après séparation et introduit la notion de *garde alternée* des enfants mineurs.

C'est ainsi que l'article 371-1, alinéa 2, du Code civil – issu de la loi du 4 mars 2002 – dispose que l'autorité parentale « *appartient aux père et mère jusqu'à la majorité ou l'émancipation de l'enfant pour le protéger dans sa sécurité, sa santé et sa moralité, pour assurer son éducation et permettre son développement, dans le respect dû à sa personne* ». L'alinéa 3 du même article énonce que « *les parents associent l'enfant aux décisions qui le concernent selon son âge et son degré de maturité* ».

Les parents ont ainsi une vocation égalitaire à exercer l'autorité parentale. Il a, par exemple, été interdit à un père d'amener ses enfants dans une communauté religieuse catholique à l'occasion de l'exercice de son droit de visite et d'hébergement (Nancy, 20 mai 1996, *JCP* 1997.IV.1175 ; arrêt rendu sous le régime de la loi du 8 janvier 1993, qui avait posé le principe de l'exercice en commun de l'autorité parentale, l'exercice unilatéral n'étant plus que l'exception). De même, a été retenue la responsabilité du père qui, profitant de l'exercice de son droit d'hébergement, avait pris la grave décision de faire procéder, à des fins rituelles, à la circoncision de l'enfant, sans nécessité médicale et sans accord de la mère (Paris, 29 septembre 2000, *D.*2001.1585).

Or, l'article 373-2, également issu de la loi du 4 mars 2002, dispose que « *la séparation des parents est sans incidence sur les règles de dévolution de l'exercice de l'autorité parentale* » et que « *chacun des père et mère doit maintenir des relations personnelles avec l'enfant et respecter les liens de celui-ci avec l'autre parent* ».

Le délicat problème du changement de résidence est prévu par le 3e alinéa du même article. Celui-ci énonce que « *tout changement de résidence de l'un des parents, dès lors qu'il modifie les modalités d'exercice de l'autorité parentale, doit faire l'objet d'une information préalable et en temps utile de l'autre parent. En cas de désaccord, le parent le plus diligent saisit le juge aux affaires familiales qui statue selon ce qu'exige l'intérêt de l'enfant* ».

Mais il peut se faire que cet intérêt commande de confier l'exercice de l'autorité parentale à l'un des deux parents. Aux termes de l'article 373-2-1 du Code civil, le juge aux affaires familiales prend la décision qui lui semble s'imposer, étant précisé que « *l'exercice du droit de visite et d'hébergement ne peut être refusé à l'autre parent que pour des motifs graves* ». De même, le parent qui n'exerce pas l'autorité parentale « *conserve le droit et le devoir de surveiller l'entretien et l'éducation de l'enfant (et) doit être informé des choix importants relatifs à la vie de ce dernier* ».

Il a, par exemple, été admis que la résidence habituelle de l'enfant soit fixée chez le père, en raison des convictions religieuses de sa mère, qui appartenait au groupe des Témoins de Jéhovah (Cass. civ. II, 13 juillet 2000, *RTD civ.* 2000.2000 822). Pour refuser un droit de visite et d'hébergement, il a déjà été indiqué que, selon l'article 373-2-1, le juge devait constater l'existence de « *motifs graves* ». À cet égard, la Cour de cassation a tenu pour insuffisant le fait que les enfants ne souhaitaient pas revoir leur père (Cass. civ. II, 29 avril 1998, *Bull.* II, n° 133). Mais le droit de visite et d'hébergement du père a pu légalement être suspendu en raison des pressions morales et psychologiques qu'il exerçait, du fait de ses convictions religieuses, exigeant, en l'espèce, le port du voile islamique (Cass. civ. I, 24 octobre 2000, *Bull.* I, n° 262).

Bien évidemment, « *chacun des parents contribue à l'entretien et à l'éducation des enfants à proportion de ses ressources, de celles de l'autre parent, ainsi que des besoins de l'enfant* », « *cette obligation ne cess(ant) pas de plein droit lorsque l'enfant est majeur* » (art. 371-2, dans la rédaction de la loi du 4 mars 2002). En cas de séparation entre les parents, celui chez lequel l'enfant ne réside pas doit verser à l'autre une « *contribution à son entretien et à son éducation (qui) prend la forme d'une pension alimentaire* » (art. 373-2-2).

Enfin, au confluent du droit civil et du droit fiscal, il faut noter un avis du Conseil d'État, selon lequel *l'attribution de demi-parts additionnelles de quotient familial est dévolue par moitié à chacun des parents, lorsque les enfants mineurs résident en alternance chez chacun d'eux et dans la mesure où ceux-ci supportent à parts égales – proportionnellement à leurs ressources – la charge d'entretien et d'éducation de leurs enfants* (CE, 14 juin 2002, avis n° 241036, Revue *Maître*, ANAAFA, n° 136, septembre 2002, page 20).

L'augmentation du nombre de divorces – déjà relevée – conduit, par suite, à envisager, dans un prochain chapitre, l'*évolution de la famille*.

CHAPITRE 3

L'ÉVOLUTION RÉCENTE DE LA FAMILLE

La progression du nombre de divorces, l'attachement des Français à la famille, le paradoxe de la *famille éclatée,* le rôle des *nouveaux* pères

Dès que le pouvoir se montrait, même sous de pacifiques apparences, que ce fût grand-père, grand'mère ou père, je dois dire qu'ils étaient mal reçus.

Alain[1]

Le divorce ne doit plus seulement être analysé aujourd'hui comme un événement douloureux de la vie individuelle. Il est devenu, en effet, un véritable phénomène de société. Le droit à la rupture résultant du désamour est entré dans les mœurs.

En 1904, au lendemain de la célébration du centenaire du Code civil, le garde des Sceaux nomma une commission en vue d'en préparer la révision. Moins confiant que Napoléon dans la sagesse des juristes, il leur adjoignit des littérateurs, qu'il jugeait mieux à même d'analyser les situations conflictuelles résultant de l'application de la règle de droit. Quand la commission arriva à l'examen de l'article 212 (« *Les époux se doivent mutuellement fidélité, secours, assistance* »), le romancier Paul Hervieu demanda la parole :

« *Je vais émettre,* dit-il, *une proposition qui semblera peut-être subversive et dont je comprends toute l'audace... Le mot amour n'est pas inscrit dans le Code civil. (Or,) il est, sans nul doute, la base même du mariage, le sentiment qui l'ennoblit... Il me paraît que nous devons indiquer, en donnant place à ce mot, l'obligation pour les époux de s'aimer* »[2].

1. Alain, *Propos,* 1956, La Pléiade, Gallimard, page 198.
2. Voir Irène Théry, *Le Démariage, op. cit.,* page 73.

Propos charmant… ou perfide, qui entendait montrer que l'amour ne se décrétait pas et qu'il ne saurait, par suite, être une condition de la validité du mariage. De la même façon, le désamour n'impose pas nécessairement le divorce. Mais – grande différence entre l'époque actuelle et celle de Paul Hervieu – il l'entraîne plus fréquemment aujourd'hui, dans la mesure où la sacralisation, religieuse ou civile[3], du lien conjugal a, le plus souvent, disparu. La progression du nombre de divorces n'a pu, dès lors, rester sans influence sur l'évolution de la famille.

A. LA PROGRESSION CONSTANTE DU NOMBRE DES DIVORCES

Il a déjà été indiqué que, de 2 000 en 1915[4], le nombre de divorces était passé à 35 000 en 1950. La barre des 40 000 fut atteinte en 1970 et le seuil des 50 000, en 1973. En 1975, le nombre annuel de divorces dépassa, pour la première fois, les 60 000 (61 496). Cinq ans plus tard, il dépassait les 80 000 (82 256 divorces en 1978) et parvenait au-delà de 90 000 (90 142) en 1980.

Cette progression se poursuivit par la suite et le nombre de divorces est actuellement de l'ordre de 125 000 par an, soit près de la moitié du nombre des mariages[5]. Il en résulte que les situations dans lesquelles un enfant ne vit pas avec ses deux parents deviennent de plus en plus fréquentes : **elles concernent entre 20 % et 25 % des enfants, c'est-à-dire plus de trois millions d'entre eux (chiffre qui regroupe les enfants de couples divorcés et ceux dont les parents ont mis fin à leur concubinage).** Avant la loi du 4 mars 2002, la résidence de l'enfant était fixée chez la mère dans plus de 85 % des cas[6].

Sur ces 125 000 divorces annuels – et avant la loi du 26 mai 2004, entrée en vigueur le 1er janvier 2005 – plus de la moitié étaient le fait

3. Il s'agit, en réalité, dans ce second cas, d'une sacralisation sociale.
4. En 1886 – au lendemain du vote de la loi Naquet – le nombre de divorces avait atteint 2 950, chiffre qui resta longtemps un record. Le droit de mettre un terme à l'union conjugale fut, sans doute, ressenti comme une délivrance par un certain nombre de couples.
5. Encore inférieur à 25 % en 1980, le *taux de divortialité* est passé à 38,3 en 1996 pour atteindre 42 % au début du XXIe siècle. Le nombre annuel des divorces prononcés, qui s'élevait à environ 120 000 en 1995, s'est stabilisé aux alentours de 116 000 en 1997 et 1998 (voir *Le Monde* des 10 et 11 septembre 2000, page 10) puis a repris une courbe ascendante (122 666 en 2002 et 126 388 en 2003). Le taux de divortialité, qui était encore inférieur à 25 % en 1980, est passé à 38,3 % en 1996.
6. Depuis les lois des 22 juillet 1987 et 4 mars 2002, l'*autorité parentale* – expression que le législateur a substituée à celle de *garde* – est, soit exercée en commun par les deux époux avec résidence habituelle chez l'un deux, soit confiée par le juge au mari ou à la femme, le parent qui n'en est pas investi « *conserv(ant) le droit de surveiller l'entretien et l'éducation de l'enfant et (devant) être informé des choix importants relatifs à la vie de ce dernier* » (art. 373-2-1 du Code civil). Voir, sur ces diverses questions, le *Rapport fait au nom de la mission sur l'information de la famille et les droits des enfants* par Madame Valérie Pecresse, enregistré à la Présidence de l'Assemblée nationale le 25 janvier 2006, pages 212 et suivantes.

d'une procédure par consentement mutuel, près de 45 % d'une procédure pour faute et seulement 1,5 % environ d'une procédure pour rupture de la vie commune[7].

Il y a désormais 42 divorces pour 100 mariages, contre 12 % en 1970. Parallèlement, le nombre des mariages est passé de 394 000 en 1970 à 279 000 en 2000.

C'est aujourd'hui autour de la cinquième année de mariage que les risques de divorce sont les plus élevés mais, **quelle que soit la durée de l'union, les risques de rupture sont toujours plus forts pour une classe d'âge que pour celles qui l'ont précédée.**

Pour les premières unions célébrées (ou commencées) vers 1980, qu'elles aient ou non pris la forme du mariage, 8 % étaient rompues dans les cinq ans et 17 % dans les dix ans ; pour les premières unions célébrées (ou commencées) vers 1990, la proportion de rupture était presque doublée avant cinq ans (15 %) et atteignait 28 % dans les dix ans. Lorsque l'union a commencé hors mariage, le taux de rupture est de 17 % avant cinq ans et de 30 % avant dix ans. Ainsi, Madame France Prioux, directrice d'études à l'Institut national d'études démographiques, peut-elle conclure que « *l'instabilité conjugale s'accroît dans toutes les catégories d'unions* » (audition du 15 février 2005 devant la Commission chargée du *Rapport sur la famille et les droits de l'enfant*, présidée par Monsieur Patrick Bloche et dont le rapporteur était Madame Valérie Pecresse : *Rapport Pecresse, op. cit.*, pages 28 et 29)[8].

B. L'ÉVOLUTION DE LA FAMILLE DANS LES ANNÉES RÉCENTES

L'évolution du rôle de la famille est paradoxale. Bien que – comme nous l'avons vu – la force du lien conjugal ne cesse de se distendre, les Français y restent profondément attachés. Cela contribue à expliquer que l'éclatement de la cellule traditionnelle soulève des problèmes nouveaux.

7. Il faut noter qu'un certain nombre de divorces interviennent également par conversion d'un jugement de séparation de corps. Aux termes de l'article 306 du Code civil, « *le jugement de séparation de corps est converti de plein droit en jugement de divorce quand la séparation de corps a duré trois ans* ».

8. Lorsqu'il s'agit du premier mariage, l'âge moyen au moment de sa célébration a augmenté de plus de cinq ans et demi depuis 1970 : il est désormais de 30,4 ans pour les hommes et de 28,2 ans pour les femmes (au lieu de 27 ans en 1995). Aussi, **alors que seulement une personne sur dix nées entre 1945 et 1950 ne s'était pas mariée, ce sera le cas de trois personnes sur dix dans la génération née en 1970.** En 2002, avec une dispense du procureur de la République, 469 personnes de moins de dix-huit ans se sont mariées : 460 jeunes filles – dont deux de moins de quinze ans – et 9 garçons, âgés de dix-sept ans (voir le *Rapport Pecresse, op. cit.*, page 121).

a. L'ATTACHEMENT DES FRANÇAIS AU MODÈLE FAMILIAL

« *Les Français sont très attachés à la famille* ». Cette conclusion du Rapport Pecresse[9] peut surprendre, puisque l'augmentation du nombre de divorces et d'unions libres laisse penser le contraire. Pourtant, même si la rupture du lien conjugal est de plus en plus acceptée, 80 % des Français pensent qu'il est possible de vivre toute sa vie avec une seule personne. De même, nos compatriotes sont plus nombreux qu'il y a dix ou vingt ans pour estimer que l'on ne se marie pas sans s'aimer profondément. En vérité, la « *désinstitutionalisation* » de la famille touche davantage le couple que la famille elle-même. Comme l'observe Madame Martine Segalen, professeur à l'Université de Paris X, « *le mariage n'a plus la cote chez les jeunes, bien que 285 000 mariages soient célébrés chaque année. Le couple fondé sur l'amour et l'égalité entre les sexes n'est pas institutionnalisé, mais la naissance de l'enfant opère réinstitutionalisation. La filiation est inscrite dans l'état civil, que le couple soit marié ou non* ». Le déclin du mariage est le résultat de nombreux facteurs, parmi lesquels – constate Madame Pecresse – « *il ne faut pas négliger le coût de la fête qui apparaît aujourd'hui incontournable, ce qui n'était nullement le cas dans les années 1970* ». Mais, plus fondamentalement – constate Madame Segalen – « *le refus du mariage est le refus de soumettre la relation de couple à d'autres forces que celles des sentiments.* ***L'amour est essentiellement de l'ordre du privé****, dans lequel l'ingérence de l'État apparaît insupportable* »[10].

Finalement, la famille demeure un *recours dans les situations de crise*, ce qui peut expliquer que les pays latins, où la culture familiale est forte, supportent plus facilement que d'autres un taux de chômage élevé. La famille reste ainsi **le lieu de sécurisation dans un monde incertain, inquiétant et agressif**. 60 % des Français sont d'accord pour dire qu'elle est *le seul endroit où ils se sentent libres et détendus* et 98 % trouvent encore qu'elle est un *modèle positif*. Enfin, près des deux tiers (66 %) déclarent préférer le mariage à l'union libre[11].

De tels chiffres laissent penser que, loin de remettre en cause le principe même de la vie conjugale, les époux qui divorcent entendent garder la possibilité de former une nouvelle union. Cela pose le problème de l'évolution de la famille après le divorce.

b. LE PARADOXE DE LA FAMILLE ÉCLATÉE

Le nouveau type des unions – conjugales ou pas – pose, avec acuité, le problème des enfants. La forme d'organisation du couple et les modalités de sa séparation ne sont pas, en effet, neutres pour les enfants, même

9. *Rapport Pecresse, op. cit.*, page 35.
10. *Rapport Pecresse, op. cit.*, page 36.
11. *Rapport Pecresse, op. cit.*, pages 36 et 37.

si l'évolution des lois a progressivement atténué les différences qui subsistaient selon la situation juridique de leur naissance et instauré l'égalité entre les deux parents au regard de l'autorité parentale.

Ce n'est sans doute pas le hasard si, par la loi n° 2000-196 du 6 mars 2000, le Parlement a institué un *Défenseur des enfants* chargé, notamment, « *de défendre et de promouvoir les droits de l'enfant consacrés par la loi ou par un engagement international régulièrement ratifié ou approuvé* » et de recevoir « *les réclamations individuelles d'enfants mineurs ou de leurs représentants légaux qui estiment qu'une personne publique ou privée n'a pas respecté les droits de l'enfant* » (art. 1er de la loi).

Le premier titulaire de ce poste a été Madame Claire Brisset-Foucault, journaliste spécialisée dans les questions économiques et sociales, nommée par le gouvernement Jospin le 3 mai 2000. Madame Dominique Versini, conseiller d'État, ancienne secrétaire d'État chargée de la lutte contre l'exclusion et la précarité, lui a succédé aux termes d'un décret du 29 juin 2006.

Dans le même sens, l'article 388-1 du Code civil, dans la rédaction que lui a donnée la loi n° 93-22 du 8 janvier 1993, « ***dans toute procédure le concernant, le mineur capable de discernement peut ... être entendu par le juge ou la personne désignée par le juge à cet effet*** ». Au surplus, « *lorsque le mineur en fait la demande, son audition ne peut être écartée que par une décision spécialement motivée* » et, s'il est entendu, il peut l'être « *avec un avocat ou une personne de son choix* ». Ces dispositions renforcent singulièrement les droits de l'enfant qui, selon l'article 290, 3°, ancien (rédaction de la loi n° 87-570 du 22 juillet 1987), ne pouvait être entendu qu'à partir de treize ans, si le juge le souhaitait.

Le droit de l'enfant de demander son audition est un progrès important, qui consacre un nouveau type de rapports au sein de la cellule familiale.

L'éclatement de la cellule familiale a également mis en évidence le rôle des *nouveaux pères*.

c. ÉMERGENCE ET LIMITES DES NOUVEAUX PÈRES

Il a déjà été indiqué que l'article 371-1 du Code civil, dans la rédaction que lui a donnée la loi du 4 mars 2002, dispose que l'autorité parentale « *appartient au père et mère jusqu'à la majorité ou l'émancipation de l'enfant* ». Et l'article 373-2, issu de la même loi, énonce que « *la séparation est sans incidence sur les règles de dévolution de l'exercice de l'autorité parentale* » et que « *chacun des père et mère doit maintenir des relations personnelles avec l'enfant et respecter les liens de celui-ci avec l'autre parent* ».

C'est là le terme d'une évolution qui trouve son origine dans le refus longtemps opposé au père (divorcé ou séparé) qui n'habite plus avec son enfant d'exercer des droits pleins et entiers sur son éducation. En effet, pendant une longue période, les hommes ne demandaient pas souvent la garde[12] de leurs enfants, parce qu'ils pensaient n'avoir aucune chance de l'obtenir. La situation a évolué dans les années 1980 avec l'apparition – peut-être stimulée par le développement du chômage ! – d'une catégorie d'hommes revendiquant, avec vigueur, la garde (puis l'autorité parentale) des enfants d'un mariage dissous par un jugement de divorce.

Il ne semble pas que cette catégorie des nouveaux pères soit appelée à se développer. Une étude du CNRS, réalisée en 1999, a démontré, en effet, que les femmes consacraient, chaque semaine, deux fois plus de temps à leurs enfants que les hommes (25 heures et 37 minutes, contre 12 heures et 41 minutes), qu'elles étaient plus portées à aider aux devoirs scolaires (10 % du temps accordé aux enfants pour les femmes contre 6 % pour les hommes) et que, de façon générale, tandis que les pères en couple consacraient 76 % de leur temps à la vie professionnelle et 24 % à leur vie de parent, les mères partageaient, à peu près également, leur temps entre les deux sphères[13]. La répartition des tâches demeure ainsi très sexuée : les pères s'impliquent dans les activités de socialisation (visite des musées, sorties au parc, etc.), tandis que le travail parental domestique, notamment la toilette et les repas, reste dévolu aux mères.

Dix minutes quotidiennes de plus en treize ans : tel est l'effort consenti par les hommes dans le domaine des tâches domestiques entre 1985 et 1998. Le noyau dur du travail domestique – préparer les repas, faire la vaisselle, le ménage, laver et repasser le linge – demeure le quasi-apanage des femmes qui, même dans les familles dites à partage égalitaire (composé de deux actifs, souvent jeunes, et également investis professionnellement), gardent « *la responsabilité de la gestion du domestique* »[14].

Mais, si l'avenir marquera, sans doute, une revalorisation du rôle de la mère divorcée, il reste que la fréquence des ruptures du lien conjugal modifie profondément la structure de la famille. Outre, en effet, que le modèle familial est, de plus en plus souvent boudé par les personnes qui vivent en couple, la famille, lorsqu'elle existe juridiquement, se trouve fréquemment recomposée.

d. LE MODÈLE FAMILIAL BOUDÉ

Pourquoi contracter une union qui a, statistiquement, plus d'une chance sur trois de se terminer par un divorce ? Pourquoi exposer les rap-

12. Remplacée par l'autorité parentale, depuis la loi du 22 juillet 1987, dite loi Malhuret, du nom du secrétaire d'État aux Droits de l'homme (dans le premier gouvernement Chirac), qui en défendit le projet et confirmée par la loi du 4 mars 2002.
13. Le gouvernement de Vichy attribuait, pour partie, la déstabilisation de la société traditionnelle aux femmes mariées qui occupaient un poste au sein de l'Administration. Une loi du 11 octobre 1940 limita leur proportion, visant, d'abord, les femmes de plus de cinquante ans dont le mari subvenait aux besoins du ménage puis celles qui n'avaient pas élevé au moins trois enfants. Une directive fut même adressée au président du jury des baccalauréats pour leur enjoindre de limiter le nombre des candidates admises à l'examen.
14. Voir *Le Monde* du 27 mai 2000, pages 1 et 11.

ports affectifs fixés par un *modus vivendi* librement accepté aux contraintes inhérentes à l'application de la loi, aux griefs que peut entraîner sa méconnaissance, à la rigidité de la procédure qu'entraîne nécessairement la rupture des liens résultant du mariage ? Et ce, d'autant plus que, le 15 juin 2000, le gouvernement a définitivement renoncé à l'idée de créer un « *divorce sans juge*[15] »[16].

On comprend, dès lors, que, sur les 30,3 millions de personnes vivant en couple[17], près de 5 millions aient omis de régulariser leur situation (il faut, toutefois, noter que figurent nécessairement, parmi eux, un certain nombre de couples irréguliers, dont l'un des membres est prisonnier – parfois volontaire[18] – d'une union non dissoute). Et on peut admettre que cette abstention soit plus fréquente chez les jeunes qui – sauf lorsqu'un idéal spirituel les anime – s'interrogent davantage sur le bien-fondé à long terme du choix de leur partenaire.

De fait, parmi les jeunes gens de 20 à 24 ans déclarant vivre en couple, au début de l'année 1994, moins de la moitié des femmes et plus d'un quart des hommes n'étaient pas mariés. Et, entre 25 et 29 ans, les non mariés restaient majoritaires parmi les hommes (au contraire, sur un échantillon de 100 femmes appartenant à cette catégorie d'âge et déclarant vivre en couple, 45,5 % étaient mariées, contre 31,5 % ; 23 % déclarant ne pas vivre en couple). Ce n'est que dans la tranche d'âge des 30-34 ans que, parmi les hommes déclarant vivre en couple, les mariés devenaient largement majoritaires (56,2 % contre 23,8 %, alors que 2,6 % déclaraient entretenir une relation amoureuse stable sans vivre en couple et que 17,3 % affirmaient ne pas avoir de relation amoureuse). Dans la même tranche d'âge, les femmes déclarant vivre en couple étaient mariées dans une proportion voisine des trois-quarts[19].

Peut-on en déduire que le cadre de la famille, toujours marqué par le Code Napoléon de 1804 n'est pas adapté à l'évolution actuelle de la société ? Ou que cette évolution est seulement passagère et marque seulement l'étape d'un cycle qui, partant d'une cellule familiale abusive (voir, parmi bien d'autres exemples littéraires, la situation de Madame de Mortsauf dans *Le Lys dans la vallée* de Balzac), passe actuellement par sa

15. La réforme du droit de la famille, issue de la loi du 26 mai 2004, prévoit seulement – comme on l'a vu – une simplification de la procédure de *divorce sur requête conjointe*, qui n'impose plus qu'une seule comparution devant le juge au lieu de deux auparavant.
16. Voir *Le Monde* du 17 juin 2000, page 10.
17. Selon les données de l'INSEE, en 1990, seuls 1,5 million de couples n'étaient pas mariés, soit une proportion de l'ordre d'un dixième. Celle-ci a atteint un sixième en 1998, année où le nombre de couples non mariés atteignait 2,4 millions. Aujourd'hui, près de 25 millions de Français sont mariés, pour près de 5 millions de concubins et environ 300 000 personnes unies par un *pacs* (voir *Rapport Pecresse, op. cit.*, page 70), près de 5 millions ont omis de régulariser leur situation.
18. À la fin de la présidence du général de Gaulle, un haut magistrat fut contraint de démissionner (et n'obtint pas l'honorariat), parce que des indiscrétions journalistiques révélèrent qu'ayant promis à sa maîtresse de l'épouser après avoir divorcé, il négligeait – pour ne pas donner suite à son projet – de faire transcrire son jugement de divorce sur les registres de l'état civil.
19. Voir Irène Théry, *Couple, filiation et parenté aujourd'hui*, 1998, Éditions Odile Jacob, pages 13 et 259.

remise en cause radicale, avant de se stabiliser dans une structure moins contraignante que celle prévue par le Code, mais n'en imposant pas moins (comment pourrait-il en être autrement ?) des droits et des devoirs ? À la vérité, la forme juridique du couple n'a peut-être qu'une importance limitée, dès lors que le cadre en est fixé, et le professeur Carbonnier a raison de se poser la question de savoir si Adam et Ève étaient mariés[20]...

Mais, sans trop s'interroger sur la forme juridique exacte des relations qui unissaient les héros de la Bible, même si le texte de la Genèse dit bien que « *l'homme s'était uni à Ève, sa femme* » (*Genèse,* IV, 1) et que Noé entra dans l'Arche « *avec ses fils, sa femme et les épouses de ses fils* » (*Genèse,* VII, 7), il est nécessaire de se demander si l'augmentation spectaculaire du nombre des divorces, depuis quelques années, et la désaffection à l'égard du mariage qui en est la conséquence, exercent une influence décisive – ou simplement secondaire – sur la structure de la famille.

e. PEUT-ON PARLER DE FAMILLE ÉCLATÉE ?

L'éclatement de la famille est, bien évidemment, une explication idéale des nombreuses anomalies que réserve l'existence. Un grand journal publiait, en juin 2000, le résultat d'une enquête attribuant, notamment, à la plus grande fréquence des familles éclatées le doublement du nombre des enfants obèses au cours des dix dernières années. « *Les enfants concernés sont souvent seuls, sans frère ni sœur, issus de cellules familiales éclatées,* observait un éminent praticien. *Ils trouvent une maison vide quand ils rentrent de l'école et mangent seuls le soir. Ce sont plutôt des enfants qui trouvent dans l'oralité la tendresse qu'ils n'ont pas. Leurs deux grandes causes sont l'ennui et l'écran, aussi bien la télévision que les jeux vidéo. Leur essor explique l'augmentation de l'obésité, surtout chez les garçons. Les filles, elles, sont plus fragiles vis-à-vis de leur mère, avec qui elles entretiennent des relations souvent difficiles. Elles compensent par la suralimentation, car être grosse, c'est punir sa mère* »[21].

Quelques semaines plus tôt, le même quotidien avait publié une enquête sur « *le spleen des nouveaux adolescents* » et mentionné les « *familles monoparentales ou recomposées* » comme la première cause du suicide des jeunes de 12 à 25 ans[22].

Il semble bien, dès lors, que les familles éclatées ou recomposées jouent aujourd'hui un rôle d'une importance majeure. Ce rôle tient au changement de mentalités que la banalisation du divorce a entraîné. Dans le passé, la norme était de tenter, à travers une nouvelle union, de reconstituer la famille nucléaire par substitution, au parent divorcé, d'un

20. Voir Jean Carbonnier, *Flexible droit,* 8e édition, 1995, LGDJ, page 217.
21. Voir *Le Monde* du 21 juin 2000, pages 1 et 10.
22. Voir *Le Monde* des 23-24 avril 2000, page 22.

beau-père ou d'une belle-mère. Cette conception substitutive faisait de chaque rupture une table rase et, de chaque nouvelle union, l'amorce d'une nouvelle famille. Dans une société où le taux de divortialité est supérieur à 40 %, où le pourcentage des naissances hors mariage est voisin du tiers, où, **dans la grande majorité des cas, le couple préexiste à la naissance ou à l'arrivée d'un enfant**, où celle-ci n'entraîne pas toujours un changement dans son organisation juridique et où on évalue à plus d'un million les ménages recomposés[23], l'objectif est davantage de préserver la continuité de la filiation, de ne pas spolier l'enfant de son histoire et de son identité, tout en construisant de nouvelles relations familiales.

L'importance numérique de ces familles recomposées pose le problème des rapports entre beaux-parents et beaux-enfants qui sont, jusqu'alors, ignorés par le droit français (sous la seule réserve qu'en application de l'article 161 du Code civil, le conjoint du père ou de la mère ne peut, s'il vient à divorcer, épouser un de ses ex-beaux-enfants). Ce silence juridique contraste fortement avec la réalité, où, désormais, des centaines de milliers de beaux-parents prennent en charge les enfants de leur conjoint, contribuent à leur éducation et à leur entretien et nouent, parfois, avec eux, des liens qu'ils redoutent légitimement de voir anéantis en cas de séparation ou de décès du parent.

Il ne semble pourtant pas impossible d'organiser juridiquement la participation des beaux-parents à l'exercice de l'autorité parentale, soit en leur confiant une mission d'assistance des père et mère de l'enfant (sur le modèle du droit suisse, dont le Code civil prévoit, à son article 229, que « *tout époux est tenu d'assister son conjoint de façon appropriée dans l'exercice de l'autorité parentale à l'égard des enfants de l'autre et de le représenter quand les circonstances l'exigent* »), soit en leur permettant de participer à l'exercice de l'autorité parentale (en s'inspirant du *Children Act* anglais de 1989, qui permet au beau-parent avec lequel vit l'enfant « *d'accomplir tous les actes usuels relatifs à (sa) surveillance et à (son) éducation* ».)

Dans les deux cas, il faudrait permettre d'organiser les relations de l'enfant et de son ex-beau-parent en cas de séparation du couple. Il est vrai que ces relations n'ont pas nécessairement besoin d'un cadre juridique et que rien ne saurait empêcher des ex-beaux-enfants de continuer à voir un beau-père ou une belle-mère qui a divorcé d'un de leurs parents. Mais il est également vrai que la règle de droit peut permettre d'instaurer – ou, plus exactement, peut-être, de dégeler – des rapports affectifs qui, si elle ne prévoyait rien, pourraient disparaître par le simple effet d'une méfiance réciproque.

23. Sur, il est vrai, les 23,7 millions de ménages que comptait la France en 1998 (voir le rapport sur la *Politique Familiale* remis, en mai 1998, à la ministre de l'Emploi et de la Solidarité et au ministre de l'Économie, des Finances et de l'Industrie, éditions du Service de l'Information et de la Communication, page 28). Voir également le *Rapport Pecresse, op. cit.*, page 69.

Cette inadaptation – sans doute, temporaire – du droit français aux structures nouvelles de la famille doit être appréciée en tenant compte des problèmes posés par l'allongement de la durée de la vie et au rôle qui incombe, désormais, aux personnes âgées.

CHAPITRE 4

LE RÔLE DES PERSONNES ÂGÉES ET LE VIEILLISSEMENT RÉGULIER DE LA POPULATION

Le vieillissement de la population française, l'inégalité géographique devant la mort, l'euthanasie, l'adaptation du droit aux nouvelles données démographiques

Tous les hommes souhaitent parvenir (à la vieillesse) mais, une fois vieux, ils se lamentent. Voilà bien l'inconséquence de la sottise.

Cicéron[1]

La vieillesse n'ôte à l'homme d'esprit que des qualités inutiles à la sagesse.

Joseph Joubert[2]

Les vieux sont dangereux. L'avenir du monde ne les intéresse plus.

Bernard Shaw, dans *La maison des cœurs brisés*

A. LE PHÉNOMÈNE GÉNÉRAL DU VIEILLISSEMENT DE LA POPULATION FRANÇAISE

La population française vieillit régulièrement. Cela tient, d'abord, à une baisse spectaculaire de la fécondité. Les femmes nées vers 1935 avaient, en moyenne, 2,6 enfants, dont 2,1 « *souhaités* » ; celles nées vers 1960, 2,1, dont 1,9 « *souhaités* ». Depuis 1990, les naissances accidentelles sont plus rares, notamment grâce à la diffusion de méthodes médicales de contraception. Le taux des naissances « *non désirées* » n'est plus, dès lors, que de 10 %. Mais divers motifs, notamment la relative généralisation de l'activité professionnelle des femmes (phénomène qui s'est manifesté à partir du milieu des années 1960[3]), ont fait baisser le taux de

1. Voir Cicéron, *Savoir Vieillir (Cato Maior, De Senectute)*, 1990, Arléa, pages 19 et 20.
2. Moraliste français, ami de Chateaubriand.
3. Le lien entre l'activité professionnelle des femmes et la baisse de leur taux de fécondité doit, cependant, être nuancé. Si, en effet, dans un premier temps, l'activité professionnelle des

Suite note page suivante

fécondité à un chiffre de l'ordre de 1,7 (1,77 en 1990 ; 1,65 en 1994 et 1,70 en 1995). La France était devenue un des pays d'Europe Occidentale où la fécondité était la plus basse, puisqu'en 1994, elle se trouvait devancée par l'Irlande (1,86 enfant, en moyenne, par femme), la Suède (1,88), le Danemark (1,81), la Norvège (1,86) et la Grande Bretagne (1,75).

Ce phénomène semble, néanmoins, s'être inversé depuis 1998. Le nombre de naissances annuelles a atteint ainsi 744 000 en 1999, chiffre record depuis 1992. Avec 1,77 enfant par femme, la France avait, dès lors, retrouvé, pour la fécondité, le second rang de l'Union Européenne, juste derrière l'Irlande, place qu'elle n'avait plus occupée depuis le milieu des années 1980. Au cours de l'année 2000, le nombre de naissances s'est élevé à 778 900 (soit une hausse de 5 % par rapport à 1999) et celui des mariages à 304 300 (soit une hausse de 6,6 %)[4].

Ce *baby-boom* s'est poursuivi en 2001, avec la naissance de 774 800 enfants, soit un taux de fécondité de 1,89, record d'Europe des taux de natalité avec l'Irlande. À titre comparatif, il faut noter qu'en Allemagne – pays qui compte 82 millions d'habitants, contre 61 millions à la France (avec les DOM-TOM) – le nombre de naissances s'est seulement élevé, au cours de la même année, à 743 500, soit 9 bébés pour mille habitants, contre 13,1 en France où « *une telle natalité deux années consécutives n'avait plus été observée depuis vingt ans* » (voir, notamment, *Le Monde* du 7 février 2002, page 10 et l'article de la page 17, intitulé « *Carnet rose* »). Un tel phénomène s'explique, notamment, par la hausse de la fécondité des femmes de 28 ans et plus, « *la récupération des naissances retardées s'intensifiant ces dernières années* » (voir *Le Monde* du 10 et 11 septembre 2000, page 10). Toutefois, même dans les prévisions les plus optimistes, le taux de fécondité restera inférieur à 2 pendant plusieurs années encore.

Il a pourtant atteint 1,9 enfant par femme en 2002, où **796 000 naissances** ont été enregistrées ainsi qu'en 2003 (très exactement, 1,91, son niveau le plus élevé depuis trente ans), avec 793 000 naissances (voir *Le*

Suite note 3 :
femmes entraîne une baisse de la fécondité – phénomène général qui admet, bien évidemment, des exceptions – on constate, parfois, que ce taux fait, ensuite, l'objet d'une stabilisation. Des pays comme l'Espagne et le Portugal se trouveraient, ainsi, à l'heure actuelle, en période de remise en cause des schémas familiaux et la hausse du niveau de scolarisation contribuerait fortement à l'accélération de la demande d'emploi par les jeunes femmes. Les hommes ne prenant qu'une part modeste aux travaux domestiques, les jeunes épouses seraient incitées à différer les naissances, à les espacer et à réduire, en fin de compte, le nombre total d'enfants. Au contraire, des pays économiquement plus développés – comme la France, la Grande-Bretagne, les Pays-Bas et l'Allemagne – semblent sortis de cette période de crise de l'institution familiale, sans qu'il en soit résulté, il est vrai, une progression significative du taux de fécondité. Il semble, toutefois, que, de façon générale, le salaire féminin exerce une influence négative sur la fécondité (voir *Facteurs sociaux et niveau de fécondité*, dans *Problèmes Politiques et Sociaux*, n° 761, 2 février 1996, La Documentation française, pages 71, 72, 74, 75 et 76).

4. Ce phénomène ne devait pas, sans doute, être généralisé trop rapidement, dans la mesure où le caractère *mythique* de l'année 2000 avait pu jouer un rôle *attractif* dans l'esprit d'un certain nombre de nouveaux mariés et de jeunes parents. La progression des naissances en 2002 et 2003 a confirmé la réalité de cette évolution.

Monde des 30 janvier 2003, page 11, et 19 novembre 2004, page 11). **Ce pourcentage a été conservé en 2004 avec un peu plus de 800 000 naissances, ce qui correspond à un indice de fécondité de 1,91 enfant par femme** (voir *Le Monde* des 17-18 septembre 2006, pages 1 et 10). On reste, sans doute, loin des 885 200 naissances de 1900 ou des 862 300 de 1950, mais l'évolution est assurément positive (dans l'Union européenne, ce taux est de 1,4 enfant par femme : notamment 1,8 au Danemark ; 1,3 en Italie et en Espagne ; 1,2 en Pologne et en Slovaquie. Par ailleurs, il est de 1,8 en Norvège ; 1,6 en Chine ; 1,3 au Japon et 3 en Inde : voir *Le Monde* du 22 juillet 2005, page 2, et *Le Monde 2* du 14 janvier 2006, page 78).

Or, les démographes admettent que, pour maintenir l'équilibre de la population, il faudrait, en moyenne, 2,1 enfants par femme. Il en résulte que, du seul fait de la baisse du taux de fécondité – qui est loin d'être, comme nous le verrons, l'unique facteur de l'évolution démographique – la société se trouve, sinon écrasée, du moins interpellée par la charge du vieillissement. Le corps électoral devient, en effet, majoritairement composé de sexagénaires, plus soucieux, dans l'ensemble, de bénéficier de leurs retraites et de leurs rentes que de s'interroger sur le futur.

Mais le phénomène du vieillissement de la population est, très largement, accéléré par l'allongement de la durée de la vie **du fait, notamment, de la baisse de la mortalité infantile (3,9 pour 1000 contre près de 300 pour 1000 en 1750).** L'âge moyen au décès, qui était de 63,1 ans pour les hommes et de 68,9 pour les femmes, au cours de la période 1950-1952[5], est passé, en effet, respectivement, à 70,3 et 78,4 pour la période 1980-1982 et atteint aujourd'hui 73 et 81 ans. Les premières statistiques de l'année 1999 montrent que ce chiffre a encore augmenté (75 ans pour les hommes et 82,5 ans pour les femmes, un certain tabagisme « *ralentissant la progression de l'espérance de vie féminine et réduisant l'écart entre les deux sexes* » : voir *Le Monde* des 10 et 11 septembre 2000, page 10). **L'espérance de vie à la naissance était, en 2002, de 75,6 ans pour les hommes et de 82,8 ans pour les femmes. Depuis 1994, elle avait ainsi augmenté de deux ans pour les premiers contre un an seulement pour les secondes** (voir *Le Monde* du 30 janvier 2003, page 11).

Or, il faut avoir présent à l'esprit que ce phénomène est appelé à se poursuivre. En effet, selon les projections de l'INSEE, sur les 64 millions – d'après certaines études récentes, **ce chiffre pourrait être de 75 millions** – d'habitants que pourrait compter la France métropolitaine en 2050 (**au 1er janvier 2004, elle en comptait 60,2 millions**), un cinquième seule-

5. *Le Monde* du 5 juillet 1950 précisait : « *En se basant sur les faits enregistrés en 1948, on peut avancer que l'espérance de vie à la naissance est aujourd'hui de soixante-trois ans en moyenne (soixante pour l'homme, soixante-six pour la femme). Cet important déclin de la mortalité générale porte surtout sur les jeunes générations, et le recul des maladies infectieuses en est la cause majeure* ». Le même numéro du journal précisait que la durée moyenne de la vie humaine était de quarante-trois ans en 1850.

ment seraient âgés de moins de 20 ans (au lieu d'un quart aujourd'hui) et plus d'un tiers (35 %), de plus de 60 ans (contre 20 % aujourd'hui).

Mieux encore, la France métropolitaine compterait trois fois plus de personnes de plus de 75 ans et le nombre des plus de 85 ans serait quadruplé. Par ailleurs, le nombre de centenaires devrait être multiplié par quarante et passer d'un peu moins de 4 000 en 1990 à environ 150 000 en 2050[6].

Dès 2011 – prédit l'INSEE – les plus de 60 ans auront dépassé en nombre les moins de 20 ans (au 1er janvier 2003, les plus de 65 ans représentaient déjà 16 % de la population). Ce n'est qu'avec l'arrivée à des âges élevés de générations moins nombreuses, et la disparition progressive des *enfants du baby-boom de l'après-guerre,* que s'atténuera ce vieillissement.

Cette situation prévisible de la population devrait normalement entraîner, à elle seule, une augmentation des dépenses de protection sociale de l'ordre de 30 %.

Cette augmentation résultera de deux postes principaux :

– la durée moyenne des pensions de retraites, qui devrait s'allonger, entre 1990 et 2050 de 38 % pour les hommes et de 31 % pour les femmes, le flux annuel de nouveaux retraités – c'est-à-dire de personnes atteignant leur soixantième anniversaire[7] – augmentant de quelque 40 % au cours des 35 prochaines années ;

– l'augmentation des dépenses de santé consécutives au vieillissement général de la population, même si les travaux les plus récents semblent indiquer que les gains d'espérance de vie s'accompagneront d'une diminution relative de la morbidité (l'âge moyen à l'apparition des maladies invalidantes serait davantage retardé que l'âge moyen au décès).

B. L'INÉGALITÉ DE LA POPULATION DEVANT LA MORT

L'inégalité devant la mort est, à la fois, sociologique et géographique.

6. Le premier *centenaire* est apparu en 1800. Les recherches montrent que, jusqu'en 1945, l'existence de *centenaires* était un phénomène sporadique. Mais, à partir de l'après-guerre, leur nombre a pratiquement doublé tous les dix ans. En France, il est passé, en chiffres ronds, de 200 en 1950, à 400 en 1960, ce qui – le phénomène s'étant un peu accéléré – a permis d'arriver, en 1990, à un peu moins de 4 000. Il faut rappeler que Jeanne Calment, considérée comme la doyenne de l'humanité, est morte, en 1997, à presque 123 ans. La nouvelle doyenne des Français, Camille Loiseau, est décédée le 12 août 2006, à l'âge de 114 ans et 6 mois. Sur l'évolution de la démographie en France, voir, notamment, *Le Monde* du 17 mai 2005, page 14.

7. Notons que, dans la Bible, les Lévites étaient « *admis à participer au service requis par la Tente d'assignation* », de 25 à 50 ans, mais que, passé cet âge, ils devaient « *se retirer du service actif et ne plus travailler* », sauf à aider leurs frères à des tâches peu pénibles (voir *Nombres,* VIII, 23 à 26).

a. L'INÉGALITÉ SOCIOLOGIQUE

Les citoyens ne sont pas égaux devant la mort. Selon leur milieu socioprofessionnel, ils ont une probabilité variable, ayant atteint l'âge *x*, d'atteindre l'âge *x + n*. Sur la période 1980-1989, l'écart de l'espérance de vie d'une personne de 60 ans était d'environ quatre ans, entre, d'une part, les professeurs[8] et les membres des professions littéraires et scientifiques (qui, statistiquement, pouvaient espérer vivre encore 22 ans) et, d'autre part, les ouvriers spécialisés, les salariés agricoles et les manœuvres (qui – toujours en moyenne – avaient une espérance de vie limitée à 18 ans)[9].

Cette inégalité sociologique a été confirmée par l'Institut national de la santé et de la recherche médicale (INSERM) dans un ouvrage collectif *(Les inégalités sociales de la santé)*, rendu public le 12 septembre 2000. Les auteurs constatent que l'inégalité sociale devant la mort s'est accrue au cours des dernières années, la France devenant le pays européen où la différence de mortalité entre les métiers manuels et non-manuels est la plus forte. Il apparaît ainsi que la mortalité des hommes de 45 à 59 ans exerçant une profession manuelle est supérieure de 71 % à celle des non-manuels, alors que la proportion varie de 33 à 55 % chez nos voisins[10].

C'est ainsi que la différence d'espérance de vie masculine est maximale à 35 ans entre un ingénieur et un manœuvre. Ce dernier vivra en moyenne huit ans de moins que le premier. En dehors du SIDA, chacune des grandes causes de décès frappe plus largement les catégories socioprofessionnelles *ouvriers* et *employés* que les *cadres moyens* et *commerçants* et que les *cadres supérieurs* ou *professions libérales* entre 25 et 54 ans. On observe la même corrélation entre catégories sociales et risque de décès pour la population féminine. Plus grave encore, les disparités ont tendance à s'accentuer. Quant à celles existant entre les régions – qui seront évoquées plus loin – elles tiennent, d'abord, à leur structure sociale et professionnelle et, plus largement, aux modes de vie qu'elles autorisent.

La France se distingue ainsi des pays européens voisins par une très forte **surmortalité prématurée**, c'est-à-dire survenant entre 15 et 59 ans, qui s'explique, pour l'essentiel, par les conduites individuelles : suicides, accidents, tabagisme, consommation excessive d'alcool, et affecte quatre à cinq fois plus les hommes que les femmes. Si la France est – comme nous l'avons vu – **championne d'Europe de la natalité,** derrière l'Irlande, elle apparaît également comme la **championne d'Europe de la mortalité**

8. L'étude ne semble pas faire de distinction entre les professeurs des enseignements primaire, secondaire et supérieur.
9. Voir *Regards sur l'actualité,* mai 1996, page 24.
10. Le rapport du Haut Comité de la santé publique (HCSP), rendu public le 1er février 2002, souligne qu'à 35 ans, l'espérance de vie d'un ouvrier est inférieure de 6,5 années à celle d'un cadre (voir *Le Monde* du 2 février 2002, page 11).

avant 60 ans (voir *Le Monde* du 3 mars 2000, page 12, et des 10 et 11 septembre 2000, page 10).

Enfin, le rapport de l'INSERM constate que le risque de survenue de certains cancers varie selon le milieu social. Les catégories les plus défavorisées sont ainsi davantage exposées aux cancers du poumon, de même qu'à ceux des voies aéro-digestives supérieures, de l'œsophage et du col utérin. À l'inverse, le risque de cancer du côlon et de cancer du sein est plus élevé dans les catégories aisées. De façon générale, les inégalités sociales de santé apparaissent dès la naissance, semblent amoindries durant l'adolescence, mais persistent tout au long de l'existence, y compris parmi les retraités (voir *Le Monde* du 13 septembre 2000, pages 1, 8, 9 et 15).

D'une façon inattendue, les accidents de la route semblent également liés, pour partie, aux inégalités sociales. Une étude de l'INSERM révèle, en effet, que *la profession du conducteur est la variable qui discrimine le plus le risque d'implication dans un accident rapporté aux kilomètres parcourus.* Elle précise que *les catégories les plus favorisées ont un risque moindre.*

Une typologie des conducteurs a ainsi été dressée selon le type d'accident : les pertes de contrôle sont, surtout, le fait des ouvriers, des étudiants et des militaires du contingent ; les accidents lors de trajets professionnels touchent principalement les chauffeurs, les cadres supérieurs, les artisans, les commerçants et les V.R.P. ; ceux qui se produisent au cours des trajets **domicile-travail** affectent plutôt les employés, tandis que les accidentés à une intersection sont, surtout, des retraités.

L'analyse des données de l'Institut national de recherche sur les transports et la sécurité (INRETS), sur la gravité des accidents de la circulation chez les conducteurs en fonction de leur catégorie professionnelle, confirme cette *discrimination.* Alors que la moyenne des tués est de 2,5 % sur le total des conducteurs accidentés, elle atteint 4 % chez les agriculteurs et 4,7 % chez les retraités. Si les ouvriers, les artisans, les commerçants et les membres de professions indépendantes sont juste au-dessus de la moyenne, les cadres moyens et supérieurs sont les moins touchés (respectivement 1,5 et 1,6 %).

De même, ces dernières catégories apparaissent moins souvent victimes de blessures graves, et *Le Monde* pouvait titrer que ***les accidents de la route frappent davantage les catégories défavorisées*** (voir *Le Monde* du 13 septembre 2000).

« *En vérité* – a-t-on écrit – *tout se passe comme si l'ascenseur social français avait globalement transporté la population à un niveau sanitaire nettement supérieur, mais sans parvenir à résorber les inégalités existantes. Des dispositifs nouveaux – tels que l'instauration de la couverture maladie universelle (CMU)*[11] *– ont certes permis d'améliorer concrètement l'accès aux soins des plus démunis. Mais l'enquête des chercheurs de l'INSERM met en évidence que la France continue d'abriter, dans ce*

11. Instaurée par la loi n° 99-641 du 27 juillet 1999.

domaine, une regrettable continuité sociale : les inégalités existant dès la naissance persistent tout au long de la hiérarchie professionnelle et se prolongent pendant les années de retraite ».

En résumé, les auteurs du rapport de l'INSERM évaluent à **10 000 le nombre de décès prématurés que l'on pourrait éviter si les employés et ouvriers avaient, en France, la même mortalité que les cadres supérieurs et les professions libérales** (voir *Le Monde* du 13 septembre 2000, page 1 et *Éditorial*, page 15).

b. L'INÉGALITÉ GÉOGRAPHIQUE

D'autres études ont révélé l'inégalité géographique des habitants de l'Hexagone devant la mort.

Il a ainsi été observé que le titre désolant de « *championne d'Europe des décès avant 60 ans* » s'expliquait, pour l'essentiel, par le comportement des individus (suicides[12], accidents, tabagisme, consommation excessive d'alcool) et si on dénombrait ainsi, chaque année, dans le pays, 80 000 morts prématurées[13], qui représentent 15 % de l'ensemble de la mortalité (540 000 décès recensés en 1998), la mortalité était, dans certaines régions, supérieure à la moyenne, pour tous les âges. Il en est ainsi de la Bretagne (à l'exception de Rennes et de sa région, du littoral atlantique, de Marseille, de Nice et de la « *diagonale du vide* », située entre les Ardennes et le Cantal ; sur cette diagonale, la surmortalité s'est élevée, au cours des dernières années, à mesure que s'aggravait le sous-peuplement). Plus que les conduites individuelles (suicides, accidents, mauvaise hygiène de vie), c'est un problème d'accès aux soins qui se trouve posé.

Mais, à l'inverse, la mortalité est inférieure à la moyenne nationale pour tous les âges dans les zones d'emploi urbanisées du Sud de la France, autour de Bordeaux, Toulouse, Lyon, Grenoble, Dijon, dans le Sud-Ouest, et sur une large bande allant de Caen à Nantes.

« *J'ai été stupéfait par les inégalités d'espérance de vie entre les régions, alors qu'en France l'État est unifié depuis deux siècles et qu'il offre à tous, en principe, le même système scolaire, le même système juridique et le même système d'accès aux soins* », déclarait le coordonnateur d'une étude publiée en mars 2000 et menée par l'INSERM et le ministère de l'Emploi et de la Solidarité. « *Ces inégalités* – poursuivait-il – *peuvent être la conséquence de comportements liés à la culture régionale. Elles*

12. L'Organisation Mondiale de la Santé avait prévu qu'en l'an 2000, 11 600 personnes se suicideraient en France, (le nombre a été plutôt de l'ordre de 11 000) contre 12 500 en Allemagne, 20 000 au Japon, 31 000 aux États-Unis, 52 500 en Russie, 87 000 en Inde et 195 000 en Chine (voir *Le Monde* du 5 juillet 2000, page 5). Le nombre des suicides a, néanmoins, diminué en France depuis plusieurs années. De 12 251 en 1993, il est passé, en effet, à 11 819 en 1995, 11 139 en 1997 et 10 534 en 1998 (voir *Libération* du 4 février 2002, page 17). Les suicides sont beaucoup plus nombreux en Bretagne et dans le Nord-Pas-de-Calais qu'en Aquitaine, en Languedoc et en Provence. Les méthodes elles-mêmes sont différentes ; on préfère la pendaison dans le Nord et les armes à feu dans le Sud! (voir *Le Monde* du 13 octobre 2000, page 17).

13. Cette surmortalité prématurée affecte 4 à 5 fois plus les hommes que les femmes.

peuvent aussi être déterminées par l'inégalité de densité de population, qui modifie l'offre de soins. Cela dit, il faut reconnaître que nous ne savons pas expliquer clairement ces inégalités ».

L'enquête révélait « *la situation spécialement défavorisée des zones les plus peuplées* » du Nord-Pas de Calais et de la Picardie, la « *surmortalité par maladies respiratoires et morts violentes* » en Franche-Comté, « *surtout dans les zones en déclin économique* », la situation satisfaisante de l'Aquitaine où « *le niveau de mortalité est globalement faible, particulièrement dans les cantons agenais et béarnais, contrastant avec la surmortalité basque, surtout marquée avant 65 ans* » et la « *situation privilégiée* » du Languedoc-Roussillon, dont « *la sous-mortalité est nette pour la population masculine, principalement grâce au faible nombre de maladies cardiovasculaires et des affections liées à l'alcoolisme* », le problème majeur résidant, pour cette région, dans les accidents de la circulation.

L'enquête observait – et ce n'était pas le moins grave – que ces disparités avaient tendance à s'accentuer, non seulement entre les catégories socioprofessionnelles, mais encore entre les régions, à cause, bien évidemment, de « *leur structure sociale et professionnelle et, plus largement de (leurs) modes de vie* »[14].

Cette inégalité géographique pourrait s'expliquer, en partie, par l'implantation des médecins libéraux. On a pu parler, à leur égard, d'« *héliotropisme spontané* », qui les pousse à s'installer de préférence dans les régions ensoleillées. Les cliniques privées tendent, par ailleurs, à se rapprocher de la population solvable qui n'est souvent pas celle qui a le plus besoin de soins. La mortalité est ainsi plus élevée dans les départements où les médecins sont moins nombreux et, inversement, elle est moins forte là où ils sont plus nombreux (par rapport à la population). L'écart entre les extrêmes était, en 1995, de un à trois pour l'ensemble des médecins et de un à deux pour les généralistes. Cela contribue à expliquer que l'**on meurt, en moyenne, à 68 ans à Tourcoing et à 79 ans à Nice**.

L'inégalité touche également la périphérie par rapport au centre des villes. Dans certaines banlieues éloignées, la proportion de médecins par rapport à la population est encore plus faible que dans les communes rurales, celles-ci se développant d'ailleurs, depuis 1999, plus vite que les zones urbaines (voir *Le Monde* des 13 octobre 2000, page 17 et 18 janvier 2006, page 12).

Le rapport sur *La Santé en France 2002,* rendu public le 1er février 2002 par le Haut Comité de la santé publique (HCSP), a, néanmoins, souligné « *les progrès considérables en matière de santé* » tenant, en particulier, à la réduction de la mortalité infantile. Il a également souligné que la mortalité cardiovasculaire des 45-74 ans avait régressé de 15 % entre 1990 et 1997 et qu'une personne ayant eu

14. Voir Gérard Salem, Stéphane Rican, Éric Jougla, *Atlas de la santé en France,* Volume 1 : *Les causes de décès,* 2000, Éditions John Libbey Eurotext et le compte-rendu donné par *Le Monde* du 3 mars 2000, pages 12 et 13.

75 ans en 2000 pouvait espérer vivre, en moyenne, encore dix ans, s'il s'agissait d'un homme, et treize ans, s'il s'agissait d'une femme (voir *Le Monde* du 2 février 2002, page 11).

Cette *inégalité géographique* existe, bien évidemment, entre les divers pays. Une étude de l'Organisation mondiale de la santé (OMS) révèle ainsi que le pays dont les habitants possèdent les meilleurs chances de vivre âgés sans handicap majeur, est le Japon, en raison du faible taux des maladies cardiaques. Il devance l'Australie, où la courbe des graves affections s'infléchit, en même temps que diminue le nombre des fumeurs, et la France, qui doit sa troisième place à la bonne santé des femmes, qui ont, à la naissance, environ sept années de plus d'espérance de vie que les hommes.

La surprise est le mauvais classement du pays le plus riche du monde, les États-Unis, qui n'occupe que la 24e place. Maladies cardio-vasculaires, SIDA et violence en seraient responsables, tout comme le mauvais état de santé général des minorités ethniques. Enfin, le SIDA et la guerre déciment l'Afrique, dont les États forment la majeure partie des trente-deux pays où l'espérance de vie n'atteint pas 40 ans et ne cesse de baisser, tombant même à moins de 26 ans en Sierra Leone (voir *Le Figaro* du 5 juin 2000).

Il faut signaler le cas particulier de la Russie, où « *l'abus de vodka est une cause de la surmortalité masculine. La différence d'espérance de vie entre les hommes et les femmes est* ***sans commune mesure*** *avec celle des pays occidentaux* ».

L'espérance de vie des hommes était, en 2005, de 59 ans et 11 mois contre 73 pour les femmes, soit **le niveau le plus bas parmi tous les pays industrialisés.**

L'alcoolisme est mentionné comme la principale raison du taux élevé de mortalité en Russie. L'espérance de vie, dans ce pays – le plus vaste du monde en superficie – est classée au 122e rang mondial, soit au niveau de la Corée du Nord et de la Guyane. De fait, la population diminue : 143,5 millions d'habitants en 2005 contre 148 millions en 1989, malgré l'afflux d'immigrés venus des autres républiques ex-soviétiques (environ 9 millions de personnes en dix ans). Cela explique, sans doute, l'impopularité dont a été victime Mikhaïl Gorbatchev – secrétaire général du Parti communiste de l'Union soviétique (mars 1985 – août 1991) et président du Præsidium du Soviet suprême (octobre 1988 – mars 1990) puis de l'URSS (mars 1990 – décembre 1991) – qui avait lancé une vigoureuse campagne contre l'alcoolisme, bien qu'après douze mois de mise en œuvre, l'espérance de vie en Union soviétique eût augmenté de trois ans (voir *Libéra*tion du 4 février 2002, page 13 et *Le Monde d*u 22 juillet 2005, page 2).

Mais, en tout état de cause, le vieillissement démographique et la remise en question des structures familiales qui en résulte, imposent, à l'évidence, une adaptation du système de santé et, sans doute également, une modification de certaines règles du droit civil.

C. LA NÉCESSAIRE ADAPTATION DU SYSTÈME DE SANTÉ

a. LE PROBLÈME DE LA MISSION DES SERVICES HOSPITALIERS

Le vieillissement général de la population – symbolisé par l'accroissement considérable du nombre des centenaires et l'apparition de la catégorie des *supercentenaires* – pose des problèmes spécifiques qui ne pourront être résolus harmonieusement dans le cadre des structures de santé actuelles.

« *On a longtemps voulu croire que l'on mourrait tous en bonne santé entre 85 et 100 ans,* observe un démographe. *C'est ce que l'on appelle la théorie de la compression de la morbidité. La réalité est tout autre. Les gens très âgés sont objectivement diminués. Ils deviennent un jour comme des coupes de cristal très fragiles. Pour les garder, il faut les manipuler avec beaucoup de soin. C'est exactement ce qui se passe dans les maisons de retraite. Et tout laisse à penser que si l'on conduit une majorité d'individus en bonne santé à 90 ans, on va se retrouver avec des millions de personnes qui continueront à vivre dans des conditions précaires au-delà de 100 ans. Ces perspectives sont forcément lourdes de conséquences sur les choix économiques et de société. Elles déboucheront aussi sur d'autres interrogations plus fondamentales comme l'euthanasie* »[15].

Comment adapter les structures sociales – et, notamment, hospitalières – à ces nouvelles données ? Les services traditionnels des centres hospitaliers ont pour but de guérir l'infection dont un malade se trouve atteint, mais non, une fois obtenue cette guérison, de lui prodiguer les soins que peut imposer son grand âge. Mais il n'est pas toujours facile de distinguer entre ces deux missions. Un récent avis présenté au Conseil économique et social souligne que, « *dès lors qu'il s'agit de personnes âgées, très âgées, pour lesquelles la fin de vie n'est pas nécessairement associée à (un) type de pathologie (grave) ou à une mort imminente, ... les repères ont tendance à fuir, à s'estomper* ». Et l'auteur se demande « *où placer le curseur à partir duquel il serait établi que ces personnes malades ou très dépendantes sont entrées dans une phase de soins palliatifs et d'accompagnement ? Question éminemment délicate* – observe-t-il – *trop peut-être pour recevoir une réponse, mais qui invite fortement à une réflexion sur la fin de vie des personnes âgées ainsi que sur les modalités et sur les conditions d'une prise en charge dont tout le monde*

15. Voir l'interview de Jean-Marie Robine (démographe à l'INSERM), dans *Libération* des 17 et 18 juin 2000, page 17.

s'accorde à reconnaître les graves insuffisances, tant à domicile qu'en milieu institutionnel »[16].

Il faut encore constater la dépendance particulière des personnes âgées aux phénomènes climatiques. Ainsi la canicule de l'été 2003 – le plus chaud depuis plus d'un demi-siècle – a provoqué une augmentation du nombre des décès annuels de l'ordre de 15 000 (549 600 contre 534 183 en 2002) et n'a pu être freinée efficacement par les structures hospitalières existantes (voir *Le Monde* du 21 février 2004, page 9).

b. LE PROBLÈME DE LA DÉPENDANCE DES PERSONNES ÂGÉES ET LA CRÉATION DE L'*ALLOCATION PERSONNALISÉE D'AUTONOMIE*

Il existe, à l'heure actuelle, en France, près d'un million de personnes âgées *dépendantes* et – comme dans les autres pays de l'Union européenne – leur nombre devrait augmenter sensiblement au cours des prochaines années. De 1,6 % en 1960, leur proportion est passée à 3,8 % en 1997 et atteindra 5,6 % en 2020 (voir *Valeurs Mutualistes,* mars 2001, pages 12 et 13).

Or, les inégalités se creusent avec l'apparition de la dépendance et les femmes, qui vivent plus longtemps que les hommes, sont davantage touchées par le phénomène de paupérisation qui en résulte (voir *Convergence*, juillet-août 2004, page 14).

Parmi les personnes âgées dépendantes de 60 ans et plus, 230 000 sont « *confinées au lit ou au fauteuil* », 400 000 ont besoin d'aide pour la toilette et l'habillage et 275 000, pour l'une ou l'autre de ces activités.

Il faut noter qu'un tiers des séjours à l'hôpital concernent des personnes de plus de 60 ans et 7 %, des personnes de plus de 85 ans. La situation des personnes âgées les plus défavorisées a, certes, été rendue moins précaire par l'*allocation personnalisée d'autonomie* (*A.P.A.*), créée par la loi n° 2001-647 du 20 juillet 2001 et entrée en vigueur le 1er janvier 2002[17]. Il n'en reste pas moins qu'elle pose à la société un problème de type nouveau.

En effet, victime de son succès, l'*A.P.A.* – dont l'institution a été souvent présentée comme résultant d'une des quatre grandes lois sociales votées à l'initiative du gouvernement Jospin – a rapidement été *victime de son succès.* Cela explique que, sans vouloir la remettre en cause – il s'agit

---

16. Voir *Avis et Rapports du Conseil Économique et Social, L'accompagnement des personnes en fin de vie,* Avis présenté par Monsieur Donat Decisier, 1999, Les éditions des Journaux officiels, page 7.

17. Fixée selon un barème national modulable en fonction des ressources et du degré de perte d'autonomie, cette prestation concerne environ 800 000 personnes (605 000 en 2002, alors que 1 043 000 demandes avaient été déposées auprès des Conseils généraux) : 550 000 vivant à domicile et 250 000 en établissement (maison de retraite, unité hospitalière de longue durée...). Toutes les personnes de plus de 60 ans qui rencontrent des difficultés pour accomplir les gestes de la vie courante – se lever, se déplacer, s'habiller, préparer les repas, faire le ménage, sortir de chez soi... – peuvent retirer un dossier pour bénéficier de l'*A.P.A.*

d'« *une bonne mesure sociale, (...) appréciée de nos concitoyens* », déclarait, à la fin de l'année 2002, le secrétaire d'État aux personnes âgées, Monsieur Hubert Falco – le gouvernement Raffarin ait cherché à réorganiser son financement entre l'État et les départements (voir *Le Monde* du 14 novembre 2002, page 8).

Ce fut la raison pour laquelle le décret n° 2003-278 du 28 mars 2003 fixa un nouveau plafond de ressources au-delà duquel les bénéficiaires de l'*A.P.A.* devaient participer financièrement à cette allocation. Ce plafond passa de 948,66 euros à 623,14 euros par mois. En outre, la loi n° 2003-289 du 31 mars 2003 allongea le délai d'ouverture des droits à l'*A.P.A.*, disposant que ceux-ci ne seraient ouverts qu'à partir de la notification de la décision d'attribution prise par le département, et non plus à la date du dossier de demande de l'allocation. Au surplus, le bénéficiaire est, désormais, tenu de produire tous les justificatifs de dépenses correspondants au montant de l'allocation qu'il a perçue. Enfin, le montant de l'aide, fixé par le président du Conseil général après avis d'une commission spécialisée, varie selon le degré de la perte d'autonomie. Il peut être versé directement à l'établissement d'accueil, avec l'accord du bénéficiaire.

Tel qu'il a été conçu et réformé, le système de l'*A.P.A.* paraît, dès lors, satisfaisant. Il ne règle pas, pour autant, les problèmes inhérents à la gériatrie, que nous allons maintenant examiner.

c. LE DÉVELOPPEMENT DE LA GÉRIATRIE

Il convient de noter liminairement que les leçons de la canicule de 2003 ont été tirées : « *la vague de très forte chaleur qui a traversé le pays dans la seconde quinzaine de juillet (2006) a provoqué une mobilisation des pouvoirs publics et une alerte de la population d'une ampleur inédite en matière de santé publique. Mobilisation de tous les acteurs du champ sanitaire et médico-social, appel aux étudiants en médecine et médecins retraités, répétitions jusqu'à la saturation des messages de prévention... À l'inertie et à l'indifférence qui avaient caractérisé la gestion de la crise en 2003, a succédé une suractivité du gouvernement, qui a déployé une énergie considérable pour effacer le traumatisme d'il y a trois ans. Plus faible en intensité thermique mais plus longue que celle d'août 2003, la canicule de juillet (2006) se solde par un impact sanitaire sans commune mesure : il y a trois ans, le pays avait déploré une surmortalité de 15 000 personnes, quand l'épisode climatique du mois de juillet de cette année a entraîné la mort de 112 personnes, selon un bilan publié le 3 août par l'Institut de veille sanitaire.*

Pour le gouvernement, et singulièrement pour son ministre de la Santé, c'est incontestablement un succès... Depuis la catastrophe sanitaire de la première canicule, la capacité à anticiper et gérer les risques collectifs est devenue un enjeu majeur des politiques de santé publique... Répétés jusqu'à l'épuisement, les messages de prévention et les dispositifs de repérage des personnes âgées isolées ont indéniablement prouvé leur efficacité, en évitant certainement des centaines de décès. Non sans contre-effets... : des cas sérieux d'hyperhydratation de personnes âgées ont ainsi été observés » (voir *Le Monde* du 9 août 2006, page 2).

Il s'agit d'un succès de la politique de gériatrie menée par les divers gouvernements depuis 2002, malgré la trop grande lenteur des réactions observée lors de la canicule de 2003. C'est, en effet, le 16 janvier 2002, que Madame Guinchard-Kunstler, secrétaire d'État aux Personnes âgées dans le gouvernement Jospin, avait rendu publiques les mesures en faveur de la gériatrie, afin de développer une prise en charge spécifique à l'hôpital, en liaison avec la médecine de ville. Ces mesures – indiquait-elle – « *viennent compléter le dispositif de l'allocation personnalisée d'autonomie, entré en vigueur le 1er janvier* ». Il s'agit de « *permettre aux personnes âgées en perte d'autonomie un vrai choix de vie, à domicile ou en établissement, en leur apportant l'accompagnement nécessaire* ».

Quatre axes avaient été retenus pour l'année 2002 :

– le premier était le développement des unités de gériatrie de courte durée qui permettraient l'accueil des malades âgés, pour une hospitalisation brève, par une équipe multidisciplinaire, comprenant gériatres, infirmiers et aides-soignants, mais aussi kinésithérapeutes, psychologues et assistants de service social. « *Nous voulons privilégier l'approche globale en liant les aspects sanitaires et sociaux de la prise en charge des personnes âgées* », a déclaré la secrétaire d'État ;

– le deuxième axe choisi visait à l'amélioration de l'accueil aux urgences de l'hôpital, grâce au développement d'équipes mobiles gériatriques, intervenant sur place et venant donner leur avis sur la bonne prise en charge à proposer ;

– le troisième but poursuivi tendait à *mieux organiser l'interface* – c'est-à-dire le dialogue – *entre la ville et l'hôpital.* À cette fin, des filières courtes d'admission devraient être créées et permettre l'admission directe des personnes âgées en service de gériatrie de courte durée, dans le cadre d'un « *partenariat* » entre l'équipe hospitalière et le médecin de ville ;

– le dernier volet du plan concernait le développement de la ***prévention,*** notamment celle de l'incontinence et des chutes. L'accent devait être mis également sur les questions de nutrition et d'observance thérapeuthique, afin de donner la plus grande efficacité aux traitements prescrits.

Pour réaliser ces divers objectifs, le gouvernement de l'époque avait prévu la création, sur cinq ans, de 300 postes de gériatres, dont la répartition était censée tenir compte des données démographiques, et qui devaient permettre la réalisation de projets d'hospitalisation à domicile ou d'hôpital de jour (voir *Le Monde* du 17 janvier 2002).

Le gouvernement Raffarin a renforcé l'action en faveur de la gériatrie ; en particulier, il a été prévu de développer les *équipes mobiles gériatriques,* chargées de dispenser des avis nécessaires à la bonne prise en charge des personnes âgées fragilisées dans l'ensemble des services hospitaliers, y compris aux urgences. Elles permettent l'expertise indispensable en matière de gériatrie. Une dépense de dix millions d'euros a ainsi été prévue pour constituer 50 équipes en 2004 avec, comme objectif, de parvenir, en trois ans, à la création de 160 équipes. Dans le même sens, les *réseaux gérontologiques* ont été développés, afin d'apporter une réponse médico-sociale et sanitaire coordonnée et pertinente, à la prise en charge spécifique des personnes âgées fragiles. En 2004, le montant de la *dotation nationale des réseaux (DNDR)* a été augmenté, cet effort s'inscrivant dans un cadre triennal jusqu'en 2006.

Enfin, le 6 février 2005, Madame Catherine Vautrin, alors secrétaire d'État aux Personnes âgées, a indiqué que la *journée de solidarité* du lundi de Pentecôte « *rapportera(it) dès 2005, 1,2 milliard d'euros en faveur des personnes âgées* » (voir *Le Monde* du 8 février 2005, page 12).

Mais une politique de développement de la gériatrie ne saurait prendre tout son sens que si le problème de la maltraitance des personnes âgées est résolu de manière satisfaisante.

d. LE PROBLÈME DE LA MALTRAITANCE DES PERSONNES ÂGÉES

Aux questions délicates venant d'être évoquées – qui ne pourront être résolues que progressivement – s'ajoute celle de la maltraitance des personnes âgées. Longtemps occulté, ce problème devient une préoccupation ministérielle et, s'inspirant d'un rapport intitulé « *Prévenir la maltraitance envers les personnes âgées* », qui lui a été remis le 22 janvier 2002, Madame Guinchard-Kunstler a présenté, le même jour, un plan gouvernemental de lutte contre ce phénomène particulièrement douloureux.

Les maltraitances dénoncées sont, plus souvent, psychologiques et financières que physiques. Mais ces dernières ont fortement augmenté en 2000 et représentent 20 % des abus signalés. Le rapport révèle que la victime est, fréquemment, « *une femme, très âgée, en situation de veuvage, obligée de vivre chez un membre de la famille pour des raisons financières ou dans une institution pour des raisons sécuritaires imposées par l'entourage* ». Environ 30 % des maltraitances sont commises en établissement d'hébergement par des personnels soignants en situation d'épuisement psychique, manquant de formation, au statut dévalorisé.

La secrétaire d'État aux Personnes âgées s'est saisie de la plupart des propositions du rapport.

Il a été prévu qu'une enquête nationale sur les maltraitances envers les personnes âgées serait lancée et que chaque département devrait établir un plan de lutte et de prévention contre ce *phénomène de société*. Il convenait également de sensibiliser les services de justice, police et gendarmerie à l'accueil des victimes et d'expérimenter des « *chèques liberté* », qui « *solvabiliser(aient) les prestations de services facilitant la sortie du domicile des personnes âgées* » (voir *Le Monde* du 23 janvier 2002).

Cette action a également été poursuivie par le gouvernement Raffarin. La maltraitance des personnes âgées est devenue une **cause nationale** et un *Comité national de vigilance contre la maltraitance des personnes âgées* a été mis en place le 19 novembre 2002 par Monsieur Hubert Falco, successeur de Madame Guinchard-Kunstler au secrétariat d'État aux Personnes âgées.

L'intéressé observait que « ***5 % des plus de 65 ans et 15 % des plus de 75 ans sont victimes de maltraitances*** *qu'elles soient physiques, psychologiques, financières, médicales...* ». Cette situation tient, notamment, au fait qu'une maison de retraite est contrôlée tous les cinq ans, alors que – selon le secrétaire d'État lui-même – « *sur les 10.000 établissements existants (en 2002), publics ou privés, 5 % mériteraient d'être fermés* ». Une pareille dégradation des choses s'explique si on observe qu'en France, les établissements pour personnes âgées emploient trois fois moins de personnels que dans les pays comparables. Le président de l'*Association des directeurs d'établissements d'hébergement pour personnes âgées (ADEHPA)* constatait, dès lors, qu'il importait de « *changer de regard* » et que « *notre société (devait) ... prendre en compte le fait qu'il y aura de plus en plus de personnes âgées, dont beaucoup seront handicapées mais avec une espérance de vie importante* » (voir *Le Monde* du 20 novembre 2002, page 13).

Ainsi seulement – mais sans doute avec lenteur – pourra être redressée l'une des dérives les plus choquantes de la société moderne.

e. UNE POPULATION FÉMINISÉE ET MOINS URBAINE

La population âgée est majoritairement féminine et vit le plus souvent à domicile (95 % des personnes de plus de 60 ans). Elle vit souvent seule (40 % des personnes âgées de plus de 80 ans).

Par ailleurs, le pourcentage des plus de 75 ans diminue avec la taille de l'agglomération. Il faut noter que celle de Paris reste – de loin – la zone où leur part est la plus faible et que, si la région Ile-de-France (peuplée d'environ 11 millions d'habitants) vieillit, elle reste, néanmoins, en comparaison des autres régions de la métropole, une région jeune (l'âge moyen y est de 36,5 ans).

La répartition par âge de la population française est sensiblement voisine de celle de l'ensemble des États de l'Union européenne. Pour les plus de 60 ans, elle lui fait occuper une position médiane parmi ses voisins, l'Italie, la Grèce, l'Allemagne et la Suède étant, à l'heure actuelle, les pays les plus âgés. En ce qui concerne les moins de 20 ans, la pyramide des âges place également la France en bonne position, avec un habitant sur quatre ; deux pays seulement étant plus jeunes : l'Irlande (*championne du taux de fécondité,* où près d'un habitant sur trois est âgé de moins de 20 ans) et l'Angleterre, où cette proportion atteint 25,4 %.

f. L'INÉGALITÉ GÉOGRAPHIQUE

La pyramide des âges n'est pas la même dans toutes les régions de France. Avec 28 % d'habitants de moins de 20 ans, le Nord-Pas-de-Calais reste, de loin, la région la plus jeune du pays. Mais, au niveau départemental, la palme revient au Val-d'Oise, devant la Seine-et-Marne, le Nord, l'Oise et la Seine-Saint-Denis. Comme il vient d'être indiqué, la population de la région Ile-de-France reste jeune et le pourcentage des moins de 20 ans n'y diminue pas, grâce, en partie, aux banlieues, où résident majoritairement des familles avec enfants. Néanmoins, au cœur de cette région, Paris reste le département où avec 18,3 %, la part des moins de 20 ans est la plus faible (voir *Le Monde* du 10 novembre 2000).

À ces problèmes délicats, qui ne pourront être résolus que par la création d'un plus grand nombre de services de gériatrie dans les hôpitaux publics, s'ajoute la question, pratiquement insoluble, de l'euthanasie.

g. LE PROBLÈME QUASIMENT INSOLUBLE DE L'EUTHANASIE

La mort demeure, par essence, inaccessible pour une pensée consciente.

Didier Sicard[18]

g.1. La position du problème

La société a le devoir de permettre à toute personne de vivre le plus longtemps possible. C'est la raison pour laquelle l'article D.364 du Code de procédure pénale – dans la rédaction que lui a donnée le décret n° 98-1099 du 8 décembre 1998 – dispose que, « *si un détenu se livre à une grève de la faim prolongée, il ne peut être traité sans son consentement,* ***sauf lorsque son état de santé s'altère gravement et seulement sur décision et sous surveillance médicale*** ». Le même article prévoit qu'« *il est (alors) rendu compte aux autorités à prévenir en cas d'incident dans les conditions visées à l'article D.280* », qui impose d'en donner avis au préfet, au procureur de la République, au directeur régional des services pénitentiaires, au ministre de la Justice ainsi qu'au magistrat saisi du dossier de l'information (s'il s'agit d'un prévenu) et au juge de l'application des peines (s'il s'agit d'un condamné).

Mais la question de savoir si une personne a le droit de refuser les soins qui lui sont nécessaires, se pose en termes différents, lorsque cette personne n'entend pas ainsi manifester une opinion, mais exprimer seulement son souhait de mettre fin à sa vie. C'est le problème de l'*euthanasie passive,* qui semble assez fréquemment tolérée, en pratique, par le corps

18. Didier Sicard, *L'alibi éthique*, septembre 2006, Plon, page 195.

médical[19] et **légalisée par la loi n° 2005-370 du 22 avril 2005 relative aux droits des malades et à la fin de vie.** Les principes posés par ce nouveau texte seront examinés plus tard. Mais il convient d'observer, dès à présent, que, depuis quelques années, l'accent est mis sur les soins palliatifs qui, à la différence des soins curatifs, visent essentiellement à soulager ou prévenir la souffrance d'un malade en fin de vie. Tel est, d'ailleurs, le sens du mot euthanasie, qui signifie étymologiquement : « *mort calme et exempte de souffrance* ». Mais, en médecine comme en droit, la limite est parfois ténue entre l'administration d'une dose apaisante licite et celle d'une dose toxique illicite, entre le devoir compassionnel et l'assistance au suicide, que sanctionne la loi pénale.

g.2. La condamnation de l'assistance au suicide

L'auteur de l'ouvrage « *Suicide. Mode d'emploi* » a ainsi été condamné pour non-assistance à personne en danger, après avoir fourni à un lecteur qui l'informait de sa détermination de se suicider des renseignements lui permettant de mettre son projet à exécution (Cass. crim. 26 avril 1988, *Bull. crim.* n° 178). Avant le prononcé de cet arrêt – mais après l'événement tragique qui en fut le prétexte – la loi n° 87-1133 du 31 décembre 1987 avait inséré dans le Code pénal des articles incriminant, d'une part « *la provocation au suicide tenté ou consommé par autrui* » et, d'autre part, « *la propagande ou la publicité en faveur de produits, d'objets ou de méthodes préconisés comme moyens de se donner la mort* » (art. 223-13 et 223-14 du Nouveau Code pénal). Il faut noter l'arrêt de la Chambre criminelle de la Cour de cassation du 13 novembre 2001, qui a retenu la responsabilité du directeur du journal *Le Monde*, sur le fondement de l'article 223-14 du Nouveau Code pénal. En l'espèce, les juges avaient à se prononcer sur un cas de *propagande indirecte*, puisqu'était seulement incriminé un entrefilet paru dans un supplément gratuit du journal *Le Monde*, en l'occurrence, la revue *Colors*, qui présentait un ouvrage américain comme un *Guide du suicide* préconisant « *environ vingt méthodes pour se donner la mort, dont l'asphyxie et l'overdose* ».

Toutefois, si l'entrefilet incriminé précisait que l'ouvrage avait été censuré en France, il indiquait qu'il pouvait être obtenu en adhérant à une association américaine faisant campagne pour « *la législation du suicide assisté* », dont il donnait l'adresse du site Internet et précisait le montant des frais d'inscription.

Forts de tous ces éléments, les juges du fond avaient conclu que cette annonce constituait une « *publicité* », au sens de l'article 223-14 du

19. Le chef du service de réanimation d'un grand hôpital déclarait, il y a quelques années, qu'« *en réanimation, 50 % des décès (étaient) liés à l'euthanasie passive* » et constatait que, selon les chiffres d'une étude réalisée, en 1995, par questionnaire, auprès de 140 anesthésistes-réanimateurs des centres hospitalo-universitaires en France sous couvert de l'anonymat, 26 % d'entre eux répondaient positivement à la question : « *Vous arrive-t-il de provoquer des décès par injection de médicament ?* » (voir *Le Monde* du 4 mars 2000, page 12).

Nouveau Code pénal, en faveur des procédés de suicide et qu'elle manifestait une volonté de promotion « *d'un bien ou service* », quand bien même l'entrefilet publié se serait borné à reproduire la couverture de l'ouvrage en cause.

Monsieur Jean-Marie Colombani, directeur du *Monde*, forma un pourvoi à l'encontre de l'arrêt, faisant valoir que, si la revue *Colors* avait été diffusée sous forme de supplément gratuit du quotidien *Le Monde*, elle gardait une « *indépendance éditoriale* » qui empêchait l'exercice d'un droit de contrôle, le simple fait de donner son accord pour une diffusion simultanée de son journal avec la revue en question ne pouvant suffire, au regard de l'article 6 de la loi du 29 juillet 1881, à le considérer comme *directeur de la publication* (l'article 6, alinéa 1er, de la loi du 29 juillet 1881 énonce que « *toute publication de presse doit avoir un directeur de la publication* »). Il soutenait qu'il n'était qu'un simple distributeur et que, dès lors, sa responsabilité ne pouvait être mise en cause, puisque la revue *Colors* était éditée par une société tierce, dont le président devait être regardé comme le seul directeur de la publication au sens de la loi.

Pour écarter cette argumentation, la Chambre criminelle suivit le raisonnement des juges d'appel, selon lequel un supplément gratuit du journal devait être considéré comme « *indissociable* » de celui-ci et que Monsieur Colombani, n'établissant aucune circonstance indépendante de sa volonté qui l'aurait mis dans l'impossibilité de s'acquitter de son devoir de surveillance et de contrôle, **l'autorisation de publier qu'il avait « *nécessairement* » donnée entraînait sa responsabilité comme auteur principal.** Elle ajouta même que cette « *autorisation de publier* » caractérisait, à son encontre, « *l'élément intentionnel* » du délit poursuivi (Cass. crim. 13 novembre 2001, *Bull. crim.*, n° 234 et *Legipresse*, n° 190, avril 2002, III, pages 53 et suivantes, note de Maître Basile Ader).

Il faut ajouter que l'article 223-6, alinéa 2, du Nouveau Code pénal sanctionne « *quiconque s'abstient volontairement de porter à une personne en péril l'assistance que, sans risque pour lui ou pour les tiers, il pouvait lui prêter soit par son action personnelle, soit en provoquant un secours* ». C'est sur ce fondement qu'avait été prononcé l'arrêt, déjà cité, de la Cour de cassation du 26 avril 1988, condamnant l'un des auteurs de l'ouvrage « *Suicide. Mode d'emploi* ». Mais, depuis la loi du 31 décembre 1987, cette solution aurait pu intervenir en application de l'article 223-13, précité, du Nouveau Code pénal.

Toutefois, l'obligation d'assistance imposée par la loi à un tiers cède devant la volonté formelle, exprimée en toute lucidité, par l'intéressé. Le suicide lui-même – une lâcheté pour certains, « *l'expression suprême de la liberté individuelle* » pour d'autres[20] – n'est pas, en effet, punissable pénalement. Comment imaginer, d'ailleurs, qu'il puisse l'être ? Tout au plus, pourrait-on sanctionner la *tentative de suicide*.

20. Voir J. Robert et J. Duffar, *Droits de l'homme et libertés fondamentales* (cité dans *Protection des libertés et des droits fondamentaux*, sous la direction de Serge Guinchard et Michèle Harichaux, 2006, Montchrestien, page 526).

g.3. L'euthanasie active

Les développements qui précèdent expliquent que l'euthanasie dite *active*, qui est le fait de provoquer, par pitié, la mort d'un être humain, avec ou sans son accord, tombe sous le coup de la loi pénale. Elle constitue un meurtre (art. 221-1 du Nouveau Code pénal), voire un assassinat, lorsqu'elle s'est accompagnée d'une préméditation (art. 221-3 du même code). Le Code de déontologie – inséré dans le Code de la santé publique – interdit, en outre, aux médecins d'y participer, en précisant que « *le médecin doit s'efforcer d'apaiser les souffrances de son malade* » et « *n'a pas le droit de provoquer délibérément sa mort* » (art. R. 4127-37 et R. 4127-38 du Code de la santé publique). Il faut noter, toutefois, que la formule du serment prêté par les médecins (traditionnellement appelé le *serment d'Hippocrate*, du nom du plus grand médecin de l'Antiquité, qui vécut de 460 à 377 avant notre ère) a été modifiée en 1976, à la suite, notamment, du vote de la loi sur l'interruption volontaire de grossesse. Le candidat au titre de docteur n'affirme plus : « *Je ne donnerai pas de drogue homicide à quiconque m'en prierait* », mais seulement : « *Mon état ne servira pas à corrompre les mœurs ni à favoriser le crime* ».

Mais la différence entre les deux types d'euthanasie, si elle est intellectuellement facile à concevoir, n'apparaît pas toujours clairement dans la pratique. Le fait de provoquer la mort d'une personne atteinte d'une maladie incurable, pour apaiser ses souffrances, relève, dans la rigueur des principes, de l'euthanasie active. Mais elle peut être dictée par un devoir compassionnel qui ne traduit pas, en lui-même, une intention coupable.

Or, si, d'après une maxime religieuse, **chacun, seul, sait, dans son cœur, s'il agit selon des voies droites ou tortueuses**, la connaissance des intentions humaines est plus délicate pour les juges, qui ne connaissent pas les détours – et les calculs – de la pensée. Cela explique l'extrême difficulté qu'il y a, parfois, pour eux, à distinguer le crime que constitue « *le fait de donner volontairement la mort à autrui* » de l'obéissance à un devoir compassionnel qui peut imposer de faire – ou de laisser – abréger les souffrances d'un proche. La difficulté du problème est encore compliquée par la position apparente de l'opinion publique.

En France, un sondage organisé par la SOFRES, en 1987, indiquait que 85 % des Français revendiquaient le *droit de mourir dans la dignité* et que, sur ce chiffre, 63 % se déclaraient en faveur d'une *euthanasie active* et 27 % en faveur du *refus de l'acharnement thérapeutique*. De même, une étude IPSOS de septembre 1998 posait la question ainsi : « *Si vous étiez atteint d'une maladie incurable et en proie à d'extrêmes souffrances, souhaiteriez-vous que l'on vous aide à mourir ?* ». Le *oui* représentait 79 % des réponses et le *non catégorique* seulement 12 %. Une majorité moins forte, mais encore nette (61 %) répondait *oui* à la question : « *La loi doit-elle permettre aux médecins d'aider les malades en phase terminale, qui en font la demande, à mourir ?* ». Les *non* n'étaient que 35 % (voir *Le Monde* du 13 avril 2001, page 16).

Cela explique qu'évoquant la discussion, le 26 novembre 2004, de la proposition de loi « *relative aux droits des malades et à la fin de vie* », le quotidien *Le Monde* titrait : « *Fin de vie : consensus sur le droit de* laisser mourir » (voir *Le Monde* du 26 novembre 2004, page 1). De fait, au cours d'une interview télévisée du 13 janvier 2003, le Professeur Didier Sicard, président du Comité consultatif national d'éthique, indiquait que 9 Français sur 10 environ étaient favorables à l'euthanasie. Mais il observait que ces sondages n'étaient guère probants, dans la mesure où *chacun souhaitait nécessairement mourir dans les conditions les moins douloureuses et les plus paisibles.*

Il est vrai que les chiffres des sondages, comme le *consensus*, doivent être interprétés avec prudence. La mort est, en effet, sans doute, une notion qui ne se prête pas à la théorie. Dans une de ses plus belles fables (*La Mort et le Bûcheron*), La Fontaine raconte l'histoire d'un pauvre bûcheron, dont la vie est tellement difficile qu'il appelle la mort de ses vœux (« *Quel plaisir a-t-il eu depuis qu'il est au monde ? ... Point de pain quelquefois, et jamais de repos. / Sa femme, ses enfants, les soldats, les impôts, / Le créancier, et la corvée / Lui font d'un malheur la peinture achevée. / Il appelle la Mort ; elle vient sans tarder* »). Mais, lorsque, sur le point d'être exaucé, il la vit arriver devant lui (allégoriquement), il réalisa soudain que la vie était le plus précieux des biens (« *Mais ne bougeons d'où nous sommes : / Plutôt souffrir que mourir, / C'est la devise des hommes* »)[21]. Le fabuliste reprend le même thème dans *La Mort et le Malheureux*[22] : « *Un malheureux appelait tous les jours / La Mort à son secours. / O mort, lui disait-il, que tu me sembles belle! / Viens vite, viens finir ma fortune cruelle. / La mort crut en venant l'obliger en effet. / Elle frappe à sa porte, elle entre, elle se montre. / Que vois-je! cria-t-il, ôtez-moi cet objet ; / Qu'il est hideux! que sa rencontre / Me cause d'horreur et d'effroi! / N'approche pas, ô mort ; ô mort, retire-toi ...* ».

De même, il est possible de rappeler le très beau roman de Roger Martin du Gard, *Jean Barois*, dans lequel le héros, affirmant qu'il ne professe aucune croyance religieuse, écrit, « *en pleine force et en plein équilibre intellectuel* » : « *Je ne connais rien de plus poignant que l'attitude d'un vieillard dont la vie tout entière a été employée au service d'une idée et qui, dans l'affaiblissement final blasphème ce qui a été sa raison de vivre et renie lamentablement son passé* » ; puis réclame, pourtant, quelques dizaines d'années plus tard – à la veille de sa mort – le secours de la religion[23].

Comme l'observait le docteur Isabelle Marin, qui dirige l'équipe mobile de soins palliatifs à l'hôpital Delafontaine en Seine-Saint-Denis,

21. La Fontaine, *Œuvres complètes*, Tome I : *Fables, contes et nouvelles*, 1991, La Pléiade, Gallimard, page 54.
22. *Œuvres complètes*, Tome I, *op. cit.*, page 53.
23. Roger Martin du Gard, *Œuvres complètes*, 1955, La Pléiade, Gallimard, Tome I ; voir, notamment, le dialogue entre Jean Barois et Dalier, pages 500 à 504.

« ***l'euthanasie est un débat de gens bien portants. C'est l'offre qui crée la demande, pas l'inverse. Nos malades seraient à même de se suicider et ils ne le font pas*** » (voir *Le Monde* du 26 novembre 2004, page 20).

Évoquant le même sujet, le philosophe Vladimir Jankélévitch observait :

«*Que diriez-vous d'un médecin qui laisserait tomber, sous prétexte que le malade l'année précédente a dit :* « Je ne veux plus vivre » *? C'est au médecin de juger et dans la plupart des cas, à mon avis, il peut le faire. Il n'est pas nécessaire de consulter des prix Nobel, mais un médecin de quartier, voyant vraiment ses malades... Le danger est qu'on favorise (l'euthanasie). On favorise la signature de ce papier (un testament du malade autorisant le praticien à mettre un terme à ses souffrances en cas d'affection incurable). Seulement, cette capitulation est bien souvent un phénomène de cyclothymie : un papier que vous avez signé aujourd'hui dans un instant de découragement, c'est comme si les Résistants de 1940 avaient tous capitulé dans leur cœur et dans leur âme ; et finalement ils ont eu raison de résister... Ce papier que le médecin demande au malade pour se couvrir lui-même est assez dangereux, parce que, qui sait si c'est une volonté réfléchie que vous aurez encore l'année prochaine, la semaine prochaine ? (...) Théoriquement, je dis oui à l'euthanasie. Mais dire dans tous les cas oui à l'euthanasie, au contraire, c'est méconnaître le temps, la puissance du temps, l'ouverture de l'avenir, le sens des possibles : l'évolution des techniques, l'évolution du mal, l'évolution des sentiments du malade à l'égard de son mal... Toute décision que vous prenez est une décision, si réfléchi et si philosophe que vous soyez, instantanée, relative au moment de la journée, à l'état dans lequel vous êtes quand vous la prenez* »[24].

g.4. *« Existe-t-il une bonne mort ? »*

Malgré toutes les difficultés que pose le problème, un désir d'humanisation de la mort peut conduire à admettre la volonté d'une personne de choisir le moment et – dans toute la mesure du possible – les circonstances qui pourraient justifier qu'un médecin mît fin à sa vie pour abréger ses souffrances. Dans ce but, le sénateur Henri Caillavet avait déposé, le 6 avril 1978, une proposition de loi, permettant à tout majeur atteint d'une maladie incurable de s'opposer à la prolongation de sa vie en rédigeant un « *testament de vie*[25] », par acte authentique, en présence de

24. Vladimir Jankélévitch, *Penser la mort ?*, 1994, Éditions Liana Levi, pages 88 à 92.
25. Le texte du testament de vie proposé par l'Association pour le droit de mourir dans la dignité est le suivant :
« *Je soussigné... jouissant de la pleine capacité de mes droits civils, déclare en pleine conscience et en toute liberté, que si j'étais dans l'incapacité d'exprimer ma volonté et que les traitements possibles n'aient plus de chances réelles de me rendre une vie consciente et autonome, je demande instamment :*
Suite note page suivante

deux témoins. Mais, cette proposition fut rejetée par un vote du Sénat, le 7 mars 1980, au motif que la question posée relevait davantage de la morale personnelle que de la loi.

Une Association pour le droit de mourir dans la dignité (ADMD) a été fondée, la même année – notamment par le sénateur Caillavet – et elle comptait 24 000 adhérents en 1995[26].

Un tout récent ouvrage du professeur Didier Sicard résume parfaitement le problème de l'euthanasie dans un chapitre intitulé : « *Existe-t-il une bonne mort ?* ».

« *Il est* ***condamné*** *! Le substantif* à mort *disparaît peu à peu des cultures politiques des pays qui en font un acquis civilisationnel fort et définitif,* observe l'éminent praticien. *Mais le verbe demeure sans son substantif pour signifier la fin de la vie annoncée, siffler la fin de la partie! Les malades deviennent les seuls condamnés à mort subsistant. Comme s'il s'agissait d'un destin particulier, de l'irruption de la certitude de la mort dans l'univers de l'incertitude de la vie. Lui sait ou ignore encore (le pauvre!) qu'il va mourir. Comme si nous n'étions pas tous des condamnés à mort, dans un couloir (ne dit-on pas aux États-Unis les couloirs de la mort ?), sans cesse soumis à des sursis dont nous ne savons pas grand-chose, sinon que nous les sollicitons à peine, tant ils nous paraissent évidents. Jusqu'au jour où la condamnation devient exécutoire...*

Aujourd'hui, un médiateur, en revanche, occupe tout l'espace : la ***médecine****. Et c'est à ce moment qu'elle propose une réponse pragmatique. La mort lui est désormais déléguée : « Je m'occupe de tout. N'ayez pas peur. Je sais faire. Je la retarderai ou je l'avancerai en fonction de vos désirs »... Une vie ne se conçoit plus sans son recours. Y échapper relève d'un comportement anarchiste, libertaire, irresponsable. Ce que je suis dépend de ce qu'en dit la science médicale. Mon corps est devenu le récepteur permanent des instruments d'imagerie et de biologie...*

La mort est en même temps un événement personnel – le plus personnel et le plus intime de tous – et un événement collectif, le plus rassembleur qui soit. Chacun pense à sa mort au moment de la mort de l'autre ; mais il ne l'imagine pas de façon similaire. La célébration rituelle collective de la mort de l'autre le protège de l'affrontement de sa propre mort. Il a une idée sur la mort de l'autre, une bonne ou une mauvaise mort, mais il reste extérieur. Il juge sur les apparences. La mort demeure, par essence, inaccessible pour une pensée consciente...

Suite note 25 :
1° qu'on s'abstienne de tout acharnement thérapeutique pour prolonger abusivement ma vie ;
2° que l'on use de tous les remèdes pour calmer mes douleurs, même au cas où les seuls restant efficaces risqueraient d'abréger mes jours ;
3° qu'en dernier recours, on me propose l'euthanasie, c'est-à-dire une mort douce, conscient que par là, je pose problème, notamment aux médecins et aux soignants, mais convaincu qu'on fera passer avant tout le respect de la personne humaine. Je fais confiance aux médecins et infirmiers me traitant et à tous autres pour respecter ces volontés et je les en remercie » (voir Guillemette de Véricourt, *L'Euthanasie, mieux mourir ?*, 1999, Les Essentiels Milan, page 56).
26. Ses adhérents sont, en majorité, des « *gens simples* » avec des revenus modestes. Les femmes constituent près des trois quarts de l'effectif.

Certes la mort est le plus souvent simple et ne prête pas à des décisions éthiquement difficiles. Celles-ci sont même l'exception, et une exception qui se raréfie avec les progrès de la réanimation. La médecine enclenche un processus de sauvetage qui maintient la personne à flot, sans qu'elle puisse nager. Pourquoi ce respect du refus de traitement par un malade et ce non-respect de la personne qui demande avec insistance que sa vie soit écourtée ? C'est qu'ici les mots eux-mêmes sont porteurs d'ambivalence. L'euthanasie est un processus de mort donnée pour éviter le prolongement d'une agonie. Elle ne réside dans l'arrêt d'une hydratation quand le corps est physiologiquement mourant, pas plus que dans la non-mise en route d'une réanimation d'une personne qui vient de se suicider. L'euthanasie reste une exécution compassionnelle...

Si l'acharnement thérapeutique prive le malade d'un mourir acceptable, l'euthanasie légale prive le malade de sa vie... Une bonne mort *n'est pas une mort solitaire mais un départ accompagné, des souffrances entendues, soulagées. Mais seule une société qui se sera réconciliée avec sa propre finitude pourra le comprendre et enfin l'accepter* »[27].

Essayant de faire une synthèse de ces diverses considérations, plusieurs pays étrangers ont – avant la France – légalisé le recours à l'euthanasie dans certaines conditions.

g.5. Les expériences étrangères

g.5.1. Les États-Unis

Aux États-Unis, il n'existe pas de législation fédérale autorisant l'euthanasie. Toutefois, le « *living will* », que l'on peut traduire par « *testament biologique* », permet à une personne majeure, en possession de ses facultés, d'autoriser à l'avance, par écrit et devant témoins, les médecins à ne pas recourir à des soins inutiles. Mais la jurisprudence témoigne de fréquents conflits entre médecins et familles à propos des *acharnements thérapeutiques*.

Dans l'affaire *Karen Quilan*, les parents de la jeune fille, en état végétatif chronique, qui demandaient en vain l'arrêt du respirateur la maintenant en vie, obtinrent de la Cour suprême du New Jersey le débranchement de l'appareil en 1976. Les juges avaient alors estimé que le droit de choisir le moment de sa mort l'emportait sur le devoir de maintien de la vie humaine. Mais la jeune fille a vécu encore pendant neuf ans ! (voir *Le Quotidien du Médecin* du 26 mai 1994).

Dans l'affaire *Nancy Cruzan*, opposant des parents à l'État du Missouri à propos de leur fille maintenue pendant huit ans dans un état neuro-végétatif, la Cour suprême fédérale a reconnu, par une décision du 25 juin 1990, la *constitutionnalité du droit de mourir*.

27. Voir Didier Sicard, *L'alibi éthique*, *op. cit.*, pages 189 à 205.

Seul à ce jour, l'État de l'Oregon a légalisé l'euthanasie. Son Parlement a adopté, en effet, le 27 octobre 1997, la *loi sur la mort dans la dignité*, qui autorise le médecin chargé de la fin de vie d'un malade à prescrire une thérapeutique létale, que le patient peut s'administrer lui-même. Cette prescription suppose, toutefois, la réunion de conditions très strictes : un pronostic de mort dans les six mois, émis par le médecin traitant et confirmé par un autre médecin ; deux demandes orales et une demande écrite formulées par le patient dans un intervalle de quinze jours (en 1998 et 1999, 57 patients ont reçu une telle prescription, dont 43 sont décédés après s'être administré le produit)[28].

g.5.2. Le Canada

Le Canada n'a pas légalisé l'euthanasie à l'échelon fédéral. Toutefois, dans la province du Québec, une loi du 15 avril 1990 sur le *curateur public* a instauré la possibilité, pour une personne en possession de ses moyens, de confier à un tiers le soin de s'opposer à un éventuel *acharnement thérapeutique*.

g.5.3. La Grande-Bretagne

L'*euthanasie active* et l'*aide au suicide* sont assimilées à un meurtre.

Toutefois, par une décision du 22 mars 2002, la Haute Cour britannique – qui siège à Londres, mais dont les audiences peuvent se tenir dans les principales villes du pays – a fait droit, après trois jours de débats, à la demande d'une jeune femme de 43 ans, totalement paralysée mais consciente, ne survivant que grâce à un respirateur artificiel, qui sollicitait le *droit de mourir*, en dépit de l'opposition des médecins qui la traitaient. Les juges sont venus à son chevet dans un hôpital de la région de Londres, pour l'entendre exprimer ses souhaits. Elle a pu suivre les audiences, grâce à un système de vidéo-conférence. Elle a, dans les mêmes conditions, écouté la lecture du verdict de la Haute Cour. Bien que – encore une fois – l'euthanasie soit illégale en Grande-Bretagne, les juges ont estimé qu'elle avait le droit de refuser le traitement qui lui était prescrit et d'obtenir, lorsqu'elle le souhaiterait, le débranchement du respirateur artificiel qui la maintenait en vie. L'auteur de cette *abstention thérapeutique*, qui caractérise l'*euthanasie passive*, agirait en toute légalité, conformément à la jurisprudence née de la volonté de cette malade et de la décision de la Haute Cour (voir *Le Monde* des 24-25 mars 2002, page 3).

À l'inverse, la Cour européenne des droits de l'homme a refusé, dans l'*affaire Diane Pretty*, de légaliser l'*euthanasie active*, parce qu'elle impliquerait un acte ou l'administration d'une substance susceptible d'entraîner la mort. Cette juridiction avait à connaître du cas d'une Britannique –

28. Voir Charles Baron, *Suicide médicalement assisté : l'exemple de l'Oregon*, *Le Monde* du 14 octobre 2003, page 18.

Diane Pretty – qui, atteinte d'une maladie neuro-dégénérative incurable, demandait le droit, pour son mari, de l'aider à se suicider, acte qu'elle ne pouvait plus accomplir elle-même. Or, en Grande-Bretagne, le *suicide assisté* ou *euthanasie active* est considéré comme un crime, passible d'une peine de 14 ans de prison. Déboutée de sa requête par les tribunaux du Royaume-Uni, elle demandait à la Cour européenne des droits de l'homme de juger qu'en maintenant sa législation – et en la privant, par suite, du droit de mourir dans la dignité – la Grande-Bretagne méconnaissait les droits garantis par les articles 2, 3, 8, 9 et 14 de la Convention européenne de sauvegarde des droits de l'homme (notamment, l'article 3, qui interdit les traitements inhumains et dégradants).

Statuant par un arrêt du 29 avril 2002 (sur la requête n° 2346/02), la Haute Juridiction ne l'a pas suivie, énonçant qu'elle « *ne (pouvait) qu'éprouver de la sympathie pour la crainte de la requérante de devoir affronter une mort pénible si on ne lui donn(ait) pas la possibilité de mettre fin à ses jours* », mais observant qu'il n'était pas possible d'« *obliger (un État) à cautionner des actes visant à interrompre la vie* » (paragraphe 55 de l'arrêt).

Onze jours après le prononcé de l'arrêt, Madame Pretty – qui était venue défendre sa cause devant la juridiction européenne – s'éteignait, après avoir lancé une pétition sur Internet pour demander au gouvernement britannique la légalisation de l'euthanasie (voir, notamment, *Le Monde* du 21 mars 2002 et *L'Humanité* du 14 mai 2002).

g.5.4. Le Danemark

L'*aide au suicide* est tolérée au Danemark depuis le vote, en 1992, d'une loi permettant à toute personne majeure et capable d'exprimer, par avance, son refus d'être soignée, si elle devait se trouver dans une situation où elle ne pourrait plus exprimer sa volonté.

Il convient, toutefois, que l'intéressé ait rempli, au préalable, un imprimé spécial (*testament de vie*), qui est enregistré, moyennant le paiement d'un droit minime. La loi oblige le personnel soignant à consulter le registre de ces *testaments de vie* et souligne leur force obligatoire, dès lors qu'ils concernent des malades en phase terminale. En revanche, les *testaments de vie* des malades qui souffrent d'affections graves ou invalidantes, mais qui ne doivent pas normalement entraîner la mort, n'ont qu'une valeur indicative.

Par ailleurs, la loi danoise sur l'exercice de la profession médicale permet aux médecins de ne pas maintenir en vie un malade incapable d'exprimer sa volonté et condamné à brève échéance, même s'il n'a pas antérieurement exprimé son refus de tout traitement médical dans certaines circonstances.

D'après les informations données par la presse, ce système ne semble pas avoir conduit à des abus criants.

g.5.5. L'ALLEMAGNE

Le mot *euthanasie* reste tabou en Allemagne, à cause des atrocités commises pendant la période nationale-socialiste. L'expression utilisée est, par suite, « *aide à la mort* » (*sterbehilfe*).

En tout état de cause, la Loi Fondamentale (l'équivalent de notre Constitution) du 23 mai 1949 énonce, à son article 1-1, que « *la dignité de l'être humain est intangible* » et, à son article 2-2, que « *chacun a droit à la vie et à l'intégrité physique* ». Par ailleurs, même s'il ne vise pas seulement l'euthanasie, l'article 216 du Code pénal sanctionne « *l'homicide sur demande* », précisant que, « *si quelqu'un a été conduit à commettre un homicide à la demande expresse et sérieuse de la victime, une peine de prison d'une durée comprise entre six mois et cinq ans doit être prononcée* ». Il s'agit, certes, d'une sanction allégée par rapport à la peine encourue – 5 ans de prison au moins – par l'auteur d'un homicide qui n'a pas été demandé, de façon expresse et sérieuse, par la victime. Mais elle n'en présente pas moins un caractère dissuasif, dont le but est d'empêcher le recours à l'euthanasie.

Toutefois, la jurisprudence tolère assez largement l'*aide au suicide*, lorsque le patient se trouve physiquement capable d'accomplir le geste décisif (un arrêt de la Cour constitutionnelle fédérale du 15 novembre 1996 a ainsi affirmé sa préférence pour une mort digne, sans souffrances et conforme à la volonté du patient, par rapport à la perspective d'une courte période de vie dans d'atroces souffrances). Elle se montre, en revanche, très rigoureuse pour déterminer s'il y a bien eu *suicide* lorsque la victime est une personne très handicapée, dont on peut douter qu'elle se soit montrée capable d'exprimer son avis en toute lucidité.

La jurisprudence est, peut-être, moins nuancée en ce qui concerne l'*euthanasie passive*, qui consiste – rappelons-le – à *laisser mourir* un malade en fin de vie, en soulageant et prévenant sa souffrance. La Cour constitutionnelle fédérale a admis, en 1994, et en se fondant sur la volonté présumée du défunt, que le fils d'une septuagénaire dans le coma depuis plusieurs années ait demandé que sa mère cesse d'être alimentée de façon artificielle, bien que son décès ne soit pas prévisible à court terme.

Ces quelques observations montrent bien qu'**une frontière n'a pas été tracée de manière précise entre les agissements licites et illicites, susceptibles de donner la mort à une personne en fin de vie.**

g.5.6. LA SUISSE

La Confédération Helvétique est un État fédéral, dans lequel la *santé publique* relève de la compétence des cantons. Plusieurs d'entre eux, parmi lesquels le Valais (dont le chef-lieu est la ville de Sion) et les cantons de Genève, Lucerne, Neuchâtel et Zurich – dont la population totale représente plus du tiers de celle du pays – ont légiféré pour reconnaître la force juridique des *testaments de vie*.

À l'heure actuelle – et en dehors de la France, dont le cas sera examiné plus loin – deux pays seulement ont légalisé l'euthanasie : les Pays-Bas et la Belgique[29].

g.5.7. Les Pays-Bas

Les Pays-Bas ont été le premier pays à *légaliser l'euthanasie*. Dans un premier temps, ils ont adopté, en avril 1994, une loi qui, sans la dépénaliser, autorisait les médecins à la mettre en œuvre au cas par cas. Le patient devait avoir formé – puis réitéré – une demande d'interruption des soins, qui était nécessairement examinée par au moins deux médecins, dont un médecin légiste. Chaque fois qu'en se conformant à cette demande, un médecin aidait un malade à mourir, il en informait le procureur général, qui décidait d'engager – ou non – un contrôle judiciaire. Selon les données officielles, « *les actes médicaux mettant fin à la vie* » concernaient environ 3 % des 130 000 décès annuels.

Dans un second temps, le 28 novembre 2000, les députés néerlandais ont approuvé, à une large majorité (104 voix contre 40), un texte, entré en vigueur en avril 2001, qui légalisait l'euthanasie. Les Pays-Bas sont ainsi devenus le premier pays au monde à donner un cadre légal à cette pratique[30].

29. Il faut noter qu'en Australie, dans le *Territoire du Nord* – l'Australie est formée de six États et de deux territoires (le *Territoire du Nord* et le *Territoire de la Capitale australienne*) – la loi sur *le droit des malades en phase terminale*, entrée en vigueur le 1er juillet 1996 et qui légalisait, dans certaines conditions, l'euthanasie et le suicide assisté, pour les malades atteints d'une maladie incurable et douloureuse, a été abrogée par le Parlement fédéral en mars 1997, après que quatre personnes y eurent recouru. À l'inverse, depuis 1996, la loi espagnole a ramené de vingt à trois ans de prison la peine encourue pour euthanasie.

30. Sans doute, en théorie, celle-ci reste-t-elle, en principe, passible de prison. Mais la nouvelle loi précise que l'acte n'est plus répréhensible, dès lors que le médecin a respecté les « *critères de minutie* », qui sont les suivants :
– le médecin doit avoir la conviction que le patient fait une demande « *volontaire et réfléchie* » et qu'il s'agit d'une situation « *sans issue et insupportable* » ;
– le médecin doit avoir renseigné le patient sur son état et avancé un diagnostic (dans 90 % des cas, il s'agit de malades du cancer en phase terminale). Ensemble, ils doivent être convaincus « *qu'il n'y a aucune solution acceptable* » ;
– le médecin doit avoir consulté « *au moins un confrère indépendant* », qui doit émettre un avis ;
– des *commissions paritaires régionales* examinent chaque cas d'euthanasie qui leur est obligatoirement soumis. Elles sont composées d'au moins un praticien, un juriste et un « *spécialiste des sciences éthiques* ».
Seuls, les cas ne répondant pas clairement à *ces critères de minutie* seront communiqués à la justice.
La différence entre le nouveau texte et celui d'avril 1994 tient à ce que le médecin peut, désormais, prendre l'initiative de recourir à l'euthanasie, alors que la précédente loi exigeait que le patient eût formé – puis réitéré – une demande d'interruption de soins.
Suite note page suivante

g.5.8. La Belgique

Le 16 mai 2002, la Chambre des députés belge a adopté un texte autorisant partiellement l'euthanasie, qui est devenu la ***loi du 22 septembre 2002.*** Le texte énumère une série de conditions légales, dont celle qui veut que le patient se trouve « *dans une situation médicale sans issue* » et fasse état d'« *une souffrance physique ou psychique constante ou insupportable* », résultant « *d'une affection accidentelle ou pathologique grave et incurable* ».

Le chapitre de la loi qui fixe la procédure à suivre par le médecin dispose qu'il doit, non seulement informer le patient de son état et des thérapies susceptibles de l'aider, mais également évoquer avec lui les possibilités offertes par les soins palliatifs. Ce n'est que lorsqu'il sera arrivé, avec le patient, à la conclusion que la situation ne peut être résolue par ces soins que le médecin pourra envisager l'euthanasie. Avant cela, plusieurs entretiens auront dû se dérouler. Le praticien aura l'obligation de consulter l'un de ses confrères sur le caractère grave et incurable de la maladie. Si une équipe soignante entoure le malade, elle sera écoutée, ainsi que les proches qu'il désignerait. S'il souffre sans être, pour autant, à la fin de sa vie, le médecin devra consulter un deuxième de ses confrères, spécialiste ou psychiatre. Un mois devra obligatoirement s'écouler entre la demande du patient – qui devra être écrite et avoir été rédigée ou confirmée moins de cinq ans avant l'impossibilité éventuelle d'exprimer sa volonté – et l'acte d'euthanasie.

La loi prévoit, au surplus, la création d'une *Commission de contrôle et d'évaluation*, chargée de vérifier si l'action du médecin a répondu aux conditions légales. Cette Commission peut, le cas échéant, saisir l'autorité judiciaire. L'euthanasie illégale reste punie de 12 ans de prison au maximum.

Suite note 30 :
Le Vatican a vivement critiqué cette légalisation de l'euthanasie aux Pays-Bas. Son porte-parole a déclaré que « *l'approbation d'une loi qui viole la dignité de la personne humaine et qui oppose les législateurs à l'opinion publique est une triste primeur pour les Pays-Bas* », ajoutant que « *cette loi est en contradiction avec les principes d'éthique médicale approuvés par les douze pays de la Communauté européenne en 1987* ». « *Encore une fois* – observait-il – *on se trouve confronté avec une loi de l'État qui se révèle contraire à la loi naturelle de la conscience de chacun* » (voir *Le Monde* du 30 novembre 2000, page 2).
Cette légalisation de l'*euthanasie active* par le Parlement des Pays-Bas brisait ainsi un tabou. Toutefois – observait le quotidien *Le Monde* dans un *Éditorial* – « *la décision néerlandaise ne découle pas d'une situation nouvelle créée par un progrès technique, à l'instar d'autres problèmes bioéthiques comme la fécondation* in vitro *ou les manipulations génétiques. L'euthanasie se pose dans les mêmes termes éthiques aujourd'hui (en avril 2001) qu'hier. La question technique n'est que marginale : d'un côté il est plus facile d'interrompre une vie avec les moyens hospitaliers modernes, de plus il est désormais possible de juguler la souffrance, ce qui est tout l'enjeu des soins palliatifs. Du coup on s'interroge : qu'est-ce qui est en train de changer. Une certaine conception de l'homme. Cela mérite réflexion* » (voir *Le Monde* du 13 avril 2001, page 16).
Le nombre annuel des cas déclarés, depuis l'entrée en vigueur de la loi (avril 2001), est de l'ordre de 2 000 (sur une population totale d'environ 16 millions d'habitants). L'exemple hollandais inspira, sans aucun doute, le Parlement belge qui adopta, quelques mois plus tard, une loi autorisant partiellement l'euthanasie.

Il faut noter que la Belgique n'autorise pas l'euthanasie pour les enfants mineurs, contrairement aux Pays-Bas, où les jeunes de 12 à 15 ans peuvent l'obtenir avec le consentement de leurs parents, tandis que les 16-17 ans ne doivent qu'« *associer* » leurs parents à la décision (voir *Le Monde* du 18 mai 2002, page 5).

259 cas ont été déclarés au 31 décembre 2003, soit une vingtaine par mois. La Commission chargée du contrôle et de l'évaluation n'a relevé aucune pratique répréhensible, observant, au surplus, que les patients très âgés ne constituaient que 16 % des cas recensés. Dans 22 cas seulement, la mort n'était pas prévisible à brève échéance.

Quelques mois plus tard, en juillet 2004, le quotidien *Le Soir* titrait, en première page : « *Euthanasie : 400 cas déclarés depuis 2 ans* » et précisait que la Commission de contrôle et d'évaluation estimait que, dans l'ensemble, **la loi fonctionnait bien.** Mais le journal notait que « *les experts plaid(aient) pour une meilleure information des médecins (et) pour une formation plus approfondie en matière de soins palliatifs et d'euthanasie* » (voir *Le Soir* du 9 juillet 2004, page 1).

La légalisation de l'euthanasie dans deux pays voisins ne pouvait manquer de provoquer en France un large débat sur le sujet.

g.6. L'évolution du problème en France au cours des dernières années et la loi du 22 avril 2005

g.6.1. Rigidités et évolutions

L'hostilité à une légalisation de l'euthanasie demeurait forte en France et, en septembre 1998, le président du Conseil de l'Ordre des médecins déclarait : « *Nous ne devons à aucun prix évoluer vers une société où le médecin deviendrait, en quelque sorte, le notaire de la mort* ».

Toutefois, le Comité consultatif national d'éthique, qui s'était opposé, le 24 juin 1991, à la légalisation de l'euthanasie, estimant qu'une telle mesure, « *même pour des cas exceptionnels, serait source d'interprétations abusives et incontrôlables* », modifiait sa position, dans un avis du 3 mars 2000, demandant que la loi prévoie une « *exception d'euthanasie* », qui permettrait à l'autorité judiciaire d'« *apprécier tant les circonstances exceptionnelles pouvant conduire à des arrêts de vie que les conditions de leur réalisation* ».

« *La mort donnée* – concluaient les *sages*[31] – *reste, quelles que soient les circonstances et les justifications, une transgression. Mais l'arrêt*

31. Le Comité consultatif national d'éthique pour les sciences de la vie et de la santé, créé par un décret du 23 février 1983, a pour mission de « *donner des avis sur les problèmes éthiques soulevés par les progrès de la connaissance dans les domaines de la biologie, de la médecine et de la santé* ». Actuellement présidé par le professeur Didier Sicard, ancien chef du service de médecine interne à l'Hôpital Cochin, il comprend 39 membres, choisis parmi des personnalités du monde philosophique, religieux, scientifique et médical.

de réanimation et l'arrêt de vie conduisent parfois à assumer le paradoxe d'une transgression de ce qui doit être considéré comme intransgressable. Si, en situation concrète, la décision d'arrêter une vie peut aux limites apparaître un acte acceptable, cet acte ne peut se prévaloir d'une évidence éthique claire. Une telle décision ne peut et ne pourra jamais devenir une pratique comme une autre. Cette pratique, fondée sur le respect des droits imprescriptibles de la personne, ne doit tendre qu'à inscrire fermement les fins de vie et, éventuellement, les arrêts de vie, au sein de la vie elle-même et à ne pas exclure d'un monde humanisé, les derniers instants d'une existence donnée »[32].

La question de l'*euthanasie* n'est cependant pas résolue et le Conseil de l'Ordre des médecins n'a pas modifié la règle appliquée au professeur Léon Schwartzenberg, condamné pour avoir déclaré, dans une interview accordée à la presse, en 1987, qu'il avait aidé un patient à mourir.

D'une autre manière, Monsieur François de Closets a estimé, quelques mois plus tard, que **l'État n'avait pas à se prononcer,** mais seulement à « *veiller à ce que chacun puisse, dans sa fin de vie, mettre fin à ses jours s'il le désire véritablement ou, au contraire, aller jusqu'à l'extrême fin de sa vie si telle est sa volonté* ». L'éminent journaliste précisait : « *Il va de soi que cette clause de conscience vaut aussi pour les soignants. C'est tout simplement la règle d'un État laïc, pluraliste et démocratique* ». Il concluait : « *Aujourd'hui, nous vivons dans un État démocratique et nous mourons dans un État théocratique. Il faut mettre fin à cette anomalie* » (voir *La Lettre du Cadre Territorial,* n° 225, 15 janvier 2002, page 3).

Peu après – et à la veille de son départ du ministère de la Santé – Monsieur Bernard Kouchner prenait, en avril 2002, une initiative pour « *faciliter l'euthanasie* ». Rappelant que la France était, désormais, dotée d'une loi qui affirmait le droit d'accès de chacun aux soins palliatifs (loi du 4 mars 2002 *relative aux droits des malades*), le ministre déclarait :

«*Il nous faut notamment tenir compte des personnes placées en réanimation et qui ne peuvent plus exprimer leur volonté ; il faut aussi évoquer la question délicate de ceux qui expriment leur volonté de choisir leur mort dans la dignité. Sans que l'on s'engage d'ores et déjà dans une légalisation des pratiques, je propose aujourd'hui un engagement solennel, parce qu'il n'est plus acceptable qu'au nom de leur illégalité, des actes que je qualifie d'***extrême compassion** *ou de* **dignité retrouvée** *se perpétuent dans la solitude, le secret et la clandestinité* ». En pratique, Monsieur Kouchner proposait une série de sept engagements qui, s'ils n'étaient pas respectés, ne permettraient pas de parler de « *légitime assistance à l'interruption d'une vie* ». Parmi ces engagements, figuraient, notamment, la recherche et le respect de la volonté du patient. Si celle-ci n'était pas connue, la décision devait « *prendre en compte la singularité de la personne concernée, sa personnalité, ses convictions philoso-*

32. Voir *Le Monde* du 4 mars 2000, page 12 et *Le Figaro* des 4 et 5 mars 2000, page 14.

phiques et religieuses ». Le ministre n'hésitait pas à affirmer que « *le médecin devait assumer lui-même l'acte d'interruption de la vie et ceux qui avaient participé à la délibération devaient s'engager solidairement à ses côtés* » (voir *Le Monde* du 17 avril 2002, page 13).

g.6.2. Les affaires judiciaires

L'opinion s'est passionnée pour l'*affaire Malèvre*, du nom d'une infirmière de l'hôpital de Mantes-la-Jolie, accusée d'avoir *aidé plusieurs malades à mourir*. Condamnée à **dix ans de réclusion criminelle** par un arrêt de la Cour d'Assises de Versailles du 31 janvier 2003 pour l'assassinat de six de ses patients (et acquittée pour celui d'un septième), elle releva appel de la décision. Mais, par un arrêt du 15 octobre 2003, la Cour d'Assises d'appel de Paris aggrava la sanction prononcée en première instance, condamnant l'infirmière à **douze ans de réclusion criminelle**, peine toutefois inférieure à celle demandée par l'avocat général, qui avait requis de quinze à dix-huit ans de réclusion criminelle. L'arrêt d'appel interdisait définitivement à l'accusée d'exercer la profession d'infirmière. Au cours des débats, celle-ci avait reconnu avoir *aidé à mourir* deux patients et contesté son rôle dans la mort des cinq autres. La relative sévérité du verdict entraîna le soulagement des familles des victimes.

Il n'y eut, par contre, aucune véritable « *victime* » dans l'*affaire Humbert*. Celui-ci, alors sapeur-pompier volontaire de 19 ans, fut très gravement blessé, le 24 septembre 2000, à la suite d'un accident de la route. Après six mois de coma, il se réveilla paralysé des quatre membres, muet, presque totalement aveugle, mais avait conservé ses facultés intellectuelles. À la fin de l'année 2002, il adressa au président de la République une lettre dans laquelle il lui demandait le « *droit de mourir* ». Jacques Chirac lui répondit personnellement :

« *J'ai lu votre lettre avec émotion. Vos terribles souffrances et l'angoisse que vous exprimez au sujet de votre mère, si dévouée, me touchent profondément. Votre appel est bouleversant. Je ne puis vous apporter ce que vous demandez, car le président de la République n'a pas ce droit. Mais je comprends votre désarroi, votre détresse profonde face aux conditions de vie que vous endurez, votre révolte aussi devant tant de fatalité et de malheur. Je veux vous aider. Je verrai prochainement votre mère... Nous devons absolument trouver ensemble les moyens d'alléger le poids des contraintes si lourdes qui sont les siennes. Je veux vous dire, cher Vincent, qu'il est possible de rechercher pour vous les aides nouvelles qui vous apporteront, je l'espère, plus de réconfort, d'apaisement et de soulagement au milieu de tant de souffrances et de désespoir...* »

Le chef de l'État téléphona, d'ailleurs, directement au jeune homme pour lui exprimer oralement sa sympathie (voir *Le Monde* du 27 septembre 2003, page 12).

Vincent Humbert raconta sa douloureuse histoire dans un livre, intitulé *Je vous demande le droit de mourir*, publié aux Éditions Michel Lafon, qui connut un grand succès. Mais, le 24 septembre 2003, à la veille de la sortie de ce livre – trois ans jour pour jour après l'accident de voiture qui l'avait rendu tétraplégique, aveugle et muet – sa mère lui injecta un puissant barbiturique qui le plongea dans un coma profond. Deux jours plus tard, le docteur Frédéric Chaussoy, chef du service de réanimation du centre héliomarin de Berck-sur-Mer, dans lequel le jeune homme était hospitalisé, décida, en accord avec l'ensemble du personnel médical de son service, d'arrêter le fonctionnement des appareils d'assistance respiratoire qui le maintenaient en vie. Il assuma la responsabilité de son geste, tentant ainsi de disculper la mère du jeune homme de sa tentative d'abréger les souffrances de son fils. De fait, le procureur de la République de Boulogne-sur-Mer décida, d'abord, de ne pas ouvrir d'information judiciaire contre Marie Humbert (voir *Le Monde* du 27 septembre 2003, page 12). Néanmoins, les 13 et 14 janvier 2004, la juge Anne Morvant la mit en examen, ainsi que le docteur Chaussoy, la première pour « *administration de substances toxiques* », le second pour « *empoisonnement avec préméditation* ».

Ce dernier publiait, en novembre suivant, un *livre-confession*, intitulé *Je ne suis pas un assassin*, préfacé par Bernard Kouchner.

Quelques jours plus tard, le 26 novembre 2004 – un an et deux mois après le décès de Vincent Humbert – les députés examinaient une proposition de loi *relative aux droits des malades et à la fin de vie*. Adoptée le 30 novembre puis votée par le Sénat, en avril 2005, le texte deviendra la loi n° 2005-370 du 22 avril 2005, qui sera analysée un peu plus loin.

L'enquête sur l'*affaire Humbert* se terminait en septembre suivant et, le 2 janvier 2006, le Parquet requérait un non-lieu à l'encontre de Marie Humbert et du docteur Chaussoy. La juge Anne Morvant suivait ces réquisitions par des ordonnances du 27 février 2006, clôturant un dossier qui avait vivement ému l'opinion publique et conduit à l'intervention du législateur.

g.6.3. La loi du 22 avril 2005 *relative aux droits des malades et à la fin de la vie*

Texte équilibré et sage, la loi du 22 avril 2005 **ne mentionne pas le terme d'euthanasie.** Au surplus, elle écarte toute idée de dépénalisation de celle-ci ou d'autorisation du suicide assisté. **Elle ne modifie pas le Code pénal, mais le Code de la santé publique en posant clairement le refus de « *l'obstination déraisonnable* », le devoir du médecin de « *respecter la volonté du malade* » et en établissant des procédures « *d'arrêt de traitement* ».** Comme l'observait Monsieur Douste-Blazy, ministre de la Santé à l'époque de la discussion parlementaire, il ne devait pas être question de « *faire mourir* », mais de **donner la possibilité de « *laisser mourir* ».** « *Ni* statu quo, *ni euthanasie, ce texte de progrès, accepté aussi bien par les églises, par la Commission nationale consultative des droits de l'homme que par l'Académie de médecine, propos(ait) une troisième voie, une voie française* » (voir *Le Monde* du 26 novembre 2004, page 8).

Trois grands principes semblent avoir guidé le législateur :
– le respect de la volonté du malade ;
– le refus de l'acharnement thérapeutique ;
– le souci de la transparence.

1) Le respect de la volonté du malade

L'article 6 de la loi insère, dans le Code de la santé publique, un article L. 1111-10, ainsi rédigé : « ***Lorsqu'une personne, en phase avancée ou terminale d'une affection grave et incurable, quelle qu'en soit la cause, décide de limiter ou d'arrêter tout traitement, le médecin respecte sa volonté après l'avoir informée des conséquences de son choix. La décision du malade est inscrite dans son dossier médical*** ».

Les thérapeutiques actives sont alors arrêtées et laissent la place aux soins palliatifs.

Si le malade en fin de vie est « *hors d'état d'exprimer sa volonté* », l'article 5 de la loi dispose que « *la limitation ou l'arrêt de traitement susceptible de mettre sa vie en danger ne peut être réalisé sans avoir respecté la procédure collégiale définie par le Code de déontologie médicale et sans que la personne de confiance prévue à l'article 1111-6 (du Code de la santé publique) ou la famille ou, à défaut, un de ses proches et, le cas échéant, les directives anticipées de la personne, aient été consultés* ».

Aux termes de l'article 7 de la nouvelle loi, « *ces directives anticipées* » – que « *toute personne majeure peut rédiger … pour le cas où elle serait un jour hors d'état d'exprimer sa volonté* » – « *indiquent les souhaits de la personne relatifs à sa fin de vie concernant les conditions de la limitation ou l'arrêt de traitement. Elles sont révocables à tout moment* ».

Le même article prévoit, néanmoins, que ces directives doivent avoir « ***été établies moins de trois ans avant l'état d'inconscience de la personne*** ». Sorte de *testament de vie*, elles n'ont qu'une valeur indicative pour le médecin, qui « *en tient compte pour toute décision d'investigation, d'intervention ou de traitement la concernant* ».

Les conditions de validité et de conservation des directives doivent être définies par un décret en Conseil d'État.

Soucieuse de respecter les vœux émis par le malade, la loi se donne également pour but de guider le comportement du médecin dans des situations extrêmes.

2) Le refus de l'acharnement thérapeutique

La notion d'*acharnement thérapeutique* est une conséquence du progrès technique. Elle est évoquée lorsqu'un malade, se trouvant dans un état quasiment incurable, n'est maintenu en vie que grâce à l'utilisation de moyens extraordinaires destinés à suppléer aux fonctions défaillantes de l'organisme. Sans doute existait-il avant la loi de 2005, un consensus pour admettre que le *respect de la vie* ne devait pas être poussé jusqu'à l'absurde. Mais la limite de l'*absurde* est difficile à tracer avec rigueur et, même si la pratique de l'interruption de soins *inutiles* – s'il est permis, en la matière, d'utiliser ce mot – était devenue fréquente, elle s'inscrivait dans une *zone de non-droit*, à l'intérieur de laquelle le médecin ne pouvait être assuré d'échapper à toute poursuite. La loi du 22 avril 2005 a, d'une certaine manière, le mérite de fixer ***les normes de la transgression.*** À cet égard, son article 1er énonce que les actes de prévention, d'investigation ou de soins « ***ne doivent pas être poursuivis par une obstination déraisonnable*** ». Il précise que, « ***lorsqu'ils apparaissent inutiles, disproportionnés ou n'ayant d'autre effet que le seul maintien artificiel de la vie, ils peuvent être suspendus ou ne pas être entrepris*** ». « ***Dans ce cas*** – précise le texte – ***le médecin sauvegarde la dignité du mourant et assure la qualité de sa vie en dispensant les soins (palliatifs)*** *visés à l'article 1110-10 (du Code de la santé publique)* ».

Ce choix d'interdire l'« ***obstination déraisonnable*** » – après l'avoir définie, dans toute la mesure du possible – vise à protéger les médecins qui redoutent d'éventuelles poursuites pénales lorsqu'ils prescrivent une analgésie morphinique, une sédation ou un arrêt de traitement.

Mais, bien évidemment, la gravité des décisions à prendre implique qu'elles n'échappent pas à tout contrôle. Cela explique le souci de *transparence* qui a guidé le législateur de 2005.

3) Le souci de la transparence

Il peut arriver que les traitements antidouleur aient pour effet secondaire d'abréger les jours des malades en fin de vie. Pour favoriser – dans la mesure du possible – la clarté du dialogue entre les personnes concernées, l'article 2 de la loi précise que, « ***si le médecin constate qu'il ne peut soulager la souffrance d'une personne (…) qu'en lui appliquant un traitement qui peut avoir pour effet secondaire d'abréger sa vie, il doit en informer le malade, (…) la personne de confiance visée à l'article L. 1111-6 (du Code de la santé publique), la famille ou, à défaut, un des proches*** ». Le même article énonce que « ***la procédure suivie est inscrite dans le dossier médical*** ».

Cette disposition, issue d'un amendement de la commission spéciale créée lors de la discussion de la loi, vise à éviter la « *clandestinité* » de certaines pratiques et à permettre à l'entourage du malade de ne pas demeurer dans l'ignorance des conditions réelles de la fin de sa vie. Cette préoccupation de transparence, qui a pour but d'associer le malade aux décisions extrêmes qui le concernent, permet également de responsabiliser le médecin qui choisit un traitement. Elle assure, dès lors, un équilibre raisonnable entre les exigences contradictoires que sont le devoir de *tout faire pour laisser vivre une personne le plus longtemps possible* et celui de *ne pas prolonger inutilement ses souffrances.*

Sans doute, la loi du 22 avril 2005 n'a-t-elle pas répondu aux attentes des citoyens favorables à une *légalisation de l'euthanasie.* Toutefois, elle a le grand mérite de clarifier l'état du droit existant et de fixer des règles qui permettront de répondre aux situations les plus complexes, rencontrées dans certaines pathologies médicales (tétraplégies, maladie de Charcot en fin d'évolution ou certaines formes de sclérose en plaques au stade terminal) en donnant le droit aux personnes qui en sont atteintes, conscientes et porteuses d'un handicap majeur, d'obtenir qu'il soit mis fin à leurs souffrances. De même, lorsque le patient est inconscient, maintenu artificiellement en vie, et que son pronostic est désespéré, le nouveau texte permet de prendre en compte les « *directives anticipées* » qu'il a données – à condition qu'elles aient été établies moins de trois ans avant le début de son état d'inconscience – ou, s'il n'a pas formulé de telles directives, de ne pas prendre de décision le concernant sans l'avis de la personne de confiance qu'il a pu choisir, qui « *prévaut sur tout autre avis non médical* » (art. 8 de la loi).

Le choix a ainsi été fait de ne pas faire porter la décision exclusivement sur les familles, tout en prenant leurs souhaits en compte. Cette solution répond très bien à l'expérience médicale, qui apprend que leur demande la plus fréquemment exprimée est de ne pas être directement responsable de la décision (voir l'article de Régis Aubry, Claude Évin, Paulette Guinchard-Kunstler et Louis Puybasset, *Accompagner la fin de vie, Le Monde* du 29 avril 2005, pages 1 et 15). Le législateur a ainsi le mérite d'opérer une difficile conciliation entre l'imprescriptible *droit à la vie* et le *droit à la mort* que certaines circonstances douloureuses peuvent faire légitimement revendiquer. Le Parlement n'a pas adopté une *loi de circonstance*, mais un texte qui garantit les principes fondamentaux des droits de la personne en même temps qu'il constitue une exigence pour davantage d'humanité dans les soins médicaux.

Mais le vieillissement de la population ne pose pas seulement des problèmes liés à une légalisation éventuelle et conditionnée de l'euthanasie. Il invite également à réfléchir aux adaptations nécessaires du droit civil.

D. LA RELATIVE ADAPTATION DU DROIT CIVIL AU VIEILLISSEMENT DE LA POPULATION

Le droit des successions et des libéralités constitue pratiquement le seul domaine du droit de la famille à n'avoir pas fait l'objet d'une refonte globale depuis le Code civil de 1804. Cet immobilisme a longtemps entraîné une inadéquation de la règle de droit à la société d'aujourd'hui, tant pour le conjoint survivant que pour les héritiers réservataires[33]. Néanmoins, des textes récents ont apporté des retouches non négligeables au système juridique ancien sans pour autant résoudre tous les problèmes.

33. L'article 913 du Code civil prévoit l'existence d'une réserve, dont une personne ne peut librement disposer si elle a des enfants. Il ne lui est alors permis de léguer ses biens à des tiers que dans la limite de cette réserve. La limite, appelée quotité disponible, est égale à la moitié des biens du disposant, s'il ne laisse à son décès qu'un enfant, au tiers, s'il laisse deux enfants, au quart s'il en laisse trois ou plus. Il n'y a pas lieu, en principe, de distinguer entre les enfants légitimes et les enfants naturels, sauf si, au moment de la conception de ces derniers, le père ou la mère était engagé dans les liens du mariage avec une tierce personne. Dans ce dernier cas, la part de l'enfant adultérin dans la réserve héréditaire « *n'est égale qu'à la moitié de celle qu'il aurait eue si tous les enfants, y compris lui-même, eussent été légitimes* » (art. 915, alinéa 1er du Code civil).

a. L'AMÉLIORATION DES DROITS DU CONJOINT SURVIVANT

Compte tenu de l'allongement de la durée de la vie, la femme, qui reste veuve dans près de 75 % des cas[34], doit supporter son statut pendant une bonne dizaine d'années (les femmes se marient plus jeunes que les hommes et vivent huit années de plus qu'eux contre un peu plus de cinq au cours de la période 1950-1952). Or, du fait de l'accroissement de la durée moyenne de la vie, les héritiers réservataires sont, la plupart du temps, des adultes disposant de ressources personnelles, alors que le conjoint survivant – généralement, une veuve âgée – ne bénéficie souvent que de faibles revenus.

Certes, en pratique, les couples les mieux informés recourent aux donations au dernier vivant ou à l'adoption d'un régime de communauté universelle, afin d'avantager le survivant. Mais il serait souhaitable qu'au lieu d'être laissé à la discrétion des intéressés – ce qui profite nécessairement aux personnes les mieux informées – un tel système fût généralisé, au moins jusqu'à un certain seuil de ressources et en l'absence de volonté contraire expressément manifestée par le défunt.

Toutefois, la loi n° 2001-1135 du 3 décembre 2001 a notablement amélioré la situation du conjoint survivant. D'une part, il devient un héritier du défunt, même si sa place demeure particulière. D'autre part, il est, désormais, titulaire de nouveaux droits, aussi bien au titre de conjoint qu'à celui d'héritier.

a.1. La loi du 3 décembre 2001 fait du conjoint survivant un héritier

Avant la réforme de 2001, en présence d'enfants et de descendants, le conjoint survivant avait, sur la succession du prédécédé, un droit d'usufruit d'un quart, si le défunt avait un ou plusieurs enfants, soit légitimes – issus ou non du mariage – soit naturels et de la moitié, si le défunt laissait des frères et sœurs, des descendants de frères et sœurs, des ascendants ou des enfants naturels conçus pendant le mariage (art. 767 ancien du Code civil). Avec la nouvelle loi, et si tous les enfants sont issus des deux époux, il recueille – à son choix – l'usufruit de la totalité des biens existants ou la propriété du quart de ses biens ; la propriété du quart des biens en présence d'un ou plusieurs enfants qui ne sont pas issus des deux époux (art. 757 nouveau du Code civil). Au surplus – et comme en ont également le droit les héritiers nus-propriétaires – il peut demander la conversion de son usufruit en rente viagère (art. 759 nouveau du Code civil), alors qu'avant la loi du 3 décembre 2001, seuls les héritiers pouvaient demander, et « *exiger, moyennant sûretés suffisantes et garantie du*

34. Dans 174 000 couples sur 240 000 (voir Irène Théry, *Couple, filiation et parenté aujourd'hui, op. cit.*, page 228).

maintien de l'équivalence initiale », la conversion de cet usufruit (art. 767 ancien, dernier alinéa, du Code civil).

Si l'époux défunt laisse seulement ses père et mère, le conjoint survivant recueille la moitié des biens (art. 757-1 nouveau du Code civil), alors que, dans la même situation, il n'avait droit, auparavant, qu'à un droit d'usufruit sur la moitié des biens (art. 767 ancien du Code civil). Au surplus, quand le père ou la mère est prédécédé, la part qui serait revenue à celui-ci échoit maintenant à l'époux survivant, qui disposera alors des trois quarts des biens de son conjoint (art. 757-1 nouveau, alinéa 2, du Code civil).

Enfin, dans le cas où l'époux prédécédé ne laisse ni enfants ni descendants ni père et mère, le conjoint survivant recueille toute la succession (art. 757-2 nouveau du Code civil), sous réserve d'un statut particulier, en cas de prédécès des père et mère, « *pour les biens que le défunt avait reçus d'eux par succession ou donation et qui se retrouvent en nature dans la succession* » (art. 757-3 nouveau du Code civil).

Par ailleurs, dans le cas où l'époux ne laisse ni ascendant ni descendant[35], le conjoint survivant disposera, au minimum, d'une **réserve d'un quart sur la succession** (art. 914-1 nouveau du Code civil), de sorte que, de son vivant, l'époux décédé ne pourra léguer plus des trois quarts de ses biens à des tiers, alors qu'avant la réforme, le conjoint survivant ne disposait d'aucune *réserve*, l'article 916 ancien prévoyant qu'« *à défaut d'ascendants et de descendants, les libéralités par actes entre vifs ou testamentaires pourront épuiser la totalité des biens* ».

Au résultat des observations qui précèdent, il ne fait aucun doute que la place du conjoint dans l'ordre de succession se soit singulièrement renforcée. Cette accentuation se marque également par les droits accordés au conjoint survivant en matière de logement.

a.2. Le conjoint survivant bénéficie d'une protection particulière en matière de logement

La loi du 3 décembre 2001 a amélioré, à un double titre, les droits au logement du conjoint survivant. Elle lui a donné, d'une part, un *droit au logement temporaire* et, d'autre part, un *droit au logement viager.*

a.2.1. Le droit au logement temporaire

Aux termes de l'article 763 nouveau du Code civil, le conjoint survivant bénéficie, désormais, d'un **droit temporaire sur le logement.** À cet effet, pendant une durée d'un an, il pourra occuper gratuitement le logement qui faisait office d'habitation principale au jour du décès, cette dis-

35. L'emploi alterné du singulier et du pluriel après la conjonction *ni* pourra légitimement choquer les lecteurs attentifs. Le grief doit être adressé aux rédacteurs du Code civil, qui n'ont pas toujours eu le souci d'harmoniser leur orthographe (voir, par exemple, les articles 757-1 et 914-1 nouveaux du Code civil).

position s'appliquant également au mobilier qui le garnissait. Ainsi, lorsque le logement était habité au titre d'un contrat de bail par les deux époux, le conjoint survivant deviendra la bénéficiaire exclusif du droit au bail. Par ailleurs, la succession lui remboursera le montant des loyers pendant un an.

Les droits garantis ainsi à l'époux « *sont réputés effets directs du mariage et non droits successoraux* », l'article 763 étant, par ailleurs, d'« *ordre public* »[36].

Le conjoint survivant bénéficie, en outre, d'un *droit au logement viager.*

a.2.2. Le droit au logement viager

Le conjoint survivant bénéficie, désormais, d'un *droit au logement viager.* L'article 764 nouveau du Code civil dispose, à cet égard, que, sauf volonté contraire du défunt exprimée dans un testament notarié, « *le conjoint successible qui occupait effectivement, à l'époque du décès, à titre d'habitation principale, un logement appartenant aux époux ou dépendant totalement de la succession,* ***a, sur ce logement, jusqu'à son décès, un droit d'habitation et un droit d'usage sur le mobilier, compris dans la succession, le garnissant*** »[37].

Ce droit d'habitation et ce droit d'usage sur le mobilier se prolongent jusqu'au décès du conjoint survivant, sous réserve que celui-ci acquitte le loyer prévu (à l'expiration du délai d'un an que lui donne l'article 765-1 pour manifester sa volonté d'en disposer).

Enfin, l'article 764 n'étant pas d'ordre public, le conjoint successible et les héritiers peuvent, par convention, « *convertir les droits d'habitation et d'usage en une rente viagère ou en capital* » (art. 766 nouveau), sans, toutefois, que cette conversion puisse lui être imposée.

Il résulte de l'ensemble de ces nouvelles dispositions que le conjoint survivant bénéficie d'une situation nettement plus confortable que dans le passé et « *conforme à celle qu'il occupe dans la famille moderne* »[38].

---

36. Ce qui signifie qu'il ne peut être dérogé à ce principe par des conventions particulières (article 6 du Code civil).

37. Le lecteur attentif pourra s'étonner, à bon droit, que l'article 763 nouveau, alinéa 1er, parle du « *mobilier, compris dans la succession, qui le garnit* », alors que le même alinéa de l'article suivant mentionne « *le mobilier, compris dans la succession, le garnissant* ». Un effort d'harmonisation terminologique serait le bienvenu dans un texte dont le but est de régir les conditions de vie des citoyens.

38. Voir, sur les questions relatives au logement du conjoint survivant : Isabelle Corpart, *L'amélioration de la protection* post mortem *des conjoints par la loi du 3 décembre 2001*, Dalloz, 2002, pages 2952 et suivantes ; Olivier Dagrenat, « *Les droits au logement du conjoint survivant* », *Gazette du Palais*, septembre-octobre 2002, pages 1405 et suivantes et Anne-Dominique Merville, « *La réforme du statut du conjoint survivant par la loi n° 2001-1135 du 3 décembre 2001* », *JCP*, 2002, Doctrine, pages 2159 et suivantes.

b. L'INADÉQUATION À L'ÉGARD DES HÉRITIERS RÉSERVATAIRES

L'allongement de la durée de la vie a, bien évidemment, pour corollaire la tardiveté des successions. Il en résulte que l'argent circule, souvent, au sein de la fraction la plus âgée de la population, ce qui pourrait inciter à une « *révolte des jeunes contre une gérontocratie confortée par l'inaction de l'État* »[39].

En 1999, la France comptait 12,6 millions de grands-parents[40] ; 2 millions d'entre eux étaient arrière-grands-parents et près de 30 000 arrière-arrière-grands-parents (ce dernier chiffre a été calculé par l'INSEE pour l'année 2001). La moitié des personnes de 56 ans sont grands-parents, ainsi que quatre personnes sur cinq à 70 ans. Les grands-parents ont, en moyenne, quatre petits-enfants. Il peut en résulter un sentiment d'irritation de la jeunesse, souvent confrontée aux difficultés matérielles de la vie, à l'égard de retraités, toujours plus nombreux, qui bénéficient au contraire, de revenus stables.

Cette situation a des conséquences patrimoniales qui ne sauraient être négligées. Un tiers environ de la population française a, aujourd'hui, plus de 50 ans, âge d'entrée dans la « *sénioritude* », comme disent certains experts. Ce tiers possède 60 % du patrimoine global des ménages, 72 % des placements financiers et 75 % des portefeuilles boursiers. Il existe, désormais, une *senior attitude*, une conjonction d'évènements majeurs intervenant entre 50 et 65 ans, qui indique le passage progressif dans cette catégorie. L'allongement de la durée de la vie se traduit par un glissement du « *comment transmettre son capital ?* » à « *comment le faire fructifier pour en avoir plus jusqu'au bout ?* ». **Le désir des *seniors* de s'assumer financièrement jusqu'au bout prend le pas sur la transmission du capital aux enfants**[41].

39. Voir *Regards sur l'actualité,* La Documentation française, mai 1996, page 26.

40. L'âge moyen auquel on devient grand-parent se situe entre 48 et 52 ans. Le nombre moyen de petits-enfants varie entre 1,9 et 2,8. Sur le plan financier, 7 couples de grands-parents sur 10 se déclarent prêts à aider leurs petits-enfants (parce qu'ils ont vécu les Trente Glorieuses, ils ont mis un peu d'argent de côté et bénéficient souvent de retraites confortables quand ils ne travaillent pas encore. Autrefois, c'était la jeune génération qui veillait sur les aïeuls... De quoi revoir la notion d'héritage). « *En cas de crise familiale, les grands-parents jouent un rôle de premier plan* », explique Martine Segalen, Professeur à l'Université de Paris X. « *Quand ils vivent encore en couple stable, ils resserrent le lien familial* » (voir MGEN Filia, n° 3, septembre-octobre 2006, page 13).

41. Voir *Le Monde Argent* des 9-10 juin 2002, pages I à III et des 27-28 juin 2004, page I ; *Le Monde* du 8 février 2005, page 10.
Le phénomène est encore plus accentué aux États-Unis où les plus de 50 ans « *forment le plus puissant lobby* » du pays (voir *Le Monde Argent* des 14-15 décembre 2003, page V).

Or, le droit ne s'est guère adapté à ce phénomène, puisque le Code civil a été rédigé à une époque où la durée moyenne de la vie humaine était de l'ordre de 40 ans. Certes, en théorie, il serait possible d'envisager un texte prévoyant que les enfants héritent de leurs parents, dès lors que ceux-ci ont atteint l'âge de 80 ans. Mais cela supposerait une société idéale, dans laquelle chacun respecterait ses devoirs, notamment à l'égard des *seniors*. En l'état, la moins mauvaise solution est, sans doute, de rendre plus faciles encore les donations-partages, par lesquelles un ascendant donne et partage, de son vivant, tout ou partie de ses biens au profit de ses enfants ou descendants (voir l'article 1075 du Code civil), soumises aux droits de mutation à titre gratuit dans les conditions du droit commun.

En outre, les parents peuvent donner à chacun de leurs enfants 50 000 euros sans avoir à acquitter de droits sur ces donations. Cette opération peut être renouvelée **tous les 6 ans**, depuis l'article 8 de la loi de finances pour 2006 (le délai était auparavant de 10 ans). Comme le conjoint peut faire de même, un couple peut donner à chacun de ses enfants 100 000 euros tous les 6 ans, sans acquitter de droits de donation (ce qui ne dispense pas, toutefois, du paiement des frais de notaire).

Un principe similaire s'applique pour les donations consenties aux petits-enfants. Mais l'abattement se limite à 30 000 euros tous les 10 ans. Au surplus, l'article 10 de la loi de finances pour 2006 a institué un abattement spécifique de 5 000 euros « *applicable pour chaque arrière-petit-enfant à raison des donations qui lui sont consenties par chacun de ses arrière-grands-parents* » (art. 790 D nouveau du Code général des impôts). Le même article 10 a prévu un abattement de 5 000 euros pour les donations consenties au profit des neveux et nièces (art. 790 C nouveau du Code général des impôts).

Enfin, l'article 9 de la loi de finances pour 2006 permet une réduction de 35 % des droits pour les donations réalisées en nue-propriété, lorsque le donateur est âgé de moins de 70 ans (le texte antérieur prévoyait qu'il devait être âgé de « *moins de 65 ans* ») et de 10 % lorsqu'il est âgé de 70 ans révolus et de moins de 80 ans (le texte antérieur prévoyait qu'il devait être âgé de « *65 ans révolus et de moins de 75 ans* »).

Il faut ajouter que la loi n° 2006-728 du 24 juin 2006 a supprimé l'obligation d'homologation judiciaire en cas de changement de régime matrimonial, excepté en cas d'existence d'enfants mineurs. Cette nouvelle disposition, qui entrera en vigueur le 1er janvier 2007, a pour objet de faciliter la procédure de changement de régime matrimonial et, par suite, d'accélérer la transmission des biens entre époux, étant précisé que **les enfants pourront s'opposer au changement envisagé dans le délai de trois mois.**

Il ne fait pas de doute que les mesures qui viennent d'être étudiées favorisent la transmission des biens et contribuent à mettre le droit civil en adéquation avec les nouvelles réalités démographiques. Il est également certain que la plupart de ces mesures avantagent les familles aisées, en leur permettant de transmettre une fraction non négligeable de leur patrimoine dans des conditions fiscales moins rigoureuses[42]. C'est, en dernière analyse, au législateur qu'il revient de déterminer si les avantages d'une telle solution l'emportent sur ses inconvénients.

42. Il est permis de s'étonner qu'à ce jour – et sauf erreur – aucun des principaux candidats (supposés) à l'élection présidentielle de 2007 n'ait évoqué un tel sujet, qui semble fondamental pour distinguer une attitude « *de droite* » d'une attitude « *de gauche* ». Des parents « *aisés* » de cinq enfants peuvent, en effet, transmettre, entre 50 et 80 ans, une somme totale de 3 000 000 d'euros, soit 100 000 euros (montant de la donation totale à chaque enfant, que peuvent faire les parents tous les 6 ans) x 5 (nombre d'enfants) x 6 (nombre de fois où l'opération peut être renouvelée), sans acquitter de droits de donation. Et cela sans compter les donations qui peuvent être consenties, en franchise de droits, par les grands-parents et les arrière-grands-parents.

CHAPITRE 5

L'ÉVOLUTION DU RÔLE DES FEMMES DANS LA VIE POLITIQUE

Le rôle des femmes dans la Bible, le rôle des femmes dans l'histoire de France : régentes, reines, favorites, égéries ; le rôle politique des femmes à l'heure actuelle

***« Jamais ! Je ne vous pardonnerai jamais ! »* me dit Gaston Defferre quand il apprit que j'avais accepté d'être secrétaire d'État.**

Françoise Giroud[1]

Le problème du rôle politique des femmes ne se pose pas depuis que sont débattues les questions relatives à leur droit de suffrage ou à leur place sur les listes de candidats aux élections. Ce problème a toujours existé, même si sa solution n'était pas encadrée – comme aujourd'hui – dans des règles juridiques précises.

La Bible et l'histoire de France – qu'il s'agisse de l'histoire officielle, avec les reines et les régentes, ou de l'histoire officieuse, avec les favorites et les égéries – nous en offrent de nombreux exemples.

A. LE RÔLE TRADITIONNEL DES FEMMES DANS LA VIE POLITIQUE

a. LE RÔLE DES FEMMES DANS LA BIBLE

C'est une idée fausse de penser que les femmes n'exercèrent aucune influence politique majeure avant l'époque moderne. L'Ancien comme le Nouveau Testament relatent de nombreux épisodes dans lesquels elles jouèrent, en la matière, un rôle déterminant, positif ou négatif.

1. Françoise Giroud, *Leçons particulières*, 1990, Le Livre de Poche, Fayard, page 185.

a.1. Le rôle positif des femmes dans la Bible

a.1.1. Débora, la prophétesse

L'Ancien Testament accorde une place éminente à Débora qui, à l'époque des *Juges*[2], joua un rôle considérable sur les plans religieux, judiciaire et – ce qui est, sans doute, plus inattendu – militaire. Débora – nous dit le texte – était une « *prophétesse*[3] » (*Juges,* IV, 4). « *C'est à elle que les Israélites s'adressaient pour obtenir justice*[4] » (IV, 5). Mais son plus grand titre de gloire fut, sans doute, de conduire la bataille victorieuse contre l'armée de Sisara, général du roi cananéen Jabin (Barak dit à Débora : « *Si tu m'accompagnes, j'irai ; sinon, je n'irai point. Elle répliqua : Certes, j'irai avec toi ; seulement, ce n'est pas à toi que reviendra l'honneur de ton entreprise, puisque c'est à une femme que l'Éternel aura livré Sisara... En avant ! car c'est aujourd'hui que le Seigneur livre en tes mains Sisara* » (*Juges,* IV, 8, 9 et 14).

a.1.2. Esther, la femme du Destin

Quelques siècles plus tard, Esther obtint du souverain perse, Assuérus[5], dont elle était devenue l'épouse, l'abolition de l'édit d'extermination des Juifs du royaume ainsi que le renvoi puis l'exécution d'Aman, que le monarque avait « *appelé à la plus haute dignité* ». Le texte biblique – comme, plus tard, la tragédie de Racine, qui s'en inspira – attribue à la reine un rôle majeur dans le dénouement du drame. « *Qui sait* – lui dit Mardochée, son père adoptif – *si ce n'est pas pour une conjoncture pareille que tu es parvenue à la royauté ?* » (*Esther,* IV, 14).

a.1.3. Judith : le devoir de révolte

Il est permis de noter également le rôle de Judith qui, dans le livre qui porte son nom – que les Juifs et les protestants considèrent comme apocryphe[6], alors qu'il s'agit, pour l'Église catholique, d'un livre canonique – sauva les Israélites de l'invasion des Assyriens, en séduisant, sans se déshonorer, Holopherne, leur général, pour lui trancher la tête. « *(Judith) se leva, se para de ses vêtements et de tous ses atours féminins... Le cœur d'Holopherne en fut tout ravi et son esprit troublé. Il était saisi d'un désir intense de s'unir à elle, car depuis le jour où il l'avait vue,*

2. L'époque des Juges commence à la mort de Josué (XIIe siècle avant notre ère) et se termine vers 1035, par la consécration du premier roi hébreu, Saül.
3. Le livre de l'Exode accorde également ce titre à Miriam, sœur de Moïse et d'Aaron (*Exode,* XV, 20), à laquelle il n'est, toutefois, reconnu aucun rôle politique majeur, même si elle tenta de discréditer Moïse en médisant de lui, « *à cause de la femme éthiopienne qu'il avait épousée* » (*Nombres,* XII, 1).
4. *Elle siégeait au pied du Palmier de Débora, entre Rama et Béthel, dans la montagne d'Ephraïm* (*Juges,* IV, 5).
5. Qui régna de 486 à 465 avant notre ère.
6. Ils ne l'admettent pas dans le canon biblique.

il guettait un moment favorable pour la séduire... (Il) était sous son charme, aussi but-il une telle quantité de vin qu'en aucun jour de sa vie il n'en avait tant absorbé. Quand il se fit tard, ses officiers se hâtèrent de partir... Ils allèrent se coucher, ... et Judith fut laissée seule dans la tente avec Holopherne effondré sur son lit, noyé dans le vin ».

La jeune femme pria alors intensément et demanda à Dieu son secours pour lui permettre d'« *écraser les ennemis levés contre nous* ».

Elle tua, ensuite, Holopherne endormi et dit aux hommes de Béthulie[7] : « *... Le Seigneur a frappé (Holopherne) par la main d'une femme. Vive le Seigneur qui m'a gardée dans mon entreprise ! Car mon visage n'a séduit cet homme que pour sa perte. Il n'a pas péché avec moi pour ma honte et mon déshonneur* ».

Après cet acte, qui avait écarté tout danger assyrien pour les Israélites, elle resta veuve et vécut 105 années[8]. Elle fut célébrée comme un exemple de fidélité à la Loi de Moïse, même si – encore une fois – le judaïsme n'a pas admis la canonicité du livre de *Judith*[9].

Débora, Esther et Judith avaient en commun la volonté de sauver leur peuple. Au contraire, certaines *héroïnes* de l'Ancien – comme du Nouveau – Testament ne poursuivaient qu'un but personnel, exclusif de tout intérêt national.

a.2. Le rôle négatif des femmes dans la Bible

a.2.1. ATHALIE : LA FOLIE DU POUVOIR

Autre héroïne d'une pièce de Racine, Athalie, épouse de Joram, roi de Juda, incarna ce qu'on a pu appeler « *la folie du pouvoir* »[10]. Après la mort de son fils Achazia, elle « *se mit à exterminer toute la race royale* » (*II, Rois,* XI, 1) et régna, seule sur Juda (env. 842-836 avant notre ère). « *Athalie* – a-t-on écrit – *fut la première femme à détenir un pouvoir réel sur tout le peuple* »[11]. Mais, si elle joua, de ce fait, un rôle politique certain, elle ne le mit pas au service d'une idée ou d'un projet. « *Sa passion visait le pouvoir pour le pouvoir* », et « *cette avidité folle de régner* »[12], qui n'était tempérée par aucune règle, fait d'elle un personnage voué à l'opprobre.

7. La ville que l'armée d'Holopherne assiégeait.
8. Son mari était mort avant l'attaque de l'armée d'Holopherne.
9. La présentation du personnage de Judith fait l'objet du chapitre VIII du livre qui porte son nom (versets 1 à 8) ; l'épisode de la mort d'Holopherne est relaté aux chapitres XII (versets 10 à 20) et XIII (versets 1 à 10) ; enfin, la mention du discours de Judith aux Israélites figure au chapitre XIII (versets 14 à 16).
10. Voir Adin Steinsaltz, *Hommes et femmes de la Bible,* 1990, Albin Michel, page 191.
11. Sa mère, Jézabel, joua essentiellement un rôle religieux en propageant le culte des idoles et en luttant contre le prophète Élie (*I, Rois,* XVIII, 19 et XIX, 2). Elle ne peut, dès lors, être regardée comme ayant exercé une influence politique, au sens strict du terme.
12. *Id.*, pages 192, 195 et 197.

a.2.2. Salomé : perversion privée et malheur public

Quelques siècles plus tard, à l'époque des Hasmonéens, et dans des conditions tout aussi désolantes, Salomé[13], fille d'Hérodiade[14], accepta, à la demande de celle-ci, de danser devant son beau-père Hérode Antipas, pour obtenir la tête de *Jean-Baptiste.* « *Or* – dit le texte – *comme Hérode célébrait son anniversaire de naissance, la fille d'Hérodiade dansa en public et plut tant à Hérode qu'il s'engagea par serment à lui accorder ce qu'elle demanderait. Endoctrinée par sa mère, elle lui dit : Donne-moi ici, sur un plat, la tête de Jean-Baptiste. Le roi fut contristé, mais à cause de ses serments et des convives, il commanda de la lui donner et envoya décapiter Jean dans la prison* » (*Matthieu,* XIV, 3 à 10).

Cet événement eut de graves conséquences politiques, au sens le plus élevé de ce terme. « *Jean* – écrit Renan – *resta dans la légende chrétienne, ce qu'il fut en réalité, l'austère préparateur, le triste prédicateur de pénitence avant les joies de l'arrivée de l'époux, le prophète qui annonce le royaume de Dieu et meurt avant de le voir. Géant des origines chrétiennes, ce mangeur de sauterelles et de miel sauvage, cet âpre redresseur de torts, fut l'absinthe qui prépara les lèvres à la douceur du royaume de Dieu. Le décollé d'Hérodiade ouvrit l'ère des martyrs chrétiens ; il fut le premier témoin de la conscience nouvelle* »[15].

a.2.3. Dalila : les débuts de la corruption politique

Plus limitée dans ses conséquences géographiques, mais obéissant à des mobiles aussi peu louables, se révéla, quelques siècles plus tôt – à l'époque des *Juges* – l'influence de Dalila, à qui, seule, sa trahison assura une place dans la postérité. Maîtresse judéenne du célèbre Samson[16], elle se laissa soudoyer par les Philistins : « *Les princes des Philistins vinrent la trouver et lui dirent : Tâche, par tes séductions, de découvrir d'où vient sa grande vigueur et comment nous pouvons le vaincre, le lier et le réduire à l'impuissance. Tu recevras alors de chacun de nous onze cents pièces d'argent. Dalila dit à Samson : Apprends-moi donc pourquoi ta force est si grande, et avec quoi il faudrait te lier pour te dompter* » (*Juges,* XVI, 5 et 6). « *Tourmenté chaque jour et harcelé par ses propos* », le héros finit par lui avouer que le siège de sa force résidait dans sa chevelure. « *Jamais rasoir n'a touché ma tête... ; si l'on me coupait mes cheveux, je perdrais ma force et je deviendrais faible comme tout autre homme* » (*Juges,* XVI, 16 et 17).

« *Dalila vit alors qu'il lui avait ouvert son cœur, et elle envoya quérir les princes philistins, avec ces mots : Venez cette fois, il m'a parlé à cœur*

13. Qui ne doit pas être confondue avec Salomé Alexandra, qui succéda à son mari, Alexandre Jannée, à la tête du second Empire hébreu, et dont « *le règne fut considéré comme un âge d'or* », voir Isidore Epstein, *Le Judaïsme,* 1959, Payot, page 92.

14. Qui, au premier siècle de notre ère, épousa Hérode Antipas, tétrarque (gouverneur) de Galilée et de Pérée.

15. Voir Ernest Renan, *Vie de Jésus,* 55e édition, Calmann-Lévy, pages 209 et 210.

16. Qui exerça la judicature vers 1180 avant notre ère.

ouvert. Et les princes philistins montèrent chez elle, munis de la somme d'argent. Elle l'endormit sur ses genoux, et, ayant mandé un homme, lui fit couper les sept boucles de sa chevelure ; dès lors, elle put le maîtriser, car sa vigueur l'avait abandonné » (*Juges*, XVI, 18 et 19).

Navrant épisode, provoqué par la séduction d'une femme, et qui – bien que le texte ne l'affirme pas expressément – permit, sans doute, aux Philistins d'asseoir, à nouveau, sur les enfants d'Israël, une domination à laquelle Samson avait mis un terme[17].

On retrouve des caractères du même type chez les femmes qui jouèrent un rôle politique majeur, dans l'histoire de France, avant la Révolution.

b. LE RÔLE DES FEMMES DANS L'HISTOIRE DE FRANCE AVANT LA RÉVOLUTION

Désignées par la fonction officielle qu'elles exerçaient ou choisies en raison de leur charme, de nombreuses femmes exercèrent une influence déterminante sur la politique du royaume de France. Il est facile, là encore, de distinguer celles qui jouèrent un rôle positif de celles dont l'action fut néfaste pour le pays.

b.1. Le rôle positif des femmes dans l'histoire de France

b.1.1. BLANCHE DE CASTILLE : UNE RÉGENCE INSPIRÉE

On se bornera ici à de brefs rappels d'événements connus. Blanche de Castille, veuve, en 1226, de Louis VIII, exerça la régence pendant la minorité de son fils, le futur Saint Louis[18], qui n'avait que douze ans à la mort de son père. Elle brisa la révolte des barons, conduite par Philippe Hurepel, et mit fin à la croisade des Albigeois[19], en concluant le traité de Paris[20] (1229).

Après la majorité de Louis IX – qu'elle maria à Marguerite de Provence – la reine mère continua à s'occuper des affaires puis exerça à nou-

17. Encore que l'épisode se termine par l'effondrement du temple philistin, à la suite d'un « *vigoureux effort* » de Samson, dont la chevelure avait repoussé.
18. Louis IX.
19. Qui défendaient la doctrine des cathares, fondée sur l'existence de deux principes premiers, celui du Bien, créateur du monde spirituel, et celui du Mal, créateur du monde matériel. Selon cette doctrine, l'homme, en se détachant de la matière, échappe à l'empire de Satan et s'unit au Dieu bon. Les cathares – plus tard appelés Albigeois – rejetaient les sacrements de l'Église catholique et administraient un « *baptême de l'esprit* », ou *consolamentum*, qui astreignait ceux qui l'avaient reçu (les « *Parfaits* ») à une vie chaste et austère.
20. Par lequel le comté de Toulouse – siège principal de la révolte – fut rattaché à la couronne de France.

veau la régence, lorsque son fils participa à la septième croisade (1248-1252[21]).

On admet, en général que, dans le contexte de l'époque, cette femme énergique servit les intérêts du royaume de France.

b.1.2. ANNE DE BEAUJEU : UNE RÉGENCE AVISÉE

Des qualités comparables animèrent, sans doute, Anne de Beaujeu, fille aînée de Louis XI, qui exerça la régence pendant la minorité de son frère, Charles VIII (1483-1491)[22]. Fille préférée de son père, c'était une femme aux traits accentués et virils à l'« *air grave et résolu* », qui « *n'aimait point les falbalas et portait un costume sévère, de couleur foncée... Énergique et obstinée, mais aussi très fine, habile à séduire, à corrompre et à diviser ses adversaires, peu scrupuleuse et disposée à ne tenir ses promesses que si elle le jugeait utile, elle allait déjouer avec une remarquable adresse les convoitises des féodaux et des princes étrangers et conserver à son frère un royaume intact* »[23].

Le plus grand succès de la régence d'Anne de Beaujeu fut, sans doute, la victoire de Saint-Aubin-du-Cormier[24], où l'armée royale, commandée par Louis de la Trémoille, défit les *rebelles,* emmenés par le duc d'Orléans[25] et le sire d'Albret, appuyés par les volontaires anglais et les troupes de François Ier, duc de Bretagne. À la suite de cette victoire et au terme de longues négociations, Anne de Beaujeu réussit à conclure le mariage de Charles VIII avec Anne de Bretagne, célébré le 6 décembre 1491. La nouvelle reine de France s'engageait, si son mari mourait sans enfant, à n'épouser que son successeur ou le plus proche héritier du trône. Cette situation se présenta, sept ans plus tard, au décès de Charles VIII et, en 1499, Anne de Bretagne épousa le nouveau de roi de France, Louis XII, qui avait obtenu du pape Alexandre VI l'annulation de son mariage avec Jeanne de Valois, fille de Louis XI (le mariage fut célébré vingt-six jours après le décret pontifical autorisant le divorce).

Anne de Beaujeu et sa belle-sœur, Anne de Bretagne, avaient, sans aucun doute, servi les intérêts fondamentaux de la couronne de France.

---

21. Les croisés, embarqués, en 1248, à Aigues-Mortes, pour l'Égypte, prirent Damiette l'année suivante mais furent défaits à Mansourah où le roi de France fut fait prisonnier. Libéré moyennant la reddition de Damiette, il ne rentra en France qu'en 1252.
22. Un récent ouvrage a observé que, sous l'Ancien Régime, toutes les régences avaient été confiées à la reine – régnante ou douairière –, à l'exception de celles de Charles VIII, confiée précisément à Anne de Beaujeu, et de Louis XV, confiée, faute d'élément féminin, à Philippe d'Orléans (voir Fanny Cosandey, *La Reine de France. Symbole et pouvoir XVe-XVIIIe siècles,* 2000, Gallimard.
23. Voir Charles Petit-Dutaillis, *Charles VII, Louis XI et la minorité de Charles VIII,* 1981, Hachette, page 452.
24. Dans l'actuel département d'Ile-et-Vilaine, au sud-ouest de Fougères.
25. Fils du poète Charles d'Orléans (1391-1465), le duc Louis II devait, treize ans plus tard – à la mort de Charles VIII – être sacré roi de France sous le nom de Louis XII. On lui prêta alors le mot célèbre : « *Le roi de France a oublié les injures faites au duc d'Orléans* ».

b.1.3. Jeanne d'Arc : l'héroïne du sursaut national

Il convient ici de réserver une place à Jeanne d'Arc qui, si elle ne joua pas un rôle institutionnel – elle ne fut ni reine ni régente ni même *favorite* – symbolisa la résistance nationale contre l'envahisseur anglais, délivra Orléans (8 mai 1429) et permit au roi Charles VII d'être sacré à Reims (17 juillet 1429), avant d'être capturée à Compiègne (23 mai 1430) et brûlée à Rouen (30 mai 1431), à l'issue d'un procès inique. « *Jeanne... n'avait point fait de miracle. La conquête anglaise ne pouvait être durable... Ce que Jeanne d'Arc a fait, un roi moins médiocre que ne l'était Charles VII l'aurait sans nul doute accompli... La France pouvait être sauvée par une âme assez fervente pour espérer et assez vibrante pour communiquer son espoir. Jeanne d'Arc a été cette âme. De même qu'elle croyait, elle a été crue. Ceux qui l'ont suivie au combat étaient convaincus de sa mission divine, comme les Anglais étaient convaincus de sa mission diabolique. Ces illusions, qui ont semé le merveilleux dans l'histoire de Jeanne, nous nous les expliquons sans peine par les idées et les sentiments des hommes de ce temps-là. Ce qui étonne la raison et l'imagination, c'est la hauteur morale où s'éleva cette jeune paysanne, en ce siècle grossier et violent. La pureté de son âme, la douceur exquise de son cœur, la netteté admirable de sa fine intelligence, l'élan de sa volonté vers le plaisir de Dieu, voilà ce qui la place sur les sommets de l'humanité, et pourquoi Jeanne d'Arc... est le charme et l'honneur de notre ancienne histoire* »[26].

D'autres femmes, que leur naissance ou leur mariage avait conduit à exercer une influence majeure, jouèrent un rôle négatif dans l'histoire du pays.

b.2. Le rôle négatif des femmes dans l'histoire de France

b.2.1. Isabeau de Bavière : le parti de l'étranger

Sans remonter jusqu'à Brunehaut (564-613), reine d'Austrasie et Frédégonde (545-597), troisième femme de Chilperic 1er, roi de Neustrie –

26. Voir Charles Petit-Dutaillis, *id.*, pages 82 et 83. La chroniqueuse Christine de Pisan, qui vécut de 1365 à 1430 – dont les écrits historiques prennent la défense de la femme – acheva, le 31 juillet 1429, un poème en soixante et un couplets, comprenant chacun huit vers de huit syllabes, à la louange de la Pucelle et qui, « *dans une langue affectée et dans un rythme dur, exprimait la pensée des âmes les plus religieuses, les plus doctes, les plus belles sur l'ange de guerre envoyé par le Seigneur au dauphin Charles* » (voir Anatole France, *Vie de Jeanne d'Arc*, Tome 2, 1969, Edito-Service S.A., Genève, page 31). Une biographie vient de lui être consacrée (Simone Roux, *Christine de Pizan. Femme de tête, dame de cœur*, octobre 2006, Payot, collection Biographie) qui indique que l'*écrivaine* célèbre, en Jeanne, l'« *honneur au féminin sexe* » (voir *Le Monde* du 6 octobre 2006, page 10).

dont les disputes défrayèrent la chronique de l'horreur[27] – il faut souligner le rôle néfaste d'Isabeau de Bavière, femme de Charles VI, le roi fou, qui favorisa la conclusion du désastreux traité de Troyes (21 mai 1420), par lequel son fils (le futur Charles VII) était écarté du trône de France au profit du roi d'Angleterre, Henri V[28].

b.2.2. Catherine de Médicis : le parti de l'intolérance

Même si elle n'alla pas jusqu'à la trahison *objective* des intérêts nationaux – c'est-à-dire la collaboration avec l'ennemi – Catherine de Médicis joua également un rôle négatif dans l'histoire de France[29].

Femme délaissée de Henri II – auquel elle donna, pourtant, dix enfants[30] – elle fut, presque constamment, associée au pouvoir pendant le règne de ses trois fils : François II (1559-1560), Charles IX (1560-1574) et Henri III (1574-1589). Or, si, soutenue par le chancelier Michel de l'Hospital, elle pratiqua d'abord une politique de tolérance à l'égard des protestants, – caractérisée par l'édit d'Amboise (19 mars 1563), accordant une relative liberté de culte – elle joua un rôle décisif dans le massacre de la Saint-Barthélemy (24 août 1572), qui fit environ 3 000 victimes à Paris, et dont l'exemple inspira les catholiques de nombreuses villes de province (notamment, Bordeaux et Toulouse). Cet acte suffit à jeter l'opprobre sur son action, même si elle négocia, par la suite, la paix de Monsieur (6 mai 1576)[31] et le traité de Nérac, qui reconnurent, à nouveau, certaines libertés aux adeptes de la religion réformée.

b.2.3. Marie de Médicis : la maladresse en politique

Plus nuancé doit être le jugement porté sur Marie de Médicis, femme, également délaissée, de Henri IV – auquel elle donna six enfants –

---

27. Brunehaut, femme de Sigebert 1er, roi d'Austrasie, favorisa la guerre contre la Neustrie après l'assassinat de sa sœur Galswinthe, femme de Chilperic, lui-même époux de Frédégonde. Sigebert ayant été assassiné (575) sur l'instigation de celle-ci, Brunehaut gouverna l'Austrasie, au nom de son fils Childebert II. Mais sa politique autoritaire lassa l'aristocratie, qui se rallia à Clotaire II (fils de Chilperic 1er et de Frédégonde), roi de Neustrie, lequel la captura et la fit supplicier.
28. Le traité prévoyait également le mariage de la fille du roi de France, Catherine, avec le monarque britannique. De cette union naquit le futur Henri VI d'Angleterre, proclamé roi de France à la mort de Charles VI, survenue en 1422 (la régence fut laissée au duc de Bedford). Le « *soi-disant Dauphin* » – le futur Charles VII – déclara nul le traité de Troyes. Mais il dut attendre sept ans et les victoires militaires de Jeanne d'Arc, pour être sacré roi de France.
29. Il convient de noter que Catherine de Médicis ne s'intéressa aux affaires publiques qu'après la mort de son mari. « *Pendant toute la durée du règne d'Henri II, rien ne fit prévoir le rôle que Catherine devait jouer à partir de 1560. Les Mémoires du temps parlent d'elle fort peu ; on ne signale chez elle ni intrigues ni passions... Elle s'occupe beaucoup de ses enfants, les surveille, s'intéresse aux moindres détails de leur santé, de leur installation, de leur costume. Sa correspondance est toute familiale, tout intime : celle d'une personne privée, presque d'une bourgeoise* », Voir Henry Lemonnier, *Henri II, La lutte contre la maison d'Autriche*, 1983, Tallandier, page 147.
30. Dont sept survécurent.
31. Accord signé à Étigny (Yonne), par l'intermédiaire de Monsieur, duc d'Alençon, frère du roi Henri III.

et qui devint régente à sa mort, le 14 mai 1610. Ambitieuse, mais peu intelligente, elle subit l'influence de Concini – aventurier italien marié à Leonora Galigaï – et s'appuya *sur le parti dévot,* lui-même soutenu par l'Espagne. Bien qu'observant qu'*il n'y avait jamais eu de régence en France plus heureuse que la sienne*[32], elle alla jusqu'à prendre les armes contre son fils, Louis XIII, qui avait ordonné, il est vrai, l'assassinat de Concini (24 avril 1617). Mais les troupes royales infligèrent à ses partisans une défaite aux Ponts-de-Cé[33] (7 août 1620).

La reine mère se réconcilia avec le roi par l'entremise de Richelieu, et le persuada d'en faire son principal ministre (29 avril 1624). Toutefois, animée d'une ferme volonté de pouvoir, elle chercha bientôt à obtenir sa disgrâce. Ayant cru, à tort, parvenir à ses fins lors de la journée des Dupes (10 novembre 1630), elle fut contrainte de s'exiler et mourut à Cologne en 1642, quelques mois avant Louis XIII.

b.2.4. Anne d'Autriche : la révolte contre la « *Paulette* »

La veuve de ce dernier, Anne d'Autriche – rendue célèbre par *Les Trois Mousquetaires* d'Alexandre Dumas[34] – également fervente du *parti dévot,* s'attira l'hostilité des princes du sang et d'une large fraction de la noblesse, pour avoir fait annuler le testament de son mari[35] et confié, ensuite, le pouvoir à Mazarin, fils d'un homme d'affaires sicilien et lui-même, tour à tour, militaire, diplomate et homme d'Église[36], bien qu'il n'eût jamais été ordonné prêtre.

Mais cette Fronde des princes s'accompagna d'une Fronde parlementaire[37], provoquée par l'accroissement de la pression fiscale, notamment à l'occasion du renouvellement de la Paulette[38].

32. Voir Françoise Kermina, *Marie de Médicis (Reine, régente et rebelle),* 1979, Perrin, page 181.
33. Petite ville de l'actuel département du Maine-et-Loire, située à quelques kilomètres d'Angers.
34. Qui raconte, avec brio, l'épisode des ferrets de diamant, donnés par la reine à son amant présumé, le duc de Buckingham, et que Louis XIII lui ordonna de porter lors d'une réception à l'Hôtel de Ville – ce qu'elle ne réussit à faire que grâce au courage et à l'habileté de d'Artagnan.
35. Louis XIII avait bien institué sa femme régente. Mais, comme il se méfiait de sa capacité – c'était, dit-on, « *une princesse aimable, mais qui ne comprenait pas grand chose aux affaires d'État* » (voir Jules Isaac et A. Bonifacio, *XVII*e *et XVIII*e *Siècles,* 1952, Hachette, page 83) – il lui avait adjoint un Conseil, dont elle devait prendre et suivre les avis. Anne d'Autriche obtint alors du Parlement de Paris l'annulation du testament royal.
36. Naturalisé français, et entré au Conseil à la fin du ministère de Richelieu, Mazarin avait reçu le chapeau de cardinal en 1642.
37. Même si on estime, souvent, que le premier ne fit que suivre le second, on retrouve, tout au long de la période (1649-1652), la même coalition du Parlement, du peuple parisien et des princes contre Mazarin et le pouvoir royal.
38. La Paulette était un droit annuel payé à l'État par le titulaire d'un office de judicature ou de finances. En 1648, Mazarin décida qu'au lieu de payer, pendant neuf ans, une taxe annuelle, les officiers des cours souveraines – à l'exception du Parlement – abandonneraient quatre années de leurs gages, provoquant, de la part des intéressés, un vif mécontentement.
Créée en 1604, cette taxe avait été affermée, à l'origine, au financier Charles Paulet, d'où son nom de Paulette.

Le 26 août 1648, Anne d'Autriche fit arrêter plusieurs magistrats, notamment, le conseiller Broussel, dont la popularité était très grande. Le Parlement vint en corps la prier de mettre en liberté les prisonniers[39]. La régente céda mais, devant l'ampleur de l'agitation populaire, préféra se retirer à Saint-Germain avec Louis XIV, à peine âgé de dix ans (30 janvier 1649). Ils ne devaient, l'un et l'autre, rentrer à Paris qu'en octobre 1652, après plus de trois ans d'une guerre civile[40] qui couvrit la France de ruines.

Anne d'Autriche fut, sans doute, la dernière souveraine française à jouer un rôle politique, en vertu de sa fonction. D'autres reines – ou impératrices – furent populaires (telle Joséphine, la première femme de Napoléon, malgré – ou à cause d'une générosité parfois excessive) ou impopulaires (comme Marie-Antoinette[41], du fait, notamment, des dépenses qu'elle consacra à sa toilette, ou encore Eugénie, l'épouse de Napoléon III[42]). Toutefois, elles n'exercèrent aucun rôle institutionnel, à l'exception de la courte période de 1870 (28 juillet-4 septembre), pendant laquelle l'impératrice assura la régence.

Mais, avant comme après la Révolution française, de nombreuses femmes jouèrent un rôle politique important, sans détenir de fonctions officielles... ou sans que leur pouvoir s'expliquât par les fonctions qu'elles exerçaient.

c. LE RÔLE POLITIQUE DES FAVORITES ET DES ÉGÉRIES

La liste est longue des femmes qui, sous l'Ancien Régime comme sous la République, occupèrent une place politique majeure en raison de l'influence qu'elles exerçaient sur les titulaires du pouvoir. On se bornera à rappeler ici l'influence de quelques *favorites* ou *égéries* célèbres.

39. Bien que, dans l'affaire de la *Paulette,* on les eût exemptés de la suspension de gages, les parlementaires firent leurs les revendications des autres cours souveraines. Elle conseilla, néanmoins, à son mari de se rapprocher de Mirabeau (février 1790) puis de s'enfuir à l'étranger avec sa famille ; mais on sait que, reconnus à Varennes, es souverains durent regagner la capitale au milieu des injures et des outrages (juin 1791).

40. Le 1er juillet 1652, la *Grande Mademoiselle,* cousine germaine de Louix XIV, fit tirer le canon de la Bastille sur les troupes royales.

41. Bien qu'elle n'ait jamais tenu, à propos des Parisiens privés de pain, le mot que lui prête la légende : *« Qu'ils mangent de la brioche ! ».*

42. La souveraine, qui avait plaidé pour l'intervention malheureuse de la France au Mexique (1862-1867), se prononça pour la déclaration de guerre à la Prusse, en juillet 1870, estimant qu'un conflit victorieux raffermirait le trône de son fils. Pour elle – écrit Octave Aubry – *« une guerre heureuse devait consolider la dynastie, permettre à l'Empereur de ressaisir la pleine autorité sans laquelle elle ne pouvait concevoir le gouvernement... La guerre, elle ne la craint pas. Ou plutôt elle la craint moins que la révolution »* (voir Octave Aubry, *L'Impératrice Eugénie,* 1931, Fayard, pages 266 et 267). Opinion que nuance la princesse de Metternich, observant que la souveraine aurait seulement déclaré : *« Ah ! que Dieu fasse qu'il n'y ait pas de guerre, mais la paix achetée au prix du déshonneur serait un malheur égal, et la France ne s'en accommoderait pas ! »* (voir *Souvenirs de la Princesse Pauline de Metternich (1859-1871),* 1922, Plon, pages 195 et 196).

c.1. Les favorites des rois de France

c.1.1 – HENRI II ET DIANE DE POITIERS : DE CHENONCEAUX À ANET

L'une des premières favorites *en titre* à influer sur la politique de la France fut, sans doute, Diane de Poitiers, qui devint, en 1536 – à près de quarante ans – la maîtresse du Dauphin (le futur Henri II, marié à Catherine de Medicis), proclamé roi en 1547. « *Bien que de près de vingt ans son aîné, elle exerçait sur lui un empire absolu, qu'elle devait à l'énergie d'un caractère très décidé... Dans (ses) lettres, ... on ne voit pas qu'elle soit très mêlée au gouvernement* ». Mais « *il y est fort souvent question d'offices, de charges, ou de bénéfices qu'elle demande pour ses parents ou ses clients... Henri II dépensa pour elle sans compter ; il lui donna Chenonceaux... (et) le titre de duchesse de Valentinois* ». Diane de Poitiers inspira au roi une politique de répression du protestantisme et, dès 1557, Henri II projetait d'« *établir l'Inquisition dans le royaume* »[43]. Lorsqu'il mourut le 10 juillet 1559 – des suites d'une blessure infligée, dans un tournoi, par le comte de Montgomery – il menait une croisade très sévère contre les calvinistes. Aussitôt après sa mort, la favorite, contrainte par la reine mère, quitta la Cour, et se retira dans son château d'Anet, où elle mourut en 1566.

c.1.2. LOUIS XIV ET MADAME DE MONTESPAN : FAVEUR ROYALE ET INTRIGUES POLITIQUES

Après quelques années au cours desquelles les rois de France eurent, soit des mœurs austères (Louis XIII), soit des liaisons avec des femmes que la politique n'intéressait pas (Charles IX et Marie Touchet, Henri IV et Gabrielle d'Estrées, qui devint, pourtant, duchesse de Beaufort), le règne de Louix XIV marqua le point de départ d'une nouvelle période, au cours de laquelle les favorites exercèrent une influence, parfois déterminante, sur les affaires de l'État.

Ce ne fut, certes, pas le cas pendant la liaison du *Roi-Soleil* avec Louise de la Vallière, qui ne fit preuve d'aucune coquetterie, aimant le monarque pour lui-même, s'efforçant de résister au penchant qu'elle éprouvait, et ne cédant aux « *tourments d'un amour illégitime* » que parce que Louis XIV « *sut profiter de l'ascendant que lui donnaient l'amour, la crainte et la timidité qu'il inspirait* »[44]. « *Voulez-vous me rendre tyran ?* » s'écria-t-il. Mais, si elle ne voulut pas le contraindre à cette extrémité, elle s'humilia de son élévation, « *vivant sans faste et dans la solitude, ne se mêlant d'aucune affaire et donnant l'exemple du plus parfait désintéressement* »[45].

43. Voir Henri Lemonnier, *op. cit.*, pages 111, 148 et 267.
44. « *Mademoiselle de la Vallière, en conservant tous ses principes, sacrifia sa vertu* ». « *La gloire de celui qui m'a perdue* – dira-t-elle, plus tard – *éternisera ma honte* ».
45. Voir Madame de Genlis, *La duchesse de la Vallière,* 1983, Librairie Fontaine, pages 11, 100, 101 et 139.

Le rôle de Madame de Montespan, dont l'esprit était, sans doute, plus grand, mais l'âme plus médiocre, prêta davantage à la critique. Dame d'honneur de la reine, devenue la maîtresse du roi en 1667 – elle lui donna huit enfants[46] et resta favorite en titre jusqu'en 1679 – la marquise n'intervint pas en politique extérieure, mais favorisa volontiers nominations et évictions. « *On ne paraissait guère impunément sous les yeux de Madame de Montespan ; et souvent un courtisan, satisfait de s'être montré, n'en a retiré qu'un mauvais office, dont il a été perdu sans en démêler la cause* ». Cette femme, dont le projet « *avait été de gouverner le Roi par l'ascendant de son esprit* », gardait, néanmoins, des scrupules religieux. À la duchesse d'Uzès, qui s'en étonnait un jour, elle répliqua : « *Eh quoi ! Madame, faut-il parce que je fais un mal, faire tous les autres ?* »[47].

De ces scrupules, Madame de Maintenon, qui la supplanta dans le cœur du roi, faisait, en quelque sorte, profession. Mais il est permis d'observer que ce ne fut pas toujours pour la grandeur de la France.

c.1.3. Louis XIV et Madame de Maintenon : mariage royal et changement de politique

Françoise d'Aubigné, la veuve Scarron[48], avait été nommée, quelques années après la mort de son mari, dame du palais de la reine, et le roi n'avait fait aucune attention à sa beauté, se contentant d'acquérir pour elle la terre de Maintenon, qu'il érigea, par la suite, en marquisat.

Or, en 1669, Madame de Montespan, alors au faîte de sa faveur, demanda à la veuve Scarron de devenir la gouvernante des enfants nés de sa liaison avec Louis XIV[49]. « *Madame de Maintenon répondit que, pour les enfants de Madame de Montespan, elle ne s'en chargerait point ; mais que, si le Roi lui ordonnait d'avoir soin des siens, elle lui obéirait. Le Roi l'en pria et elle les prit avec elle* ». Certains naquirent, toutefois, après le début de ses fonctions. « *On (l')envoyait chercher quand les premières douleurs pour accoucher prenaient à Madame de Montespan. Madame de Maintenon emportait l'enfant, le cachait sous son écharpe, se cachait elle-même sous un masque, et, prenant un fiacre, revenait ainsi à Paris. Combien de frayeurs n'avait-elle point que cet enfant ne criât !* ».

Au bout de quelques mois, l'aînée des enfants du roi et de Madame de Montespan vint à mourir. « *Madame de Maintenon en fut touchée comme une mère tendre et beaucoup plus que la véritable ; sur quoi le Roi dit, en parlant de Madame de Maintenon : Elle sait bien aimer ; il y aurait du plaisir à être aimé d'elle* »[50]. Que le monarque ait réussi – ou non – à obtenir ce *plaisir,* il ne fait aucun doute qu'il éprouva, pour la

46. Dont cinq survécurent et furent légitimés, notamment Mademoiselle de Blois, qui épousa Philippe d'Orléans, régent de France pendant la minorité de Louis XV.
47. Voir *Souvenirs de la Marquise de Caylus,* 1873, Lemerre, pages 70, 76, 77 et 103.
48. Du nom du poète Paul Scarron (1610-1660), qu'elle avait épousé en 1652.
49. Ceux-là mêmes qu'un écrivain contemporain, Ève de Castro a appelés, dans un livre : « *Les bâtards du Soleil* » (1987, Orban).
50. Voir *Souvenirs de la Marquise de Caylus, op. cit.*, pages 67, 69 et 71.

gouvernante de ses enfants adultérins, une vive inclination, au point qu'après la mort de la reine[51], il contracta avec elle un mariage morganatique[52].

L'influence que Madame de Maintenon exerça, dès lors, sur Louis XIV eut les plus graves effets politiques. Elle le ramena à la dévotion, ce qui, en soi, ne saurait être critiqué – « *Notre roi est très pieux,* écrivait la Princesse Palatine[53] *; mais il est fort ignorant des choses qui ont trait à la religion (et) jamais de sa vie il n'a lu la Bible* ». Toutefois, la nouvelle épouse incita le monarque à racheter ses *péchés de jeunesse* en poursuivant les protestants, et à faire ainsi, selon le mot de Saint-Simon « *pénitence sur le dos d'autrui* ». La révocation de l'édit de Nantes, signée le 18 octobre 1685, consacra tristement cette politique.

Ce texte – dont chacun s'accorde à reconnaître qu'il fut influencé par Madame de Maintenon – avait, bien évidemment, pour objet d'annuler l'édit signé par Henri IV en 1598, qui accordait, notamment, aux protestants, la liberté de culte dans deux villes par bailliage, leur garantissait l'accès à tous les emplois et leur permettait d'établir une centaine de places de sûreté[54]. Le *Roi-Soleil* ordonna la démolition des temples, interdit toute assemblée pour l'exercice du culte protestant « *en aucun lieu ou maison particulière* », enjoignit aux pasteurs de quitter le royaume dans les quinze jours « *à peine des galères* » et stipula que « *les enfants qui naîtraient de ceux de la religion prétendue réformée* » seraient « *baptisés par les curés (...), et élevés dans la religion catholique* ».

Cette décision eut, pour le pays, les conséquences les plus fâcheuses. D'abord, sur le plan intérieur, puisqu'elle entraîna la ruine momentanée de certaines provinces – la Saintonge, le Poitou, la Touraine et le Lyonnais – dont une grande partie de la population protestante fut contrainte d'émigrer. Ensuite, sur le plan extérieur, dans la mesure où elle excita contre la France la haine des pays protestants (l'Angleterre, la Hollande et le Brandebourg), qui étaient, parfois, jusqu'alors, ses alliés. Elle contribua beaucoup à la formation de la ligue d'Augsbourg, la redoutable coalition que Louis XIV dut affronter à partir de 1688.

Certes, la révocation de l'édit de Nantes n'a pas été inspirée au *Roi-Soleil* par la seule Madame de Maintenon. Monarque absolu, Louis XIV ne pouvait admettre qu'il fût porté atteinte à l'unité du royaume. Il considérait, selon un mot de l'époque, que « *la différence de religion défigurait un État* » et son tempérament l'incitait à y mettre fin. Il reste – comme l'admettent la plupart des historiens – que la piété de la veuve Scarron inspira largement les rigueurs décidées contre les protestants. Les auteurs modernes ne s'y sont pas trompés et, s'intéressant à la singulière destinée

51. Marie-Thérèse d'Autriche – que Louis XIV avait épousée, à Saint-Jean-de-Luz, en 1660 – mourut le 30 juillet 1683.
52. Adjectif utilisé pour qualifier le mariage d'un souverain ou d'un prince avec une personne d'un rang inférieur.
53. Charlotte-Élisabeth de Bavière.
54. Ce privilège militaire avait été aboli par la grâce d'Alès, signée par Louis XIII en 1629.

de la seconde épouse du roi, ils montrèrent – dans les livres[55] comme à l'écran[56] – que sa « *vertu* » s'accommodait d'une intolérance coupable[57].

De fait, quelques jours après la mort de Louis XIV – survenue le 1er septembre 1715 – la Princesse Palatine, mère du nouveau régent, écrivait : « *J'ai pris la résolution de ne me mêler de rien. Malheureusement, la France a trop longtemps été gouvernée par des femmes ; pour ce qui est de moi, je ne veux pas être cause qu'on puisse faire ce reproche-là à mon fils...* ». Et, deux mois plus tard, elle observait : « *Mme de Maintenon... n'était point la maîtresse du roi ; elle était beaucoup plus.... Le diable dans l'enfer ne peut être pire qu'elle n'a été ; son ambition a jeté toute la France dans le malheur* ».

Pour la princesse, « *la vieille guenipe* » – comme elle l'appelait – avait « *attiré sur toute la France les plus grands malheurs* », notamment « *occasionné la persécution des réformés ; fait renchérir les grains et causé la famine* ».

Justifiant son « *parti de ne se mêler de rien* », la mère du régent concluait : « *Ce royaume a, pour son malheur, été trop gouverné par des femmes jeunes ou vieilles. Il est temps qu'on laisse les hommes mener les affaires.... Les Français sont tellement habitués à voir des femmes se mêler de tout, qu'ils leur paraît impossible que je reste étrangère à ce qui se passe ; les bons Parisiens, auprès desquels je suis en faveur, veulent m'attribuer toute sorte de bien ; je suis fort obligée à ces pauvres gens de l'affection qu'ils ont pour moi, mais je ne la mérite nullement* »[58].

La discrétion de la Princesse Palatine ne réussit pourtant pas à faire disparaître ce *mal français*. On le vit bien quelques années plus tard, à l'occasion du mariage du nouveau roi.

c.1.4. Le résultat d'une intrigue de femme : le mariage de Louis XV et Marie Leczinska

Le régent « *avait eu le mérite de ne jamais abandonner aux mains des femmes la politique du royaume* », même « *au milieu de ses pires débauches* ». Mais il était mort le 2 décembre 1723 et le duc de Bourbon,

55. Notamment *L'Allée du roi* de Françoise Chandernagor, qui fut porté à la scène, en 1994, avec Geneviève Casile, dans le rôle de Madame de Maintenon.

56. Isabelle Huppert joua Madame de Maintenon dans *Saint-Cyr*, un film de Patricia Mazuy, sorti au début de l'année 2000.

57. La favorite se disculpa de ces imputations, observant : « *Quand il fut question de la révocation de l'édit de Nantes, le Roi ne (me) consulta pas et, de toutes les façons, je ne me fusse plus risquée à ne rien dire... Dans son esprit, cette question était plus politique que religieuse. Il avait besoin de l'appui du pape dans les affaires qu'il avait avec l'Empereur* ». De même, Madame Françoise Chandernagor – dont le sérieux ne saurait être mis en doute – écrit qu'« *aucun historien contemporain n'attribue plus à Mme de Maintenon le moindre rôle en la matière* » et qu'« *aucune louange (sur la révocation) n'est jamais tombée de sa bouche ni de sa plume* » (voir Françoise Chandernagor, *L'Allée du Roi*, 1981, Julliard, pages 559 et 560).

58. Voir *Lettres de Madame la Duchesse d'Orléans, née Princesse Palatine, de 1715 (début de la Régence) jusqu'à sa mort*, 1948, Le Club Français du Livre, pages 3, 8, 27 à 29, 221 et 222. De nombreuses lettres citées dans l'ouvrage témoignent du rôle politique néfaste que l'auteur attribuait à « *la vieille guenipe* ».

qui lui succéda comme Premier ministre, accorda aussitôt à sa maîtresse, Madame de Prie, « *une autorité si grande sur son esprit qu'elle (devint) en peu de temps plus puissante (que lui) dans l'État* ». On le vit bien dans l'*affaire du mariage de Louis XV.*

Le jeune roi se trouvait alors officiellement *fiancé* à l'infante Dolorès, fille du roi d'Espagne Philippe V, âgée de moins de sept ans. Il s'agissait, bien évidemment, d'une *union politique,* qui ne pourraît être consommée avant une dizaine d'années. Il en résultait que, si Louis XV mourait sans descendance, la couronne reviendrait au fils du régent. C'était un personnage falot, mais le duc de Bourbon et, surtout, sa maîtresse, la marquise de Prie, le haïssaient et redoutaient, dès lors, son accession au trône. Or, en 1725 – écrit Pierre de Nolhac – « *C'est Madame de Prie qui tient la France (et) jamais peut-être les affaires nationales n'ont été confiées avec moins de contrôle à des mains plus indignes de les manier* ».

Il n'y avait d'autre moyen, pour la favorite, de garder son pouvoir que « *le prompt mariage de Louis XV avec une princesse en état de mettre au monde un dauphin* ». L'infante d'Espagne étant trop jeune, mieux valait la renvoyer, au risque de provoquer « *la rupture complète entre deux pays qui avaient cru supprimer les Pyrénées, et bientôt l'alliance incroyable de Philippe V avec la Maison d'Autriche* »[59].

Le Premier ministre n'hésita pas à porter « *un coup si violent, et la colère qui l'accueill(it) (fut) sans exemple à la cour d'Espagne* ». Il fallait encore trouver une autre fiancée au monarque. À cette fin, Madame de Prie *inventa* – si l'on ose dire – Marie Leczinska, fille d'un ancien roi de Pologne, détrôné depuis quinze ans, dont l'alliance ne pouvait représenter aucun avantage pour le pays. « *C'est peut-être la première fois en France que, dans le choix si important d'une épouse royale, des convenances égoïstes ont passé avant l'avantage de la nation. Aucun des ministres du passé n'avait eu la pensée de s'inspirer d'un autre intérêt que de celui de la couronne et n'avait subordonné la raison d'État à ses raisons particulières. Les motifs qui font le mariage de Louis XV montrent l'abaissement des caractères et l'oubli des devoirs du gouvernement* »[60]. De fait, le roi épousa la princesse polonaise le 5 septembre 1725, consacrant ainsi, par cet acte majeur, le pouvoir politique de Madame de Prie. Celle-ci, voulant être la première à initier Marie aux arcanes de la Cour, se rendit à Strasbourg, quelques semaines plus tôt, pour lui déposer son trousseau et ses bijoux...

59. Un ballet – *Les noces de l'enfant Roi* – présenté, en septembre 2006, dans le cadre des *Fêtes de nuit de Versailles* a rappelé cet épisode.
60. Voir Pierre de Nolhac, *Etudes sur la Cour de France : Louis XV et Marie Leczinska,* 1904, Calmann-Lévy, pages 15, 17, 26, 27, 29, 33 et 35. L'émissaire de la favorite déclara, à propos de la princesse polonaise : « *Elle a l'esprit souple, qui prendra la forme et la figure qu'on voudra* » (voir Anne Muratori-Philip, *Le Roi Stanislas,* 2000, Fayard, page 69).

c.1.5. Louis XV, la duchesse de Châteauroux et ses sœurs : trois favorites pour un roi[61]

Marié à quinze ans avec Marie Leczinska, comme on vient de le voir, Louis XV s'était, d'abord, montré parfaitement fidèle, témoignant « *une assiduité prolongée* » à la reine, qui lui donna dix enfants, dont sept survécurent : le Dauphin Louis (1729-1765) et six filles. Mais, précisément, de cette *assiduité,* la reine fut la première à se lasser. « *Elle m'a refusé le devoir* », confiait Louis XV à ses familiers[62].

Bientôt, le roi estima que son épouse « *n'apportait à la vie commune rien du ressort et de l'initiative plaisante de la femme, ne mettant dans l'union que l'obéissance…, ne sachant de son sexe ni les caresses ni les coquetteries, tremblante et balbutiante dans son rôle de reine, comme une vieille fille de couvent égarée dans Versailles* »[63]. On mit sur son chemin Madame de Mailly, une femme d'une trentaine d'années « *dont les beaux yeux, noirs jusqu'à la dureté, ne gardaient, aux moments d'attendrissement et de passion, qu'un éclair de hardiesse fait pour encourager les timidités de l'amour* »[64].

Elle devint la maîtresse de Louis XV en 1737[65] et joua aussitôt un rôle politique certain, faisant nommer le comte de Belle-Isle[66] ambassadeur extraordinaire du roi à la Diète de Francfort et l'incitant à mener une politique qui vengerait la France de tous les affronts infligés par l'Autriche. La *favorite* chercha également – mais en vain – à obtenir le renvoi du cardinal de Fleury, Premier ministre depuis 1726, répétant, sans cesse, au roi : « *Quand vous déferez-vous de votre vieux précepteur ?* ».

Toutefois, elle avait une sœur, Félicité de Nesle, qui rêvait de la supplanter dans les faveurs de Louis XV : « *J'irai à la cour,* disait-elle. *Le Roi me verra ; le Roi me prendra en amitié, et je gouvernerai ma sœur, le Roi, la France et l'Europe* ».

Son ton décidé et ferme, sa franchise et son indépendance plurent à Louis XV, qui en fit sa maîtresse en 1739, l'année même où elle épousa le comte de Vintimille. Pendant les deux années de cette liaison – la nouvelle *favorite* mourut en 1741 – les deux sœurs, « *caressant l'orgueil national, cet esprit de guerre et de conquête qui a toujours enivré la France* », incitèrent Belle-Isle, nommé maréchal, à engager la France dans la guerre de succession d'Autriche, que devait seulement terminer, en 1748, le traité d'Aix-la-Chapelle[67].

---

61. Pour reprendre le sous-titre d'un livre d'Edmond et Jules de Goncourt (voir Edmond et Jules de Goncourt, *La duchesse de Châteauroux et ses sœurs. Trois favorites pour un roi,* 1985, Balland).
62. Voir Duc de Levis Mirepoix, *Le roi n'est mort qu'une fois,* 1965, Perrin, page 22.
63. Voir Edmond et Jules de Goncourt, *La duchesse de Châteauroux et ses sœurs, op. cit.*, page 34.
64. Voir Edmond et Jules de Goncourt, *id.*, page 51.
65. Il est possible que cette liaison ait commencé dès 1733 et n'ait été rendue publique qu'en 1737.
66. Petit-fils du surintendant Fouquet.
67. Aux termes duquel Louis XV rendit toutes ses conquêtes, faisant preuve d'une modération que l'opinion française jugea sévèrement, estimant que le roi avait « *travaillé pour le roi de Prusse* ».

Le roi fut vivement frappé par la mort de Madame de Vintimille[68], qui expira entre les mains de son confesseur, sans avoir eu le temps de recevoir le sacrement[69]. Pendant des mois, il resta sombre, « *dévoré du remords religieux et de la crainte d'avoir aidé à la damnation de celle qu'il aimait* ». Mais, si sa « *douleur mit longtemps à s'user, il se laissa prendre ensuite aux avances de Madame de Châteauroux* » – sœur de la défunte et de Madame de Mailly – parce qu'« *elle lui rappelait, par bien des traits, le caractère et le génie entreprenant de Madame de Vintimille* ». Devenue duchesse quelques mois plus tard, elle « *exhorta Louis XV à la guerre, le poussant aux armées, lui promettant la reconnaissance et les adorations de ses sujets* ». Elle exerça également un grand rôle sur les nominations, au point « *qu'il fallait remonter à Madame de Montespan pour en retrouver une pareille dans l'histoire des faveurs de la monarchie* ». Son influence politique était tellement notoire que le monarque prussien, Frédéric II[70], correspondait directement avec elle, écrivant qu'il lui était « *en partie redevable des bonnes dispositions du roi de France pour resserrer les liens durables d'une éternelle alliance* » avec la Prusse[71].

Mais, lorsque Louis XV tomba malade à Metz, en août 1744, et que les médecins ne lui donnèrent plus que deux jours à vivre, l'opinion publique l'obligea à se séparer de la duchesse[72]. Rentrée en faveur après la guérison du roi – qui le rendit moins dévot – Madame de Châteauroux, mourut, à l'âge de vingt-sept ans, le 8 décembre 1744 de manière trop subite pour que l'hypothèse d'un empoisonnement ne fût pas évoquée[73].

Le roi se consola bien vite et, quelques mois plus tard, présenta officiellement à la cour la ravissante Jeanne Poisson, qui devait entrer dans l'histoire du pays sous le nom de marquise de Pompadour.

c.1.6. Louis XV et la marquise de Pompadour : une grisette devient la vraie souveraine

Jeanne Poisson, fille d'un bourgeois chargé du ravitaillement de Paris qui avait été contraint de s'exiler pour avoir passé des marchés fictifs, épousa, en 1741, un monsieur d'Etiolles, pour lequel elle vint demander au roi, quatre ans plus tard, une place de fermier général. Devenue, presque aussitôt, sa maîtresse en titre, créée marquise de Pompadour[74],

68. Sur la liaison de Louis XV avec Madame de Vintimille, voir Edmond et Jules de Goncourt, *id.*, pages 69, 71, 78, 88 et 89. Voir également Pierre Gaxotte, *Le siècle de Louis XV*, 1974, Fayard, page 156.
69. « *Comme le confesseur, chargé des dernières paroles de la mourante, entrait chez Madame de Mailly, il tombait mort* » (voir Edmond et Jules de Goncourt, *op. cit.*, page 100).
70. Le Grand Frédéric (1712-1786).
71. Sur l'influence de la duchesse de Châteauroux, voir Edmond et Jules de Goncourt, *op. cit.*, pages 191, 195 et 202. Voir également Pierre Gaxotte, *op. cit.*, page 157.
72. Jules Isaac écrit qu'elle fut « *obligée de fuir sous les huées du peuple* ».
73. Voir Edmond et Jules de Goncourt, *op. cit.*, page 246.
74. Évelyne Lever a, récemment, consacré une biographie à la marquise de Pompadour (2000, Perrin).

puis duchesse et dame du Palais de la reine[75], elle resta seule favorite de 1745 à 1750 et conserva ensuite, jusqu'à sa mort[76], l'amitié de Louis XV.

Pierre Gaxotte nie qu'elle ait joué un grand rôle politique, alors que Jules Isaac la présente, au contraire, comme « *faisant et défaisant les ministres, donnant ou retirant les commandements aux armées* »[77].

Il n'est pas douteux, en effet, qu'elle s'entoura rapidement de véritables ministres occultes : les frères Pâris, financiers d'origine modeste, aussi honnêtes qu'on peut l'être dans un métier plein de risques et qui exige d'énormes capitaux[78] – dont les avances étaient nécessaires à ses finances – le cardinal de Tencin, membre du Conseil du Roi et le maréchal de Richelieu qui obtint, grâce à elle, le commandement de l'armée de Hanovre[79] et fit preuve d'une légèreté coupable pendant la guerre de Sept Ans (1756-1763). Madame du Hausset, femme de chambre – c'est-à-dire dame de compagnie – de la favorite, raconte également que celle-ci appréciait vivement Choiseul (plus tard disgracié par la comtesse du Barry, nouvelle maîtresse du roi !). « *Il avait su gagner les bonnes grâces de Madame (de Pompadour) bien plus que tout autre... Elle ne vit plus que par ses yeux depuis que ce ministre fut en place (1758) ; il savait amuser Madame, et il avait des manières très aimables pour les femmes* »[80].

Le cardinal de Bernis, qui se présente comme l'« *ami éprouvé* » de la favorite, à qui il devra sa carrière ministérielle, évoque « *cette femme environnée de tous les talents aimables, qui gouvernait la France du sein des plaisirs* »[81].

Mais, comme témoigner sa bienveillance à certains conduit à montrer son animosité à d'autres, la marquise fut à l'origine de nombreuses disgrâces : celles de Philibert Orry, contrôleur général des finances, intègre et économe, auquel elle reprochait d'être hostile aux Pâris et du comte de Maurepas, secrétaire d'État à la Marine[82], auteur d'épigrammes féroces à son sujet[83], que l'on appelait les « *poissonnades* ». Également peu favorable à d'Argenson, secrétaire d'État à la Guerre, elle obtint son renvoi en 1757, en même temps que celui de Machault d'Arnouville, successeur de Maurepas à la Marine.

75. On était loin de l'époque où Henri IV, n'ayant pas réussi à séduire Madame de Guercheville, déclarait à la reine : « *Je vous donne pour dame d'honneur une véritable femme d'honneur* ».
76. Survenue en 1764.
77. Voir Pierre Gaxotte, *Le siècle de Louis XV, op cit.*, page 169 et Jules Isaac et A. Bonifacio, *XVIIe et XVIIIe Siècles, op. cit.*, page 319.
78. Le plus célèbre, Joseph Pâris-Duverney, avait été contrôleur général des finances de 1723 à 1726.
79. Il toléra si bien de tels pillages qu'on le surnomma le *Petit Père la Maraude*.
80. Voir les *Mémoires de Madame du Hausset sur Louis XV et Madame de Pompadour,* 1985, Mercure de France, Le Temps retrouvé, pages 34 et 35.
81. *Mémoires du Cardinal de Bernis,* 2000, Mercure de France, Le Temps retrouvé, pages 236 et 237.
82. C'est lui qui avait, notamment, supprimé les galères, en 1748.
83. Maurepas sera rappelé à Versailles par Louis XVI, lors de son avènement en 1774.

Son grand *succès* fut, toutefois, d'obtenir, en 1756, le renversement des alliances. Alors, en effet, que, jusque-là, la France et la Prusse étaient unies contre l'Angleterre et l'Autriche, Paris et Vienne s'allièrent soudainement contre Londres et Berlin. Certes, un événement d'une telle importance ne saurait être l'œuvre d'une seule personne et Louis XV se plaisait, d'ailleurs, à dire : « *C'est mon ouvrage. Je le crois bon* ». Mais il n'en reste pas moins vrai que le chancelier autrichien Kaunitz, qui avait été ambassadeur en France, s'efforça de gagner les bonnes grâces de Madame de Pompadour, que celle-ci entretint une correspondance avec l'impératrice Marie-Thérèse et que le roi de Prusse – qui n'était pas, il est vrai, sans intérêt dans la cause ! – déclarait volontiers que la favorite sacrifiait les intérêts de la France au plaisir vaniteux de se faire appeler « *chère amie* » par la souveraine.

« *Versons pour la reine d'Hongrie*
Tout notre sang ;
Donnons-lui pour la Silésie
Tout notre argent,
Elle a su plaire à Pompadour. »,

chantait-on à Paris pour se moquer de la marquise.

Même si les parts de responsabilité de chacun sont difficiles à établir, la favorite attacha bien son nom à la politique qui devait conduire à la guerre de Sept Ans. La cause qu'elle défendait ne fut pas heureuse, et Bernis, secrétaire d'État aux Affaires étrangères – qu'elle soutenait, pourtant – écrivait, en 1758, à Choiseul, ambassadeur à Vienne : « *En France, il n'y a ni gouvernement, ni administration, ni armée ; tout ceci se décompose. Nous touchons à la dernière période de la décadence* ».

L'opinion le comprenait ainsi, qui vit toujours dans la favorite le symbole du terrible gaspillage provoqué par les menus plaisirs royaux.

Il ne faut pas s'étonner, dès lors, qu'un historien ait pu écrire : « *Madame de Pompadour, née dans les rangs du peuple et allant s'asseoir sans façon sur le trône de Blanche de Castille ; madame de Pompadour protégeant les philosophes et chassant les jésuites, traitant les grands seigneurs avec le même sans-façon que les artistes, fut une des mille causes de la Révolution française* »[84].

c.1.7. Louis XV et Madame du Barry : Le symbole de l'abaissement du pays

Jeanne Bécu, dont l'amour du roi fit la comtesse du Barry[85], succéda, en 1769, à la marquise de Pompadour comme favorite en titre. La

84. Voir Arsène Houssaye, *Louis XV*, 1874, Dentu, page 171.
85. Remarquée par Louis XV, la jeune femme – dont le père était, dit-on, un moine du couvent de Picpus – fut mariée à un monsieur du Barry qui, pourvu d'un titre de comte, repartit aussitôt pour son Languedoc natal, sans jamais user de ses droits de mari.

politique ne la passionnait pas. « *Elle n'y entendait rien* », écrit Pierre Gaxotte. Mais on ne devient pas la maîtresse officielle[86] d'un vieux monarque tout puissant[87] – Louis XV avait alors cinquante-neuf ans – sans se trouver mêlée à la chose publique.

Parce qu'elle exerce un pouvoir ou qu'on le suppose, la favorite – si elle ne suscite leur bassesse – peut provoquer l'hostilité des personnages en place. Ce fut le cas de Madame du Barry avec Choiseul qui, sans être Premier ministre – la fonction n'existait plus depuis la mort du cardinal Fleury – inspirait la politique de la France, avec le titre de secrétaire d'État à la Guerre[88]. Le duc « *s'amusa bien puérilement à faire des affronts à Madame du Barry et à organiser contre elle une cabale acharnée* ». Lorsqu'elle fut présentée à la cour et qu'il fallut, selon l'usage, lui trouver une « *marraine* », il tenta de « *décider à prendre le lit* » celle qu'on avait choisie à grand-peine. En vain, Louis XV lui demanda de ne pas s'occuper de sa maîtresse : « *Vous m'aviez promis que je n'entendrais plus parler de vous sur elle* ». Il continua. Dès lors, quand la sœur du ministre partit en voyage dans le Midi, « *le public se persuada qu'elle faisait une tournée pour exciter les parlements à la résistance. Par un contrecoup naturel, tous les ennemis (de Choiseul) se firent un devoir désormais d'être assidus chez la favorite. Elle devint ainsi, pour l'opinion, le centre du parti antiparlementaire et même du parti dévot. On l'accusa d'avoir tourné Louis XV contre les magistrats, comme si le débat entre le greffe et la couronne ne durait pas depuis un demi-siècle et comme si les choses ne s'étaient pas envenimées d'elles-mêmes* »[89].

La situation ne pouvait se prolonger longtemps, et il appartenait au roi de choisir entre son principal ministre et sa maîtresse. Il aurait fallu un stoïcien[90] pour sacrifier la seconde au premier. Louis XV ne l'était pas et, en décembre 1770, il renvoya Choiseul, qu'il exila dans son domaine de Chanteloup[91].

Madame du Barry fut, assurément, la dernière favorite en titre d'un roi de France.

c.1.8. Louis XVIII et Madame du Cayla : Les conséquences nationales d'une affection platonique

Il convient, toutefois, de mentionner le rôle que joua Zoé Talon, comtesse du Cayla, pendant les dernières années du règne de Louis XVIII.

86. En avril 1769, Madame du Barry fut « *déclarée, présentée, admise officiellement à la cour, installée dans les petits appartements du deuxième étage* ».
87. Après le décès du cardinal de Fleury, en 1743 – arrivé au pouvoir à 73 ans, il mourut nonagénaire – Louis XV déclara sa volonté de gouverner lui-même, à l'exemple de Louis XIV. Il est vrai que, comme il s'intéressait peu aux affaires, le gouvernement se trouva, en général, sans direction.
88. Il avait été auparavant secrétaire d'État aux Affaires étrangères (1758-1761) et secrétaire d'État à la Marine (1761-1766). En 1769, Choiseul était considéré comme le Premier ministre de fait.
89. Voir Pierre Gaxotte, *Le siècle de Louis XV, op. cit.*, pages 442 et 443.
90. Le stoïcisme est la doctrine du philosophe grec Zénon de Citium, selon laquelle le bonheur est dans la vertu, et qui professe l'indifférence devant ce qui affecte la sensibilité.
91. Sur les circonstances de l'éviction de Choiseul, voir *Mémoires du duc de Choiseul*, 1987, Mercure de France, Le Temps retrouvé, page 38.

« *Encore assez belle,* écrit Pasquier, *ses manières étaient agréables, engageantes, caressantes même... Elle avait plus de souplesse que d'étendue dans l'esprit* ». Les ultras[92] comprirent rapidement le parti qu'ils pouvaient tirer de la sympathie naissante de l'auguste monarque pour cette jeune femme. Il s'agissait de réconcilier définitivement Louis XVIII avec son frère – le futur Charles X – d'écarter Richelieu[93], et de mettre enfin le pouvoir entre les mains de Villèle[94] et de ses disciples.

« *Toute l'année 1821 fut ainsi consacrée à préparer le roi à se séparer de Richelieu, pour remettre la conduite de l'État à ceux qui le méritaient... Ce fut fait en décembre, avec un succès total, et Madame du Cayla resta la conseillère, l'amie, l'alliée de la nouvelle équipe jusqu'à la mort du roi. Les ministres, M. de Villèle en tête,* écrira Castellane en 1823, *sont ses très humbles valets. Mme du Cayla gouverne la France* »[95].

Ce n'était pas faux. « *Spirituelle, belle et brune, Mme du Cayla avait alors, dans l'épanouissement un peu plantureux de ses trente-sept ans, tout l'extérieur d'une maîtresse royale ; mais étant donné l'âge et les infirmités du roi, il ne pouvait évidemment s'agir que d'une affection platonique... ou presque. La malignité publique s'amusa néanmoins du rôle de barbon amoureux que jouait le roi : billets doux quotidiens, attentions tendres, cadeaux variés, délicats ou somptueux... Mais tous les jours, Mme du Cayla devait lui écrire une lettre sur les affaires du moment. Sosthène de la Rochefoucauld convenait avec Villèle de ce qu'il fallait dire et aidait son amie à rédiger son petit bulletin. Il devait en être ainsi jusqu'à la mort du roi* ».

Cette stratégie politique porta ses fruits. « *Mme du Cayla devinait que le roi n'avait pour Richelieu aucun attachement véritable, et Louis XVIII finit par être si convaincu de la nécessité de renvoyer son ministre, qu'il lui fit réclamer sa démission jusqu'à trois fois dans la même soirée. La place était nette, et les ultras purent enfin pousser au pouvoir et imposer au roi un ministère de royalistes purs à la tête duquel se trouvait M. de Villèle*[96]*, l'homme du comte d'Artois* »[97]. La favorite du monarque avait bien contribué à l'infléchissement de la politique du pays.

92. Ainsi désignait-on les ultraroyalistes sous la Restauration.
93. Le duc de Richelieu – « *le Français qui connaît le mieux la Crimée* », disait Talleyrand, avec méchanceté – président du Conseil une première fois de septembre 1815 à décembre 1818, avait retrouvé cette fonction en février 1820.
94. Villèle, qui sera président du Conseil de 1822 à 1827, incarnait une tendance plus conservatrice que Richelieu.
95. Voir José Cabanis, *Charles X, roi ultra,* 1972, Gallimard, pages 252 et 253.
96. Le Ministère Richelieu resta en place jusqu'au 14 décembre 1821. Villèle devint, ensuite, l'inspirateur de la politique gouvernementale, mais il ne prit le titre de président du Conseil que le 4 septembre 1822.
97. Voir G. de Bertier de Sauvigny, *La Restauration,* 1955, Flammarion, page 175 et J. Lucas-Dubreton, *Le Comte d'Artois. Charles X,* 1927, Hachette, pages 132 et 133.

C.1.9. Napoléon III et la comtesse de Castiglione : L'« ambassadrice » de Cavour auprès de l'Empereur des Français

La comtesse de Castiglione, née en 1837, a été présentée comme « *une Pompadour impériale* ». D'une grande beauté – « *on ne saurait imaginer rien de plus exquis ni d'aussi parfait* » – elle éprouvait une sorte de « *mysticisme passionné du beau, représenté dans sa personne* ». Elle regardait les femmes de l'aristocratie avec une tranquille confiance, prononçant ces paroles d'une parfaite sérénité dans l'orgueil : « *Je les égale par ma naissance. Je les surpasse par ma beauté. Je les juge par mon esprit* ». Envoyée par Cavour – alors président du Conseil du royaume de Piémont-Sardaigne – elle vint à Paris « *avec la résolution formelle de faire échec à la nature impressionnable auprès des femmes de Napoléon III et d'aider, par une action personnelle et intime, aux agissements de la diplomatie italienne* ».

«*Une belle comtesse* – écrivait Cavour à son ministre des Affaires étrangères – *est enrôlée dans la diplomatie piémontaise. Je l'ai invitée à coqueter, et, s'il le faut, à séduire l'empereur. Je lui ai promis, en cas de succès, que je demanderais, pour son frère, la place de secrétaire, à Pétersbourg. Elle a commencé discrètement son rôle, au concert des Tuileries...* » Elle ne perdit pas de vue les instructions qui lui avaient été données. « *De toute son influence, de toute ses grâces, elle appuya sur la volonté encore hésitante de Napoléon III* » de favoriser l'unité italienne. « *Habile à le flatter dans sa vanité d'homme convaincu qu'il aurait à tenir, en Europe, un rôle prépondérant, elle hâta la réalisation d'une politique extérieure et d'évènements, qu'il avait d'ancienne date prémédités. Cavour était un grand joueur. Il joua sur cette carte : la beauté de Mme de Castiglione, et n'eut pas à se repentir de l'avoir considérée comme un atout dans la partie* ».

Successivement amenée par ses relations et le jeu des circonstances à correspondre avec presque tous les princes et gouvernants de l'Europe, « *elle était la première à concevoir une très haute idée de ses aptitudes politiques et diplomatiques... On peut affirmer qu'elle eut assez d'influence sur l'esprit de Napoléon III, déjà gagné à la politique italienne, pour le déterminer à réclamer la présence du comte de Cavour au congrès de Paris*[98]*, où fut posée la question de l'unité du royaume d'Italie* ».

Amplifiant à l'extrême les proportions de ses actes, elle devait s'écrier, d'enthousiasme, un beau jour : « *J'ai fait l'Italie et sauvé la papauté*[99] ! La liaison de l'Empereur avec la comtesse se termina, semble-t-il, en 1856. La vanité de l'ancienne favorite fit alors ricaner la cour, et la princesse de Metternich résuma, un soir, l'opinion générale en déclarant que Madame de Castiglione « *était bête à couper au couteau* ». Quand à

98. Congrès réuni, en 1856, à l'issue de la guerre de Crimée, au cours duquel Napoléon III apparut comme l'arbitre de l'Europe. Il aboutit à un traité de paix signé, le 30 mars, avec la Russie.
99. Sur la comtesse de Castiglione et les propos cités, voir Frédéric Loliée, *Les Femmes du Second Empire (Papiers intimes)*, 1905, Librairie Félix Juven, pages 1, 4, 11, 15 à 18.

Prosper Mérimée, il parla *de lui retrousser les jupes et de la fesser à mains plates*[100]. Le destin des favorites montre souvent que, si le Capitole n'est pas loin de la Roche tarpéienne, la Roche tarpéienne, en vérité, n'est pas plus loin du Capitole !

Souvent moins connues du public – et, par suite, moins décriées – les égéries des hommes de gouvernement n'en jouèrent pas moins un rôle politique certain sous la IIIe République.

c.2. Les égéries des hommes politiques[101]

« *J'ai toujours rêvé d'un romancier qui aurait écrit l'histoire d'un changement ministériel, en y étudiant tous les personnages participants et dévoilant l'emprise cachée qu'exerce la femme sur l'homme* », écrivait Émile Zola, en 1878, dans *Le Messager de l'Europe*[102]. Propos qui traduit le sentiment que les femmes exerçaient, au début de la IIIe République, un pouvoir occulte, qui faussait le cours normal de l'évolution des choses, par lui-même déjà hasardeux. La question peut être débattue à l'infini, mais on ne saurait nier que chaque décision politique – comme, sans doute, chaque décision tout court – est le résultat de diverses inspirations, dont certaines sont, bien souvent, féminines. La véritable question est, dès lors, de savoir si ces influences sont décisives. Est-ce, par exemple, Marguerite de Bonnemains qui, au soir du 27 janvier 1889, détourna le général Boulanger – triomphalement élu, quelques heures plus tôt, député de Paris contre le pauvre Jacques[103] – de marcher vers l'Élysée, comme la foule trépignante l'y invitait ? Ou bien celui que ses partisans surnommaient le général Revanche n'était-il pas à la hauteur de sa tâche, justifiant, par avance, la cruelle épitaphe que Clemenceau prononça sur lui après son suicide : « *Ci-gît le général Boulanger, qui mourut comme il vécut : en sous-lieutenant* » ? Le fait est qu'au moment où le préfet de police se déclarait désemparé, le général irrésolu demandait conseil à sa maîtresse puis, tandis que la foule s'impatientait, la retrouvait dans son hôtel particulier.

Quelqu'un avertira alors Sadi Carnot, président de la République, que tout danger était, pour l'instant, écarté :

« – *Le général Boulanger est parti se coucher,* dira-t-on au chef de l'État.
– *Se coucher ?* demandera celui-ci, incrédule.
– *Oui, avec une dame* ».

100. *Chronique de la France et des Français,* sous la direction de Jean Favier, 1987, Éditions Jacques Legrand, page 905.
101. Bien évidemment, la féminisation croissante de la vie publique permet de penser que les femmes politiques subissent, parfois, l'influence de personnes du sexe opposé. On n'ose alors employer le mot d'égérie qui – selon le dictionnaire – désigne la « *femme qui est l'inspiratrice de quelqu'un* ». Nul doute qu'un terme masculin approprié fasse bientôt son apparition dans le vocabulaire politique !
102. Ce propos est rapporté par Marie-Thérèse Guichard, dans *Les égéries de la République,* 1991, Payot, page 19.
103. Jacques était le candidat radical qui obtint 162 000 voix, contre 244 000 à Boulanger.

Le prude Carnot sursauta d'étonnement, tandis que, parlant du général, Ernest Constans, futur ministre de l'Intérieur, déclarait sobrement :

« *Quel con !* »[104]

La République avait peut-être, été sauvée par une femme qui y était hostile – les opinions légitimistes de la vicomtesse de Bonnemains ne faisaient aucun doute – mais dont les sentiments amoureux écartaient tout calcul politique...

Les égéries seront nombreuses au cours de cette période où l'instabilité ministérielle traduisait un pouvoir politique faible.

Léonie Léon influença ainsi, dans un sens conservateur et pacifiste, la politique de Gambetta, qui lui écrivait, en 1878 : « *Je n'admets pas que tu puisses perdre une seconde la conscience du bien moral que je tire de ta supériorité dans tous les ordres. Tu as beau te méconnaître, (...) je te rappellerai toujours à la vérité de ton rôle et de ta puissance* ».

Or, le grand historien Gabriel Hanotaux observait, à propos de la destinataire de ce courrier : « *Je l'ai très bien connue ; c'était une femme assez intelligente. Ne rien exagérer. Un peu institutrice* ». Et un aristocrate allemand, qui avait souvent rencontré Gambetta, résumait bien les choses, en constatant : « *Le malheur de sa vie a été Mme Léon qui n'était pas à la hauteur de sa mission comme amie d'un grand homme* ».

Ce fut le cas de bien d'autres femmes d'influence de la IIIe République, la plus célèbre étant, sans doute, Hélène de Portes, compagne de Paul Reynaud, président du Conseil, qui ne se priva pas, pendant la débâcle de 1940, de plaider, avec vigueur, la cause de l'armistice[105]. De façon générale, d'Adolphe Thiers à Édouard Daladier, la vie politique de 1871 à 1940 se trouva, souvent, inspirée par les égéries des hommes d'État : Sophie Dosne, belle-mère et maîtresse du premier président de la IIIe République, qu'elle dépassait de plusieurs centimètres[106] ; Marguerite Steinheil, *conseillère politique* de Félix Faure qui, le 16 février 1899, fut victime, dans ses bras, à l'Élysée, de l'accident de santé dont il mourut[107] ; Berthe Cerny et Béatrice Bretty, compagnes, la première d'Aristide Briand[108], la seconde de Georges Mandel[109], ou encore Marie-Louise de Crussol, aristocrate de

---

104. Voir Fresnette Pisani-Ferry, *Le général Boulanger*, 1969, Flammarion, pages 168 à 170.

105. Elle devait trouver la mort, le 28 juin 1940, dans un accident d'automobile au cours duquel Paul Reynaud fut gravement blessé.

106. Évoquant son amant, Madame Dosne parlait volontiers du « *petit* » (voir Robert Christophe, *Le siècle de Monsieur Thiers,* 1966, Perrin, page 46).

107. La légende veut que le prêtre, mandé d'urgence pour administrer les derniers sacrements au président de la République, ait demandé au valet de chambre qui l'introduisait : « *A-t-il toujours sa connaissance ?* » et se soit vu répondre : « *Non, elle vient de partir par la porte de service* » ! Quant à Madame Faure, elle s'écria, quelques heures plus tard, au moment de la mort du président : « *C'était un si bon mari !* ».

108. Qui sera onze fois président du Conseil.

109. Chef de cabinet de Clemenceau en 1917, il sera ministre des Postes, Télégraphes et Téléphones de novembre 1934 à juin 1936 ; ministre des Colonies d'avril 1938 à mai 1940 et, surtout, ministre de l'Intérieur du 18 mai au 16 juin de la même année.

fraîche date[110], dont la liaison avec Édouard Daladier défrayera la chronique et qu'on accusera d'être « *un agent de l'Angleterre rétribué par la banque Lazard* »[111].

Bref, il était grand temps que les femmes se vissent reconnaître le droit de jouer officiellement un rôle politique.

B. L'EXTENSION PROGRESSIVE DU DROIT DE VOTE ET LE RÔLE DES FEMMES DANS LA VIE POLITIQUE

a. L'EXTENSION PROGRESSIVE DU DROIT DE VOTE

Le premier pays à accorder le droit de vote aux femmes fut la Nouvelle-Zélande, en 1893. L'Australie suivit cet exemple, en 1901 ; puis la Norvège, en 1913 et le Danemark, en 1915. Peu après, sous l'influence des suffragettes[112], la Grande-Bretagne accordait le droit de vote aux femmes, en 1918. L'U.R.S.S. – où cette influence ne se faisait pas sentir – le reconnaissait, la même année. Puis, à la suite de divers États fédérés – le premier avait été l'État du Wyoming – le XIXe amendement de la Constitution américaine prévoyait, en 1919, que « *le droit de vote des citoyens des États-Unis ne pourra être refusé ou limité à raison du sexe par les États-Unis ou l'un quelconque des États* ».

La France, toutefois, ne suivait pas cet exemple et, en 1936, dans le premier gouvernement formé par Léon Blum, trois femmes étaient nommées sous-secrétaires d'État[113], bien que le droit de vote fût encore réservé aux hommes (en 1919, 1925, 1927, 1932 et 1935, les députés se déclarèrent favorables au vote des femmes, mais se heurtèrent à l'opposition du Sénat).

Il faudra attendre l'ordonnance du 21 avril 1944, prise par le gouvernement provisoire du général de Gaulle, à Alger, pour que le droit de vote soit accordé aux femmes (**elles votèrent, pour la première fois, le 29 avril 1945,** lors des élections municipales). Les derniers bastions de l'antiféminisme tomberont entre 1970 et 1985 : la Suisse, au plan fédéral, par le référendum du 7 février 1971 ; les Vallées d'Andorre, le mois suivant ; la principauté de Saint-Marin, en 1974 ; le Liechtenstein, en 1984.

Les femmes, ayant, dès lors, acquis le droit de vote, s'engagèrent nettement dans la vie politique.

---

110. Issue d'une famille bourgeoise, elle avait épousé le marquis de Crussol, dont la grand-mère – la duchesse d'Uzès – avait largement ouvert sa bourse au général Boulanger.

111. Voir Marie-Thérèse Guichard, *Les égéries de la République, op. cit.*, page 195.

122. Le mot *suffragette* est apparu, en Grande-Bretagne, dès 1906.

113. Madame Léon Brunschvicg et Madame Irène Joliot-Curie, toutes deux sous-secrétaires d'État à l'Éducation nationale et Madame Suzanne Lacore, sous-secrétaire d'État à la Santé publique.

b. L'ENTRÉE PROGRESSIVE DES FEMMES DANS LA VIE POLITIQUE

b.1. Les femmes au gouvernement

Il a déjà été indiqué que trois femmes avaient siégé dans le premier gouvernement formé par Léon Blum, en juin 1936. Mais il convient de noter qu'aucune ne fut appelée dans le second ministère qu'il constitua, en mars 1938.

Sous la IVe République – et après l'adoption de l'ordonnance du 21 avril 1944 – il fallut attendre plusieurs mois pour qu'une femme devînt ministre de plein exercice ; ce fut Madame Germaine Poinso-Chapuis, ministre de la Santé publique et de la Population dans le premier cabinet Robert Schuman, de novembre 1947 à juillet 1948. Elle se rendit célèbre – à l'époque – en faisant adopter un décret[114], qui permettait d'aider, dans les mêmes conditions, les parents de l'enseignement libre et de l'enseignement public, ce qui provoqua un réveil de la *querelle scolaire*[115].

Une autre femme avait déjà siégé au gouvernement depuis la fin de la guerre, mais en qualité de sous-secrétaire d'État : Madame Andrée Viénot – veuve d'un notable de la IIIe République[116] – nommée à la Jeunesse et aux Sports dans le cabinet formé par Georges Bidault en juin 1946, qui conserva ses fonctions dans l'éphémère cabinet Blum, du 16 décembre 1946 au 22 janvier 1947.

Après ces – timides – expériences de féminisation, aucune femme ne siégea au gouvernement pendant neuf ans, et Madame Jacqueline Thome-Patenôtre n'occupa, en 1957[117], que les fonctions – relativement modestes – de sous-secrétaire d'État à la Reconstruction et au Logement[118].

La place des femmes au gouvernement resta limitée dans les quinze premières années de la Ve République. Trois seulement y furent appelées, non en qualité de ministre, mais de secrétaire d'État : Mesdemoiselles Nafissa Sid Cara, chargée des Affaires sociales algériennes de janvier 1959 à avril 1962 – « *si vous me la proposez, j'accepterai* », indiquera au Premier ministre le général de Gaulle, qui trouvait curieux l'idée de nommer au gouvernement cette musulmane, député d'Alger depuis 1958[119] – Marie-Madeleine Dienesch, à l'Éducation natio-

114. Connu sous le nom de décret Poinso-Chapuis.

115. Madame Poinso-Chapuis fut accusée d'avoir rétabli les allocations à l'école libre, en méconnaissance du principe de la laïcité de l'État. Lorsque le cabinet Schuman démissionnera, en juillet 1948, André Marie, président du Conseil désigné, demandera à un leader du M.R.P. : « *Donne-moi, dans les cinq minutes, pour remplacer Madame Poinso-Chapuis, un père de famille nombreuse qui aille à la messe* ».

116. Pierre Viénot, qui avait été sous-secrétaire d'État aux Affaires étrangères dans le premier gouvernement de Front populaire (juin 1936-juin 1937).

117. Du 17 juin au 6 novembre, dans le gouvernement formé par Maurice Bourgès-Maunoury.

118. Les gouvernements de la IVe République comprenaient, non seulement, des secrétaires d'État, mais également des sous-secrétaires d'État, qui occupaient des fonctions de moindre importance. Madame Thome-Patenôtre fut également, il est vrai, vice-présidente de l'Assemblée nationale.

119. Voir Benoît Yvert, *Dictionnaire des ministres de 1789 à 1989*, préface de Jean Tulard, 1990, Perrin, page 995.

nale, aux Affaires sociales puis à la Santé publique, entre mai 1968 et mai 1974[120], et Madame Suzanne Ploux[121], à l'Éducation nationale, dans le deuxième gouvernement Messmer, d'avril 1973 à février 1974.

La véritable entrée des femmes dans la vie gouvernementale date du septennat de Monsieur Giscard d'Estaing. « *Je pensais* – écrira l'ancien président de la République – *que le mouvement d'émancipation des femmes par rapport à la situation de dépendance où notre société les avait longtemps maintenues, était une occasion à saisir pour la France. Elles pouvaient apporter à notre vie publique les éléments dont celle-ci est souvent démunie : un plus grand réalisme, davantage de prudence dans la formulation du jugement, une intuition plus juste des réalités de la vie quotidienne* »[122]. De fait, six femmes furent appelées à siéger dans le premier gouvernement du nouveau septennat : Madame Simone Veil, ministre de la Santé[123] (première femme ministre de plein exercice sous la Vᵉ République, qui fit adopter la loi du 17 janvier 1975 sur l'interruption volontaire de grossesse) ; Mesdames Hélène Dorlhac (secrétaire d'État à la Justice, chargée de la Condition pénitentiaire), Françoise Giroud (secrétaire d'État à la Condition féminine[124]), Annie Lesur (secrétaire d'État à l'Éducation, chargée de l'Enseignement préscolaire), Alice Saunier-Seïte (secrétaire d'État aux Universités) et Christiane Scrivener (secrétaire d'État chargée de la Consommation[125]).

« *Il m'avait fallu batailler pour les nommer* – racontera l'ancien président – *à l'exception de Simone Veil, pour laquelle Jacques Chirac m'avait donné immédiatement son accord. Cette opposition tenait moins à leur nature de femme qu'au fait que les places étant rares, et les promesses nombreuses, le milieu politique ne voyait pas pourquoi on compliquerait encore les problèmes en réservant des places à des ministres féminins* ». Monsieur Giscard d'Estaing précise qu'il veillait à ce qu'à chaque Conseil des ministres, « *il y eût au moins une des femmes secrétaire d'État présente*[126], *pour qu'elle apporte l'éclairage de sa sensibilité* »[127].

Plusieurs femmes devinrent, par la suite, ministre de plein exercice, notamment Madame Saunier-Séïte, nommée ministre des Universités le 10 janvier 1978 et qui occupa cette fonction jusqu'en mai 1981, et

120. Entrée dans le dernier ministère Pompidou, le 31 mai 1968, Mademoiselle Dienesch, qui avait été élue député des Côtes-du-Nord en 1945 (à 31 ans), resta sans interruption au gouvernement jusqu'en mai 1974.
121. Née Valentin.
122. Voir Valéry Giscard d'Estaing, *Le Pouvoir et la Vie*, 1988, Compagnie 12, page 261.
123. Qui devint, en mars 1977, ministre de la Santé et de la Sécurité sociale puis, l'année suivante, ministre de la Santé et de la Famille.
124. Nommée le 16 juillet 1974, alors que le gouvernement Chirac était en place depuis le 27 mai précédent.
125. Comme Madame Saunier-Seïte, Madame Scrivener entra au gouvernement le 12 janvier 1976.
126. En principe, seuls les secrétaires d'État autonomes siégeaient, de droit, au Conseil des ministres.
127. Voir Valéry Giscard d'Estaing, *Le Pouvoir et la Vie*, *op. cit.*, pages 203, 204 et 261.

Madame Monique Pelletier, ministre délégué auprès du Premier ministre, chargée de la Condition féminine, de septembre 1978 à mars 1981[128].

Le phénomène s'amplifia en 1981, puisque le deuxième cabinet Mauroy, formé le 22 juin, comprenait cinq femmes ministres (Mesdames Questiaux, Cresson, Lalumière, Roudy et Avice), ainsi qu'une secrétaire d'État (Madame Dufoix). Parallèlement, l'importance des femmes s'accroissait dans les cabinets ministériels et au secrétariat général de la présidence de la République[129]. Ainsi Michèle Gendreau-Massaloux (normalienne) et Anne Lauvergeon (normalienne et agrégée de physique) occuperont, tour à tour, le poste de secrétaire général adjoint de l'Élysée[130]. De même, Martine Aubry, Frédérique Bredin, Élisabeth Guigou et Ségolène Royal commenceront leur carrière dans des cabinets ministériels avant d'être appelées à d'importantes fonctions gouvernementales.

Mais le gouvernement le plus féminin de l'histoire de la République – au moins par le nombre des femmes qui y siégeaient – sera celui formé par Monsieur Alain Juppé, le 19 mai 1995. Il comprenait, en effet, douze femmes sur quarante-deux ministres et secrétaires d'État. « *Si j'ai choisi ces femmes* – déclarait le Premier ministre – *c'est parce que j'avais besoin d'elles pour m'aider à réformer notre pays et le rendre plus juste et solidaire* ». Il faut, cependant, observer que, sur ces douze « *juppettes* » – comme on les surnomma – quatre seulement avaient rang de ministre (les huit autres étant secrétaire d'État) et que la plupart furent évincées du gouvernement, le 7 novembre 1995 (date de la formation du second cabinet Juppé[131]).

Monsieur Lionel Jospin reprit l'effort de féminisation engagé par son prédécesseur. À la fin du mois de juillet 2000, son gouvernement comprenait, en effet, onze femmes sur trente-deux ministres et secrétaires d'État, soit une proportion légèrement supérieure à un tiers. Six de ces onze femmes étaient ministre de plein exercice (dans l'ordre protocolaire, Mesdames Aubry, Guigou[132], Tasca, Voynet, Buffet et Royal), les cinq autres étant secrétaire d'État (dans l'ordre protocolaire, Mesdames Gillot, Parly, Lebranchu, Demessine et Pery).

128. Madame Pelletier a été nommée membre du Conseil constitutionnel, par Monsieur Jacques Chirac, le 22 mars 2000, pour achever le mandat de Monsieur Roland Dumas qui, nommé par François Mitterrand en février 1995, avait présenté sa démission le 1er mars 2000 (après s'être mis, le 23 mars 1999, « *en congé* » de la présidence de la Haute juridiction).

129. C'est le phénomène de la montée des « *femmes du président, qui caractérise les septennats mitterrandiens, au profit de femmes jeunes appartenant à la noblesse d'État qui, pour faire leur entrée en politique, préfèrent ainsi suivre la voie des diplômes plutôt que celle du suffrage universel* ».

130. La première, de 1985 à 1988 ; la seconde, de 1990 à 1995.

131. Qui ne comprenait plus que quatre femmes, dont trois secrétaires d'État.

132. Il faut noter que Mesdames Aubry, ministre de l'Emploi et de la Solidarité, et Guigou, garde des Sceaux, ministre de la Justice, occupaient les deuxième et troisième places dans l'ordre protocolaire, immédiatement après Monsieur Fabius, ministre de l'Économie, des Finances et de l'Industrie.

Cette proportion est encore restée stable pendant quelques années, puisqu'au 1er janvier 2001, le gouvernement comprenait dix femmes (six ministres sur vingt et quatre secrétaires d'État sur douze) et qu'un an plus tard – sur un effectif total de trente-trois membres – il en comptait encore neuf : cinq ministres sur vingt-et-un (Mesdames Guigou, Lebranchu, Tasca, Buffet et Royal) et quatre secrétaires d'État sur douze (Mesdames Guinchard-Kunstler, Lienemann, Parly et Péry)[133].

Toutefois, la proportion des femmes dans le gouvernement est à l'heure actuelle de l'ordre d'un cinquième : 6 sur 31 (Madame Michèle Alliot-Marie, ministre de la Défense ; Madame Nelly Olin, ministre de l'Écologie et du Développement durable, seules ministres de plein exercice et quatre ministres déléguées : Madame Catherine Vautrin, ministre déléguée à la Cohésion sociale et à la Parité ; Madame Brigitte Girardin, ministre déléguée à la Coopération, au Développement et à la Francophonie ; Madame Catherine Colonna, ministre déléguée aux Affaires européennes et Madame Christine Lagarde, ministre déléguée au Commerce extérieur)[134].

Par ailleurs, l'entourage des grands leaders se féminise parfois plus vite que le gouvernement. Si, en effet, au début de l'année 2001, deux seulement des onze conseillers techniques du président de la République étaient des femmes (Mesdames Brigitte Girardin, responsable des *dossiers de l'Outre-Mer* et Valérie Pecresse, chargée des *études et prospectives*), cette proportion est passée à 4 sur 14 à la fin de l'année 2005 (Laurence Auer, porte-parole adjointe, Frédérique Bayre, chargée de la *presse*, Fabienne Buccio, responsable des *affaires intérieures* et Marie-Claire Restoux-Gasset, responsable de la *jeunesse et des sports*).

Il faut encore noter que, de 2000 à 2002, l'École nationale d'administration (E.N.A.) a été dirigée par une femme, Madame Marie-Françoise Bechtel, ancienne conseillère de Monsieur Chevènement au ministère de l'Intérieur. Désignation symbolique qui reflétait la place importante des femmes dans les emplois administratifs à la discrétion du gouvernement (19 % des directeurs d'administrations centrales, 10 % des chefs titulaires de mission ayant rang d'ambassadeurs, 6 % des préfets et 26 % des recteurs)[135].

---

133. Madame Guinchard-Kunstler, infirmière psychiatrique de formation, était secrétaire d'État aux Personnes âgées ; Madame Lienemann, professeur de physique, secrétaire d'État au Logement ; Madame Parly, ancienne élève de l'ENA et administrateur civil au ministère des Finances, secrétaire d'État au Budget ; enfin, Madame Péry, enseignante de formation, secrétaire d'État aux Droits des femmes et à la Formation professionnelle.

134. Le gouvernement formé par Monsieur de Villepin, en juin 2005, comprenait 31 membres, soit 9 de moins que le précédent et aucun secrétaire d'État n'y figurait.

135. Voir Guy Braibant et Bernard Stirn, *Le droit administratif français,* 7e édition, 2005, Presses de Sciences Po et Dalloz, page 415.

b.2. Les femmes à la tête du gouvernement et de l'État

b.2.1. Les femmes à la tête du gouvernement

Un pas de plus avait été franchi le 15 mai 1991, lorsque le président Mitterrand nomma Madame Édith Cresson[136] Premier ministre, en remplacement de Monsieur Rocard. L'intéressée fut-elle « *perçue comme une usurpatrice transgressant deux principes essentiels, celui de la hiérarchie des sexes comme celui de la division du travail entre eux* »[137] ? Il est difficile de le savoir, dans la mesure où son impopularité releva tout autant des maladresses qui lui étaient imputables que d'un *antiféminisme* primaire de certaines catégories de citoyens. Mais aujourd'hui, à premier examen, il semble que, malgré la relative lenteur de l'évolution des esprits, la majorité des Français ne soit pas opposée à ce qu'une femme dirige le gouvernement (la faveur dont bénéficie Madame Ségolène Royal, en décembre 2006, laisse même penser qu'une femme pourrait devenir, dans quelques mois, président de la République française).

L'exemple des pays étrangers incite à conclure dans le même sens. Dès les années 1970, en effet, un certain nombre de femmes ont été appelées aux fonctions de Premier ministre, parfois dans des pays qui jouent un rôle important sur la scène internationale : Madame Indira Gandhi, en Inde (de 1966 à 1977 puis de 1980 jusqu'à son assassinat, en 1984, par des soldats sikhs désirant venger la profanation par l'armée du Temple d'or d'Amritsar[138]), Madame Golda Meir, en Israël (de 1969 à 1974 et, notamment, pendant la guerre du Kippour[139]) et Madame Bandaranaike[140], au Sri Lanka[141] (de 1960 à 1965, de 1970 à 1977 et de 1994 à 2000 ; voir *infra*, page 163). En Grande-Bretagne, Madame Margaret Thatcher, surnommée la « *dame de fer* », a été Premier ministre de mai 1979 à novembre 1990. Seule femme à avoir exercé cette fonction dans l'histoire du pays, elle l'a conservée pendant onze ans et six mois, record absolu de longévité, à ce poste, en Grande-Bretagne, au cours du XXe siècle. En Norvège – autre monarchie parlementaire – Madame Gro Harlem Brundtland, présidente du Parti travailliste, est devenue Premier ministre à trois reprises : en 1981, de 1986 à 1989 et de 1990 à 1996. Elle a été nommée, par la suite, directrice générale de l'Organisation Mondiale de la Santé (OMS), de 1998 à 2003.

Au Bangladesh, la bégum Khaleda Zia (veuve de l'ancien président de la République ur-Rahman Zia) est devenue Premier ministre en 1991.

136. Qui avait déjà été ministre à plusieurs reprises (successivement de l'Agriculture, du Commerce extérieur et du Tourisme, du Redéploiement industriel et du Commerce extérieur et des Affaires européennes). Le gouvernement formé, en 1991, par Madame Cresson comprenait cinq femmes ministres de plein exercice : Mesdames Aubry, Avice, Bredin, Guigou et Tasca.

137. Voir l'article de Mariette Sineau, *Les femmes politiques sous la Ve République*, dans le numéro 82 de la revue *Pouvoirs*, 1997, Le Seuil, pages 50, 51 et 54.

138. La cité sainte des sikhs. Un Temple d'or y a été élevé du XVIe au XVIIIe siècles.

139. Octobre 1973.

140. Veuve d'un Premier ministre.

141. Appelé Ceylan jusqu'en 1972.

Après elle, Madame Hasina Wajed, fille de l'ancien président de la République, Mujibur Rahman, lui a succédé en 1996 et a conservé ses fonctions jusqu'en 2001, date à laquelle la bégum Khaleda Zia lui a succédé. **De 1991 à 2006, le poste de Premier ministre a toujours été occupé par une femme dans ce pays de 130 millions d'habitants, peuplé très majoritairement de musulmans[142].**

Enfin, au Sénégal, État d'Afrique occidentale peuplé de près de 10 millions d'habitants, Madame Madior Boye a dirigé le gouvernement de mars 2001 à novembre 2002.

Par la suite, un pays à majorité musulmane – le Pakistan – a choisi, à deux reprises, comme Premier ministre, une femme, Madame Benazir Bhutto[143]. Elle exercera ses fonctions en 1989-1990 puis de mai 1994 à novembre 1996, mais, après avoir été renversée, sera poursuivie pour corruption. En 1993, deux grands pays – le Canada et la Turquie – ont choisi de confier à une femme la direction du gouvernement (Mesdames Kim Campbell et Tansu Ciller, laquelle a démissionné de ses fonctions le 20 septembre 1995 puis, à nouveau, le 15 octobre suivant).

Dans le petit État de Sao Tomé et Principe (ancienne colonie portugaise de près de 1 000 kilomètres carrés et qui compte 140 000 habitants), Madame Maria do Carmo Silveira est devenue chef du gouvernement en juin 2005, comme Madame Louisa Diogo, en février 2004, au Mozambique (État d'Afrique australe, nettement plus étendu que la France, qui compte 18 600 000 habitants).

En Nouvelle-Zélande (État d'Océanie, d'une superficie égale à la moitié de celle de la France et peuplé de près de 4 millions d'habitants), 2 femmes se sont succédé au poste de Premier ministre : Jenny Shipley et Helen Clark, nommée en 1999.

Enfin Madame Angela Merkel est devenue, en novembre 2005, chancelière de l'Allemagne réunifiée, à la tête d'un gouvernement de « *grande coalition* » CDU-SPD[144]. L'intéressée ne semble pourtant pas appartenir à la catégorie des *charmeuses.* « *Un air de garçonne, avec ses yeux écarquillés, une coupe au carré et un sourire d'enfant* », mais – symbole, peut-être, d'une aspiration au renouveau – son visage « *paraît authentique, inspire la confiance, apporte de la fraîcheur dans la politique allemande traumatisée par l'affaire des caisses noires de Helmut Kohl* »[145]. Pour sauver son parti, Madame Merkel (née en 1954) s'est transformée en « *Jeanne d'Arc de la CDU* » (voir *Le Monde* des 24 mars et 12 avril 2000).

142. Bien que le fait que son gouvernement soit dirigé par des femmes depuis quinze ans, le Bangladesh reste aujourd'hui un des États les plus pauvres du monde et ne survit qu'avec l'aide internationale (voir *Le Petit Larousse Illustré*, 2007, page 1196).

143. Fille de Zulfikar Ali Bhutto, qui avait été président de la République de 1971 à 1973 puis Premier ministre, de 1973 à 1977, avant d'être renversé, jugé et exécuté, en 1979.

144. Un gouvernement de « *grande coalition* » – alors présidé par Kurt Georg Kiesinger – avait déjà existé de 1966 à 1969.

145. Chancelier de la République fédérale de 1982 à 1998, Monsieur Kohl fut, après l'échec de son parti (la CDU) aux élections législatives de 1998, compromis dans une affaire de financement électoral.

Soulignons encore qu'en avril 2006, Madame Han Myeong-sook est devenue la première femme chef du gouvernement de la Corée du Sud (République de Corée[146]). Le fait est d'autant plus notable que, pendant longtemps, les femmes ont été marginalisées à la tête du pays par l'héritage confucéen[147]. En 2002, le président Roh Moo-hyun avait déjà désigné une femme à la tête du gouvernement, mais cette nomination fut rejetée par le Parlement. La nomination de Madame Han, déjà ministre de la Parité en 2001 puis de l'Environnement en 2003, présente, par suite, une valeur symbolique très forte (voir *Le Monde* du 6 juin 2006, page 5).

b.2.2. Les femmes à la tête de l'État

Isabel Peròn, troisième femme du président Juan Domingo Peròn[148], lui succéda, après sa mort (1974), à la présidence de l'Argentine, mais fut déposée par l'armée deux ans plus tard.

L'Islande, indépendante depuis 1944, semble avoir été le premier pays à élire une femme à la présidence de la République, en la personne de Vigdis Finnbogadottir, en juin 1980. Elle fut reconduite dans ses fonctions jusqu'en 1992. L'Irlande[149] suivit cet exemple en élisant, à la tête de l'État, Madame Mary Robinson[150], en 1990, puis Madame Mary McAleese en 1997 puis, à nouveau, en 2004.

De même, le Parlement suisse (l'Assemblée fédérale) a élu, le 9 décembre 1998, Madame Ruth Dreifuss, présidente de la Confédération Helvétique par 188 voix sur 246, alors même que son pays n'avait accordé le droit de vote aux femmes qu'en 1971 ! Quelques mois plus tard, le 11 mars 1999, le Parlement helvétique désignait une deuxième femme, pour siéger au Conseil fédéral (organe exécutif qui comprend seulement sept membres) : Madame Ruth Metzler, âgée d'à peine 35 ans et originaire du demi-canton de Rhodes-Intérieures, réputé anti-féministe.

Une autre femme a accédé, au cours des dernières années, à la magistrature suprême de son pays : Madame Tarja Halonen, élue, le 6 février 2000, présidente de la République de Finlande, avec 51,6 % des suffrages exprimés. Peu conformiste, Madame Halonen, mère célibataire, vit actuellement en union libre avec un homme qui occupe un logement sur le même palier qu'elle. Le soir de son élection, elle l'a présenté au pays, en laissant entendre qu'elle pourrait emménager avec lui au palais présidentiel... **Le 29 janvier 2006, Madame Halonen a été**

146. La Corée du Nord se qualifie de *République populaire démocratique*.
147. Résultant de l'application des idées du philosophe Confucius, qui vécut aux VIe et Ve siècles avant l'ère chrétienne.
148. Sa deuxième femme, Éva Peròn (1919-1952) avait déjà bénéficié d'une grande popularité et s'était consacrée à la défense des pauvres (les *descamisados*).
149. Il s'agit, bien évidemment, de l'*Irlande du Sud*, et non de l'*Irlande du Nord*, partie du Royaume-Uni, dont la population est, en majorité, protestante, mais qui compte près de 45 % de catholiques et bénéficie d'une semi-autonomie.
150. Madame Robinson est, ensuite, devenue haut-commissaire des Nations Unies aux droits de l'homme (1997-2002).

réélue avec 51,8 % des voix, après avoir bénéficié, au cours de son mandat, de la confiance de 94 % des Finlandais. Election d'autant plus remarquable qu'elle avait quitté l'église luthérienne officielle pour protester contre son opposition aux femmes-prêtres, ce qui rendait son élection aléatoire dans « *le plus conservateur des pays nordiques* » (voir *Le Monde* du 31 janvier 2006, page 8).

De même, la Lettonie – qui a retrouvé son indépendance en 1991 – a porté à la tête de l'État Madame Vaira Vike-Freiberga en juillet 1999, avant de la réélire en 2003.

Au Sri Lanka, État insulaire d'Asie méridionale (autrefois appelé Ceylan), il faut souligner l'extraordinaire destin de la famille Bandaranaike. Solomone Bandaranaike en fut le Premier ministre de 1957 à son assassinat en 1959. Sa veuve, Sirimavo, lui succédant, dirigea le gouvernement de 1960 à 1965, de 1970 à 1977 et de 1994 à 2000. Elle fut nommée, la troisième fois, par sa fille, Chandrika Bandaranaike Kumaradunga (née en 1945), elle-même Premier ministre d'août à novembre 1994, puis **présidente de la République pendant onze ans (novembre 1994-novembre 2005).** À l'âge de 84 ans, Madame Bandaranaike a quitté le pouvoir avant le terme prévu à la demande de sa fille.

Au Panama (ancienne colonie espagnole, indépendante depuis 1903, mais longtemps sous tutelle américaine), Madame Mireya Moscoso, élue à la tête de l'État en 1999, a exercé ses fonctions jusqu'en 2004. De même, en Indonésie – pays musulman à 90 % – Madame Megawati Sukarnoputri, fille de l'ancien dictateur Achmen Sukarno, et âgée de 54 ans, est devenue, en 2001, présidente de la République (elle était, jusque-là, vice-présidente) et a exercé ses fonctions jusqu'en octobre 2004. Dans ce pays, près de quatre fois plus étendu que la France et peuplé de 215 millions d'habitants, la présidente bénéficiait d'une grande popularité (voir *Le Monde* du 27 juillet 2001, page 5).

Au Nicaragua (État d'Amérique centrale de plus de 5 millions d'habitants), Madame Violeta Chamorro, élue à la présidence de la République en 1990, exerça ses fonctions jusqu'en 1997.

Plus récemment, au Chili, Madame Michelle Bachelet, candidate du centre-gauche, a remporté l'élection présidentielle du 15 janvier 2006, devenant la première femme élue, au suffrage universel, à la tête d'un État d'Amérique du Sud (lors du premier tour de l'élection présidentielle qui a eu lieu au Pérou le 9 avril 2006, Madame Lourdes Flores, candidate de la droite et un moment favorite des sondages, n'est arrivée qu'en troisième position, derrière l'ancien Président Alan Garcia social-démocrate et le nationaliste Ollanta Humala)[151].

Aux Philippines, dont l'indépendance a été proclamée en 1946, Madame Corazon Aquino est devenue présidente de la République de 1986 à 1992. En 2001, après la démission forcée de Joseph Estrada,

151. Une femme – Heloisa Helena – sénatrice d'un parti d'extrême gauche, sera normalement candidate à l'élection présidentielle qui doit avoir lieu au Brésil en 2007. Elle bénéficiait, en juillet 2006, de 12 % des intentions de vote (voir *Le Monde* du 20 septembre 2006, page 6).

accusé de corruption, la vice-présidente, Gloria Arroyo lui a succédé à la tête de l'État, avant d'être élue, à son tour, en 2004.

Enfin, au Liberia, État d'Afrique occidentale de plus de 3 millions d'habitants, Madame Ellen Johnson-Sirleaf, élue en novembre 2005, est devenue présidente de la République au début de l'année 2006.

b.2.3. Les femmes titulaires de portefeuilles ministériels importants

Bien que ce paragraphe ne prétende nullement à l'exhaustivité, il importe de souligner le rôle politique joué, en France, par Madame Simone Veil, ministre de la Santé de mai 1974 à juillet 1979 dans les gouvernements de Messieurs Chirac et Barre, sous la présidence de Monsieur Giscard d'Estaing (également chargée de la Sécurité sociale de mars 1977 à mars 1978 puis de la Famille à compter d'avril 1978), qui joua un rôle décisif dans le vote de la loi sur l'interruption volontaire de grossesse, qui autorisait cet acte jusqu'à la dixième semaine (mais excluait son remboursement par la Sécurité sociale) et abrogeait ainsi une loi de 1920 prévoyant de lourdes peines pour les femmes et les médecins qui pratiquaient des avortements.

Madame Veil qui a présidé le Parlement européen de 1979 à 1982 est devenue, dans le gouvernement Balladur (1993-1995), ministre d'État, chargée des Affaires sociales, de la Santé et de la Ville. Comme nous le verrons, elle a été nommée membre du Conseil constitutionnel en février 1998.

De moindre importance sur le plan politique, mais présentant un certain caractère emblématique, apparaît le cas de Françoise Giroud (décédée en 2003), talentueuse journaliste de gauche, qui devint, en juillet 1974, le premier – ou la première – *secrétaire d'État à la Condition féminine*[152]. À la tête de ce nouveau département, elle multiplia les propositions, notamment celles de la double signature de la déclaration des revenus[153] et de l'instauration d'une « *allocation paternité* » destinée au père qui choisirait d'arrêter de travailler pour élever ses enfants.

Il est permis de mentionner également Madame Monique Pelletier, qui resta pendant près de trois ans dans deux des gouvernements formés

152. Elle fut nommée à la demande instante de Monsieur Giscard d'Estaing, alors que le Premier ministre, Monsieur Chirac, se montrait réservé et lui avait, d'abord, proposé une simple *délégation à la Condition féminine*, qu'elle avait refusée en expliquant : « *Dans quinze jours, il va me demander d'installer mon bureau dans la cuisine de Matignon et de faire le café pour ces messieurs de l'UDF* ».

153. De nombreuses procédures de divorce montrent que cette *double signature*, qui est obligatoire, est souvent comprise comme un devoir de pure forme et que, bien souvent, les femmes l'accomplissent sans prendre la peine d'examiner le détail des chiffres mentionnés dans la déclaration. De là des difficultés lorsqu'au moment d'une déclaration, l'épouse soutient, par exemple, que son mari percevait des rémunérations élevées, alors qu'elle avait signé la déclaration dans laquelle il ne disposait que de faibles revenus.

par Monsieur Raymond Barre avec, très rapidement, le titre de « *ministre déléguée auprès du Premier ministre, chargée de la Condition féminine* », et estimait devoir être « *la conscience permanente du gouvernement pour les problèmes féminins* ».

De même encore, il convient de citer Madame Nicole Questiaux, conseiller d'État, devenue ministre d'État dans le premier gouvernement Mauroy (21 mai-22 juin 1981) puis ministre dans le deuxième (du 22 mai 1981 au 29 juin 1982), en charge de la Solidarité nationale qui, n'estimant pas – à l'inverse de Monsieur Rocard – que *la France avait une politique sociale au-dessus de ses moyens*, précisa qu'elle ne dirigerait pas « *le ministère des comptes* » et s'efforça de faire respecter les engagements présidentiels.

À l'étranger, mentionnons, parmi bien d'autres situations :

– le cas de la Nouvelle-Zélande, l'un des premiers pays à avoir donné le droit de vote aux femmes (en 1893), celles-ci occupaient, en 2002, les postes de Premier ministre (Helen Clark), de leader de l'opposition (Jenny Shipley) et de maire de la plus grande ville du pays, Auckland (Christine Fletcher) ;

– celui de l'Espagne où, à l'issue des élections du 12 mars 2000, les deux chambres du Parlement – le Congrès des députés et le Sénat – désignèrent des femmes à leur présidence : respectivement, Madame Luisa Fernanda Rudi et Madame Esperanza Aguirre, alors présidente sortante et sénatrice la mieux élue ; la nomination, dans le même pays, par Monsieur Aznar – alors chef du gouvernement – de Madame Ana Palacio au poste de ministre des Affaires étrangères ; le fait que, dans le gouvernement formé en 2004 par Monsieur Zapatero, Madame Maria-Teresa Fernandez de la Vega Sanz est première vice-présidente et porte-parole dans le ministère formé par Monsieur José Luis Rodriguez Zapatero (secrétaire général du Parti socialiste ouvrier espagnol – PSOE – depuis 2000, Monsieur Zapatero est devenu président du gouvernement après la victoire de son parti aux élections législatives du 14 mars 2004, trois jours après que le pays eut été frappé par des attentats terroristes attribués à Al-Qaida) ;

– la nomination, en Albanie – pays traditionnellement peu porté au féminisme – de la socialiste Arta Dade, comme ministre des Affaires étrangères en septembre 2001, dans le gouvernement de coalition formé par Monsieur Rexhep Meidani, président de la République de 1999 à 2002 ;

– le choix, au Japon, dans le premier gouvernement de Monsieur Junichiro Koizumi, formé en 2001, de Madame Makiko Tanaka au poste de ministre des Affaires étrangères (toutefois, en butte à l'hostilité de son vice-ministre et mal accepté par le *Gaimishe* – le Quai d'Orsay japonais – elle fut révoquée le 29 janvier 2002) ;

– la désignation, en Israël, de Madame Tzipi Livni, comme ministre des Affaires étrangères, dans le gouvernement formé par Monsieur Ehoud Olmert, le 4 mai 2006 (elle exerçait déjà cette fonction dans le gouvernement intérimaire formé en janvier 2006 qui resta en fonction après l'accident de santé de Monsieur Ariel Sharon) ;

– l'attribution, en février 2000, du portefeuille des Affaires étrangères de l'Autriche à Madame Benita Ferrero-Waldner[154], qui occupa les mêmes fonctions au sein de la Commission européenne, dans l'équipe dirigée par José Manuel Barroso ;

– la présence de Madame Heidemarie Wieczorek-Zeul, ministre de la Coopération, dans l'actuel gouvernement libanais (septembre 2006).

Toutefois, malgré ces désignations spectaculaires, une enquête de l'Union interparlementaire a montré qu'à la veille de l'An 2000, les 178 Parlements du monde comptaient seulement 13 % de députées et 11 % de femmes sénateurs. En tête de ce classement, viennent les pays nordiques, avec près de 40 % de femmes parlementaires, suivis, notamment, de l'Allemagne (31 %), de l'Espagne (25 %), de l'Angleterre (18 %) et de la France (qui occupe la 52e place, avec 11 %[155]). Longtemps à la traîne, la Suisse a rattrapé une partie de son retard et, avec 22,7 % de femmes dans les deux Chambres, elle arrive en 19e position.

De façon générale, alors que le taux moyen de présence des femmes dans les exécutifs n'atteignait que 11,7 %, 48 pays n'avaient aucune femme ministre ou secrétaire d'État. La Suède était, en 2002, le seul pays à compter, dans son gouvernement, plus de femmes que d'hommes (11 sur 20).

b.3. Les femmes au Conseil constitutionnel, à la présidence des Assemblées parlementaires et au Conseil Économique et Social

b.3.1. Les femmes au Conseil constitutionnel

Le Conseil constitutionnel a longtemps été un *temple de la misogynie*. Sur les 51 personnalités qui y furent appelées entre 1959 et 1995, on ne compta, en effet, qu'une seule femme : Madame Noëlle Lenoir, nommée par le président de l'Assemblée nationale, Henri Emmanuelli, en février 1992 (maître des requêtes au Conseil d'État au tour extérieur en 1984, directeur de cabinet du Garde des Sceaux en 1988, Madame Lenoir avait été chargée, deux ans plus tard, par le Premier ministre d'une mission d'information sur l'éthique des médecins).

Il fallut encore attendre six ans pour qu'une seconde femme fût nommée au Conseil. Il s'agit de Madame Simone Veil – ministre de la Santé de 1974 à 1979 puis président du Parlement européen de 1979 à

154. En 1998, alors qu'elle était secrétaire d'État aux Affaires européennes, elle avait assumé le rôle de « *maîtresse de maison* » pour accueillir les chefs d'État et de gouvernement, lors de la première présidence autrichienne de l'Union Européenne.

155. Lors des élections législatives des 25 mai et 1er juin 1997, la proportion des femmes élues a dépassé, pour la première fois, les 10 % (63 sur 577). La féminisation semble, désormais, acquise pour les élections européennes, puisque 34 des 87 députés français élus le 13 juin 1999 étaient des femmes (contre 26 en 1994).

1982 – désignée, le 24 février 1998, par le président du Sénat, René Monory.

Une troisième femme a été nommée en mars 2000 : Madame Monique Pelletier, ministre de la Condition féminine de 1978 à 1981. Elle a été choisie, en mars 2000, par le président de la République, à la suite de la démission de Roland Dumas.

Une quatrième femme – Madame Dominique Schnapper, sociologue – a été désignée, le 26 février 2001, par Monsieur Christian Poncelet, président du Sénat, pour remplacer, parmi les *sages de la rue Montpensier*, Alain Lancelot, professeur de science politique.

Enfin, en février 2004, le même Monsieur Poncelet a choisi Madame de Guillenchmidt, conseiller d'État, pour remplacer Madame Pelletier, dont le mandat expirait en février 2004 (date à laquelle venait normalement à son terme le mandat de Monsieur Roland Dumas, qu'elle remplaçait). À la fin de l'année 2006 (avant les nominations qui doivent intervenir en février 2007), trois femmes, Mesdames Simone Veil, Dominique Schnapper et Jacqueline de Guillenchmidt – soit un tiers de l'effectif total – siégeaient ainsi au Conseil constitutionnel, qui n'en avait pas accueilli une seule pendant les trente-trois premières années de son existence.

b.3.2. Les femmes à la présidence des Assemblées parlementaires

Par ailleurs, il faut observer que, si la présidence des Assemblées parlementaires a été, jusqu'alors, en France, réservée aux hommes, il est arrivé, à plusieurs reprises, qu'une femme, élue comme **vice-présidente**, soit appelée, en cette qualité, à diriger les débats du Palais-Bourbon ou du Luxembourg. Madame Gilberte Pierre-Brossolette, veuve du héros de la Résistance, fut la première à obtenir cet honneur (ou – comme diraient les féministes – cette *légitime réparation d'une injustice*). Élue, à la fin de l'année 1946, au Conseil de la République – dénomination de l'époque du Sénat – elle en sera, raconte-t-elle, « *bombardée* » vice-présidente. Tenant, à 95 ans, un langage dénué de conformisme, elle dira, au début de l'année 2001 : « *Je trouve que les femmes n'ont pas assez profité des pouvoirs dont elles pouvaient se servir. Elles auraient dû s'introduire plus massivement dans les partis. (...) Elles peuvent apporter tellement. Et différemment. C'est par les conseils municipaux qu'il faut commencer. Sans trop d'illusion, mais c'est la première phase. Alors qu'elles y aillent !* » (voir *Le Monde* du 9 mars 2001, supplément « *Place aux femmes. La révolution des municipales* », page XVI).

En tout état de cause, Marie-Hélène Cardot sera, pendant plus de neuf ans – de mai 1959 à octobre 1968 – vice-présidente du Sénat.

À l'heure actuelle, l'un des six vice-présidents de l'Assemblée nationale est Madame Hélène Mignon, députée de Haute-Garonne. Par contre, aucune femme ne figure parmi les six vice-présidents du Sénat.

b.3.3. Les femmes au Conseil économique et social

Il faut noter, enfin, que le Conseil Économique et Social – qui n'est pas une assemblée parlementaire, mais doit être obligatoirement consulté sur les projets de *loi de programme et de plan* (art. 70 de la Constitution de 1958) et peut l'être également sur *les projets de loi, d'ordonnance ou de décret ainsi que sur les propositions de loi* (art. 69 de la Constitution)[156] – comprend 51 femmes sur 231 membres, soit une proportion supérieure à un cinquième.

b.3.4. Les femmes à la présidence du Parlement européen

Il a déjà été indiqué que Madame Simone Veil avait présidé le Parlement européen de 1979 à 1982. Une seconde française, Madame Nicole Fontaine, membre du *Parti populaire européen* (PPE), principale formation de la droite européenne, a été élue à cette haute fonction en juin 1999. En exécution de l'accord qui avait permis sa désignation, elle a été remplacée, en cours de législature (janvier 2002), par l'Irlandais Patrick Cox, président du groupe libéral.

À ce jour, les onze présidents du Parlement européen depuis 1979 ont été Madame Veil (de 1979 à 1982), le Néerlandais Pieter Dankert (1982 à 1984), Pierre Pflimlin (1984 à 1987), Lord Plumb (1987 à 1989), l'Espagnol Enrique Baron Crespo (1989 à 1992), les Allemands Egon Klepsch (1992 à 1994) et Klaus Hänsch (1994 à 1997), l'Espagnol José Maria Gil, Madame Fontaine et Monsieur Cox, soit, au total, deux femmes et huit hommes, l'Espagnol José Maria Gil Robles (1997 à 1999), Madame Nicole Fontaine (1999 à 2002), l'Irlandais Patrick Cox (2002 à 2004) et l'Espagnol Josep Borrell Fontelles (depuis 2004).

156. La première représentation des milieux socio-professionnels a été mise en place par un décret du 16 janvier 1925 sous le gouvernement Herriot, par la création d'un *Conseil National Économique*, organe consultatif de 47 membres, chargé de donner des avis au gouvernement. La Constitution de 1946 a donné un statut constitutionnel à un organe de même nature, qualifié de *Conseil Économique* (art. 25 de la Constitution de 1946). Mais cet organe fut largement boudé par l'Assemblée nationale qui voyait en lui un *concurrent*, mais aussi par le gouvernement, qui lui préférait d'autres consultants.
Les Constituants de 1958 le remplacèrent, dès lors, par le *Conseil Économique et Social*, qui n'a pas le statut d'assemblée parlementaire. Ses membres – au nombre de 231 – sont désignés pour 5 ans en faisant appel (sauf pour les représentants des entreprises publiques) aux organisations les plus représentatives des professions ou activités qui désignent directement leurs représentants ou en proposent la nomination au gouvernement. Se trouvent ainsi représentés : les entreprises, les salariés, les professions libérales, le monde agricole, les coopératives, les mutualités non agricoles, les activités sociales, les activités économiques et sociales d'Outre-mer et les Français établis hors de France. S'y ajoutent 40 « *personnalités qualifiées* » dans les domaines économique, social, scientifique et culturel, nommées par décret en Conseil des ministres. Les membres sont répartis en sections, dont la liste et les compétences sont également fixées par décret. Ils siègent, avenue d'Iéna à Paris, en section ou en assemblée plénière (voir Michel Lascombe, *Le droit constitutionnel de la Ve République*, 8e édition, 2002, L'Harmattan, page 166).

b.4. Brèves observations sur la parité

b.4.1. La loi constitutionnelle du 8 juillet 1999

La loi constitutionnelle sur la parité hommes-femmes a été votée, par les deux chambres réunies en Congrès, le 28 juin 1999. Le recours à la procédure de révision était rendue nécessaire par la décision du Conseil constitutionnel du 18 novembre 1982 « *s'oppos(ant) à toute division par catégorie des électeurs ou des éligibles* » et déclarant, par suite, contraire à la Constitution la disposition d'une loi relative à l'élection des conseillers municipaux, qui prévoyait que, dans les communes de 3 500 habitants et plus, les listes de candidats ne pourraient comporter plus de 75 % de personnes du même sexe (décision n° 82-146 DC).

Cette décision interdisait, en effet, toute *discrimination positive fondée sur le sexe*[157]. Après un débat, qui a duré plus de quinze ans, les tenants de la parité ont obtenu que la Constitution soit modifiée, le 28 juin 1999, par une loi promulguée le 8 juillet suivant (loi constitutionnelle n° 99-569). Mais ce ne fut qu'au terme d'un long débat, dont il convient de rappeler les principales étapes.

– Lors de sa déclaration de politique générale du 19 juin 1997, Monsieur Jospin s'était engagé à inscrire le ***« principe »*** de la parité dans la Constitution. Un an plus tard, le 17 juin 1998, le président de la République signait un projet de loi constitutionnelle « *relatif à l'égalité entre les hommes et les femmes* ». Ce projet comportait l'article unique suivant : « *Il est ajouté à l'article 3 de la Constitution du 4 octobre 1958 un alinéa ainsi rédigé : la loi favorise l'égal accès des femmes et des hommes aux mandats et fonctions* ».

Toutefois, ce texte ne donnait pas satisfaction aux associations féminines et féministes. Celles-ci, regrettant, en effet, la *tiédeur* du terme ***« favorise »***, militaient vigoureusement pour qu'il fût remplacé par le mot ***« garantit »***. Le 15 décembre 1998, l'Assemblée nationale leur donnait partiellement satisfaction et, modifiant le projet de loi, adoptait la phrase suivante : « *La loi détermine les conditions dans lesquelles est organisé l'égal accès des femmes et des hommes aux mandats électoraux et fonctions électives* ».

– Mais l'article 89 de la Constitution exigeait que la révision fût adoptée « *en termes identiques* » par le Sénat (avant d'être *ratifiée* par référendum ou par le Parlement réuni en Congrès à la majorité des trois cinquièmes des suffrages exprimés). Or, le 20 janvier 1999, la Haute Assemblée, votant d'une tout autre manière que la Chambre des députés, proposait de ne modifier que l'article 4 de la Constitution, concernant les seuls partis politiques, et de lui adjoindre le texte suivant : « *Ils favorisent l'égal accès des femmes et des hommes aux mandats électoraux et aux fonctions électives. Les règles relatives à leur financement public peuvent*

157. Voir, sur cette question, Thierry S. Renoux et Michel de Villiers, *Code constitutionnel*, 3e édition, 2005, Litec, page 340.

contribuer à la mise en œuvre du principe énoncé à l'alinéa précédent ». Cette rédaction sénatoriale demeurait, toutefois, muette sur les mandats électoraux.

Dans la classe politique, et même dans l'opinion, le débat s'anima. Les *paritaires* ne se privaient pas de reprocher au Sénat sa misogynie ancestrale (ne s'était-il pas opposé, pendant des décennies, au droit de vote des femmes ?). Plus discrètement, l'Élysée faisait connaître son mécontentement, rappelant que la *parité* s'intégrait dans le projet de modernisation de la vie politique annoncé par le chef de l'État.

– Le 16 février 1999 – comme il fallait s'y attendre – l'Asemblée nationale s'en tint à la rédaction qu'elle avait adoptée en première lecture. De guerre lasse, les sénateurs finirent par se rallier, le 4 mars, au texte initial du gouvernement – qu'ils avaient d'abord rejeté – selon lequel « *la loi favorise l'égal accès des femmes et des hommes aux mandats électoraux et fonctions électives* ». Ils adoptèrent également un amendement destiné à modifier l'article 4 de la Constitution relatif aux partis politiques, précisant que ceux-ci « *contribuent à la mise en œuvre du principe énoncé au dernier alinéa de l'article 3 dans les conditions déterminées par la loi* ».

– Enfin, le 10 mars, l'Assemblée accepta, à l'unanimité, les deux textes votés par le Sénat. Dès lors, après la réunion du Parlement en Congrès le 28 juin 1999 et la promulgation du texte, le 8 juillet suivant (loi constitutionnelle n° 99-569), les articles 3 et 4 de la Constitution se trouvèrent définitivement complétés, le premier prévoyant que ***« la loi favorise l'égal accès des femmes et des hommes aux mandats électoraux et fonctions électives »***, le second disposant que les partis ***« contribuent à la mise en œuvre du principe énoncé au dernier alinéa de l'article 3 dans les conditions déterminées par la loi »***.

b.4.2. L'APPLICATION DES NOUVELLES DISPOSITIONS CONSTITUTIONNELLES

Les modalités d'application de la loi du 8 juillet 1999 ont été fixées par les lois n° 2000-493 du 6 juin 2000 et 2000-641 du 10 juillet 2000. Le moins que l'on puisse dire est qu'elles provoquèrent certaines réticences. L'une des plus significatives fut celle de Madame Christine Boutin qui, dans une lettre du 21 janvier 2000, demanda au Premier ministre d'organiser un référendum sur le sujet, estimant que la parité « *nous ferait entrer dans une dérive communautariste et porterait atteinte au caractère universel de la République* ».

Désormais – observe un auteur – « *la Constitution reconnaît une citoyenneté à géométrie variable, rejetant l'idée, pourtant essentielle, d'une interchangeabilité des citoyens – l'appartenance sexuelle de ces derniers devant obligatoirement être prise en compte* »[158].

158. Voir Frédéric Rouvillois, *Droit constitutionnel. La Ve République,* 2001, Flammarion, page 66. C'est nous qui soulignons.

Les nouvelles dispositions ont été appliquées, pour la première fois, aux élections municipales de mars 2001. À l'issue du scrutin, les femmes représentaient 47,5 % des conseillers municipaux des villes de plus de 3 500 habitants. Un peu plus jeunes que les hommes (26 % des femmes élues ont moins de quarante ans, contre seulement 15 % des conseillers municipaux), parfois « *sans profession déclarée* » (6 000 environ sur quelque 38 000 élues, soit à peu près 15 %, contre 2,7 % chez les hommes), elles sont également moins *encadrées* par les partis (« *C'est une victoire. Le fait qu'une grande partie des élues n'appartiennent à aucun parti est le signe d'un renouvellement* », déclarait Madame Péry, secrétaire d'État aux Droits des femmes et à la Formation professionnelle).

Toutefois, si la ***parité*** a bien fonctionné pour les élections aux conseils municipaux – puisqu'encore une fois, 47,5 % des élus étaient des femmes – « *les hommes ont gardé ce que la loi ne leur interdisait pas de conserver : la mairie* ». Seules 188 femmes ont occupé, à l'issue du scrutin, le fauteuil de maire d'une commune de plus 3 500 habitants, contre 2 443 hommes, soit une proportion inférieure à 7 % ; et il n'y en eut que 4 à être portées à la tête d'une ville de plus de 100 000 habitants : Fabienne Keller à Strasbourg, Martine Aubry à Lille, Brigitte Le Brethon à Caen et Maryse Joissains-Masini à Aix-en-Provence.

Il faut noter que, parmi les maires – et, contrairement à une idée reçue – la proportion de femmes a été plus importante à droite qu'à gauche, cette constatation se trouvant notamment illustrée par le succès de Caroline Cayeux, membre du R.P.R., choisie pour remplacer, à la mairie de Beauvais, le socialiste Walter Amsallem (voir *Le Monde* des 22 et 23 avril 2001).

Néanmoins, la loi du 6 juin 2000 instaurant une sanction financière à l'encontre des partis politiques qui ne respecteraient pas la *parité* aux élections législatives – le montant de la première fraction de l'aide prévue par l'article 8 de la loi du 11 mars 1988 serait réduit à raison de 50 % de l'écart constaté entre le pourcentage d'hommes et le pourcentage de femmes candidats[159] – la droite comme la gauche cherchent des *candidates de bonne volonté* pour les élections législatives. « *La laborieuse équation paritaire des élections législatives de 2002* », titrait *Le Monde* des 25-26 novembre 2001.

Le caractère « *laborieux* » de la démarche imposée aux partis politiques est, bien évidemment, apparu avec netteté aux élections législatives des 9 et 16 juin 2002. Sur les 577 députés élus pour 5 ans au suffrage universel direct (570 dans les départements, 5 dans les territoires d'outre-mer et 2 dans les collectivités territoriales de Mayotte et de Saint-Pierre-et-Miquelon), 71 seulement étaient des femmes, soit **une propor-**

159. Lorsque l'écart entre le nombre de candidats de chaque sexe présentés par un parti dépasse 2 % du nombre total de ses candidats, le montant de la première fraction attribuée à ce parti est diminué d'un pourcentage égal à la moitié de l'écart constaté. Par exemple, si la répartition par sexe des candidats présentés est de 55 % d'hommes et de 45 % de femmes, l'écart s'établit à 10 %, et la pénalité financière sur la première moitié du financement public sera alors de 5 %.

tion inférieure à un huitième. Il faut noter que cette proportion, par rapport aux élus, était très légèrement supérieure à gauche (22 sur 178) que dans les rangs de la *majorité* (46 sur 399).

La situation ne semble pas devoir s'améliorer aux élections législatives de juin 2007 puisque, si le Parti socialiste devrait normalement avoir près de 50 % de candidates, l'UMP ne présentera que 180 femmes dans les 570 circonscriptions de la métropole (voir *Le Monde* du 20 septembre 2006, page 12 : ***L'UMP préfère les pénalités à la parité***).

La *loi sur la parité* a été plus efficace pour les élections sénatoriales puisqu'à la suite du renouvellement partiel du 23 septembre 2001, le nombre des femmes *sénatrices* est passé de 19 à 35 (sur un effectif total de 321).

Précisons, enfin, que plusieurs femmes ont déjà été candidates à l'élection présidentielle : aucune en 1965 et 1969, une (Madame Laguiller) en 1974, 3 (Mesdames Laguiller, Garaud et Bouchardeau) en 1981, 1 (Madame Laguiller) en 1988, 2 (Mesdames Laguiller et Voynet) en 1995 et 4 (Mesdames Laguiller, Taubira, Lepage et Boutin) en 2002. Il faut observer que, si – comme il est probable – Madame Laguiller (qui a obtenu 5,72 % des suffrages exprimés le 21 avril 2002)[160] se présente à l'élection présidentielle de 2007, **elle aura établi un record qui ne sera, peut-être, jamais battu, avec six candidatures consécutives**[161].

b.4.3. La parité dans les démocraties étrangères

La Belgique est le premier État de l'Union européenne à avoir prévu que les listes électorales devraient comprendre un pourcentage de femmes, bien que celles-ci n'aient obtenu qu'en 1948 le droit de vote aux élections législatives et provinciales (une loi du 15 avril 1920 leur avait permis de voter aux élections communales).

En 1994, le gouvernement de Jean-Luc Dehaene a obtenu, en effet, le vote d'une loi imposant que ces listes comportent un quart de femmes jusqu'en 1999, puis un tiers après cette date (loi du 24 mai 1994 visant à « *promouvoir une répartition équitable des hommes et des femmes sur les listes de candidatures aux élections* »).

De fait, alors que le pourcentage des femmes aux élections communales de 1988 avait seulement été de 13,8 %, il est passé à 19,9 % en 1994 (avec un *quota* d'un quart) et 26,1 % en 2000 (avec un *quota* d'un tiers). De même, aux élections législatives, le pourcentage de femmes élues est passé de 9,4 % en 1991 à 12 % en 1995 et 23,3 % en 1999.

---

160. Il est permis de déplorer – mais ce n'est là qu'une opinion – que Madame Laguiller ait réalisé un score plus élevé que Monsieur Michel Debré, ancien Premier ministre du général de Gaulle, à l'élection de 1981 (1,66 %) ou que Monsieur Gaston Defferre, futur ministre de l'Intérieur de François Mitterrand et qui avait annoncé que, s'il était élu, il choisirait comme Premier ministre Pierre Mendès France, au scrutin de 1969 (5,1 %).

161. Même si Monsieur Chirac se représentait en 2007 – ce qui demeure à ce jour, très improbable, sans devoir, toutefois, être exclu – il n'en serait qu'à sa cinquième candidature!

Toutefois, la loi de 1994 imposant seulement la présence d'un certain pourcentage de femmes sur les listes de candidats, et non leur placement en position éligible, Madame Laurette Onkelinx, alors ministre socialiste de l'Emploi et de l'Égalité des chances, a fait accepter, au début de l'année 2001, par le gouvernement de Guy Verhofstadt, un projet de loi prévoyant non seulement un *quota* de 50 % de femmes, mais aussi la présence d'une femme à l'une des trois premières places de la liste jusqu'en 2005, puis des deux premières par la suite. En outre, un projet de révision constitutionnelle devrait prochainement imposer la présence d'au moins une femme dans les exécutifs fédéral, communautaire et régionaux.

À l'heure actuelle, le gouvernement de Monsieur Guy Verhofstadt comprend deux femmes *vice-Premiers ministres* sur quatre (Madame Laurette Onkelinx, qui est également ministre de la Justice et Madame Freya Van Den Bossche, également ministre du Budget et de la Protection de la Consommation), une femme ministre sur dix (Madame Sabine Laruelle, ministre des Classes moyennes et de l'Agriculture) et deux femmes secrétaires d'État sur six (Madame Gisèle Mandaila, en charge de la Famille et des Personnes handicapées et Madame Els Van Weert, secrétaire d'État au Développement durable et à l'Économie sociale).

En Allemagne, aucune loi n'oblige à une représentation minimale des femmes sur les listes électorales. Seuls, les *Verts* respectent la parité de 50 % pour leurs candidats. De son côté, le parti social-démocrate leur accorde, depuis 1988, 40 % des places. Pour sa part, l'Union chrétienne-démocrate s'est fixée, en 1996, l'objectif d'un tiers. Le Bundestag comprenait ainsi, après les élections de 1998, 31,2 % de femmes, alors qu'à la même époque, leur proportion au sein du Parlement français était de 10,2 % (nous avons vu que cette proportion avait peu augmenté à l'issue des élections législatives de juin 2002). Les femmes présidaient 7 des 16 commissions parlementaires. Un seul des 16 *Länder* allemands, le Schleswig-Holstein, était présidé par une femme, la sociale-démocrate Heide Simonis.

À l'heure actuelle, le gouvernement présidé par Madame Angela Merkel comprend 4 femmes ministres de plein exercice (Madame Brigitte Zypries, ministre de la Justice ; Madame Ursula von der Leyen, ministre de la Famille, des Personnes âgées, des Femmes et de la Jeunesse ; Madame Annette Schavan, ministre de l'Éducation et de la Recherche et Madame Heide Marie Wieczorek-Zeul, ministre de la Coopération économique et du Développement) sur un effectif total de 14.

En Grande-Bretagne – dont le trône est occupé par une femme (la reine Elisabeth II) – il n'existe aucune législation sur la *parité,* et les partis politiques n'envisagent pas d'en introduire. Toutefois, en 1997, 120 femmes (dont 101 travaillistes) ont été élues à la Chambre des communes, soit 18,2 % de l'effectif total et un pourcentage deux fois supérieur à celui de 1993. Les Parlements créés en Écosse et au Pays de Galles, en 1997, davantage féminisés, comptent, respectivement, 37 % et 40 % d'élues.

Au 5 mai 2006, le gouvernement de Tony Blair – dont, jusqu'en septembre 2000, le membre le plus populaire était une femme (Madame Marjorie Mowlan), qui a alors annoncé son retrait (voir *Le Monde* du 6 septembre 2000) – comprenait, en juin 2001, cinq femmes ministres (sur vingt-quatre), parmi lesquelles Patricia Hewitt, ministre du Commerce et de l'Industrie, Margaret Beckett, ministre des Affaires rurales, de l'Environnement et de l'Alimentation et Estelle Morris, ministre de l'Éducation et de la Formation ; dix-sept secrétaires d'État (sur trente-deux) – parmi lesquelles Margaret Jay, chargée de la Condition féminine – et neuf sous-secrétaires d'État (sur trente-cinq), ce qui semblait être « *la proportion maximum acceptable par le* **gentlemen's club** *de Westminster* » (voir *Le Monde,* supplément au n° 17456 du 9 mars 2001, « *Place aux femmes...* », *op. cit.*, page IV).

À la date du 5 mai 2006, sur les 24 ministres siégeant au Conseil (en Grande-Bretagne, il faut distinguer le *Cabinet,* qui comprend une vingtaine de membres participant au Conseil des ministres, du *Ministère,* formation très nombreuse, qui comprend parfois une centaine de personnes et réunit les *ministres,* les *secrétaires d'État,* les *sous-secrétaires d'État* et les *secrétaires parlementaires*), **on ne comptait pas moins de 8 femmes** : Madame Margaret Beckett, ministre des Affaires étrangères ; Madame Patricia Hewitt, ministre de la Santé ; Madame Tessa Jowell, ministre de la Culture, des Médias et des Sports ; Madame Hilary Armstrong, ministre de l'Exclusion sociale ; la baronesse Valérie Amos, chef de la Chambre des Lords ; Madame Ruth Kelly, ministre des Collectivités locales, des Communautés et des Femmes ; Madame Hazel Blears, ministre sans portefeuille ; Madame Jacqui Smith, chef de la Majorité parlementaire et Madame Dawn Primarolo, Paymaster general.

De même, en Italie, il n'existe aucune loi garantissant l'égalité entre hommes et femmes pour accéder aux postes éligibles. Madame Katia Bellillo, ministre « *pour la parité des chances* » dans le gouvernement de centre gauche au pouvoir jusqu'au début des années 2000, n'a pas présenté elle-même un texte, mais défendu plusieurs propositions évoquées au Parlement et dans les régions.

« Le machisme de la société italienne explique en partie ce retard ainsi que le poids de l'Eglise. La lenteur des procédures législatives et la relative instabilité des gouvernements (...) ont également leur part de responsabilité » (voir *Le Monde,* « *Place aux femmes...* », *op. cit.*, page V).

La situation est très différente en Espagne où la parité ministérielle est strictement observée, 8 des 16 portefeuilles du gouvernement Zapatero étant confiés à des femmes, notamment ceux de l'Équipement (dont le titulaire est Madame Magdalena Alvarez Arza), de l'Éducation et de la Science (confié à Madame Mercedes Cabrera Calvo Sotello) et celui de la Culture (occupé par Madame Carmen Calvo Poyato)[162]. La démocratie

162. Étant rappelé que Madame Maria-Teresa Fernandez de la Vega Sanz est **première vice-présidente et porte-parole du gouvernement de Monsieur Zapatero.**

espagnole mérite, à cet égard, tous les éloges, ce qui explique que *les textes adoptés en France aient plutôt fait sourire et provoqué quelques critiques* (voir *Le Monde*, « *Place aux femmes...* », *op. cit.*, page V).

De fait, à l'heure actuelle, les femmes sont, très nettement, *sous-représentées* au sein du gouvernement. Sur 94 membres – effectif qui dépasse de loin celui des ministères les plus nombreux de la IVe République française – on dénombre seulement 18 femmes, **soit une proportion inférieure à un cinquième.** Encore faut-il noter qu'une seule, contre dix-neuf hommes, occupe un *ministère de plein exercice* : Madame Livia Turco, ministre de la Santé.

Il faut noter que, le 12 mars 2000, les Suisses, consultés par référendum – à la suite d'une initiative populaire qui avait permis de réunir cent dix mille signatures – ont rejeté, à une très large majorité (82 % des votants), un projet tendant à introduire les *quotas* féminins dans les scrutins électoraux. La plupart des partis politiques s'étaient déclarés favorables au « *non* », estimant que l'adoption du texte porterait atteinte au libre choix des électeurs (voir *Le Monde* des 12-13 mars 2000). Rappelons, toutefois, que la Confédération Helvétique avait porté à sa présidence Madame Ruth Dreifuss le 9 décembre 1998 à une large majorité et précisons qu'à l'heure actuelle, deux des sept membres du Conseil fédéral sont des femmes : Madame Micheline Calmy-Rey, *cheffe du Département fédéral des Affaires étrangères* et Madame Doris Leuthard, *cheffe du Département fédéral de l'Économie* (depuis le 14 juin 2006).

Aux États-Unis, il n'y a pas de législation sur la parité, ce qui n'empêche pas un relatif accroissement du rôle des femmes dans la vie politique. C'est ainsi qu'après les élections de novembre 2000, le Sénat comptait 13 femmes (sur 100), contre 9 dans la précédente législature, et la Chambre des représentants 59 (sur 435). En outre, dans les États fédérés, 5 des 50 gouverneurs étaient des femmes. Mais, surtout, le président George W. Bush a constitué, lors de son premier mandat, un cabinet[163] dont 4 membres sur 16 étaient des femmes (en charge de l'Aménagement du territoire, de l'Environnement, du Travail et de l'Agriculture). **À l'heure actuelle, le poste le plus important du *Cabinet*, celui de *secrétaire d'État* est occupé par Madame Condoleezza Rice, ainsi que les postes de *secrétaire au Travail* (Madame Elaine L. Chao) et de *secrétaire à l'Éducation***

163. Il faut noter qu'aux États-Unis, les *secrétaires* ne forment nullement un *Cabinet* analogue au Cabinet britannique ou au gouvernement français, qui est, en théorie du moins, collégial et solidaire. Le *Cabinet* américain ne pratique pas la collégialité et ne prend pas de décisions collectives. À ce propos, on cite traditionnellement la phrase célèbre d'Abraham Lincoln (Président de 1861 à 1865), qui s'était trouvé seul contre tous les *secrétaires* : « *Sept oui, un non : les non l'emportent* ». Le *secrétaire d'État* exerce non seulement les attributions classiques d'un ministre des Affaires étrangères, mais est également investi de la charge de conserver les archives et de publier les lois. Il est à cet égard l'intermédiaire obligé entre le Président et la nation. Monsieur Henry Kissinger a ainsi reçu, en 1974, la démission du Président Nixon, dont il était le *secrétaire d'État*.

(Madame Margaret Spellings). Les femmes sont ainsi représentées dans la proportion d'un cinquième (3/15) au sein du *Cabinet.*

Aucune femme, certes, n'a encore été candidate à la présidence – ou à la vice-présidence – des Etats-Unis. Deux ont siégé à la Cour suprême – qui ne comprend que neuf juges, nommés à vie par le chef de l'exécutif – jusqu'au début de l'année 2006 : Mesdames Ruth Bader Ginsburg et Sandra Day O'Connor. Mais celle-ci a démissionné le 31 janvier 2006 et le Président Bush l'a remplacée par Monsieur Samuel Anthony Alito, Jr.

Toutefois, Madame Nancy Pelosi sera, en principe, la nouvelle présidente de la Chambre des représentants, qui a été renouvelée le 7 novembre 2006.

La loi française sur la *parité* irrite, tout particulièrement, les Américains : l'obligation des *quotas* leur rappelle, en effet, le système de l'***affirmative action,*** conçu pour promouvoir l'égalité des sexes et des races dans le monde du travail et de l'université, que la Cour Suprême avait encouragé sous la présidence du juge Warren (1953-1969), mais qui a été, par la suite, abandonné.

Toutefois, Madame Hillary Clinton – première femme élue au poste de sénateur dans l'État de New York – et Madame Condoleeza Rice pourraient fort bien être désignées par leur parti respectif pour la prochaine campagne présidentielle (qui se terminera par la désignation des *grands électeurs* le 1er mardi du mois de novembre 2008).

b.5. Les femmes exclues des fonctions étatiques

Certains pays – le seul à jouer un rôle notable sur le plan international semble être le Japon – excluent les femmes de tout rôle politique ou institutionnel. C'est ainsi que le Code de la Maison impériale de Tokyo (la plus vieille dynastie du monde) ne permet pas aux femmes d'accéder à la fonction suprême et exclut même la descendance par leur intermédiaire. C'est là un principe qui déroge à la Constitution du pays, qui consacre l'égalité des sexes, et au sentiment de l'opinion publique, favorable à la possibilité, pour une femme, d'accéder au trône. La naissance, le 6 septembre 2006, d'un héritier mâle dans la famille impériale japonaise, pour la première fois en 41 ans (le fils de la princesse Masako, fille de la princesse Kiko et du prince Akishino, frère cadet de l'héritier au trône, le prince Naruhito) a, dès lors, suscité un phénomène de liesse médiatique, dont il a été jugé qu'elle pourrait avoir des effets économiques bienfaisants !

Il faut, d'ailleurs, noter qu'au début de l'année 2006, le Premier ministre Junichiro Koizumi était sur le point de présenter un projet de réforme du Code impérial permettant l'accession des femmes au trône, lorsqu'est survenue l'annonce que la princesse Kiko était enceinte. Les adversaires d'une succession au trône par les femmes font valoir, outre une tradition immémoriale, des raisons religieuses : l'Empereur ne serait plus « *divin* » et, si la Constitution prévoit la séparation de l'État et de la religion, le monarque reste un intermédiaire entre les divinités et le peuple dans le culte shinto (culte animiste qui fut la religion officielle du Japon jusqu'en 1945). Selon les adversaires de l'égalité des sexes, une impératrice ne pourrait s'acquitter de certains rites, puisque, pour éviter toute « *souillure* », les femmes n'ont pas le droit de s'approcher des lieux sacrés pendant une grossesse ou la menstruation[164].

Bien qu'elle ne concerne pas directement le rôle des femmes dans la vie politique, il convient de mentionner un note publiée, le 13 septembre 2006, par l'Institut national d'études démographiques (INED), selon laquelle près de 39 % des mères voient leur activité professionnelle modifiée par l'apparition d'un bébé (56 % au troisième enfant), contre 6 % des pères.

Commentant cette enquête, une chercheuse au Centre d'études de l'emploi observait que, « *bien que l'on soit sorti du modèle du* male breadwinner *(« M. Gagne-pain ») et que les parents des jeunes enfants soient majoritairement « bi-actifs », la société ne s'est pas réorganisée.*

Le changement radical qu'a représenté, dans les années 1960 et 1970, l'arrivée massive des femmes dans le salariat aurait dû amener une révision profonde des normes de fonctionnement de notre société : les femmes n'étant plus des réservoirs de temps, les tâches qu'elles prenaient auparavant en charge auraient dû être assumées à la fois par des institutions et par un nouveau partage au sein du couple.

Mais les choses ne se sont pas passées ainsi : les hommes n'ont pas augmenté leur investissement dans la vie familiale – les femmes assurant aujourd'hui 80 % des tâches domestiques et 70 % du travail parental... La France manque d'un véritable service public d'accueil de la petite enfance, comme dans les pays nordiques. Il n'y a pas eu suffisamment d'aménagements du temps de travail. Et les politiques publiques ont aggravé la situation : l'allocation parentale d'éducation a encouragé les femmes peu diplômées à arrêter de travailler.

Du coup, aujourd'hui, la charge des enfants pèse considérablement sur les carrières des femmes. Sur le marché du travail, les hommes et les femmes ne sont pas à armes égales » (voir *Le Monde* du 13 septembre 2006, page 12).

Terminons ce chapitre en évoquant un récent ouvrage qui fait apparaître, dans la pensée contemporaine, le concept de « *femme réelle* », dont l'auteur se demande si « *le passage de la misogynie à la philogynie doit se faire au détriment des femmes réelles* », et qui soutient que, *si les femmes n'existent pas sur la scène publique, elles sont condamnées à l'obscurité, la dépendance, l'infériorité* (voir le mémoire de François-Xavier Ajavon : *Le mythe de la surfemme* et l'article de Madame Sandrine Treiner : *Le mythe de la femme réelle. Royal, Haigneré : ces personnalités remarquables et médiatiques feraient du tort à leur sexe. Absurde !*, in *Le Monde* du 7 octobre 2006).

164. Voir *Le Monde* du 7 septembre 2006, page 6.

CHAPITRE 6

LES LIBERTÉS ET LEURS LIMITES

L'abus de droit, les limites aux libertés d'opinion, de réunion et de manifestation

LIBERTÉ

« Ô liberté ! que de crimes on commet en ton nom ».
Nous avons toutes celles qui nous sont nécessaires.

Gustave Flaubert[1]

Aucune liberté ne saurait être générale et absolue, compte tenu, d'une part, des exigences de la collectivité et, d'autre part, des droits reconnus à l'ensemble des citoyens, puisque – presque nécessairement – l'action des uns entrave parfois la vie des autres. L'article 4 de la Déclaration des droits de l'homme et du citoyen du 27 août 1789 dispose, à cet égard :

« *La liberté consiste à pouvoir faire tout ce qui ne nuit pas à autrui. Ainsi, l'exercice des droits naturels de chaque homme n'a de bornes que celles qui assurent aux autres membres de la société la jouissance de ces mêmes droits. Ces bornes ne peuvent être déterminées que par la loi* ».

Cet article est complété par l'article 5, qui précise :

« *La loi n'a le droit de défendre que les actions nuisibles à la société. Tout ce qui n'est pas défendu par la loi ne peut être empêché, et nul ne peut être contraint à faire ce qu'elle n'ordonne pas* ».

Il appartient, dès lors, à la loi de fixer les restrictions à la liberté qu'impose le fonctionnement harmonieux de la société.

Ce principe de la limitation de la liberté dans l'intérêt de l'ordre social était déjà clairement expliqué dans le premier projet de déclaration de Sieyès des 20 et 21 juillet 1789. « *L'état social n'établit pas une injuste inégalité de droits à côté de l'inégalité naturelle des moyens,* précisait le

1. Gustave Flaubert, *Le Dictionnaire des Idées Reçues, op. cit.*, page 119.

futur Consul provisoire de l'An VIII ; *au contraire, il protège l'égalité des droits contre l'influence naturelle, mais nuisible, de l'inégalité des moyens. La loi sociale n'est point faite pour affaiblir le faible et fortifier le fort ; au contraire, elle s'occupe de mettre le faible à l'abri des entreprises du fort ; et couvrant de son autorité tutélaire l'universalité des citoyens, elle garantit à tous la plénitude de leurs droits.*

Donc l'homme, entrant en société, ne fait pas le sacrifice d'une partie de sa liberté : même hors du lien social, nul n'avait le droit de nuire à un autre. Ce principe est vrai dans toutes les positions où l'on voudra supposer l'espèce humaine : le droit de nuire n'a jamais pu appartenir à la liberté »[2].

L'article 4 de la Déclaration de 1789 doit être rapproché de son article 10, qui dispose, dans une formule d'une clarté inégalée : « *Nul ne doit être inquiété pour ses opinions, même religieuses, pourvu que leur manifestation ne trouble pas l'ordre public établi par la loi* ».

Il convient, enfin, de citer l'article 17 qui observe que « *la propriété étant un droit inviolable et sacré, nul ne peut en être privé, si ce n'est lorsque la nécessité publique, légalement constatée, l'exige évidemment, et sous la condition d'une juste et préalable indemnité* ».

Il existe bien ainsi des limitations légitimes aux libertés dont jouit l'individu dans une société libérale. D'une part, il ne peut exercer un droit dans l'intention de nuire, c'est-à-dire qu'il ne saurait en user abusivement. D'autre part, la liberté dont il dispose peut toujours faire l'objet de restrictions justifiées par la nécessité publique. Il convient, à titre introductif, de donner quelques précisions sur ces deux points.

A. INTRODUCTION (L'ABUS DE DROIT ET LA NÉCESSITÉ PUBLIQUE)

a. L'ABUS DE DROIT

Est-il possible d'abuser d'un droit ? La question peut sembler oiseuse, dans la mesure où avoir le droit de faire quelque chose semble – par hypothèse – signifier qu'on est autorisé à faire cette chose. Mais, dès le début du XXe siècle, l'idée s'est fait jour que le titulaire d'un droit ne pouvait abriter, sous ce droit, n'importe quel comportement nuisible à autrui. Les droits ont, en effet, une fonction sociale, dont ils ne sauraient impunément être détournés. Cela veut dire que, même dans l'exercice de ses droits – lorsqu'il marche dans la rue ou que, circulant en voiture, il aborde un croisement avec la priorité – le citoyen honnête doit faire preuve d'une certaine modération. Il n'existe pas ainsi de droits discrétionnaires ou de droits absolus, dont le titulaire pourrait faire n'importe quel usage sans avoir de comptes à rendre[3].

Divers exemples vont illustrer ce propos.

2. Voir Stéphane Rials, *La déclaration des droits de l'homme et du citoyen,* 1988, Hachette, page 595.
3. Voir Alain Bénabent, *Droit Civil. Les obligations,* 1997, Montchrestien, pages 330 et 331.

a.1. L'intention de nuire

L'exercice d'un droit peut constituer une faute lorsque le titulaire de ce droit en fait, **à dessein de nuire, un usage préjudiciable à autrui** (Cass. civ. II, 26 novembre 1953, *D.* 1956, 154).

Il y a ainsi *abus de droit,* lorsqu'une personne utilise son droit dans l'intention de nuire à autrui. Tel est le cas de celui qui édifie sur son terrain des ouvrages dans le seul but de gêner son voisin (la démolition de l'ouvrage abusivement construit peut alors être ordonnée : Cass. civ. I, 21 novembre 1967, *Bull.* I, n° 339). Pour reprendre une formule de la Cour de cassation, *le droit pour un propriétaire de jouir de sa chose de la manière la plus absolue, sauf usage prohibé par la loi ou les règlements, est limité par l'obligation qu'il a de ne causer à la propriété d'autrui aucun dommage dépassant les inconvénients normaux du voisinage* (Cass. civ. III, 4 février 1971, *JCP.*1971.II.16781).

On peut rappeler, à cet égard, la condamnation d'un propriétaire qui avait hérissé son terrain de pieux acérés dans le seul but de déchirer les enveloppes des ballons dirigeables décollant du fonds voisin, et dont il a été jugé qu'il avait abusé de son droit de propriété (Cass. req. 3 août 1915, *DP.*1917.1.79 : *Coquerel c. Clément-Bayard*).

La notion d'*abus de droit* a été appliquée aux relations de travail. Commet, par exemple, un *abus de droit* l'employeur qui rompt la période d'essai d'un contrat de travail avec une *légèreté blâmable* (Cass. soc., 5 mai 2004, *D.* 2004, inf. rap. 1641).

La notion d'*abus de droit* a reçu une consécration législative en matière d'usufruit. L'article 618 du Code civil dispose, en effet, que « *l'usufruit peut... cesser par l'abus que l'usufruitier fait de sa jouissance, soit en commettant des dégradations sur le fonds, soit en le laissant dépérir faute d'entretien* ». Dans les deux cas prévus par ce texte – les dégradations ou le dépérissement du fonds – il y a, au moins implicitement, de la part de l'usufruitier, intention de nuire au nu-propriétaire.

a.2. La fraude à la loi

De la même manière, celui qui se retranche derrière la lettre d'un texte pour en détourner l'esprit, commet un abus du droit qu'il invoque. C'est souvent le cas en matière fiscale, où l'abus de droit peut confiner à une fraude à la loi. Tel est bien le sens de l'article L 64 du Livre des procédures fiscales, qui organise la « *procédure de répression des abus de droit* », en permettant à l'Administration de restituer à un acte son véritable caractère, pour déterminer les bases de l'impôt, quand l'application de la loi fiscale fait apparaître un *abus de droit.* Le texte dispose qu'« *en cas de désaccord sur les redressements notifiés sur le fondement du présent article, le litige est soumis, à la demande du contribuable, à l'avis du Comité consultatif pour la répression des abus de droit* », prévu par l'article 1653 C du *Code Général des Impôts*[4].

4. Ce comité comprend un conseiller d'État, qui en assure la présidence ; un conseiller à la Cour de cassation ; un professeur des facultés de droit et le directeur général des impôts.

On se trouve alors, souvent, en présence d'un acte objectivement licite, mais que sa finalité fait tomber sous le coup de la loi. Il y a bien ainsi, de la part de celui qui l'invoque, *abus du droit* qui pourrait s'évincer de la régularité formelle de l'acte.

a.3. L'abus de la liberté d'expression

Les domaines de l'abus de droit sont très nombreux. La liberté de l'information ne doit pas permettre, par exemple, un droit de critique exagéré : est ainsi abusif le dénigrement d'un produit par une association de consommateurs dans son journal, dès lors qu'il a été opéré sans vérifications préalables et demande d'explication au fabricant (Paris, 28 février 1989, *D.*1989, somm. 337)[5].

De façon générale, même si, aux termes de l'article 11 de la Déclaration des droits de l'homme et du citoyen, « *la libre communication des pensées et des opinions est un des droits les plus précieux de l'homme* », même si elle est consacrée par l'article 10 de la Convention européenne de sauvegarde des droits de l'homme du 4 novembre 1950, même si le Conseil constitutionnel la qualifie de « *droit fondamental des lecteurs* »[6], elle trouve nécessairement ses limites dans les « *formalités, conditions, restrictions ou sanctions prévues par la loi, qui constituent des mesures nécessaires, dans une société démocratique, à la sécurité nationale, à l'intégrité territoriale ou à la sûreté publique, à la défense de l'ordre et à la prévention du crime, à la protection de la santé ou de la morale, à la protection de la réputation ou des droits d'autrui, pour empêcher la divulgation d'informations confidentielles ou pour garantir l'autorité et l'impartialité du pouvoir judiciaire* » (art. 10.2 de la Convention européenne de sauvegarde des droits de l'homme). Un certain nombre de règles – notamment, celles relatives à la diffamation, à l'injure, à la violation du secret professionnel, à la protection de la vie privée, au respect de la présomption d'innocence, à l'atteinte à l'autorité de la justice – sanctionnent les abus d'une liberté pourtant fondamentale.

L'exercice abusif d'une liberté peut également être sanctionné dans le domaine du droit des personnes.

5. La Cour de Paris a estimé qu'abusait de son droit de critique et engageait sa responsabilité l'association qui, « *soucieuse d'assurer la protection des utilisateurs de voiturettes présentant un vice de construction prétendument mortel en raison de l'emplacement de leur réservoir d'essence, lance une campagne de dénigrement qu'aucun élément probant n'étaye, sur un ton virulent inconciliable avec son devoir d'objectivité, sans procéder à des vérifications simples mais indispensables qui lui auraient permis d'apprendre à ses lecteurs que le constructeur avait changé l'emplacement du réservoir et sans recueillir ses explications et justifications, qu'elle avait le devoir impérieux de réunir avant de divulguer son opinion* ».

6. Dans sa décision des 10 et 11 octobre 1984 (n° 181 DC, *Rec.* page 73).

a.4. La rupture abusive des promesses de mariage ou de concubinage

Il y a faute en cas de rupture d'une promesse de mariage, si la preuve est rapportée que son auteur l'avait faite mensongèrement (Cass. civ. I, 11 janvier 1959, *JCP.*1959, IV, page 23)[7]. De même, la responsabilité du fiancé est engagée, s'il ne prétend justifier la rupture que par l'opposition de ses parents, alors qu'il avait promis le mariage en connaissance de l'état de grossesse (Cass. civ. I, 20 juillet 1971, *Bull.* I, n° 247). La rupture brutale de la promesse de mariage entraîne également la responsabilité de celui qui a abandonné sa fiancée quelques jours avant la naissance de l'enfant (Cass. civ. I, 3 novembre 1976, *Bull.* I, n° 322), de même que la rupture sans motif ni grief, avec caprice ou légèreté (Cass. civ. II, 18 janvier 1973, *Bull.* II, n° 25).

Cette jurisprudence s'applique en matière de concubinage où, bien que le principe soit celui de la liberté de rompre, une responsabilité peut naître des circonstances de la rupture ou, le plus souvent, de la séduction dolosive qui l'a précédée (Cass. civ. I, 7 octobre 1957, *D.*1958, page 493)[8]. Il a ainsi été jugé qu'ouvrait droit à des dommages-intérêts le fait, pour un concubin marié, d'abandonner sa concubine après l'avoir incitée à déménager, à quitter son emploi, et s'être engagé à subvenir à ses besoins (Cass. civ. I, 29 novembre 1977, *Bull.* I, n° 449).

La Cour de cassation a confirmé cette position dans un arrêt du 15 mai 1990, qui a précisé les droits de la concubine en cas de rupture de sa liaison. En l'espèce, un homme marié, père de trois enfants légitimes, entretenait des relations extra-conjugales suivies. Sa compagne s'étant trouvée enceinte, l'homme, bien qu'il se fût engagé à reconnaître l'enfant et à la rejoindre de façon définitive, dans le cas où elle attendrait un enfant de lui, l'avait abandonnée pour revenir au foyer conjugal. Peu après la naissance de l'enfant, la mère intenta une action en recherche de paternité, qui ne pouvait qu'être accueillie, puisque le concubinage était établi, qu'il existait un aveu écrit et non équivoque de paternité et que l'examen du sang ordonné par le tribunal concluait à une probabilité de paternité de l'ordre de 99,95 %.

Ce fut dans ces conditions que la cour d'appel, après avoir fixé la pension alimentaire due pour l'entretien de l'enfant, accorda à la mère des dommages-intérêts, en réparation du préjudice que lui avait causé le comportement fautif de son amant. La Cour de cassation rejeta le pourvoi

7. Il ne saurait, par contre, y avoir faute, si l'auteur de la promesse a eu de justes motifs pour rompre ses fiançailles.

8. La Cour de cassation a estimé, en l'espèce, que l'existence d'une faute était, à bon droit, retenue à la charge d'un homme de 40 ans, « *architecte à la situation établie* », qui, « *dans une petite ville, usant de l'influence de ses paroles sur une jeune voisine, ouvrière, âgée de 18 ans à peine* », l'avait déterminée à une liaison, puis abandonnée. Elle en a déduit que c'était par une décision légalement justifiée qu'en réparation du préjudice causé à cette jeune fille, « *compromise sans le moindre ménagement* », la cour d'appel avait condamné le séducteur volage à des dommages-intérêts, compte tenu, notamment, « *de la différence d'âge, de situation et d'expérience des parties* ».

formé par celui-ci, en se fondant, non sur l'engagement qu'il avait pris de *rejoindre* son amie en cas de grossesse – engagement qui ne pouvait être tenu pour valable, puisqu'il avait une cause immorale – mais sur la faute résultant de ce qu'il l'avait abandonnée, dès les débuts d'une grossesse, qu'il semblait avoir lui-même souhaitée (Cass. civ. I, 15 mai 1990, *Répertoire Defrénois,* 1990, Doctrine et Jurisprudence, art. 34826).

Pour rester dans le domaine des rapports entre les sentiments et la règle de droit, il faut noter que, malgré le principe de la laïcité de l'État, la Cour de cassation a regardé comme abusif le fait de refuser de délivrer un acte religieux – en l'espèce, le gueth[9] – nécessaire pour que le divorce, déjà prononcé par le juge civil, soit confirmé par le Tribunal rabbinique (Cass. civ. II, 12 décembre 1994, *Bull.* II, n° 262[10]).

Il faut encore mentionner – mais cette liste est loin d'être exhaustive – l'abus de droit résultant du refus de signer un contrat ou de l'engagement d'une procédure avec une légèreté blâmable.

a.5. Le refus abusif de signer un contrat obligatoire

Contrairement au principe de l'autonomie de la volonté, la loi prévoit, dans certains cas, l'obligation de signer un contrat. Il en est ainsi pour les assurances obligatoires, que doivent souscrire, notamment, les automobilistes, les chasseurs, les architectes, les agents de voyage, les transporteurs ou les avocats (au total, les membres d'une quarantaine de catégories professionnelles[11]). Le manquement à cette obligation exposerait les assujettis à des sanctions pénales, ce qui montre bien qu'ils commettraient une faute en prétendant exercer leur droit de ne pas s'assurer…

Mais c'est, aujourd'hui, l'abus du droit d'agir en justice qui constitue le domaine privilégié de la théorie de l'abus de droit.

a.6. L'abus du droit d'agir en justice

On peut estimer que celui qui agit en justice ne fait qu'exercer un droit. Mais ce droit peut – comme tout autre – devenir abusif, s'il est mis en œuvre avec malice ou légèreté. Un tel abus est, d'ailleurs, sanctionné par l'article 32-1 du Nouveau Code de procédure civile, qui dispose que « *celui qui agit en justice de manière dilatoire ou abusive peut être condamné à une amende civile d'un maximum de 3 000 euros, sans préjudice des dommages-intérêts qui seraient réclamés* ».

Bien évidemment, la frontière est, parfois, ténue entre la demande légitime et l'action malicieuse. L'appréciation inexacte qu'une partie fait

9. Ou lettre de répudiation.
10. La Cour de cassation a considéré que l'« *attitude obstinée et volontaire (du mari), en interdisant tout remariage religieux à son ex-épouse, cause à celle-ci un préjudice important* ».
11. Ces assurances obligatoires se sont développées depuis une soixantaine d'années. Il s'agit, surtout – mais pas exclusivement – d'assurances de responsabilité en vue de la protection des victimes (pour les véhicules, voir l'article L 211-1, alinéa 1er, du Code des assurances).

de ses droits n'est pas, en elle-même, constitutive d'une faute (Cass. civ. I, 28 janvier 1976, *Bull.* I, n° 38). Mais l'action engagée de mauvaise foi, dans l'intention de nuire ou avec une légèreté blâmable, présente un caractère abusif, *même si elle est fondée*. Il y a ainsi abus de droit à élever des contestations juridiquement exactes, mais dénuées de conséquences de fait, si la mauvaise foi du plaideur est établie (Cass. civ. I, 10 décembre 1968, *D.*1969, 165). Il peut, de même, être abusif de procéder à une saisie immobilière pour le recouvrement d'une créance minime (Cass. civ. II, 13 mai 1991, *Bull.* II, n° 150), la disproportion entre le moyen employé et le but poursuivi traduisant l'intention de nuire.

Même le simple exercice du droit de se défendre, lorsqu'on est assigné, peut constituer un abus, lorsqu'il démontre une résistance malicieuse (Cass. Com. 23 mai 1977, *Bull.* IV, n° 147) ou traduit un comportement processif et des manœuvres dilatoires (Cass. soc. 11 mars 1977, *Bull.* V, n° 207).

De façon générale, l'exercice d'une action en justice, de même que la défense à une telle action, constitue, en principe, un droit et **ne dégénère en abus pouvant donner naissance à une dette de dommages-intérêts que dans le cas de malice, de mauvaise foi ou d'erreur grossière équipollente au dol** (Cass. Ch. Mixte, 6 septembre 2002, *Bull.* n° 5).

Il faut souligner, enfin, d'une part, que le fait qu'une partie ait obtenu l'aide judiciaire (aujourd'hui, *aide juridictionnelle*) n'exclut pas que son action puisse présenter un caractère abusif (Cass. civ. II, 19 juin 1980, *Bull.* II, n° 143), d'autre part – et de façon, peut-être, plus inattendue – que le fait de gagner en première instance ne met pas à l'abri d'une condamnation pour abus de droit en cause d'appel (Cass. civ. I, 7 novembre 1995, *Bull.* I, n° 388).

Mais l'abus de droit n'est pas la seule limitation légitime aux libertés de la personne, puisqu'elles peuvent également être restreintes par la nécessité publique.

b. LA NÉCESSITÉ PUBLIQUE

b.1. Nécessité publique et droit de propriété

Le droit légitime d'un particulier doit, parfois, céder devant les exigences de la nécessité publique. Tel est, par exemple, le cas de celui qui, faisant l'objet d'une procédure d'expropriation, se trouve, aux termes de l'article 545 du Code civil, « *contraint de céder sa propriété, (...) pour cause d'utilité publique, moyennant une juste et préalable indemnité* ». Sans doute, l'utilité publique d'une opération d'expropriation est-elle contrôlée par le juge administratif qui, depuis un célèbre arrêt de 1971, vérifie, non plus seulement si l'opération envisagée correspond, en elle-même, à un but d'intérêt général, mais – en application de la théorie dite du bilan – si ses avantages l'emportent sur ses inconvénients (CE, 28 mai 1971, *Ville Nouvelle de Lille Est, Rec.* page 409).

Le Conseil d'État a ainsi refusé le caractère d'utilité publique à la création d'un aérodrome de catégorie D sur le territoire d'une commune d'un millier d'habitants située à 50 kms de Poitiers, en estimant que cette création ne répondait pas « *aux besoins réels des milieux économiques de la région intéressés au développement de l'aviation d'affaires, qui disposent, à moins de 50 kms, de l'aérodrome de Poitiers doté des aménagements nécessaires* » (CE, 26 octobre 1973, *Grassin, Rec.* page 598).

Il n'en reste pas moins que, lorsqu'il considère que le *bilan* de l'opération envisagée n'est pas négatif, le juge autorise l'expropriation (CE, 3 mars 1993, *Commune de Saint-Germain-en-Laye, Rec.* page 54, à propos de la construction de l'autoroute A 14 entre Orgeval et Nanterre).

Le propriétaire des biens situés sur les parcelles qui font l'objet de l'expropriation doit alors quitter les lieux. Même s'il reçoit – comme le prévoit l'article 545 du Code civil – « *une juste et préalable indemnité* », il est contraint de céder devant la nécessité publique, malgré le caractère théoriquement absolu de son droit de propriété.

De même, l'intérêt général vient apporter des restrictions à la liberté dont disposent les cocontractants de l'Administration.

b.2. Nécessité publique et liberté contractuelle

L'article 1134 du Code civil dispose que « *les conventions légalement formées tiennent lieu de loi à ceux qui les ont faites* ». Cette formule implique, à la fois, le caractère obligatoire des contrats et leur immutabilité, laquelle interdit une modification qui ne soit pas acceptée par les diverses parties[12]. Or, ces règles ne sont pas applicables aux contrats administratifs. L'Administration dispose, en effet, de prérogatives exorbitantes du droit commun, qui lui permettent, à tout moment, d'exercer un droit de direction et de contrôle des travaux, d'infliger unilatéralement des sanctions à son cocontractant défaillant et, dans certaines conditions, de modifier unilatéralement les clauses du contrat. Elle peut, notamment, exiger de son cocontractant qu'il s'adapte aux besoins du service (jurisprudence constante depuis CE, 11 mars 1910, *Compagnie des Tramways, Rec.* page 216, qui admet que l'autorité administrative impose à son cocontractant d'augmenter le nombre des rames de tramways en service pendant les périodes d'été) ou résilier purement et simplement le contrat dans l'intérêt public, sans qu'aucune faute ne soit reprochée au cocontractant, qui devra alors être indemnisé du préjudice qu'il subit (jurisprudence constante depuis CE, 2 mai 1958, *Distillerie de Magnac-Laval, Rec.* page 246, qui admet que l'État puisse renoncer à l'engagement qu'il avait pris d'acquérir une partie de la production d'alcool de certains agriculteurs).

L'expropriation et les prérogatives exorbitantes du droit commun, dont bénéficie l'Administration en matière contractuelle, ne sont que des

12. L'article 1134 précise, à son deuxième alinéa, que les conventions « *ne peuvent être révoquées que (du) consentement mutuel des (parties), ou pour les causes que la loi autorise* ».

exemples des privilèges qui lui sont accordés et qui lui permettent, dans un but d'intérêt général, d'apporter – sous le contrôle du juge – des restrictions aux libertés individuelles.

Que ce soit, dès lors, du fait de l'interdiction, pour chacun, d'abuser de son droit, ou des pouvoirs reconnus à l'Administration, les libertés ont nécessairement des limites. Nous allons illustrer ce propos en étudiant les limites aux libertés politiques (liberté d'opinion, liberté de réunion et liberté de manifestation).

B. LES LIMITES AUX LIBERTÉS POLITIQUES

La démocratie suppose, en principe, la liberté du débat politique. Mais cette liberté ne saurait être générale et absolue. Nous le verrons, en étudiant, successivement, les limites à la liberté d'opinion, les limites à la liberté de réunion et, enfin, les limites à la liberté de manifestation.

a. LES LIMITES À LA LIBERTÉ D'OPINION

Toutes les opinions ne sont pas bonnes à dire. Même si cette affirmation est susceptible de heurter, elle n'en exprime pas moins le souci de protéger l'ensemble des citoyens contre les idées dont la nocivité pourrait inciter certains à mal agir.

a.1. Le principe général de la liberté d'opinion

La *liberté d'opinion* est garantie par les textes constitutionnels. Il a déjà été indiqué, notamment, qu'aux termes de l'article 10 de la Déclaration des droits de l'homme et du citoyen, « *nul ne doit être inquiété pour ses opinions, même religieuses, pourvu que leur manifestation ne trouble pas l'ordre public établi par la loi* ». L'article 11 du même texte – également cité – dispose que « *la libre communication des pensées et des opinions est un des droits les plus précieux de l'homme* » et en déduit que « *tout citoyen peut parler, écrire, imprimer librement, sauf à répondre de cette liberté dans les cas déterminés par la loi* ».

De même, l'article 5 du *Préambule* de la Constitution du 27 octobre 1946 rappelle que « *nul ne peut être lésé, dans son travail ou son emploi, en raison de ses origines, de ses opinions ou de ses croyances* », et l'article 1er de la Constitution du 4 octobre 1958 énonce que la France « *respecte toutes les croyances* »[13].

13. Cette disposition figurait initialement à l'alinéa 1er de l'article 2 de la Constitution. Cet article ayant été abrogé par la loi constitutionnelle du 4 août 1995, elle figure, désormais, à l'article 1er.

Il faut encore ajouter que l'article 18 de la Déclaration universelle des droits de l'homme du 10 décembre 1948 confirme le droit de toute personne à « *la liberté de pensée, de conscience et de religion* » et que son article 19 précise que « *tout individu a droit à la liberté d'opinion et d'expression, ce qui implique le droit de ne pas être inquiété pour ses opinions et celui de rechercher, de recevoir et de répandre, sans considération de frontières, les informations et idées par quelque moyen d'expression que ce soit* ».

Mais, si la liberté d'opinion est fréquemment proclamée, son application fait l'objet de diverses restrictions.

a.2. Les restrictions à la liberté d'opinion[14]

a.2.1. Les restrictions liées à l'ordre public : l'interdiction des écrits et propos racistes

La grande loi sur la presse du 29 juillet 1881, modifiée et complétée, sur ce point, notamment par les lois des 1er juillet 1972 et 13 juillet 1990, définit diverses infractions de caractère racial ou raciste et précise les sanctions qui leur sont applicables. Le but de ces atteintes à la liberté d'expression est d'interdire les propos susceptibles de blesser certaines catégories de personnes qui ont souffert, tout particulièrement, du drame de la Seconde Guerre mondiale.

Cinq infractions, répondant à cette préoccupation, peuvent être distinguées :

– l'apologie des crimes de guerre, des crimes contre l'humanité ou des crimes ou délits de collaboration avec l'ennemi, visée par l'article 24, alinéa 3, de la loi du 29 juillet 1881 ;

– la provocation à la discrimination, à la haine ou à la violence à l'égard d'une personne ou d'un groupe de personnes à raison de leur origine ou de leur appartenance ou de leur non-appartenance à une ethnie, une nation, une race ou une religion déterminée, visée par l'article 24, alinéa 5, de la même loi ;

– la contestation des crimes contre l'humanité, définie par l'article 24 bis de la loi du 29 juillet 1881 ;

– la diffamation raciale, prévue par l'article 32, alinéa 2, de la loi de 1881 ;

– l'injure raciale, visée par l'article 33, alinéa 3, de la même loi.

1) L'apologie des crimes de guerre, des crimes contre l'humanité, des crimes ou délits de collaboration avec l'ennemi (art. 24, alinéa 3)

L'apologie des crimes et délits mentionnés à l'alinéa 3 de l'article 24 est distincte de la provocation à ces crimes ou délits, visée par l'alinéa 5

14. Entendue ici dans le sens de liberté d'expression des opinions.

du même article. Bien qu'elle ne soit pas définie par la loi, on peut observer qu'elle consiste à faire l'éloge des actes en cause, à tenter de les justifier, à les présenter comme souhaitables, dignes, utiles, nécessaires, méritoires[15].

Il a ainsi été jugé que constituait une apologie des crimes de guerre, la publication d'un texte de nature à inciter tout lecteur à porter un jugement de valeur morale favorable aux dirigeants du parti national-socialiste allemand condamnés comme criminels de guerre par le Tribunal international de Nuremberg et à tenter de les justifier, au moins partiellement, des crimes qu'ils avaient commis (Cass. crim., 14 janvier 1971, *Bull. crim.* n° 14, 1er arrêt).

De même, en présentant comme digne d'éloges une personne condamnée pour intelligence avec l'ennemi, un article magnifie son crime et fait ainsi l'apologie de ce crime, l'intention coupable se déduisant du caractère volontaire des agissements incriminés (Cass. crim., 16 novembre 1993, *Bull. crim.* n° 341).

Mais la condamnation pénale, du chef d'apologie de crimes ou délits de collaboration avec l'ennemi, prononcée à l'encontre de personnes ayant publié un texte invitant à défendre la mémoire du maréchal Pétain et à obtenir la révision de l'arrêt de la Haute Cour de Justice du 14 août 1945 le condamnant à mort et à l'indignité nationale, a été jugée disproportionnée et, dès lors, non nécessaire dans une société démocratique, au sens de l'article 10, paragraphe 2, de la Convention européenne de sauvegarde des droits de l'homme (CEDH, 23 septembre 1998, *D.*1999.223).

2) La provocation raciale (art. 24, alinéa 5)

Par provocation, le langage commun désigne généralement le fait de conduire, d'amener, d'inciter quelqu'un à commettre un acte. Ces principes généraux s'appliquent au délit prévu par l'article 24, alinéa 5, de la loi du 29 juillet 1881.

Constitue ainsi une provocation à la discrimination raciale[16] la publication d'un écrit dont les termes dénigrent systématiquement les travailleurs immigrés, noirs, arabes, antillais et réunionnais et qui tend ainsi à faire naître, dans l'esprit des lecteurs, des sentiments de haine envers ces travailleurs (Cass. crim., 12 avril 1976, *Bull. crim.* n° 112).

Il en est de même des propos assimilant la communauté juive à une association de malfaiteurs, présentée comme une entreprise de falsification de l'information et d'atteintes aux libertés d'opinion et d'expression (Cass. crim., 13 juin 1995, *JCP.*1995.IV.2350).

Une solution analogue a été donnée pour la publication d'une chanson intitulée « *Casser du noir* », même présentée sous forme d'un pastiche au cours d'une émission télévisée (Cass. crim., 4 novembre 1997, *Dr. pénal* 1998, Comm. 33, 2e arrêt).

15. Voir Emmanuel Derieux, *Droit de la Communication,* 1999, L.G.D.J., page 442.
16. La diffamation raciale, prévue par l'article 32, alinéa 2, de la loi de 1881, n'a pas pour conséquence nécessaire de provoquer à la discrimination et à la haine raciale.

Mais ne constituent pas l'infraction, la publication d'un écrit qui critique, même en termes acerbes, la présence dans une cité de nombreux colporteurs d'origine africaine, en raison des méthodes qu'ils utilisent (Cass. crim., 3 mars 1980, *Bull. crim.* n° 74) ; les propos présentant comme « *un point de détail* » le mode d'extermination des victimes de l'holocauste, même s'ils sont l'expression d'une idéologie raciste (Versailles, 18 mars 1991, *Gaz. Pal.* 1991.2.490), ces propos étant, toutefois, constitutifs d'une faute, au sens de l'article 1382 du Code civil (Cass. civ. II, 18 décembre 1995, *Bull.* II, n° 314).

3) La contestation des crimes contre l'humanité (art. 24 bis)

Jusqu'en 1990, les propos révisionnistes ne pouvaient être sanctionnés pénalement que sur la base des délits existants, c'est-à-dire lorsqu'ils constituaient une diffamation ou une injure raciale, une provocation à la haine raciale ou une apologie des crimes de guerre, des crimes contre l'humanité ou des crimes ou délits de collaboration. Cela permettait aux auteurs révisionnistes d'échapper à toute condamnation, au moins s'ils ne se rendaient pas coupables de l'un de ces délits[17]. Seule, la voie civile était, dès lors, envisageable. Mais, saisis d'une poursuite contre le chef de file des révisionnistes français[18] – qui avait, notamment, affirmé que le génocide des Juifs et l'existence des chambres à gaz constituaient « *un seul et même mensonge historique ayant permis une gigantesque escroquerie politico-financière* » – le Tribunal et la Cour de Paris, tout en relevant que l'auteur avait « *manqué aux obligations de prudence, de circonspection objective et de neutralité intellectuelle qui s'imposent au chercheur qu'il veut être* », ne se reconnurent « *ni qualité, ni compétence pour juger l'Histoire* » et soulignèrent la liberté de recherche de l'historien (TGI Paris, 8 juillet 1981, *D.*1982, jur. page 59 ; confirmé par CA Paris, 26 avril 1983, *Juris-Data,* n° 22887).

Le législateur français a, dès lors, souhaité incriminer les thèses révisionnistes en tant que telles. Sur la proposition du député Gayssot, il adopta, à cette fin, la loi du 13 juillet 1990 (dite *loi Gayssot*[19]), dont le texte devint l'article 24 bis de la loi du 29 juillet 1881[20].

17. Tel avait été le cas d'un prévenu poursuivi du chef de provocation à la haine raciale, pour avoir publié des commentaires niant l'extermination des Juifs dans les chambres à gaz. Le tribunal avait, en effet, énoncé que « *la réserve formelle au sujet des chambres à gaz homicides, déclarées inexistantes, ne suffit pas à faire de cette manière de conclure une incitation claire et non équivoque à la discrimination, à la haine, ou à la violence contre la communauté juive : il est seulement affirmé une conviction qui cherche à jeter le trouble* » (TGI Paris, 29 mai 1989, cité dans *Droit de la presse,* 1999, Éditions Litec, Fasc. 183, n° 2).

18. Monsieur Faurisson.

19. Voir Charles Amson, *La Loi Gayssot,* mémoire pour le D.E.A. de Droit public interne, sous la direction du professeur Claude Goyard, 1999, Université de Paris II.

20. La proposition de loi fut rejetée par le Sénat, qui estima que « *la création d'un délit de contestation de l'existence des crimes contre l'humanité conduirait à instituer une vérité historique officielle et instaurerait ainsi un délit d'opinion ; que la falsification historique opérée par*

Suite note page suivante

C'est en application de ce texte, qu'il a été jugé que les écrits publiés dans une revue d'histoire révisionniste et, notamment, l'article intitulé « *Le mythe de l'extermination des juifs* », qui avaient pour but avoué la négation du génocide juif et remettaient en cause les crimes contre l'humanité en contestant la déportation et l'extermination de plusieurs millions de personnes, tombaient sous le coup de la loi pénale (Paris, 31 octobre 1990, *Gaz. Pal.* 1991.1.311).

De même, de nombreux passages de la seconde édition d'un ouvrage publié sous le titre « *Les mythes fondateurs de la politique israélienne* » constituent le délit de contestation de crimes contre l'humanité, dans la mesure où, loin de se borner à une critique de nature politique ou idéologique du sionisme et des agissements de l'État d'Israël – critique, bien évidemment, licite au regard de la liberté d'expression – ou, même, de procéder à un exposé objectif des thèses négationnistes, le prévenu s'est livré à une contestation virulente et systématique de l'existence des crimes contre l'humanité commis contre la communauté juive, tels qu'ils ont été jugés par le Tribunal militaire international de Nuremberg (TGI Paris, 27 février 1998, *Rev. crim.* 1998.576).

Il faut noter également que, si la contestation du nombre de victimes de la politique d'extermination dans un camp de concentration déterminé n'entre pas dans les prévisions de l'article 24 bis, la minoration outrancière de ce nombre caractérise le délit de contestation de crimes contre l'humanité, prévu et puni par cet article, lorsqu'elle est faite de mauvaise foi (Cass. crim., 17 juin 1997, *Bull. crim.* n° 236).

De façon générale, le problème des *lois de mémoire* s'est posé avec acuité, non seulement à la suite de la *loi Gayssot* du 13 juillet 1990, mais après les lois n° 2001-70 du 29 janvier 2001 *relative à la reconnaissance du génocide arménien* et, surtout, celle du 23 février 2005, dont l'article 4 mentionnait la *reconnaissance de la Nation* « *aux femmes et aux hommes qui ont participé à l'œuvre accomplie par la France dans les anciens départements français d'Algérie, au Maroc, en Tunisie et en Indochine ainsi que dans les territoires placés antérieurement sous souveraineté française* » et « *reconnai(ssait) les souffrances éprouvées et les sacrifices endurés par les rapatriés, les anciens membres des formations supplétives..., les*

Suite note 20 :
les auteurs d'écrits révisionnistes doit être démontrée et non condamnée pénalement sauf, comme le permet le droit actuel, lorsqu'elle s'accompagne de provocations à la discrimination, à la haine ou à la violence raciale, ou de diffamations ou d'injures à caractère raciste, et qu'enfin il appartient aux autorités disciplinaires de prendre les mesures éventuellement nécessaires à l'encontre d'enseignants qui diffuseraient les thèses révisionnistes auprès de leurs élèves » (voir J.O. déb. Sénat, 1990, page 1461). Adopté en seconde lecture par l'Assemblée nationale, le texte fut, à nouveau, rejeté par le Sénat. La commission mixte paritaire n'étant pas parvenue à un accord, le gouvernement demanda, finalement, aux députés de statuer définitivement, en application de l'article 45, alinéa 4, de la Constitution et la proposition de loi fut adoptée, le 1er juillet 1990. De manière inattendue, le Conseil constitutionnel n'eut pas à connaître du texte.

disparus et les victimes civiles et militaires liés au processus d'indépendance de ces anciens départements et territoires et leur rend(ait), ainsi qu'à leurs familles, solennellement hommage »[21].

4) La diffamation raciale (art. 32, alinéa 2)

La diffamation envers les particuliers, prévue par l'article 29, alinéa 1, de la loi du 29 juillet 1881, sera examinée plus loin. Il convient seulement d'observer ici qu'aux termes de l'article 32, alinéa 2, de la même loi, « *la diffamation... envers une personne ou un groupe de personnes à raison de leur origine ou de leur appartenance ou de leur non-appartenance à une ethnie, une nation, une race ou une religion déterminée* », est punie plus sévèrement (« *d'un emprisonnement d'un an et d'une amende de 45 000 euros, ou de l'une de ces deux peines seulement* »), alors que la diffamation envers les particuliers ne fait encourir – depuis la loi n° 2000-516 du 15 juin 2000 – qu'« *une amende de 12 000 euros* ».

Le fait punissable peut viser, dans sa globalité, une des catégories de personnes mentionnées à l'article 32, alinéa 2. L'imputation d'exploiter la légende de l'Holocauste, faite aux juifs américains, vise ainsi un groupe de personnes à raison de leur appartenance à une religion déterminée, et entre, dès lors, dans les prévisions de l'article 32, alinéa 2 (Cass. crim., 8 octobre 1991, *Bull. crim.* n° 334).

Il en est de même des imputations diffamatoires visant les communautés chrétiennes des pays de l'Est, en raison de leur obédience catholique et du comportement prêté à leurs membres (Cass. crim., 2 mars 1993, *Bull. crim.* n° 94).

Mais la religion catholique n'est pas mise en cause, en tant que telle, dans un texte qui vise un groupe de personnes, parfois désignées sous le nom d'intégristes, qui soutiennent des positions extrêmes, souvent très éloignées de celles de l'Église catholique française et, en particulier, de la conférence épiscopale (Paris, 1er juin 1995, *Dr. pénal* 1995.253).

Toutefois, l'imputation, dans un article, à la communauté catholique d'une incitation à l'antisémitisme et de la responsabilité des massacres commis à Auschwitz, caractérise une diffamation à caractère religieux (Cass. crim., 28 avril 1998, *Dr. pénal* 1998.253, obs. Jacques-Henri Robert).

De la même façon, l'évocation du comportement violent de *beurs* lors d'une manifestation ne vise pas les jeunes beurs dans leur globalité et ne saurait, dès lors, être constitutive d'une diffamation envers un groupe de personnes en raison de leur appartenance à une race (Paris, 30 janvier 1991, *JCP*.1991.IV.207).

Il faut ajouter une particularité de procédure d'une certaine portée : la preuve de la vérité des imputations diffamatoires, qui peut, en principe,

21. Sur le problème des « *lois de mémoire* », voir Charles Amson, *Les « lois de mémoire » : aspects juridiques d'une pratique contestable*, in *Liberté Politique* (rédaction : 83 rue Saint-Dominique 75007 Paris), n° 33, avril-mai 2006, pages 109 à 120.

être rapportée dans la procédure pour diffamation envers les particuliers (celui qui accuse, par exemple, un médecin d'avoir un « *mauvais diagnostic* » échappera à une sanction s'il est en mesure de prouver la véracité de ses dires), ne saurait l'être en matière de diffamation raciale (celui qui porte atteinte à l'honneur ou à la considération d'une des catégories de personnes visées par l'article 32, alinéa 2, n'aura pas le droit d'essayer de prouver le bien-fondé de ses propos).

Si cette interdiction de rapporter la preuve des faits en matière de diffamation raciale – créée par la jurisprudence – n'existait pas, il aurait fallu que les tribunaux reconnussent que les accusations racistes pouvaient être fondées[22].

5) L'injure raciale (art. 33, alinéa 3)

L'injure publique envers les particuliers, prévue par l'article 29, alinéa 2, de la loi du 29 juillet 1881 sera examinée plus loin. Il convient seulement d'observer ici qu'aux termes de l'article 33, alinéa 3, de la même loi, « *l'injure commise... envers une personne ou un groupe de personnes à raison de leur origine ou de leur appartenance ou de leur non-appartenance à une ethnie, une nation, une race ou une religion déterminée* », est punie plus sévèrement (le maximum de la peine d'emprisonnement est alors de six mois et celui de l'amende de 22 500 euros, tandis que l'amende encourue est de 12 000 euros pour l'injure commise envers les particuliers).

Le délit d'injure raciale sera, notamment, constitué par la publication d'un écrit contenant des attaques injurieuses envers les Algériens et qui, sous couleur de critiquer la politique d'immigration, tend, au prétexte d'un meurtre, à soulever l'indignation contre ceux d'entre eux qui résident en France, et à présenter comme légitimes des réactions racistes (Cass. crim., 20 novembre 1978, *Bull. crim.* n° 321). De façon plus explicite, les mots « *métèques* », « *noirs* » « *mal blanchis* », « *négros* », « *bougnoules* », « *youpins* » – même si certains d'entre eux sont rayés du texte, sans être totalement illisibles – constituent des termes de mépris et sont, par suite, injurieux pour les différentes communautés qu'ils visent, en l'espèce les personnes de race noire et la communauté juive (TGI Paris, 10 novembre 1998, *Légipresse,* 1999, n° 163.1.84).

À l'inverse, ne sauraient tomber sous le coup des dispositions de l'article 33, alinéa 3, les propos qui se bornent à viser une catégorie de personnes, comme les « *étrangers* » ou les « *immigrés* », sans se référer expressément à leur origine, leur appartenance ou non-appartenance à une ethnie, une nation, une race ou une religion déterminée (Cass. crim., 6 mai 1986, *Bull. crim.* n° 153).

Ces diverses interdictions des écrits et propos racistes ne feront certainement pas disparaître l'hostilité, fondée sur l'origine, l'ethnie, la nation, la race ou la religion, que certaines personnes éprouvent naturel-

22. Ce qui serait, par hypothèse, contraire aux principes généraux du droit public français.

lement à l'égard des autres[23]. Mais elles auront – et ont, sans doute, déjà – pour conséquence d'en nuancer l'expression, d'en modérer les effets, bref, d'éviter que la part d'incompréhension de l'*autre* qui sommeille en chacun de nous ne se transforme en volonté de lui nuire.

C'est, bien évidemment, un objectif différent que poursuit la répression de l'atteinte à l'autorité de la justice.

a.2.2. Les restrictions liées à l'ordre public : la protection de l'autorité de la justice

Dans notre République – comme dans tout État de droit – il est nécessaire que les décisions judiciaires, prononcées « *au nom du peuple français* », ne soient pas contestées avec trop de véhémence. Sans doute, peuvent-elles faire l'objet de critiques, puisque les juges ne sauraient se prévaloir de l'infaillibilité. Mais, sauf à remettre en cause le postulat démocratique lui-même, il convient que ces critiques restent mesurées. Tel est le sens de l'article 434-25 du Code pénal, qui dispose que « *le fait de chercher à jeter le discrédit, publiquement par actes, paroles, écrits ou images de toute nature, sur un acte ou une décision juridictionnelle, dans des conditions de nature à porter atteinte à l'autorité de la justice ou à son indépendance est puni de six mois d'emprisonnement et 7 500 euros d'amende* ».

Or, discréditer, c'est faire perdre à quelqu'un la confiance qu'il inspire, ruiner la considération dont il est entouré, le priver de l'autorité ou de l'influence morale dont il bénéficie. « *Chercher à jeter le discrédit sur une décision de justice* », c'est, dès lors, vouloir détruire sa légitimité dans l'esprit du public ; c'est nier, d'une certaine manière, qu'elle doive être respectée.

Mais à partir de quel seuil le commentaire de la décision d'un tribunal tombe-t-il sous le coup de la loi ? Comment distinguer l'atteinte à l'autorité de la Justice, incriminée par l'article 434-25, du droit de critique légitime qui appartient aux citoyens ; le dénigrement illégal de la polémique autorisée ? Il faut – répond la Cour de cassation – qu'il *dépasse toutes les limites de la critique normale,* qu'il ait été *inspiré par la volonté de nuire à l'autorité de la Justice* (Cass. crim., 27 février 1964, *Bull. crim.* n° 77 ; 11 février 1965, *Bull. crim.* n° 48). Tel est, par exemple, le cas si une personne qualifie la décision d'un juge de l'expropriation de « *chef-d'œuvre d'incohérence, d'extravagance et d'abus de droit* », en ajoutant que, « *rarement, les annales judiciaires françaises, pourtant assez bien pourvues d'ordinaire en pareille sorte, n'en ont recelé de tels* » (Cass. crim., 27 février 1964, précité).

Tel est encore le cas, lorsqu'un journaliste écrit qu'une décision « *est une parodie de justice* » et que, « *comme au temps des despotes et des rois, on juge et frappe ceux qui ont le courage de s'opposer... au régime* », en observant que « *les exécutants du Palais de Justice n'avaient besoin que d'un prétexte pour faire le sale boulot de chiens de garde et*

23. « *Pas besoin de gril, l'enfer, c'est les Autres* », a écrit Jean-Paul Sartre.

de valets serviles du capitalisme : interroger, inculper et condamner » (Cass. crim., 3 décembre 1974, *Gaz. pal.* 1975.1.somm. page 95).

Ce que le Code sanctionne ainsi, c'est la mise en cause, en termes outranciers, de l'impartialité des juges ayant rendu la décision critiquée ; c'est le fait, pour l'auteur du commentaire, de *dépasser les limites de la libre critique permise aux citoyens,* pour *atteindre dans son autorité, par delà les magistrats concernés, la Justice, considérée comme une institution fondamentale de l'État* (Cass. crim., 11 mars 1997, *Bull. crim.* n° 96).

La critique n'est pas interdite mais « *encore faut-il qu'elle soit objective et n'ait pas pour but un dénigrement systématique visant à ruiner la confiance qui, normalement, s'attache aux actes ou aux décisions de l'autorité judiciaire et, par-delà les magistrats qui font ces actes ou prennent ces décisions, d'atteindre la justice en général pour en suspecter l'impartialité ou l'indépendance. Il impo(rte) donc de rechercher et d'établir que l'on est passé du* particulier *au* général » (voir Bruno Cotte, concl. sous Cass. crim., 11 mars 1997, *Bulletin d'information de la Cour de cassation*, 1997, n° 455, page 7).

Mais, bien évidemment, l'État de droit suppose que l'on puisse critiquer, pour des raisons techniques, la décision d'un tribunal et appeler à ce qu'elle soit modifiée dans le respect des règles de procédure. C'est la raison pour laquelle le 2e alinéa de l'article 434-25 prévoit l'impunité des « *commentaires techniques* » et des « *actes, paroles, écrits ou images de toute nature tendant à la réformation, la cassation ou la révision d'une décision* ». Sans doute, sera-t-il, parfois, difficile d'éviter les abus de journalistes qui, pour assurer l'impunité à leur critique virulente d'un procès à sensation, essayeront de faire valoir l'immunité du 2e alinéa de l'article 434-25. Mais – comme en matière d'abus de droit – tout est question de mesure, de prudence, de bonne foi, d'intention de nuire ou de légèreté blâmable. Lorsqu'on franchit les bornes de la réfutation juridique pour tomber dans la mise en cause de l'institution, on est passible du délit. Si on reste en deçà – ce qui exige parfois plus de talent que la simple polémique ! – il sera possible de critiquer, avec pertinence, la décision d'un tribunal, sans risquer d'être poursuivi[24].

Les exigences de l'ordre public conduisent ainsi à interdire – ou à sanctionner – les abus de la liberté d'expression, lorsqu'ils portent atteinte à l'éthique minimale commune qui doit inspirer les citoyens dans leurs rapports avec la société. Mais, pour le fonctionnement harmonieux de la collectivité, les individus ne sauraient s'exprimer non plus comme ils le souhaitent à l'égard des autres.

24. Certaines critiques, formulées le 13 septembre 2000, lors de l'annonce du jugement du Tribunal correctionnel de Millau condamnant Monsieur José Bové à trois mois de prison ferme – jugement dont l'intéressé a relevé appel –, paraissaient susceptibles, à premier examen, de tomber sous le coup de l'article 434-25 du Code pénal.

a.2.3. Les restrictions liées au respect des droits d'autrui : la diffamation, l'injure, la vie privée et la présomption d'innocence

1) La diffamation

La diffamation résulte de la publication d'une « *allégation ou imputation d'un fait qui porte atteinte à l'honneur ou à la considération de la personne ou du corps auquel le fait est imputé* ».

Elle suppose, dès lors, une condition de publicité[25] et s'applique, par suite, tout particulièrement, aux propos tenus dans la presse (écrite ou orale). Lorsque ces propos portent atteinte à l'honneur ou à la considération d'une personne, ils présentent un caractère diffamatoire. Dire d'une personne qu'elle est malhonnête, d'un médecin qu'il est incompétent, d'un avocat qu'il néglige les affaires de l'aide juridictionnelle, des dirigeants d'une société qu'ils n'obtiennent des contrats que grâce à l'amitié d'un homme politique, présente, par exemple, un caractère diffamatoire. Peu importe que la forme utilisée soit dubitative (« *on ne se porte pas garant de l'exactitude du fait allégué et, en le reproduisant, on veut seulement se faire l'écho de la chronique* »), interrogative (« *X est-il aussi peu scrupuleux qu'on le dit ?* »), négative (« *Nous n'irons pas jusqu'à dire que X est un survivant de la collaboration* »). Peu importe que l'on procède par voie de simples insinuations (écrire à un médecin qui bénéficie surtout d'une renommée littéraire, en mentionnant son titre de Docteur entre guillemets présente un caractère diffamatoire[26]).

De façon générale, dès lors qu'une allégation ou une imputation laisse penser qu'une personne a méconnu ses devoirs d'état ou les obligations de sa conscience (l'imputation, par exemple, qu'un homme a une maîtresse ou une femme, un amant) ou qu'elle ne mérite pas de bénéficier de l'hommage des autres à l'égard de sa position extérieure ou mondaine (dire qu'un homme ou une femme a un enfant naturel ou qu'il a changé de religion pour faire un mariage avantageux), elle constitue une diffamation.

« *Sans la liberté de blâmer, il n'est pas d'éloge flatteur* », porte légitimement, en épigraphe, un grand quotidien[27]. La justesse du propos n'est pas douteuse, mais les règles de la diffamation n'en viennent pas moins limiter le droit de libre expression, dans l'intérêt de l'apaisement social.

Ce droit réapparaît, toutefois – pour éviter l'instauration d'une véritable censure – en matière littéraire et artistique. Les œuvres de l'esprit ne répondent pas, en effet, à un souci d'information, mais ont pour but

25. La diffamation non publique constitue une infraction, mais de nature contraventionnelle, à laquelle s'applique l'article R 621-1 du Code pénal. Elle sanctionne, par exemple, des propos diffamatoires tenus au cours d'une conversation ou transmis au téléphone par l'intermédiaire d'un répondeur automatique, à la double condition qu'ils concernent une personne autre que celle à laquelle ils sont adressés et qu'ils aient été exprimés dans des circonstances exclusives d'un caractère confidentiel (voir Cass. crim., 22 mai 1984, *Bull. crim.* n° 188).
26. Cass. crim., 15 mars 1983, *JCP*.1984.II.20145.
27. Le propos est de Beaumarchais.

d'exercer le sens critique des personnes qui les lisent, les voient ou les entendent. Il est, dès lors, normal qu'en la matière, les limites de la liberté d'expression soient reculées, sans que l'exercice de celle-ci permette, pour autant, de manifester une intention délibérée de nuire à autrui. Pour reprendre une formule devenue de style, « *s'il est vrai que les critiques doivent jouir d'une grande liberté pour exprimer leur avis sur la valeur des œuvres artistiques, littéraires ou scientifiques qu'ils sont appelés à juger, ils ne sauraient impunément assortir ces avis de digressions diffamatoires* » (Cass. crim., 22 mars 1966, *JCP*.66.IV.71, à propos de la critique d'un film dans laquelle le journaliste prétendait que le réalisateur avait vu certaines de ses œuvres refusées pour insuffisance artistique).

De même, la critique des journalistes du quotidien *Libération* accusant le film de Luc Besson, *Fanfan la Tulipe*, de véhiculer des stéréotypes empreints d'un certain racisme, évoquant son « *épaisse connerie franchouillarde* », sa « *nullité xénophobe* » ainsi que « *la canonnade de plaisanteries de comptoirs évidemment racistes* », a été regardée comme s'adressant à l'œuvre et non à l'auteur, « *dans un style qui se veut humoristique, mais qui ne dépasse pas les limites de la liberté d'expression* »[28].

Il y aura, en fait, diffamation chaque fois que, derrière la critique de l'œuvre, le journaliste visera la personne même de l'auteur et transformera en dénigrement ou attaque personnelle, ce qui devrait être une critique artistique ou littéraire[29].

Il reste qu'en toute matière, l'auteur des propos diffamatoires peut échapper à la condamnation, soit en rapportant la preuve de la vérité des propos qu'il a tenus, soit en démontrant qu'il a agi avec bonne foi.

❑ La preuve de la vérité

L'article 35 de la loi du 29 juillet 1881 permet à l'auteur d'un propos diffamatoire d'échapper à toute condamnation, s'il en démontre l'exactitude[30]. Mais cette exception de vérité est enfermée dans des conditions de

28. Voir TGI Paris, 17e ch. civ., 29 septembre 2004, *Luc Besson et autres c. SARL Libération et Serge July* (cité par Diane de Bellescize et Laurence Franceschini, *Droit de la communication*, octobre 2005, PUF, collection Thémis, page 360).

29. Les termes *boutiquier de théâtre* dépassent ainsi le cadre d'une critique légitime (voir Paris, 30 mars 1966, *JCP*.1967.II.15133). De même, a été condamné pour diffamation le journaliste qui reprochait à une artiste chorégraphique « *de n'avoir pas d'autre but que de montrer son corps, de le faire admirer sous tous les angles jusqu'à l'inconvenance, de faire de l'exhibitionnisme* » (voir Paris, 6 janvier 1953, *D*.1953.198), alors qu'il n'a pas été jugé coupable de dire d'une comédienne qu'elle était « *trop vieille pour jouer les femmes de 35 ans et trop jeune pour les mémés* » (voir Paris, 31 mai 1988, *D.F.* 1988, inf. rap. 197).

30. La vérité du propos diffamatoire ne peut, toutefois, être prouvée, lorsque l'imputation concerne la vie privée de la personne, lorsqu'elle se réfère à des faits qui remontent à plus de dix années (reconnaissance d'un droit à l'oubli) ou encore à un fait constituant une infraction amnistiée ou prescrite, ou qui a donné lieu à une condamnation effacée par la réhabilitation ou la révision.

procédure rigoureuses, qui rendent difficile sa mise en œuvre[31]. La preuve de la vérité du fait diffamatoire doit, au surplus, être totale. Il y aura, par exemple, diffamation à exploiter une rapport de la Cour des comptes en lui faisant dire plus qu'il ne dit ou à s'appuyer sur un fait isolé pour prétendre à une habitude (Cass. crim., 9 juillet 1980, *Gaz. pal.* 1981.1.211).

Les affaires où des relaxes ont été prononcées dans le cadre de l'*exceptio veritatis* sont extrêmement rares. Il n'y en a eu, par exemple, aucune à la 17e Chambre du Tribunal de Grande Instance de Paris (statuant comme chambre de la presse) dans les années 2001 à 2004. La plus médiatisée de la période récente a concerné le directeur de publication et un journaliste du *Monde* – Messieurs Jacques Lesourne et Edwy Plenel – après la parution d'un article mettant gravement en cause le capitaine Barril dans l'affaire dite des « *Irlandais de Vincennes* » (voir Trib. corr. Paris, 18 décembre 1996, cité par Diane de Bellescize et Laurence Franceschini, *Droit de la communication, op. cit.*, page 363).

La preuve de la vérité du fait diffamatoire est, au surplus, interdite dans trois cas énumérés par l'article 35 de la loi du 29 juillet 1881 :

– «*lorsque l'imputation concerne la vie privée des personnes* ». Le législateur a voulu assurer ainsi le respect de la vie privée. Toutefois, si les imputations touchent, à la fois, et de façon indivisible, aux fonctions et à la vie privée, la preuve de la vérité est possible pour l'ensemble des imputations (s'agissant, par exemple, des relations sexuelles avec des élèves imputées à un professeur : voir Cass. crim., 17 décembre 1979). La séparation entre *vie publique* et *vie privée* est délicate pour une personne dont l'activité professionnelle dépend largement de la publicité, comme des vedettes du spectacle ou du sport. Dans ce cas, la jurisprudence adopte une conception relativement limitée à la vie privée pour permettre la preuve de la vérité des faits diffamatoires ;

– «*lorsque l'imputation se réfère à des faits qui remontent à plus de dix années* ». Il existe alors, en effet, un *droit à l'oubli*, consacré par l'ordonnance du 6 mai 1944 – qui a complété, sur ce point, l'article 35 de la loi du 29 juillet 1881 – autorisant une personne à faire oublier certains épisodes compromettant ou douloureux de sa vie privée, qui avaient pu, dans un passé lointain, défrayer la chronique (sur le *droit à l'oubli*, voir TGI Paris, 20 avril 1983, *JCP*.1985. II.20434, note Lindon). Cette disposition constitue un handicap pour l'historien qui se trouve privé du droit d'évoquer des événements du passé pour essayer de rétablir la vérité si ses écrits sont argués de diffamation. Peut-être faudrait-il imposer une

31. L'article 55 de la loi du 29 juillet 1881 dispose que l'offre de preuve doit être signifiée à l'auteur de la citation (le ministère public ou la personne visée) « *dans le délai de dix jours après la signification de la citation* ». Or, il s'agit d'un délai strict, et, par suite, la signification faite le onzième jour est tardive, quand bien même il s'agit d'un jour férié (si l'auteur de la diffamation avait, par exemple, reçu la citation le jeudi 10 août 2000, il devait faire signifier l'offre de preuve au plus tard le dimanche 20 août, c'est-à-dire, dans la pratique, le vendredi 18, ce qui – compte tenu du caractère férié du 15 août – pouvait s'avérer très difficile).

« *exception de recherche historique* » et supprimer ce délai de dix ans, qui aboutit à un « *quasi-déni de justice* » ;

– « *lorsque l'imputation se réfère à un fait constituant une infraction amnistiée ou prescrite, ou qui a donné lieu à une condamnation effacée par la réhabilitation ou la révision* ». Cette dernière interdiction peut soulever des difficultés dans le cadre d'une campagne électorale : comment admettre, en effet, qu'un journaliste ne puisse révéler aux électeurs les condamnations, amnistiées ou prescrites, d'un candidat qui brigue leurs suffrages ?

Mais ces trois interdictions, d'ordre public, sont générales et absolues, et doivent être observées devant les tribunaux civils comme devant les juridictions pénales[32].

S'il ne réussit pas à démontrer la vérité du fait diffamatoire – et il n'y réussit que rarement – l'auteur de l'article ne pourra échapper à la condamnation qu'en rapportant la preuve de sa bonne foi.

❑ La preuve de la bonne foi

La démonstration de la bonne foi constitue, en fait, le moyen de défense le plus fréquemment utilisé par la personne poursuivie. Mais il ne suffit pas que celle-ci démontre qu'elle croyait dans l'exactitude des faits allégués. Il faut qu'elle établisse qu'elle a fait preuve de prudence dans sa manière de vérifier l'information – en se fondant, notamment, sur des sources généralement dignes de confiance – et qu'elle n'a pas été inspirée, en la présentant, par le seul souci de nuire à la personne en cause[33] (Cass. crim., 9 juillet 1980, *Bull. crim.* n° 219).

Selon la jurisprudence récente, la *bonne foi* comporte quatre éléments : la légitimité du but poursuivi ; l'absence d'animosité personnelle (un article de presse ne doit pas être un moyen de *régler des comptes* familiaux ou affectifs) ; la prudence et l'objectivité des propos ; le sérieux de l'enquête et la vérification des sources. Toutefois, même si les juges se montrent stricts sur l'exigence des critères de la *bonne foi*, ils savent nuancer leur appréciation en tenant compte du journal dans lequel l'imputation poursuivie a été publiée : un même *fait diffamatoire* ne sera pas jugé avec une égale sévérité selon qu'il a été publié dans *Le Canard enchaîné* ou dans *Le Monde*. De même, les articles rapportant des *faits divers* sont jugés avec plus de sévérité que les imputations formulées dans le cadre d'une campagne électorale ou d'une controverse politique.

Mais la liberté d'informer n'impose pas seulement au journaliste un devoir de prudence et de vérification, sans lequel la liberté de la presse permettrait, pour discréditer une personne, d'affirmer, à son sujet, les mensonges les plus éhontés et de soutenir ensuite, avec une fausse naïveté, que, selon l'adage populaire, « *il n'y a pas de fumée sans feu* » ; elle limite

32. La publication d'une information diffamatoire est également justifiée, lorsqu'elle constitue un devoir (cas d'un médecin qui signale, conformément aux règlements, une personne qu'il croyait atteinte de maladie vénérienne).

33. Voir Diane de Bellescize et Laurence Franceschini, *Droit de la communication, op. cit.*, page 364.

également, non plus la teneur de l'information, mais le ton sur lequel elle doit être présentée. De là, la sanction réservée aux propos injurieux.

2) <u>L'injure</u>

La vérité du fait diffamatoire peut être prouvée. *L'injure, au contraire, ne se prête pas à la démonstration.* Elle est, en elle-même, nocive, blessante, préjudiciable. Dire de quelqu'un qu'il est malhonnête – ce que l'on peut prouver – constitue, par suite, une diffamation, tandis que le traiter de « *salaud* » (affirmation subjective et passionnelle qui résiste à la démonstration), présente le caractère d'une injure.

Comme le prévoit le deuxième alinéa de l'article 29 de la loi du 29 juillet 1881, l'« *injure* » est, en effet, une « *expression outrageante, (un) terme de mépris ou (une) invective qui ne renferme l'imputation d'aucun fait* ».

Constituent, par exemple, des injures les expressions outrageantes « *reîtres* » et « *flibustiers* » (Cass. crim., 6 mars 1974, *Bull. crim.* n° 98), la juxtaposition des mots « *pulpeuse charcutière casher* » (Paris, 15 février 1988, *JCP*.1988.II.21115) ou – dans un genre encore plus navrant – l'adjonction de l'épithète « *crématoire* » au patronyme d'un ministre (Cass. crim., 20 octobre 1992, *Bull. crim.* n° 329).

L'injure présente ainsi nécessairement un caractère violent et brutal. Elle doit être retenue contre les personnes qui, au cours d'une séance du conseil municipal, traitent le maire de « *voyou, voleur, bandit, manipulateur* » (Aix-en-Provence, 22 juin 1998, *Juris-Data* n° 43988) ou contre celui qui, sur la voie publique, traite une automobiliste de « *prostituée* » (Paris, 16 juin 1999, *Juris-Data* n° 24332).

De même, les mots « *putain, pouffiasse* », « *Tartuffe* et *bourreau* » ou encore les deux lettres SS accolées au nom d'un personnage public, présentent un caractère injurieux (voir les arrêts de cassation cités, dans ces trois hypothèses, par Emmanuel Dreyer, *Droit de l'information. Responsabilité pénale des médias*, 2002, Litec, page 65).

Mais les termes d'« *aventurier play-boy* », qui se contentent de mettre l'accent sur le goût du risque et le caractère séducteur d'un homme, ou encore le mot « *bellâtre* »[34], qui comporte une connotation péjorative, mais n'excède pas les limites imposées par le libre droit de critique, ne peuvent être considérés comme injurieux (TGI Paris, 4 mars 1998, *Juris-Data* n° 49270).

Il faut, toutefois, observer que la notion d'injure est largement relative et qu'elle doit être appréciée en fonction de la personne qui a proféré les termes critiqués et du contexte dans lequel ils ont été prononcés. Le terme « *fasciste* », qui n'était pas regardé comme injurieux en 1936, l'est, par exemple, devenu après la Seconde Guerre mondiale. De même, si l'épithète « *boche* », appliquée publiquement à des Français, présentait, pendant longtemps un caractère injurieux (Paris, 27 décembre 1915,

34. Le Dictionnaire définit le *bellâtre* comme un *« bel homme fat et niais »*.

*D.*1916.II.30), il n'est nullement certain que la même solution serait retenue à l'heure actuelle (notamment, depuis la signature du traité franco-allemand du 22 janvier 1963). Notons également que le terme « *Alphonse* » a longtemps été considéré comme injurieux, dans la mesure où, pour les initiés de l'argot, il désignait un individu exerçant le métier de souteneur (Orléans, 22 février 1887, *D.*1888.II.286), alors qu'aujourd'hui, il laisserait, sans doute, indifférent celui auquel on l'appliquerait. Le caractère relatif de la notion d'injure fait, d'ailleurs, qu'une même expression peut fort bien être blessante pour certaines personnes et ne pas l'être pour d'autres. Ainsi, les termes de *camelot* et de *bateleur*, qui ne seraient peut-être pas, en eux-mêmes, regardés comme injurieux, ont été jugés tels, pour qualifier un professionnel du monde financier (Paris, 28 mai 1998, *Juris-Data* n° 21970).

En tout état de cause – et comme il a déjà été indiqué – l'*injure* « *ne renferme l'imputation d'aucun fait* », ce qui ne permet pas à son auteur d'essayer d'en établir le bien-fondé. Elle est, dès lors, toujours punissable, sauf – observe la loi[35] – lorsqu'elle a été « *précédée de provocations* ». Il en résulte que l'injure est excusable quand celui qui l'a proférée *peut être raisonnablement considéré comme se trouvant encore sous le coup de l'émotion que cette provocation a pu lui causer* (Cass. crim., 13 janvier 1966, *Bull. crim.* n° 14). Tel sera le cas si la personne visée par les propos blessants avait elle-même, préalablement, injurié celle qui les a tenus (Cass. crim., 16 mars 1948, *Bull. crim.* n° 96), par exemple, si les propos blessants tenus par une personne à l'égard de son voisin s'expliquaient par le vacarme délibéré et persistant causé par celui-ci. La provocation est ainsi une excuse absolutoire qui empêche toute condamnation.

3) Les restrictions liées à la protection de la vie privée

CÉLÉBRITÉ

Les célébrités ! S'inquiéter du moindre détail de leur vie privée, afin de pouvoir les dénigrer.

Gustave Flaubert[36]

La France est l'un des rares États dans lequel la vie privée fait l'objet d'une protection spécifique. Cela veut dire qu'alors que, dans la plupart des autres pays, la publication d'une information relative à la vie privée ne peut être sanctionnée que si elle constitue, en même temps, une infraction distincte (fausse nouvelle, diffamation, injure, etc.), l'article 9 du Code civil énonce, depuis la loi du 17 juillet 1970, que « *chacun a droit au respect de sa vie privée* ». De même, l'article 226-1 du Nouveau Code pénal sanctionne d'une peine d'emprisonnement le fait de porter atteinte à « *l'intimité de la vie privée d'autrui* », en captant, enregistrant ou transmettant, sans son accord, soit « *les paroles (qu'il a) prononcées à*

35. Le 2e alinéa de l'article 33 de la loi du 29 juillet 1881.
36. Gustave Flaubert, *Le Dictionnaire des Idées Reçues, op. cit.*, page 32.

titre privé ou confidentiel », soit son image, s'il se trouve dans un lieu privé.

Nous nous bornerons à définir la notion de « *vie privée* », telle qu'elle est précisée par la jurisprudence civile – en constant développement depuis plusieurs années – et à examiner les sanctions qui s'attachent à sa méconnaissance.

❑ La notion de vie privée, au sens de l'article 9 du Code civil

Le législateur n'a donné, en 1970, aucune définition de la « *vie privée* ». C'est la jurisprudence qui en a précisé le contour, reprenant parfois des solutions qu'elle avait adoptées depuis longtemps sur le fondement de l'article 1382 du Code civil, mais innovant bien souvent pour tenir compte de la spécificité du nouveau texte. L'examen des décisions rendues permet d'observer que le domaine de la vie privée comprend, pour l'essentiel, cinq catégories. De brèves indications seront données sur chacune d'elles.

– **La vie sentimentale** : Toute personne – même si elle est notoire – a le droit d'obtenir le respect de sa vie sentimentale. L'article 9 interdit de porter à la connaissance du public les liaisons, véritables ou imaginaires, qui sont prêtées à une princesse (jurisprudence constante pour la princesse Caroline de Monaco depuis TGI Paris, 2 juin 1976, *D.*1977.364 : les liaisons – souvent imaginaires – prêtées à l'intéressée ont entraîné plusieurs dizaines de condamnations des journaux qui les avaient annoncées). De même, la divulgation du projet de divorce de deux époux – qui ne traduit parfois qu'une réaction de colère momentanée – constitue une atteinte à l'intimité de leur vie privée (Paris, 7 octobre 1981, *D.*1983.403).

Cette jurisprudence est constante et, selon une formule devenue de style, « *les artistes du spectacle ont droit, comme toutes les autres personnes physiques, à la protection de leur vie privée et ont seuls le droit de fixer les limites de ce qui peut être publié sur leur vie intime, en même temps que les circonstances dans lesquelles cette publication peut intervenir* » (Paris, 16 février 1974, *JCP.*1976.II.18341).

Il en résulte que le simple fait d'indiquer que deux comédiens sont « *inséparables* » et qu'ils « *semblent avoir bien plus que des affinités professionnelles...* » est constitutif d'une atteinte à leur vie privée (TGI Paris, 2 septembre 1998, RP 10461).

Il faut noter que le juge des référés a étendu au mariage – qui est pourtant un acte public – la protection accordée au titre du droit au respect de la vie privée. Il a ainsi relevé, à propos du mariage d'un comédien célèbre, qu'« *il appartenait aux (seuls) intéressés d'en faire eux-mêmes l'annonce, quand bon leur semblait et sur le support de leur choix* » (TGI Paris, référé, 2 février 1998, n° 50818/98).

La protection est tout aussi rigoureuse en ce qui concerne le droit au secret de la santé.

– **La santé** : Toute personne est en droit de s'opposer à ce que son état de santé soit commenté dans un article de presse (Paris,

9 juillet 1980, *D.*1981.72, à propos d'un article consacré à la lutte du regretté Jacques Brel contre la maladie, auquel était jointe une photographie montrant l'artiste descendant avec peine d'un avion et une autre prise au temps de sa jeunesse).

La Cour de cassation a rappelé ce principe dans un arrêt du 5 janvier 1983, à propos d'un article annonçant la grossesse de la comédienne Isabelle Adjani (Cass. civ. II, 5 janvier 1983, *Bull.* II, n° 4). Dans le même sens, il a été jugé que la révélation de faits couverts par le secret médical et relatifs à une personne décédée, constituait, pour l'épouse et les enfants de celle-ci, une atteinte manifestement illicite à l'intimité de leur vie privée (Paris, référé, 13 mars 1996, *JCP.*1996.II.22632, à propos du livre du docteur Gubler, *Le Grand Secret,* sur la santé du président Mitterrand).

Mais cette décision sanctionnait le « *trouble manifestement illicite* », exigé par l'article 809 du Nouveau Code de procédure civile pour permettre au président du tribunal de « *prescrire en référé les mesures conservatoires ou de remise en l'état qui s'imposent* », et non l'atteinte à la vie privée. Par la suite, la Cour d'appel de Paris a précisé que « *la faculté ouverte à chacun d'interdire toute forme de divulgation de (sa vie privée) n'appart(enait) qu'aux vivants* » (Paris, 27 mai 1997, *JCP.*1997.II.22894, note Emmanuel Derieux).

Cela veut dire que les héritiers ou les ayants droit d'une personne décédée ne peuvent agir en justice pour faire sanctionner les atteintes portées à sa vie privée.

La liberté d'information est également limitée par l'obligation de respecter le secret des convictions religieuses.

– **Les convictions religieuses** : Dans notre pays, où la laïcité est un principe posé par la Constitution (art. 1er de la Constitution du 4 octobre 1958[37] : « *La France est une République indivisible, laïque, démocratique et sociale* »), ni l'état civil ni les autorités administratives ou scolaires n'ont, en principe, à connaître la religion des administrés. Il semble bien, dès lors, qu'il ne soit pas permis à un tiers de faire savoir au public que telle ou telle personne est catholique, protestante, mahométane ou israélite, ou encore si elle fréquente, assidûment ou épisodiquement, les lieux de culte.

Telle est bien la position de la jurisprudence. Le Tribunal de grande instance de Paris a ainsi estimé que la société éditrice d'un journal portait atteinte à la vie privée d'un acteur célèbre, en publiant un article mentionnant qu'il serait résolu à se marier religieusement (TGI Paris, 23 mars 1994, *RP* 991). Le même tribunal a considéré que « *l'affirmation de (la) judaïcité (d'une personne) portait atteinte à sa vie privée, ... la religion constituant au même titre que la vie familiale une des composantes de la vie privée* » (TGI Paris, 21 novembre 1994, *RP* 2063).

37. Dans la rédaction que lui a donnée la loi constitutionnelle du 4 août 1995.

Toutefois, le Tribunal de grande instance de Paris a estimé que des indications fournies par un journal – il s'agissait de l'hebdomadaire *Minute* – sur la religion du père de l'épouse d'un ministre ne constituaient pas une atteinte à la vie privée de cette dernière, « *s'agissant d'éléments publics de la personnalité ou d'un état manifesté par des pratiques extérieures* » (TGI Paris, 25 novembre 1987, *D.*1989, jurisp. 92, note Amson).

Naturelle pour la santé, conforme à la tradition française en ce qui concerne la religion, la nécessité du secret s'applique-t-elle également à la fortune ?

– **La fortune** : Il faut rappeler liminairement que la tradition française du secret du patrimoine est atténuée par certaines dispositions du Livre des procédures fiscales et, notamment, par son article L. 111 qui dispose, à son 3e alinéa, que « *la liste (des personnes assujetties à l'impôt sur le revenu ou à l'impôt sur les sociétés)* ***est tenue par la direction des services fiscaux à la disposition des contribuables qui relèvent de sa compétence territoriale*** ». Il en résulte qu'un citoyen peut consulter la liste des personnes assujetties à l'impôt qui dépendent de la même direction des services fiscaux que lui. Mais, en application de l'article 1768 ter du Code général des impôts, il ne peut, sous peine d'amende, publier ou diffuser les notes qu'il a prises au cours de cette consultation.

Son information peut être, néanmoins, circonstanciée, puisque le 5e alinéa de l'article L. 111 du Livre des procédures fiscales prévoit que « *la liste concernant l'impôt sur le revenu est complétée (...) par l'indication du nombre de parts retenu pour l'application du quotient familial, du revenu imposable, du montant de l'impôt mis à la charge de chaque redevable et du montant de l'avoir fiscal* ».

Il existe là un moyen aisé, pour les parents, de vérifier que le fiancé d'un de leurs enfants – ou sa famille – acquitte bien un impôt qui correspond au train de vie qu'il prétend avoir (...) ou qu'il ne fait pas preuve de malhonnêteté fiscale!

Or, il est arrivé fréquemment, ces dernières années, que les journaux économiques publient une liste des « *Français les plus riches* ». La question s'est, dès lors, posée de savoir si une telle publication était légale au regard de la législation sur la vie privée.

La Cour de cassation a répondu à cette question par l'affirmative, dès lors qu'étaient seulement publiés, sur les intéressés, des « *renseignements d'ordre purement patrimonial, exclusifs de toute allusion à (leur) vie et à (leur) personnalité* » (Cass. civ., 28 mai 1991, *Bull.* I, n° 173 ; Cass. civ. I, 20 octobre 1993, *Bull.* I, n° 295). Cette solution a été récemment confirmée par la Cour de Chambéry, à la suite de l'action engagée par le président d'une grande société française, qui contestait le droit d'un journal de publier des photographies de sa demeure personnelle. Les juges ont estimé que l'intéressé « *faisant l'objet d'une instruction judiciaire sur le financement de travaux effectués dans ses résidences privées, son patrimoine (était) devenu un élément d'information (et que), dans ce contexte, la divulgation de renseignements... portant sur des éléments (de ce) patrimoine, en l'absence de commentaire sur sa vie personnelle et familiale, ne saurait constituer une atteinte à sa vie privée mais entr(ait) dans le cadre du droit d'information du public* » (Chambéry, 18 mai 1999, *Communication Commerce électronique,* n° 2, page 26)[38].

Mais, si la photographie de la demeure d'un grand homme d'affaires peut être publiée, parce qu'elle contribue à l'information du public, il n'en va pas de même de l'image des personnes, qui ne saurait être reproduite sans leur accord.

– **Le droit à l'image** : Chacun est, en principe, maître de son image. Comme l'énoncent, fréquemment, les tribunaux, « *toute personne, quelle que soit sa notoriété, dispose sur son image et l'utilisation qui en est faite, d'un droit exclusif qui lui permet de s'opposer à sa diffusion sans son autorisation* » (TGI Paris, 3 septembre 1997, *RP* 8185).

Il y a ainsi une restriction notable à la liberté d'information, qui s'applique même si la photographie a été prise dans un lieu public et si la personne qu'elle représente intéresse l'actualité (Paris, 16 juin 1986, *D.*1987 somm. 136). L'atteinte à l'image est considérée, en effet, comme une intrusion dans la vie privée, même si, dans la pratique, elle met souvent en cause un droit patrimonial[39]. Si la règle était, dès lors, appliquée avec rigueur, il conviendrait d'obtenir le consentement d'un homme politique pour publier sa photographie au cours d'un événement d'actualité ou celui d'un coureur du Tour de France pour le montrer dans l'effort de la montée du col d'Aubisque. L'absurdité d'une telle solution justifie les tempéraments qui sont apportés au principe selon lequel chacun dispose d'un droit absolu sur son image.

Présentent ainsi un caractère licite les photographies institutionnelles, c'est-à-dire celles qui doivent figurer sur les documents officiels, auxquelles il convient d'ajouter celles qui sont prises par les systèmes de vidéosurveillance fonctionnant dans des conditions légales (*L'image de la personne, Droit de la Presse,* Fasc. 303, n° 25). Plus importante est l'exception qui permet de publier les photographies d'actualité, qui répondent aux légitimes besoins d'information du public. Comme l'a énoncé le Tribunal de grande instance de Paris, la protection résultant du droit à l'image « *s'efface lorsque la publication s'inscrit dans l'actualité* » (Paris, 28 février 1991, *Juris-Data* n° 20806).

Les conflits sont, néanmoins, fréquents. La photographie d'une institutrice victime d'une prise d'otages a pu, par exemple, être publiée, sans son autorisation, dans la mesure où elle avait pour objet d'illustrer l'événement auquel elle avait été mêlée (TGI Paris, 5 janvier 1994, *Juris-Data,*

38. Voir également, au sujet de la publication, par *Le Canard enchaîné,* des avis d'imposition de Monsieur Jacques Calvet – à l'époque président-directeur général de la société des automobiles Peugeot, dont l'article soulignait qu'il avait bénéficié d'importantes augmentations de salaires au moment même où il refusait celles réclamées par le personnel – TGI Paris, réf., 28 septembre 1989, *Gaz. Pal.,* 1989.II., doctr. page 549 ; Paris, 11e ch. A, 10 mars 1993, *Juris-Data* n° 1993/022561 ; Cass. crim., 3 avril 1995, *Bull. crim.* n° 928 et CEDH, 21 janvier 1999, *JCP* 1999.II.10120, note Emmanuel Derieux ; voir encore Diane de Bellescize, *La France et l'article 10 de la Convention européenne de sauvegarde des droits de l'homme, RTDH,* 1er janvier 2005, page 232.

39. Voir Emmanuel Dreyer, *L'image de la personne, Droit de la Presse,* 2000, Litec, Fasc.303.

n° 40196). Mais la photographie de cette même institutrice, prise, par la suite, à l'occasion de la rentrée scolaire dans une autre école, ne pouvait être publiée sans son accord, puisqu'elle n'avait plus de lien avec l'actualité (TGI Paris, 17 novembre 1993, *Juris-Data,* n° 47243, à propos d'une photographie prise, pourtant, dans la rue).

Ces divers exemples montrent bien que, si la liberté d'informer est un principe fondamental, elle s'arrête au seuil de la vie privée, au respect de laquelle « *chacun a droit* », même les personnes qui exercent les plus hautes fonctions de l'État (en août 2000, le président Chirac a, ainsi, contesté le droit, pour l'hebdomadaire *Paris Match,* de publier, sans son accord, des photographies le représentant sur son lieu de vacances[40]).

Il faut, toutefois, noter une évolution qui traduit le souci des juges de reconnaître **la liberté d'illustration, par l'image, d'événements d'actualité**. La Cour de cassation a, par exemple, admis la licéité de la publication de la photographie d'une victime de l'attentat survenu à Paris, à la station Saint-Michel du RER, le 25 juillet 1995, en retenant que « *la photographie était dépourvue de recherche du sensationnel et de toute indécence et qu'ainsi elle ne portait pas atteinte à la dignité de la personne représentée* » (Cass. civ. I, 20 février 2001, *Hachette Filipacchi et associés, Légipresse,* 2001, n° 180.III, page 53, note Emmanuel Derieux ; 20 février 2001, *Yakoubene, Légipresse,* 2001, n° 180.III, page 53, note Emmanuel Derieux ; Cass. crim. 20 février 2001, *Proc. gén. près. Cour. de cass., Légipresse,* 2001, n° 180.III, page 53, note Emmanuel Derieux).

À l'inverse, il faut noter l'intéressante observation du Tribunal de grande instance de Nanterre qui, dans un jugement du 27 octobre 2005, a énoncé que, « *même si le visage d'un enfant n'est pas visible sur la photographie, le fait d'avoir été photographié en présence de son enfant que l'on souhaite protéger de la pression médiatique crée un sentiment d'insécurité qui accroît le préjudice subi personnellement par (un comédien célèbre) du fait de la seule publication de la photographie non autorisée et ce quel que soit le caractère bienveillant de la légende* » (TGI Nanterre, 1e ch., 27 octobre 2005, *RG* 05/04410).

Mais, à l'évidence, l'efficacité de l'article 9 du Code civil dépend des sanctions prononcées contre les personnes qui le méconnaissent.

❑ La sanction de la méconnaissance de la vie privée

L'article 9 du Code civil est fréquemment appliqué par les tribunaux, qui énoncent que les atteintes à la vie privée sont « *génératrices, en elles-mêmes, d'un préjudice indéniable* » (voir, en ce sens, Cass. civ. I, 25 février 1997, *Juris-Data* n° 786). Mais les condamnations, dont, bien souvent, le montant n'est pas négligeable, ne découragent pas certains journaux de continuer à faire le commerce des indiscrétions – supposées ou réelles – sur la vie privée de personnes notoires ou des photographies qui les représentent, souvent prises au téléobjectif, lorsqu'elles ne résultent pas de simples montages. Et ils en retirent un profit substantiel,

40. Voir *Paris Match* du 4 août 2000 et *Le Monde* du 5 août.

comme en témoignent les chiffres avancés pour le paiement des clichés indiscrets (on parle de sommes allant jusqu'au million d'euros).

La permanence de cette attitude fautive, malgré les dispositions législatives qui la condamnent, pose, évidemment, le problème de l'efficacité de la règle. Sans doute, en cas d'« *atteinte à l'intimité de la vie privée* » – et non en cas de simple « *atteinte à la vie privée* » – le deuxième alinéa de l'article 9 permet aux juges d'ordonner, le cas échéant en référé, « *toutes mesures, telles que séquestre, saisie et autres* », qu'ils estiment appropriées. Mais ces mesures, assimilables à une véritable censure, ne se justifient que si les descriptions ou divulgations incriminées revêtent, en raison de leur gravité, un caractère intolérable (Paris, 14 mai 1975, *D.*1975.687). Quant au montant des dommages-intérêts, s'il doit tenir compte de la fréquence des atteintes à la vie privée commises par certains journaux (voir, en ce sens, TGI Paris, 6 juin 1994, RP 1127 et 1193 et 12 juillet 2006, *RG* 05/14312 : « *la réitération des atteintes ainsi délibérément commises par la société X., au mépris de l'opposition de la demanderesse et des décisions de justice rendues en sa faveur, doit être prise en compte, comme étant de nature à aggraver le préjudice moral par elle subi* »), il ne saurait augmenter indéfiniment, sauf à perdre de vue la finalité de la réparation, qui est d'indemniser le dommage, et non de sanctionner la faute. Il y a là une difficulté qui, sauf à pénaliser davantage la faute civile – ce qui n'est guère satisfaisant – ne pourrait être résolue que par la mise en œuvre d'une véritable déontologie de la presse[41].

Malgré les imperfections qui viennent d'être évoquées, l'article 9 du Code civil a, sans nul doute, contribué à moraliser la presse française. Il a permis, en particulier – et à la suite du décès de la princesse Diana, au cours de l'été 1997 – de limiter l'action des paparazzi[42] ou, plus exactement, d'enserrer leurs droits dans un cadre contractuel[43].

Le succès – tout relatif qu'il soit – de l'article 9 a, dès lors, conduit le législateur à introduire, en 1993, dans le Code civil, un article 9-1, consacrant le droit de chacun au respect de la présomption d'innocence.

4) **Le respect de la présomption d'innocence**

En théorie, le respect de la présomption d'innocence est garanti, en France, depuis la Déclaration des droits de l'homme et du citoyen du 26 août 1789. D'une part, en effet, celle-ci dispose, à son article 7, que « *nul homme ne peut être accusé, arrêté ni détenu que dans les cas déterminés par la loi, et selon les formes qu'elle a prescrites* ». D'autre part, et

41. Recommandée par la Commission Truche, dans le rapport qu'elle a remis au président de la République en juillet 1997 (voir *Rapport de la commission de réflexion sur la Justice,* 1997, La Documentation Française, page 78).
42. Photographes spécialisés dans la prise de clichés indiscrets de personnages connus.
43. Anecdote significative : au mois d'août 2000, le photographe d'un grand journal, venu dans l'ouest de la France faire un reportage sur un champion de football, eut la surprise de le rencontrer avec une actrice célèbre. Mais, malgré l'occasion quasi inespérée qui lui était offerte, il ne voulut pas faire figurer celle-ci sur les photographies qu'il prenait, parce qu'elle ne lui avait pas donné auparavant son consentement exprès.

surtout, l'article 9 stipule que « *tout homme étant présumé innocent jusqu'à ce qu'il ait été déclaré coupable, s'il est jugé indispensable de l'arrêter, toute rigueur qui ne serait pas nécessaire pour s'assurer de sa personne doit être sévèrement réprimée par la loi* ». Ce principe est également garanti par la Convention européenne de sauvegarde des droits de l'homme, qui énonce, à son article 6-2, que « *toute personne accusée d'une infraction est présumée innocente jusqu'à ce que sa culpabilité ait été légalement établie* ».

Bien avant 1993, la présomption d'innocence faisait, dès lors, partie intégrante du droit positif français et le Tribunal de Paris avait estimé, en 1989, qu'elle constituait un « *principe de valeur constitutionnelle (qui) ne saurait souffrir aucune dérogation et notamment trouver justification ou excuse dans le principe de la liberté d'information...* »[44]. Ces affirmations ne paraissaient pourtant pas suffisantes, puisqu'en 1993, le législateur inséra, dans le Code civil, un nouvel article 9-1 dont le premier alinéa[45] dispose que « *chacun a droit au respect de la présomption d'innocence* », et dont le second[46] permet à une personne, « *placée en garde à vue, mise en examen ou faisant l'objet d'une citation à comparaître en justice d'un réquisitoire du procureur de la République ou d'une plainte avec constitution de partie civile* » et « *présentée publiquement comme coupable (des) faits faisant l'objet de l'enquête ou de l'instruction judiciaire* », d'obtenir du juge des référés « *l'insertion dans la publication concernée d'un communiqué aux fins de faire cesser l'atteinte à la présomption d'innocence* ». L'article 9-1 a bien, dès lors, pour but la protection de la *présomption d'innocence* et pose un principe supérieur à la liberté d'expression, dont il limite les effets (TGI Nanterre référé, 22 juin 1996, *Gaz. pal.* 1996.2.559).

Toutefois, les applications de cet article sont relativement rares. En particulier, il a été jugé qu'il n'y avait pas atteinte à la présomption d'innocence lorsque l'écrit litigieux ne contenait pas de conclusion définitive manifestant un préjugé tenant pour acquise la culpabilité (Cass. civ. I, 19 octobre 1999, *Bull.* I, n° 286).

Mais, en dehors des exigences tenant au respect du principe de la présomption d'innocence, la liberté de la presse est également limitée, aux mêmes fins, par le secret de l'instruction.

❑ Les exigences du secret de l'instruction et du secret professionnel

Le *secret de l'instruction* résulte de l'article 11 du Code de procédure pénale, qui dispose que, « *sauf dans les cas où la loi en dispose autrement, et sans préjudice des droits de la défense, la procédure au*

44. Voir Blin, Chavanne, Drago et Robert, *Droit de la Presse*, 1997, Litec, Fasc. 53, n° 2.
45. Issu de la loi n° 93-2 du 4 janvier 1993.
46. Issu de la loi n° 93-1013 du 24 août 1993.

cours de l'enquête et de l'instruction est secrète (et que) toute personne qui (y) concourt est tenue au secret professionnel ».

Cet article vise, dès lors, les magistrats, officiers et agents de police judiciaire, experts, greffiers mêlés à une enquête de police judiciaire ou à une procédure d'instruction. Mais les parties, les témoins et, bien évidemment, les journalistes, ne sont pas tenus par ce secret. Les professionnels de l'information risquent, toutefois, d'être poursuivis pour complicité de violation du secret de l'instruction (si, par exemple, ils publient une interview d'un juge – lui-même lié par le secret – donnant des détails sur une procédure en cours) ou même pour recel de documents couverts par le secret de l'instruction (s'ils publient un document dont ils n'ignoraient pas l'origine délictueuse : par exemple, un document figurant dans un dossier d'instruction).

Ces incriminations sont à rapprocher de celle prévue par l'article 226-13 du Nouveau Code pénal, qui sanctionne « *la révélation d'une information à caractère secret par une personne qui en est dépositaire soit par état ou par profession, soit en raison d'une fonction ou d'une mission temporaire* ». Ce secret professionnel s'impose, bien évidemment, aux avocats (il couvre toutes les confidences que l'avocat[47] peut recevoir à raison de son état ou de sa profession), aux médecins (hormis les cas où la loi en dispose autrement), aux ministres des cultes, aux notaires et aux jurés (un des jurés du procès du maréchal Pétain a été condamné pour avoir trahi le secret des délibérations : Cass. crim., 25 janvier 1968, *Bull. crim.* n° 25).

Néanmoins, afin d'éviter les communications intempestives sur l'état d'avancement des instructions et corriger les informations erronées qui pourraient être transmises à cette occasion, le législateur a décidé d'ouvrir des *fenêtres* dans le cours de la procédure.

C'est ainsi qu'aux termes du 3e alinéa, ajouté à l'article 11 du Code de procédure pénale par la loi du 15 juin 2000, « *afin d'éviter la propagation d'informations parcellaires ou inexactes ou pour mettre fin à un trouble à l'ordre public, le procureur de la République peut, d'office et à la demande de la juridiction d'instruction ou des parties*[48]*, rendre publics des éléments objectifs tirés de la procédure ne comportant aucune appréciation sur le bien-fondé des charges retenues contre les personnes mises en cause* ». C'est ainsi également qu'avec l'accord de la personne concernée, d'office ou à la demande du Ministère Public, le juge d'instruction « *peut ordonner (...), soit la publication intégrale ou partielle de sa décision de non-lieu, soit l'insertion d'un communiqué informant le public des motifs et du dispositif de celle-ci, dans un ou plusieurs journaux, écrits périodiques ou services de communication audiovisuelle qu'il*

47. L'article 160 du décret du 27 novembre 1991 organisant la profession d'avocat confirme le caractère général et absolu de ce secret et l'interdiction, pour l'avocat – notamment en matière pénale – de « communiquer... des renseignements extraits du dossier ». Dans la rigueur des principes, l'avocat ne peut, dès lors, accorder une interview à la presse sur des affaires en cours. Et si, en méconnaissance de son devoir, il le faisait néanmoins, les journaux ne pourraient légalement la publier.
48. L'emploi de la conjonction de coordination **et** ne semble pas favoriser la clarté de la phrase.

désigne » (art. 177-1 du Code de procédure pénale). La même possibilité est ouverte à la chambre de l'instruction (juridiction d'appel des ordonnances du juge d'instruction), s'agissant des arrêts de non-lieu (art. 212-1 du Code de procédure pénale).

Notons, enfin, qu'aux termes de l'article 38 de la loi du 29 juillet 1881, « *il est interdit de publier les actes d'accusation et tous autres actes de procédure criminelle ou correctionnelle avant qu'ils aient été lus en audience publique, et ce, sous peine d'une amende de 3 750 euros* ».

La presse est également limitée dans son droit de reproduire certaines images.

❑ L'interdiction de reproduire certaines images

Il convient de rappeler, d'abord, que l'article 38 de la loi du 29 juillet 1881 interdit, à son troisième alinéa, « *la publication, par tous moyens, de photographies, gravures, dessins, portraits ayant pour objet la reproduction de tout ou partie des circonstances* » des crimes et de certains délits (les atteintes à l'intégrité physique ou psychique de la personne et les atteintes aux mineurs et à la famille). Commet ainsi le délit de publication des circonstances d'un crime le journaliste qui publie une photographie représentant le corps d'un enfant mort assassiné (Paris, 22 juillet 1953, *D.*1953.725).

Ces dispositions sont complétées par l'article 92 de la loi n° 2000-516 du 15 juin 2000 renforçant la protection de la présomption d'innocence et des droits des victimes (*JO* Lois et Décrets, pages 9038 et suivantes), qui a inséré, dans la loi du 29 juillet 1881, un article 35 ter prévoyant que, « *lorsqu'elle est réalisée sans l'accord de l'intéressé, la diffusion par quelque moyen que ce soit et quel qu'en soit le support, de l'image d'une personne identifiée ou identifiable mise en cause à l'occasion d'une procédure pénale mais n'ayant pas fait l'objet d'un jugement de condamnation et faisant apparaître, soit que cette personne porte des menottes ou entraves, soit qu'elle est placée en détention provisoire, est punie de 15 000 euros d'amende* ». L'adoption de ce texte avait été, notamment, recommandée par la Commission Truche[49].

Le projet de réforme de la justice, souhaité par le président de la République à la suite de l'affaire d'Outreau, qui permettrait l'enregistrement vidéo des gardes à vue et, peut-être, des auditions dans les cabinets d'instruction présenterait, certes, des avantages pour la recherche de la vérité, mais risquerait de conduire à une *Justice-spectacle*, qui serait de nature à fausser la sérénité des débats.

Il résulte des observations qui précèdent que la liberté de la presse, principe à valeur constitutionnelle, est limitée chaque fois que l'exige l'ordre public ou le respect des libertés individuelles. « *La libre communication des pensées et des opinions* » est, sans doute, « *un des droits les plus précieux de l'homme* », comme l'énonce l'article 11 de la Déclaration des droits de l'homme et du citoyen de 1789. Mais ce droit – comme

49. Voir *Rapport de la Commission de Réflexion sur la Justice, op. cit.*, page 87.

tout autre – ne saurait être exercé abusivement, sauf à entraîner des conséquences qui peuvent être tragiques[50]. Il est, dès lors, légitime de lui apporter certaines limites, comme il convient de le faire également pour la liberté de réunion.

b. LES LIMITES À LA LIBERTÉ DE RÉUNION

Ignorée des auteurs de la Déclaration des Droits de l'homme et du citoyen de 1789, la liberté de réunion a été consacrée, peu à peu, par le droit positif français. Elle reste, néanmoins, soumise aux limitations qu'impose l'ordre public.

b.1. La reconnaissance progressive de la liberté de réunion

Exaltée au début de la Révolution de 1789, la liberté de réunion devait rapidement appeler, de la part des pouvoirs publics, une attitude nuancée.

b.1.1. LES VICISSITUDES DE LA LIBERTÉ DE RÉUNION (1789-1848)

La Déclaration des droits de l'homme et du citoyen du 26 août 1789 ne mentionnait pas la liberté de réunion. Ce fut un décret[51] du 14 décembre 1789 qui reconnut aux citoyens actifs – c'est-à-dire à ceux qui bénéficiaient du droit de vote[52] – le droit de se réunir paisiblement et sans armes, pour rédiger des adresses et pétitions, à condition d'avoir averti, au préalable, les officiers municipaux. Quelques mois plus tard, la Constitution du 3 septembre 1791 « *garantissait, comme droit naturel et civil, ... la liberté aux citoyens de s'assembler paisiblement et sans armes, en satisfaisant aux lois de police* » (Titre premier, alinéa 2).

50. En dehors même des campagnes de calomnies, qui jouèrent un rôle majeur dans les suicides de Roger Salengro (ministre de l'Intérieur dans le premier gouvernement Blum), le 18 novembre 1936 et de Robert Boulin (ministre du Travail et de la Participation dans le deuxième gouvernement Barre), le 30 octobre 1979, il faut noter que l'affaire Dreyfus – qui devait montrer le rôle bienfaisant de la liberté de la presse – fut, peut-être, favorisée par un abus de cette liberté. Alors, en effet, qu'à la fin du mois d'octobre 1894, l'enquête diligentée par l'armée n'avait donné aucun résultat et que l'état-major envisageait le non-lieu, deux articles du journal antisémite *La Libre Parole* accusèrent l'autorité militaire de « *garder un silence absolu* » sur « *l'arrestation de l'officier juif, Alfred Dreyfus* », ce qui – encore une fois, parmi d'autres raisons – incita le Conseil des ministres à décider l'ouverture d'une instruction judiciaire contre le capitaine. Une véritable déontologie de la presse aurait, peut-être empêché l'Affaire...

51. Les textes votés par l'Assemblée Constituante sont souvent qualifiés de lois. Ils portaient, néanmoins, l'appellation de décrets.

52. La Constitution du 3 septembre 1791 ne reconnaîtra le droit de vote qu'aux seuls Français, de sexe masculin, âgés de 25 ans accomplis, domiciliés dans la ville ou le canton depuis un certain temps, qui payaient « *une contribution directe au moins égale à la valeur de trois journées de travail* » et n'étaient pas « *dans un état de domesticité, c'est-à-dire de serviteurs, à gages* ». Sur une population d'environ 24 millions d'habitants, le nombre d'électeurs s'éleva à environ 4 300 000, soit à peu près le sixième.

L'agitation des clubs pendant la période révolutionnaire entraîna, toutefois, une certaine méfiance à l'égard de la liberté de réunion[53]. Ignoré par les Constitutions de 1793, 1795 et 1799, le droit de réunion fut réglementé, sous l'Empire, par l'article 291 du Code pénal (1810), qui soumettait à autorisation préalable les associations de plus de vingt personnes ayant pour objet de se réunir à certaines dates[54].

Le système fut libéralisé par la Constitution du 4 novembre 1848, qui reconnut, à son article 8, le droit, pour les citoyens, « *de s'associer, de s'assembler paisiblement et sans armes* », précisant que « *l'exercice de ces droits n'a(vait) pour limites que les droits ou la liberté d'autrui et la sécurité publique* ».

b.1.2. Liberté de réunion et liberté d'association

La Constitution de 1848 reconnaissait, non pas la liberté de réunion, mais le droit de s'associer. Les deux notions ne sont pas identiques. Comme l'énonçait le commissaire du gouvernement Michel dans ses conclusions sous l'arrêt du Conseil d'État du 19 mai 1933 (*Benjamin, Rec.* page 541), « *la réunion, (qui est) un groupement momentané de personnes formé en vue d'entendre l'exposé d'idées ou d'opinions ou en vue de se concerter pour la défense d'intérêts, ... se distingue de l'association (qui) implique un lien permanent entre ses membres* (voir *D.* 1933.3.354).

Or, la Constitution de 1848 avait prévu le droit, pour les citoyens, de « *s'associer* » et de « *s'assembler paisiblement et sans armes* », c'est-à-dire, en fait, de se réunir, en respectant l'ordre public. Mais l'agitation des journées de juin[55] incita l'Assemblée à donner au gouvernement le droit d'interdire provisoirement les clubs. La Constitution du 14 janvier 1852 resta muette sur la liberté de réunion, mais divers décrets, adoptés dans les premières années de l'Empire, la soumirent à un régime d'autorisation préalable. Toutefois, ce système fut libéralisé par la loi du 6 juin 1868, qui n'imposa plus l'autorisation que pour les seules réunions politiques – à l'exception des réunions électorales[56] – et de celles ayant un objet religieux. Les autres réunions n'étaient plus soumises qu'à la déclaration préalable, le préfet gardant, toutefois, la possibilité de les ajourner – mais non de les interdire – si elles semblaient de nature à troubler l'ordre ou à compromettre la sécurité publique.

53. Un décret du 29 septembre 1791 avait même interdit toute activité politique aux clubs, leur accordant seulement un rôle éducatif. Ce texte sera annulé, quelques mois plus tard, par la Convention.

54. L'article 291 entraîna, notamment, la formation de nombreuses associations politiques de moins de vingt personnes.

55. Du 22 au 26 juin 1848, Paris fut le théâtre d'une insurrection ouvrière provoquée par la fermeture des Ateliers nationaux (créés le 25 février précédent pour « *garantir l'existence de l'ouvrier par le travail* »). Elle fut réprimée par le général Cavaignac, commandant en chef des forces militaires de Paris, dont les soldats subirent de lourdes pertes (près de 1 500 morts et 4 000 blessés, soit à peu près autant, en quatre jours, que l'armée de Versailles, en 1871, durant les 73 jours de la Commune de Paris).

56. Qui pouvaient être tenues librement.

Mais l'Empire libéral ne résista pas à la défaite militaire contre la Prusse et le Gouvernement provisoire, formé le 4 septembre 1870 – dont le ministre de l'Intérieur était Gambetta – interdit, à nouveau, la liberté de réunion par un décret du 23 janvier 1871 [57]. Il faudrait attendre encore dix ans avant que cette liberté ne fût consacrée.

b.1.3. La reconnaissance de la liberté de réunion

Le 30 juin 1881, en pleine période d'anticléricalisme – des décrets de mars 1880 avaient ordonné l'expulsion des Jésuites et fait dépendre les autres congrégations du bon vouloir du gouvernement – une loi fut adoptée, qui prévoyait la liberté des réunions publiques, maintenant seulement un régime de déclaration préalable, simple formalité qui entraînait la délivrance immédiate d'un récépissé.

Toutefois – souvenir des périodes d'agitation révolutionnaire – les clubs demeuraient interdits. Cette restriction disparut en 1901 puis la loi du 28 mars 1907 supprima le système de la déclaration préalable. Depuis lors, il n'existe plus aucune restriction, pas même la moindre formalité, à la liberté de tenir des réunions publiques et, à plus forte raison, des réunions privées. Est-ce à dire que toute réunion puisse être organisée, à n'importe quel moment et quel qu'en soit le sujet ? À l'évidence, non et, comme celle de la presse, la liberté de réunion se heurte à un certain nombre de limites.

b.2. Les limites de la liberté de réunion

Nous avons vu que le législateur avait exclu toute mesure de police préventive (autorisation ou même seulement déclaration préalable), susceptible d'entraver la liberté de réunion. Celle-ci doit, néanmoins, être conciliée avec le devoir de maintenir l'ordre public, que l'article L 2212-2 du Code général des collectivités territoriales prescrit à l'autorité municipale. Il en résulte que, si, pour assurer l'ordre public, l'autorité municipale ne dispose pas d'un autre moyen que l'interdiction préventive d'une réunion, cette interdiction sera regardée comme licite par le juge administratif. Il convient, par suite, après avoir rappelé brièvement la notion de bon ordre, de préciser dans quels cas sa méconnaissance – ou les risques de sa méconnaissance – peuvent justifier qu'une réunion soit interdite.

b.2.1. La notion de bon ordre

L'article 97 de la loi du 5 avril 1884, repris par l'article L 131-2 du Code des communes puis par l'article 2212-2 du Code général des collectivités territoriales, dispose que « *la police municipale a pour objet d'assurer le bon ordre, la sûreté, la sécurité et la salubrité publiques* ». Il faut, en effet, avoir présent à l'esprit que toutes les libertés sont plus ou

57. Quelques jours avant l'armistice.

moins rapidement compromises si l'ordre ne règne pas. Si, pour qualifier l'État libéral, on parle communément d'« *État-gendarme* », c'est bien que l'Administration doit intervenir pour empêcher les réunions qui menaceraient cet ordre.

Il ne faut pas, dès lors, qu'une réunion soit dangereuse, c'est-à-dire qu'elle fasse courir des risques anormaux aux personnes qui y assistent ; il ne faut pas qu'elle ait un objet illicite, c'est-à-dire qu'elle permette aux citoyens d'exercer une activité illégale (par exemple, des actes de bizutage[58]) ; ou encore, peut-être, de se retrouver dans des lieux de débauche, susceptibles de porter atteinte à la moralité publique, voire – pour reprendre des exemples empruntés à la jurisprudence – d'assister à des spectacles contraires à l'hygiène ou à la décence (combats de boxe interdits par le maire de Châlons-sur-Marne, CE, 7 novembre 1924, *Club indépendant sportif du Châlonnais, Rec.* page 863 ; lancer de nains interdit par le maire de Morsang-sur-Orge, CE, 27 octobre 1995, *Commune de Morsang-sur-Orge, Rec.* page 372).

Mais ce n'est pas tant une activité en elle-même que le risque de désordre qu'elle entraîne, qui permet à l'autorité administrative de restreindre la liberté de réunion.

b.2.2. L'ATTEINTE LÉGITIME À LA LIBERTÉ DE RÉUNION

Le droit, pour l'autorité administrative, de limiter la liberté de réunion, en cas de menace de trouble, a été reconnu par le Conseil d'État, dans le célèbre arrêt *Benjamin*, déjà cité, du 19 mai 1933 (*Rec.* page 541). En l'espèce, René Benjamin devait donner, à Nevers, une conférence littéraire sur Courteline et Sacha Guitry. Les instituteurs syndiqués firent savoir au maire de la ville qu'ils s'opposeraient, par tous les moyens, à ce que se tienne la conférence d'un homme connu pour ses positions hostiles à l'école laïque. Soucieux, à la fois, d'éviter les désordres et de ménager ses amis politiques (parmi lesquels se comptaient la plus grande partie des instituteurs), le maire prit un arrêté interdisant la conférence. Le Syndicat d'initiative fit alors paraître, dans la presse, un communiqué annonçant la substitution d'une conférence privée à la conférence publique initialement prévue. Le maire prit, à nouveau, un arrêté d'interdiction. Le conférencier forma un recours pour excès de pouvoir contre les deux arrêtés, invoquant, notamment, la violation de la liberté de réunion.

Dans son arrêt, le Conseil d'État admit que, de façon générale, la menace de désordre pouvait justifier l'interdiction d'une conférence, mais il estima qu'au cas présent, « *l'éventualité de troubles, alléguée par le maire de Nevers, ne présentait pas un degré de gravité tel qu'il n'ait pu (...) maintenir l'ordre en édictant les mesures de police qu'il lui appartenait de prendre* ». C'était admettre la légalité des atteintes à la liberté de réunion, tout en énonçant qu'elles devaient être proportionnelles au désordre qu'il convenait d'empêcher.

58. Actes prévus et réprimés par les articles 225-16-1 à 225-16-3 du Nouveau Code pénal, dans la rédaction que leur a donnée la loi du 17 juin 1998.

La Haute Assemblée appliqua, quelques années plus tard, cette jurisprudence, pour annuler l'arrêté du maire de Lyon interdisant une réunion publique que devait présider Charles Maurras[59], au motif que le préfet du Rhône aurait disposé des forces de police suffisantes pour maintenir l'ordre, en cas de troubles.

Le Conseil d'État a, depuis lors, maintenu cette position, notamment dans un arrêt du 23 janvier 1953 (*Naud, Rec.* page 32), par lequel il a annulé l'arrêté du préfet de police de Paris interdisant la conférence que devait donner, au Théâtre Marigny, l'un des avocats de Pierre Laval[60] et du 2 décembre 1983 (*Ville de Lille contre Ackermann, Rec.* page 470).

Cette jurisprudence montre bien qu'en matière de réunion, la liberté demeure le principe et qu'une interdiction ne peut être prononcée que s'il apparaît que l'autorité administrative ne disposait d'aucun autre moyen permettant de maintenir l'ordre public. Le juge administratif vérifie l'adéquation de la mesure prononcée aux faits qui l'ont motivée. Il est possible de résumer les choses en observant que, *pour être légale, une mesure d'interdiction doit être nécessaire*[61].

Les mêmes principes s'appliquent à la *liberté de manifestation.*

c. LES LIMITES À LA LIBERTÉ DE MANIFESTATION

c.1. Historique du droit de manifester en France (de l'Ancien Régime à 1848)

De tout temps, le pouvoir politique en place a craint les manifestations que, même sous l'Ancien Régime, il ne réussissait pas toujours à empêcher. Le 22 février 1358, trois mille émeutiers parisiens, conduits par le prévôt des marchands, Étienne Marcel, envahirent ainsi le palais du roi, pénétrèrent dans la chambre du dauphin – le futur Charles V[62] – et massacrèrent, sous ses yeux, les maréchaux de Champagne et de Normandie, qu'on accusait de le pousser contre le Conseil[63]. C'est à la même époque

59. Écrivain monarchiste, partisan du « *nationalisme intégral* », qui estimait que les juifs, les protestants, les francs-maçons et les métèques constituaient « *l'Anti-France* ». Condamné en 1945 à la réclusion perpétuelle pour « *intelligence avec l'ennemi* » (il déclara, en apprenant sa condamnation : « *C'est la revanche de Dreyfus* »), exclu de l'Académie Française où il avait été élu en 1938, il faut gracié en 1952.

60. Chef du gouvernement de Vichy du 18 avril 1942 au 20 août 1944, Pierre Laval avait été condamné à mort par la Haute Cour le 9 octobre 1945 et exécuté six jours plus tard.

61. Voir Bernard Stirn, *Les libertés en questions,* 1998, Montchrestien, page 41.

62. Le roi, Jean II le Bon, vaincu à la bataille de Poitiers (1356) par les Anglais du Prince noir, était alors prisonnier à Londres. Il ne serait libéré qu'en 1362, après la conclusion du Traité de Brétigny, par lequel la France cédait l'Aquitaine à l'Angleterre. Mais, devant l'incapacité de payer sa rançon et la fuite de son fils, Louis d'Anjou, otage à Calais, il regagna Londres, où il se constitua prisonnier et mourut, en 1364.

63. Les États généraux avaient adopté, en 1357, une ordonnance créant un Conseil de 28 membres, dans lequel devait siéger Étienne Marcel.

que se produisit la flambée brève et terrible de la Jacquerie[64], qui devait menacer l'unité du royaume[65]. La révolution parisienne ne prit fin qu'à la suite d'une nouvelle manifestation de foule, conduite par Jean Maillart, grand marchand drapier, dévoué à la cause de la monarchie.

Trois siècles plus tard, le peuple parisien, faisant cause commune avec son Parlement[66], s'opposa, pendant plusieurs mois, au pouvoir royal, incarné par Anne d'Autriche et Mazarin. Ce fut la Fronde parlementaire, qui culmina le 26 août 1648 lorsque, après l'arrestation du conseiller Broussel, une formidable émeute éclata dans Paris, et que des centaines de barricades coupèrent les rues, rendant tout mouvement de troupes impossible. Le premier président[67], Mathieu Molé, mit en garde la régente : « *Madame,* dit-il, *il y va maintenant de tout et nous trahirions nos charges et nos devoirs si nous n'insistions pas pour obtenir ce que le peuple demande. Le danger est si public qu'il ne peut être celé... Ce n'est là qu'un commencement ; le mal peut croître à tel degré que l'autorité royale y périra* »[68]. Après plusieurs jours d'hésitation, la reine accepta de mettre Broussel en liberté[69].

Cent vingt ans plus tard, la politique fiscale courageuse de l'abbé Terray, nommé contrôleur général des Finances en 1769 – qui le fit surnommer « *Vide-Gousset* » dans l'opinion – entraîna des grondements de révolte, à Paris.

De même, lorsque Louis XV mourut, le 10 mai 1774, après cinquante-neuf ans de règne, on n'osa même pas faire passer son cercueil à Paris pour le transporter à Saint-Denis : le cortège dut emprunter le bois de Boulogne vers minuit. La crainte de manifestations hostiles avait privé de toute grandeur les obsèques de Louis le Bien-Aimé[70]...

Mais ce fut, bien évidemment, la Révolution française qui montra la force des manifestations. La prise de la Bastille, le 14 juillet 1789, résulta, d'abord, en effet, du rassemblement de Parisiens en colère, à la suite du renvoi de Necker[71] et de la charge menée par le régiment du prince de

64. Nom donné aux manifestations de colère paysannes, qui entraînèrent le pillage de nombreux châteaux.

65. La bande la plus nombreuse de Jacques fut, finalement, vaincue par le comte de Foix, Gaston Phœbus, à la bataille de Meaux.

66. Le Parlement de Paris, dont il a déjà été question à propos du renouvellement de la Paulette (voir supra, page 67).

67. Du Parlement de Paris.

68. Voir Jules Isaac et A. Bonifacio, *XVIIe et XVIIIe siècles, op. cit.*, pages 87 et 88.

69. Dans son célèbre roman *Vingt Ans après,* Alexandre Dumas fait renverser le conseiller Broussel par d'Artagnan, qui partait à la poursuite du duc de Beaufort : « *Au coin du cimetière Saint-Jean, d'Artagnan renversa un homme ; mais c'était un trop petit événement pour arrêter des gens si pressés. La troupe galopante continua donc son chemin... Hélas, il n'y a pas de petits événements dans ce monde, et nous verrons que celui-ci pensa perdre la monarchie !* » (voir Alexandre Dumas, *Vingt Ans après,* 1968, éditions Rencontre, page 355).

70. Surnom que le peuple avait donné au roi en 1744, après la guérison de la maladie qu'il avait contractée à Metz (où il était venu prendre la tête de l'armée, pour faire face à une soudaine invasion des Impériaux en Alsace).

71. Selon Madame de Staël, le baron de Breteuil aurait conseillé à Louis XVI de faire arrêter Necker, parce que son renvoi risquait de causer une émeute (voir Jean-Denis Bredin, *Une singulière famille,* 1999, Fayard, page 239.).

Lambesc[72] contre les promeneurs des Tuileries. Louis XVI céda devant l'émeute et rappela Necker le 16 juillet[73].

La vie politique française allait, dès lors, être dominée par les manifestations de rue parisiennes. Certes, soucieuse de maintenir l'ordre dans la capitale, l'Assemblée Constituante interdit-elle, le 26 juillet, tous les attroupements de plus de quinze personnes s'opposant à l'exécution d'une loi, d'une contrainte ou d'un jugement. Certes, le 1er septembre, la municipalité de Paris défendit-elle de crier dans les rues les arrêts et les jugements si les tribunaux ne l'avaient pas autorisé. Mais cela n'empêcha pas l'agitation populaire de se donner libre cours. Le 4 octobre 1789, les femmes de Paris, irritées par la disette, se rendirent à Versailles pour demander du pain au roi[74]. « *Beaucoup de peuple suivit... Le 6, ils ramenèrent le Roi et l'obligèrent d'habiter Paris... La révolution du 6 octobre, ... toute spontanée, imprévue, vraiment populaire, appartient surtout aux femmes, comme celle du 14 juillet aux hommes. Les hommes ont pris la Bastille, et les femmes ont pris le Roi* »[75].

Ce furent, en tout cas, trois cent mille français – hommes, femmes et enfants, si l'on en croit le célèbre dessin de Monnet – qui fêtèrent, le 14 juillet 1790, avec enthousiasme, l'abolition des castes et des privilèges[76].

Les manifestations seront parfois moins unanimistes. Le 13 novembre 1790, la foule saccagea ainsi l'hôtel de Castries, dont le propriétaire[77] avait blessé en duel le député Charles de Lameth. « *Dès ce jour* – écrit Michelet – *(la) terreur des duellistes, qui peu à peu rendait l'ascendant à la noblesse, fit place à une autre terreur, celle des vengeances du peuple. La supériorité individuelle que les nobles avaient par l'escrime disparut devant la foule. Ils avaient essayé de faire des questions*

72. Colonel du Royal-Allemand en 1789, le prince de Lambesc émigra au début de la Révolution. Élevé à la dignité de maréchal de France par Louis XVIII, en 1814, il ne repassa pourtant jamais la frontière, en raison de son impopularité.
73. Jacques Necker, de nationalité suisse et de religion protestante, était – après Sully (1596-1610) – le second Premier ministre français à ne pas être catholique. Necker avait été nommé, le 27 août 1787, ministre d'État, membre du Conseil du roi, alors que, de 1776 à 1781 il dirigeait le gouvernement en portant seulement le titre de « *directeur du Trésor royal* » et que son appartenance à la religion réformée l'empêchait de siéger au *Conseil.*
74. « *Allons chercher le boulanger* », déclaraient-elles.
75. Voir Jules Michelet, *Histoire de la Révolution Française,* Tome 1, 1974, Éditions Jean de Bonnet, pages 337 et 376.
76. Proclamée, par l'Assemblée, le 19 juin précédent. Il était, désormais, interdit de porter un autre titre que celui de « *citoyen* ». La proposition, appuyée par le duc de Montmorency et le marquis de La Fayette, ne fut guère combattue que par le député Maury, fils d'un cordonnier... Rappelons qu'au cours de la nuit du 4 août 1789, l'Assemblée avait aboli les droits féodaux. La solennité célébrée le 14 juillet 1790, au Champ-de-Mars, est entrée dans la mémoire populaire sous le nom de **fête de la Fédération.** « *Il est deux catégories de Français qui ne comprendront jamais l'histoire de France* – écrit Marc Bloch – *ceux qui refusent de vibrer au souvenir du sacre de Reims ; ceux qui lisent sans émotion le récit de la fête de la Fédération. Peu importe l'orientation présente de leurs préférences. Leur imperméabilité aux plus beaux jaillissements de l'enthousiasme collectif suffit à les condamner* » (Voir Marc Bloch, *L'Etrange Défaite, in* Marc Bloch, *L'Histoire, la Guerre, la Résistance,* 2006, Quarto Gallimard, page 646).
77. Le duc de Castries.

d'honneur de toute question de parti. Ils abusaient de l'adresse. On leur opposa le nombre »[78].

Comment mieux exprimer l'objectif de beaucoup de manifestations : faire triompher par la force du nombre une cause qui ne s'imposerait pas selon les voies normales ?

Ainsi, les 20 juin et 10 août 1792, la foule parisienne envahit-elle les Tuileries pour contraindre l'Assemblée, qui ne le souhaitait pas, à prononcer la déchéance du roi[79]. De même, les massacres de septembre traduisirent la volonté de quelques milliers de Parisiens de soustraire les suspects emprisonnés depuis le 10 août[80] au *cours normal de la Justice,* qui ne leur offrait pourtant pas, à l'époque, de sérieuses garanties…

c.2. La participation délictueuse à un attroupement

La liberté de manifestation – dont les excès se firent également sentir pendant la Convention[81] – ne devait être réglementée que par la loi, toujours en vigueur, du 7 juin 1848 sur les attroupements. Celle-ci, votée après le soulèvement ouvrier du 15 mai 1848[82], interdit, d'une part, « *tout attroupement armé sur la voie publique ou dans un lieu public* » et, d'autre part, « *tout attroupement non armé qui pourrait troubler la tranquillité publique* ». Ces dispositions furent reprises par les articles 431-3 et suivants du Nouveau Code pénal, qui énonce que « *constitue un attroupement tout rassemblement de personnes sur la voie publique ou dans un lieu public susceptible de troubler l'ordre public* » ; précise que cet attroupement « *peut être dissipé par la force publique après deux*

78. Voir Jules Michelet, *Histoire de la Révolution Française,* Tome 2, 1974, Éditions Jean de Bonnet, pages 267 et 268.

79. Bien que, le 20 juin, la manifestation ait eu pour prétexte de célébrer, par une fête civique, l'anniversaire du Serment du Jeu de Paume (par lequel, trois ans plus tôt, les députés du Tiers état, réunis dans la salle du jeu de paume du château de Versailles, avaient juré de ne pas se séparer avant de voter une Constitution). Rappelons que, le 14 septembre 1791, Louis XVI approuva solennellement la Constitution adoptée, le 3, par l'Assemblée, qui organisait une monarchie parlementaire.

80. Du 2 au 4 septembre 1792, plusieurs milliers de personnes emprisonnées (le plus souvent, depuis le 10 août) – parce qu'elles appartenaient au clergé ou à l'aristocratie – furent massacrées par la foule parisienne, dans les prisons de l'Abbaye et de la Force. Parmi les victimes figurait la princesse de Lamballe, dont les égorgeurs mirent la tête au bout d'une pique et la promenèrent dans Paris, notamment devant la prison du Temple, où étaient enfermés Louis XVI et Marie-Antoinette. On compta plusieurs dizaines d'enfants – garçons et filles – dans les victimes de ces atrocités.

81. Notamment, le 20 mai 1795 (1er prairial An III), lorsque des hommes et des femmes armés se rendirent à l'Assemblée, en forcèrent l'entrée, assassinèrent le député Féraud (qu'ils avaient confondu avec son collègue Fréron, connu pour sa cruauté) et promenèrent sa tête au bout d'une pique. Le président de séance, Boissy d'Anglas, resta d'une imperturbable fermeté, qui permit le retour au calme et l'arrestation des meneurs. De même, le 5 octobre 1795 (13 vendémiaire An IV), les royalistes tentèrent de se rendre maîtres de Paris, mais se heurtèrent aux troupes du général Bonaparte, qui les fit canonner devant l'église Saint-Roch.

82. Le 15 mai 1848, une foule nombreuse, conduite par Barbès, Blanqui et Raspail, avait envahi l'Assemblée, réclamant « *l'organisation du travail* » et un « *impôt sur les riches* ». Contrainte, d'abord, de se disperser, la Chambre se déclara « *en permanence* » puis reprit sa séance et décréta la mise en accusation de Barbès.

sommations de se disperser demeurées sans effet, adressées par le préfet, le sous-préfet, le maire... ou tout autre officier de police judiciaire, porteurs des insignes de leur fonction » et sanctionne de trois ans d'emprisonnement et 45 0000 euros d'amende « *le fait de participer à un attroupement en étant porteur d'une arme* », et d'un an d'emprisonnement et 15 000 euros d'amende « *le fait, pour celui qui n'est pas porteur d'une arme, de continuer volontairement à participer à un attroupement après les sommations* ».

Ces textes ne sont pas toujours d'application facile et, en particulier, le point de savoir s'il y a attroupement[83] ou rassemblement est une question de fait qui doit être appréciée suivant les circonstances. Ainsi, dans une petite commune, la réunion d'une quarantaine d'individus peut constituer un attroupement dangereux, alors que, dans une agglomération plus importante, elle demeure un simple groupement, dont la formation ne tombe pas sous le coup de la loi pénale (voir Riom, 31 décembre 1928, *S.*1929.2.46). Néanmoins, l'acte de consommation du délit de *participation à un attroupement* réside dans le simple fait, pour le prévenu, de ne pas avoir abandonné les lieux après une première sommation ; il importe peu, dès lors, que le manifestant s'attribue des intentions pacifiques (Paris, 12 juillet 1972, *D.*1972, somm. page 177).

Mais, en tout état de cause, l'*attroupement*, prévu par la loi du 7 juin 1848 et sanctionné par les articles 431-3 et suivants du Nouveau Code pénal, se distingue de la simple *manifestation*.

c.3. Manifestations licites et manifestations illicites

Pour illustrer sa définition de l'attroupement, le Dictionnaire mentionne « *l'attroupement des badauds* », c'est-à-dire des « *personnes qui s'attardent à regarder le spectacle de la rue* »[84]. L'attroupement présente, en effet, normalement, un caractère spontané. Ce caractère le distingue de la manifestation, qui – tout comme la réunion – suppose un minimum d'organisation. Or, par hypothèse, la manifestation se déroule sur la voie publique, laquelle est normalement destinée à la circulation. La liberté de manifestation ne saurait, par suite, être totale et aucun texte constitutionnel ou législatif français ne l'a jamais proclamée, à l'exception, toutefois, du projet adopté par l'Assemblée Constituante le 19 avril 1946[85]. Mais cette

83. L'article 92 de la loi du 7 janvier 1983 relative à la répartition des compétences entre les communes, les départements, les régions et l'État – repris aujourd'hui par l'article L 2216-3 du Code général des collectivités territoriales – pose le principe de la responsabilité de l'État pour les dommages résultant des attroupements ou rassemblements. Il faut noter que la loi du 8 juin 1970, dite « *loi anti-casseurs* », avait entendu mettre à la charge des manifestants eux-mêmes la réparation des dommages provoqués par les manifestations auxquelles ils participaient. Vivement critiqué, ce texte – qui ne devait guère être appliqué – fut abrogé par la loi du 23 décembre 1981.

84. Voir *Le Petit Robert,* 1990, pages 129 et 150.

85. L'article 16 de ce texte garantissait à tous « *le droit de défiler librement sur la voie publique* ».

proposition fut rejetée par le peuple français, consulté par référendum, le 5 mai 1946 (53 % de *Non* contre 47 % de *Oui*)...

De fait, pendant longtemps, les manifestations sur la voie publique n'ont pas été réglementées, l'Administration se réservant la possibilité de les interdire si cela lui paraissait nécessaire. Ce fut le décret-loi du 23 octobre 1935 portant réglementation des mesures relatives au maintien de l'ordre[86], qui les soumit au régime de la déclaration préalable.

L'article 1 de ce texte impose une déclaration préalable pour « *tous cortèges, défilés et rassemblements de personnes, et, d'une façon générale, toutes manifestations sur la voie publique* ». Ce régime, qui prévoit une dérogation, organise une procédure, dont la jurisprudence du Conseil d'État a indiqué le sens.

c.3.1. La dérogation à la règle de la déclaration préalable : les sorties conformes aux usages locaux

Le 2e alinéa de l'article 1er du décret-loi du 23 octobre 1935 dispense de déclaration préalable « *les sorties sur la voie publique conformes aux usages locaux* ». Celles-ci peuvent, dès lors, avoir lieu à tout moment, sans que leurs organisateurs en informent l'Administration. Le texte n'a fait que reprendre, sur ce point, les règles posées par le Conseil d'État qui, depuis le célèbre arrêt du 19 février 1909 (*Abbé Olivier, Rec.* page 181), autorise les manifestations extérieures du culte conformes à la tradition locale. Cette notion est entendue largement et il a été jugé que l'ancienneté de l'interdiction ne faisait pas perdre à une procession son caractère traditionnel, alors même qu'elle n'était plus célébrée depuis plusieurs dizaines années (CE, 3 décembre 1954, *Rastouil, Rec.* page 639).

Lorsque les manifestations n'entrent pas dans cette catégorie dérogatoire, elles sont soumises au régime de droit commun : celui de la déclaration préalable.

c.3.2. La procédure de la déclaration préalable

L'article 2 du décret-loi du 23 octobre 1935 prescrit aux organisateurs d'une manifestation de déclarer celle-ci « *trois jours francs au moins et quinze jours francs au plus*[87]*, avant (sa date) à la mairie de la commune ou aux mairies des différentes communes sur le territoire desquelles (elle) doit avoir lieu* ». À Paris, et dans les communes où la police du maintien de l'ordre appartient au préfet, c'est à la préfecture de police que la déclaration doit être effectuée. En tout état de cause, elle doit mentionner les noms, prénoms et domiciles des organisateurs et porter la signature de trois d'entre eux, ainsi que le but de la manifestation, le lieu, la date et

86. Adopté par le 4e gouvernement Laval, dont le ministre de l'intérieur était Joseph Paganon.
87. Lorsque le délai est franc, la formalité peut être accomplie le lendemain du jour auquel il se termine (jour qui est appelé le *dies ad quem*). Lorsque le délai n'est pas franc, la formalité doit être accomplie le jour même de son expiration (c'est-à-dire le *dies ad quem*).

l'heure du « *rassemblement des éléments invités à y prendre part* » et, s'il y a lieu l'itinéraire projeté. Le texte prévoit que l'autorité qui reçoit la déclaration en délivre immédiatement un *récépissé.*

Comment les choses se passent-elles, une fois que l'Administration est informée, dans le délai prévu, de la manifestation qui doit avoir lieu ?

c.3.3. Le sens de la pratique administrative

Il ne saurait être contesté que les manifestations jouent, dans la vie publique, un rôle de plus en plus important. C'est, semble-t-il, un phénomène fâcheux, dans la mesure où, pour diverses raisons (la valeur symbolique d'un enjeu politique et social ne correspond pas toujours à sa valeur réelle ; la médiatisation d'un rassemblement de personnes peut lui donner une importance artificielle ; le beau temps – et, par suite, la saison – influent nécessairement sur le succès d'un défilé), l'importance du nombre des manifestants ne correspond pas nécessairement au bien-fondé de la cause qu'ils soutiennent.

La démocratie est ainsi un bien trop précieux pour être livrée aux aléas de la pluviosité ou aux caprices de l'audimat. Mais, les choses étant ce qu'elles sont, il appartient à l'autorité investie des pouvoirs de police d'apprécier si – et dans quelle mesure – la manifestation projetée est de nature à troubler l'ordre public. Lorsqu'elle estime que, dans les circonstances du moment, cette manifestation fait courir une menace grave à la tranquillité des citoyens, elle a le pouvoir de l'interdire par un arrêté, qu'elle doit notifier immédiatement aux signataires de la déclaration (art. 3 du décret-loi du 23 octobre 1935). Elle peut également « *prendre les mesures nécessaires pour remédier aux inconvénients que les manifestations et cortèges peuvent présenter pour la circulation, notamment en interdisant, en cas de nécessité, ces manifestations dans certaines rues où la circulation est particulièrement intense et difficile, et sous réserve qu'une telle interdiction n'aboutisse pas, par son étendue, à paralyser le déroulement des manifestations dans l'ensemble de la commune* » (CE, 21 janvier 1966, *Legastelois, Rec.* page 45 : en l'espèce, le maire pouvait interdire un défilé organisé à l'occasion de la kermesse paroissiale dans les deux rues principales de la commune).

À Paris, le préfet de police a, par exemple, interdit une manifestation de l'Intersyndicale des professionnels de la justice, regroupant magistrats, avocats et fonctionnaires, prévue place Dauphine le 30 novembre 1990, au motif qu'« *en raison du nombre et de la qualité de ses participants* », dans un lieu proche de celui où devait se trouver le président de la République, célébrant le bicentenaire de la Cour de cassation, elle était « *susceptible d'entraver le déroulement des cérémonies officielles et d'occasionner un trouble à l'ordre public* »[88].

Tout, on le voit, est affaire de circonstances, et le juge veille à ce que les restrictions au droit de manifester ne soient pas excessives par rapport

88. Voir Claude Leclercq, *Libertés publiques,* 1991, Litec, page 230.

aux menaces qui pèsent sur l'ordre public. Dans ce domaine, comme dans bien d'autres, les libertés ne sauraient s'exercer sans limites, et – au moins dans la rigueur des principes – un droit ne peut faire l'objet d'un usage abusif.

c.4. Le problème particulier des *rave-parties*

Depuis plus de dix ans, les pouvoirs publics sont confrontés à la montée du phénomène des *free parties,* encore appelées *rave-parties.* Selon le Dictionnaire, la *rave* est une « *réunion d'ensemble des amateurs de techno et de house, dans laquelle la violence de la musique et des éclairages conduit les participants à une sorte de transe* » (*Dictionnaire Hachette encyclopédique,* 2002, page 1356). Mais, comme – à l'instar de l'auteur – le public peut se demander ce qu'il convient d'entendre par le mot *house,* il n'est pas inutile de préciser que le Dictionnaire définit la *house-music* comme un « *courant musical issu de la disco au milieu des années 1980, caractérisé par le sampling* », ce dernier mot désignant une « *sorte de collage électronique de matériels sonores préenregistrés, effectué par le disc-jockey* », c'est-à-dire par un « *animateur de discothèque qui passe des disques ou des bandes enregistrées* » (*id.,* pages 784, 1450 et 478).

Le lecteur, pouvant ainsi se faire une idée plus précise du phénomène des *raves,* comprendra, sans doute, mieux que la question se pose de savoir s'il faut tolérer ou réprimer ces fêtes clandestines et gratuites qui, depuis une décennie, rassemblent des milliers de jeunes autour de la musique techno[89]. Prises au dépourvu par un phénomène de société qui, ne relevant pas de la *manifestation* au sens strict, bénéficiait traditionnellement d'un régime de liberté, les autorités administratives ont, d'abord, voulu instaurer, par des circulaires de 1995 et 1998, un dialogue entre les organisateurs et l'Administration. Mais elles se sont heurtées à l'indifférence des participants qui, peu soucieux des exigences de l'ordre public et n'ayant pas conscience de commettre des agissements fautifs, entendaient bien conserver leur liberté d'action et de déplacement.

Au milieu de ce *vide juridique,* les *free parties* permettaient ainsi à des milliers de jeunes de se livrer régulièrement, et en toute impunité, à des abus : consommation de drogue, nuisances sonores, dégradation de l'environnement.

En effet, le rassemblement, à l'improviste, de plusieurs dizaines de milliers de personnes, sur des lieux qui sont parfois des terrains agricoles privés, entraîne nécessairement des dégâts et risque, au surplus, de mettre en péril la santé et la sécurité des *raveurs* (*Le Monde* du 22 janvier 2002

89. Du 17 au 21 août 2000, une *rave-party,* organisée dans le département de l'Aude, a pris au dépourvu les pouvoirs publics. Entre 15 000 et 20 000 personnes se sont rassemblées sur une étendue d'environ 20 hectares. Les gendarmes n'ont pas été en mesure d'empêcher cette manifestation, qui n'avait fait l'objet d'aucune déclaration (voir *Le Monde* du 22 août 2000, page 9).

notait, par exemple, qu'« *un jeune homme avait été retrouvé mort dimanche 20 janvier au matin à l'issue d'une rave party qui se déroulait depuis la veille à Fosses, Val-d'Oise* »).

Cela explique que, dans des réquisitions devant le Tribunal correctionnel de Reims du 29 janvier suivant, le procureur de la République, se fondant sur les délits de *mise en danger de la vie d'autrui, violation de domicile, complicité de dégradations* et de *détérioration des biens d'autrui,* ait demandé une « *peine d'avertissement solennel de trois mois d'emprisonnement avec sursis assortie d'une amende* », *contre deux organisateurs d'une* **fête** *ayant réuni près de 4 000 personnes dans une papeterie désaffectée de la Marne, en décembre 2001.*

Pour donner un cadre juridique à ces rassemblements d'un type nouveau, le député Thierry Mariani déposa, le 25 avril 2001, un amendement au projet de *loi sur la sécurité quotidienne* prévoyant la saisie du matériel de sonorisation en cas de « *danger pour la tranquillité des riverains* ». Voté à main levée, en pleine séance de nuit, par une dizaine de députés présents, ce texte, non seulement surprit le gouvernement, mais entraîna une mobilisation sans précédent du *milieu techno,* qui dénonçait une loi *sécuritaire* et *liberticide.*

Pourtant – observait l'auteur de la proposition – « *la saisie du matériel est le seul moyen d'être efficace. À l'heure actuelle, les gendarmes sont mis devant le fait accompli par plusieurs milliers de jeunes qui envahissent un terrain privé en pleine nuit. Au moins, quand vous confisquez la sono, vous évitez qu'elle serve pour une autre fête* ».

Le gouvernement, admettant qu'il convenait de légiférer, déposa, devant le Sénat, un amendement qui soumettait les « *rassemblements festifs à caractère musical* » à une déclaration préalable au préfet, dont le défaut serait passible d'une peine de six mois d'emprisonnement et d'une amende de 7 500 euros.

Les débats parlementaires furent suivis avec passion et portèrent moins sur le fond que sur l'importance symbolique de la liberté d'organisation des *rave-parties* (six organisateurs d'une telle manifestation furent mis en examen, le 28 août 2001, pour « *organisation d'un spectacle sans autorisation, dégradation de bien privé et incitation à l'usage de stupéfiants* », à la suite d'une *rave* qui avait réuni, quelques jours plus tôt, entre 3 000 et 4 000 personnes, sur un terrain agricole privé dans l'Hérault). Finalement, l'Assemblée nationale vota, le 31 octobre 2001, un amendement à la *loi sur la sécurité quotidienne* qui – donnant satisfaction, sur le principe, au gouvernement – soumettait l'organisation des « *rassemblements exclusivement festifs à caractère musical* » à une déclaration préalable à la préfecture indiquant « *les mesures envisagées pour garantir la sécurité, la salubrité, l'hygiène et la tranquillité publiques* », mais ne punissait les contrevenants que de l'amende de 1 500 euros prévue pour les contraventions de 5e classe (outre la saisie du matériel utilisé[90]), au lieu de la peine de prison initialement prévue.

90. La confiscation définitive de ce matériel peut être prononcée par le tribunal.

La mise en application de ce texte législatif – l'article 23-1 ajouté à la loi n° 95-73 du 21 janvier 1995 sur la sécurité, par l'article 53 de la loi du 15 novembre 2001 – est, toutefois, soumise à la publication d'un décret en Conseil d'État, qui doit en préciser les modalités. Une charte, dite « *de bonne pratique* », est censée définir les relations entre les pouvoirs publics et les *raveurs* acceptant d'entrer dans le cadre proposé.

Il n'est pas certain que cette législation mette fin aux polémiques. Les *raveurs* dénoncent, de plus fort, une atteinte à leur liberté. Quant aux élus, il continueront, sans doute, de réfléchir à la question posée par l'un deux : « *Qu'avons-nous manqué d'offrir à notre jeunesse pour qu'elle ait besoin de créer ainsi des zones de non-droit qui vont à l'encontre des lois de la République ?* ». Vaste débat qui montre que le mal de vivre – ou, plus exactement, le *mal de vivre selon la norme* – ne peut sans doute pas être guéri par un texte de loi... (voir *Le Monde* des 24 mai 2001, page 10 ; 27-28 mai 2001, page 11 ; 30 août 2001, page 26 ; *Libération* du 15 mai 2001, page 15)[91].

Le débat a rebondi lors de la tenue du *Teknival* de Vannes (Morbihan) sur l'aérodrome de cette localité, du 30 juin au 2 juillet 2006. « *D'un côté, des dizaines de milliers de passionnés de musique électronique, toujours plus nombreux depuis la fin des années 1990, voient dans ces rendez-vous informels en pleine nature, hors de tout circuit commercial, l'incarnation de la musique d'aujourd'hui. De l'autre, des élus et des habitants expriment de plus en plus leur opposition en raison d'incidents parfois dramatiques et des nuisances pour le site et l'environnement* ». En l'espèce, à quelques heures du lancement de la *fête techno*, dans la soirée du 29 juin, le Premier ministre, Monsieur de Villepin, a demandé au ministre de l'Intérieur, Monsieur Sarkozy, de « *trouver la meilleure solution en concertation avec les élus locaux, compte tenu de la nécessité de préserver l'ordre public* ». Les services du ministre de l'Intérieur ont alors autorisé la tenue du *Teknival*.

Or, un premier arrêté de réquisition, pris par la préfète du Morbihan, Madame Elisabeth Allaire – qui aurait permis à la *rave-party* d'être organisée légalement – avait été suspendu par une décision du Tribunal administratif de Rennes. La préfète, après avoir relevé appel de ce jugement, prit, le 30 juin, un nouvel arrêté de réquisition, conforme au souhait du ministère de l'Intérieur qui assurait que « *le premier arrêté (ayant) été annulé, le deuxième sera(it) mieux motivé et, par conséquent, en parfaite conformité avec la justice administrative* »[92]. Une interprétation de la légalité républicaine qui ne peut manquer de surprendre les juristes qui n'exercent pas de fonction politique !

91. Dans un arrêt du 31 juillet 2001, la Cour administrative d'appel de Nantes a admis la légalité de l'arrêté, par lequel le maire d'une commune interdisait une *rave-party*, autorisée par son prédécesseur. Elle a estimé que, dans la mesure où, compte tenu de l'importance de la manifestation, de sérieux troubles à l'ordre public étaient à craindre, le maire avait le droit, eu égard aux modifications substantielles des conditions de la *fête*, de prendre, au titre de ses pouvoirs de police, un arrêté en prononçant l'interdiction (voir *Les Cahiers juridiques des collectivités territoriales et des associations*, décembre 2001-janvier 2002, page 7).

92. Voir *Le Monde* des 1er juillet 2006, page 2 et 2-3 juillet 2006, page 8.

CHAPITRE 7

LA LIBERTÉ DES CROYANCES ET DES PRATIQUES RELIGIEUSES

ORDRE PUBLIC ET LIBERTÉ DE CONSCIENCE

Aperçu sur l'histoire religieuse de la France, le pluralisme confessionnel, la séparation des Églises et de l'État, la laïcité à la française, la montée des intégrismes, le problème du tchador.

Un courtisan dévot sous un prince dévot eût été athée sous un prince athée.

Proust citant La Bruyère[1]

La liberté de conscience est un aspect particulier de la liberté d'opinion. Elle y est incluse, en même temps qu'elle la dépasse.

La liberté de conscience s'intègre, d'abord, dans le cadre, plus large, de la liberté d'opinion, puisqu'elle consiste, pour l'individu, à donner – ou à ne pas donner – son adhésion à une religion (« *la conscience de l'incroyant a le même prix que celle du croyant* ») et à choisir librement cette dernière librement. La liberté de conscience est bien, à cet égard, un prolongement naturel de la liberté d'opinion.

Mais – au moins dans la généralité des cas – la religion ne s'épuise pas dans la foi ou dans la croyance. Elle donne naissance à une pratique, qui est l'un de ses éléments fondamentaux (peut-on pratiquer la religion catholique, sans avoir la possibilité d'aller à l'Église ? Peut-on pratiquer la religion israélite sans avoir la possibilité de respecter le « *repos du septième jour* », le *sabbat* ? Peut-on pratiquer la religion musulmane sans être en mesure de respecter les interdits alimentaires qu'elle prévoit ?). Si l'on veut garantir pleinement la liberté religieuse, il faut, dès lors, assurer le libre exercice des cultes.

1. Marcel Proust citant La Bruyère dans *À la recherche du temps perdu*, Tome III, 1988, La Pléiade, page 710. La citation exacte de La Bruyère est : « *Un dévot est celui qui, sous un roi athée, serait athée* » (*Les Caractères*, « *De la mode* », *Œuvres complètes*, 1951, La Pléiade, page 398).

Or, si l'État garantit le libre exercice des cultes, il risque de se trouver confronté à des problèmes difficiles, sinon même insolubles. Comment assurer le fonctionnement satisfaisant des services publics – par exemple, de celui de l'Éducation nationale – si une partie des élèves ne travaille pas le vendredi, une autre le samedi et une troisième le dimanche ? Comment assurer le fonctionnement satisfaisant d'une cantine publique si les personnes qui y prennent leurs repas observent des prescriptions alimentaires différentes ?

Une conciliation est, dès lors, nécessaire entre, d'une part, les exigences de l'État – notamment les principes de la continuité et de l'égalité du service public – et, d'autre part, les exigences des fidèles des diverses religions qui cohabitent sur son territoire. Il y a, en réalité, une adaptation, nécessaire et permanente, entre l'*ordre public* et la *liberté de conscience*.

Pour l'étudier, nous examinerons successivement l'histoire des relations entre les Églises et l'État en France, la conception française de la laïcité et les problèmes posés par la montée récente des intégrismes.

A. L'HISTOIRE DES RELATIONS ENTRE LES ÉGLISES ET L'ÉTAT EN FRANCE

Nous évoquerons rapidement l'histoire des rapports entre l'État et la religion en France, en distinguant quatre grandes périodes :
- l'Ancien Régime ;
- la période révolutionnaire ;
- l'époque concordataire (1801-1905) ;
- la marche vers la séparation des Églises et de l'État (1879-1905).

a. L'ANCIEN RÉGIME

a.1. La primauté de la religion catholique

a.1.1. Le Concordat de Bologne

Après une période de dépendance mutuelle très étroite, mais relativement inorganisée, les relations entre l'Église catholique et l'État furent fixées, le 18 août 1516, par le Concordat signé à Bologne entre le roi François 1er et le pape Léon X.

Jusqu'à cette date, les rapports entre le royaume de France et la papauté étaient régis par *la* ***Pragmatique sanction de Bourges***, c'est à dire par un ensemble de règlements édictés par le roi Charles VII en 1438, qui lui donnaient le droit – ainsi qu'aux grands feudataires – d'intervenir dans l'élection des abbés et des évêques. Le Saint-Siège s'indigna contre un texte, dont il jugeait les dispositions « *insolentes et folles* ». Pour Rome, le roi de France avait pris « *un acte inique, impie (et) propre à compromettre (son) salut* ».

Ce fut à cette première *folie*, manifestation du ***gallicanisme*** (doctrine qui, reconnaissant au Pape la primauté d'*honneur* et de juridiction, conteste sa toute-puissance au bénéfice, notamment, des souverains dans leurs États), que le Concordat de Bologne entendit mettre un terme en 1516.

Ce texte reconnaissait la suprématie du Pape sur l'Église de France, mais laissait les nominations – et, par suite, l'autorité réelle – entre les mains du roi.

Le régime qu'il consacrait assurait une place prééminente à l'Église catholique dans l'État :

– elle formait un ordre privilégié (en mai 1789, les *États généraux* se réunirent par *ordres,* même si le principe du vote par tête fut rapidement acquis) ;

– ses biens étaient exemptés d'impôt (on les appelait *biens de main-morte*) ;

– le monopole de missions de service public lui était confié (état civil, enseignement, assistance).

a.1.2. Le roi de France devait-il être catholique ?

Il est généralement tenu pour évident que le roi de France devait appartenir à la religion catholique. Ce principe était, pourtant, susceptible de céder devant un principe tenu pour supérieur : la masculinité.

Le problème se posa, en 1589, lors de la succession de Henri III (assassiné par un moine fanatique, Jacques Clément). Le jeu normal des règles de succession voulait que le trône revînt à Henri de Navarre (le futur Henri IV), descendant par son père, Antoine de Bourbon, de Robert de Clermont, sixième fils de Saint-Louis.

Mais Henri de Navarre appartenait à la religion réformée. Dès lors, deux options étaient possibles :

– ou bien la catholicité primait sur la masculinité, et le trône revenait à l'infante Claire-Isabelle, petite-fille du roi de France Henri II et fille du roi Philippe II d'Espagne ;

– ou bien la masculinité primait sur la catholicité, et le trône revenait à Henri de Navarre.

Or, par un arrêt du 28 juin 1593, le Parlement de Paris rappela que la dévolution de la couronne devait respecter la ***loi salique,*** qui excluait les femmes du trône[2]. Il montra ainsi qu'il préférait un roi protestant à un monarque de sexe féminin[3], alors qu'à la même époque, une femme régnait sur l'Angleterre : Élisabeth 1re, qui demeura sur le trône de 1558 à 1603.

2. Loi rédigée à l'époque du règne de Clovis (481-511), qui fut appliquée, notamment, en 1328, à la mort de Charles IV le Bel, qui ne laissait pour héritier qu'une fille (Blanche). Celle-ci fut écartée du trône, au profit de Philippe VI de Valois, cousin du roi défunt.

3. Réflexe également national par lequel les notables montraient leur volonté de ne pas voir une fille roi d'Espagne sur le trône de France.

Cela n'empêcha pas Henri de Navarre, pour mettre fin à une guerre civile qui durait depuis plus de quatre ans, de se convertir au catholicisme (« ***Paris vaut bien une messe*** ») et d'être sacré roi de France le 27 février 1594. Sans doute faut-il voir dans ce geste hautement symbolique (il n'a jamais été soutenu qu'Henri IV avait cédé à un sentiment religieux), la première grande conciliation, dans l'histoire de France, entre ***l'ordre public*** **et la** ***liberté de conscience*** dans l'histoire de France.

Le roi choisit, néanmoins, presque aussitôt, un *Premier ministre* protestant en la personne de Sully. Cela conduit à s'interroger sur le régime des autres religions, en France, à partir du XVIe siècle.

a.2. Le régime des autres religions était précaire

a.2.1. Les Protestants

Le massacre de la Saint-Barthélemy, déclenché sur l'ordre du roi Charles IX, avait fait 2 000 à 3 000 morts à Paris, dans la nuit du 24 au 25 août 1572. Transmis presque aussitôt en province, l'ordre royal y sera appliqué jusqu'aux premiers jours d'octobre, faisant entre 8 000 et 10 000 victimes.

Au lendemain des guerres de religion, le rétablissement de la paix civile était indispensable. Tel fut bien l'objet de l'*Édit de Nantes,* signé par Henri IV en 1598[4], déclaré « *perpétuel et irrévocable* », qui fixait le statut légal des protestants en France (ils étaient alors environ un million sur population de l'ordre de 20 millions d'habitants).

Pour s'en tenir à l'essentiel, ce texte :

– accordait aux protestants l'intégralité de leurs droits civiques ;

– leur garantissait l'accès à tous les emplois ;

– renforçait ces garanties juridiques par des garanties militaires, leur concédant une centaine de *places de sûreté* (la plus célèbre fut celle de La Rochelle) ;

– leur accordait la liberté des pratiques religieuses dans 200 villes des provinces du Midi, où les réformés se trouvaient majoritaires, et dans une *commune* par bailliage ou sénéchaussée du royaume (le culte protestant demeurait, néanmoins, interdit à Paris et jusqu'à cinq lieues à la ronde) ;

– prévoyait la création, à Toulouse, Bordeaux et Grenoble, de chambres mi-parties (composées, pour moitié, de juges catholiques et de juges protestants), appelées à juger, en dernier ressort, les affaires dans lesquelles serait impliquée la religion réformée.

Ce texte, qui donnait un exemple de tolérance unique en Europe, fut accueilli avec réticence par la plupart des Parlements du royaume, qui mirent souvent des années avant de l'enregistrer (il en fallut deux

4. La date de signature n'est pas connue. Selon toute vraisemblance, elle se situe entre le 23 et le 30 avril. Il faut noter également que la ville de Nantes semble avoir été choisie par hasard (au gré des déplacements du roi) et que ses habitants étaient, dans leur majorité, hostiles aux dispositions de l'Édit.

pour contraindre celui de Rennes et les députés de Rouen refusèrent de l'appliquer jusqu'en 1609).

L'*Édit de Nantes* était, en réalité, un compromis imposé par l'épuisement des deux partis. Là encore, la liberté de conscience était accordée au nom de l'ordre public.

Il faut observer que Sully, qui appartenait à la religion réformée, fut le principal ministre de Henri IV, de 1598 à 1610 (chargé des Finances dès 1596, il devint surintendant deux ans plus tard et *responsable de toute l'administration du royaume*). Dès la fin du XVIe siècle, la première magistrature du pays – en dehors de celle du roi – était ainsi confiée à un membre d'une confession religieuse minoritaire.

Mais le droit avait trop d'avance sur l'état des esprits et l'*Édit de Nantes* fut remis en cause après la mort de Henri IV (1610). Alors, en effet, que, pour les réformés français, il était un point de départ, les catholiques voyaient en lui une concession temporaire. Dès 1629, Richelieu faisait signer à Louis XIII la *grâce d'Alès* qui abolissait les privilèges militaires des protestants. Ceux-ci, désormais sans force militaire, dépendaient entièrement de la volonté royale[5].

De fait, par l'*Édit de Fontainebleau* (17-18 octobre 1685), Louis XIV révoquait l'*Édit de Nantes.* Le nouveau texte obligeait les pasteurs soit à se convertir (1/5e le feront), soit à quitter le territoire sans pouvoir emmener leurs enfants. Il ordonnait la destruction des derniers temples encore debout et interdisait aux protestants d'émigrer. Le baptême et le mariage catholiques étaient, désormais, obligatoires pour tous les Français (sauf en Alsace, protégée par le traité de Westphalie de 1648, où le protestantisme ne se trouvait pas aboli). Un article de l'*Édit de Fontainebleau* laissait ouverte la possibilité d'une dévotion privée. Il ne sera pas respecté.

Une politique de *conversions forcées* fut entreprise par les armées du roi (*dragonnades* du Languedoc et du Béarn). Environ 250 000 protestants émigrèrent, accueillis surtout en Prusse et en Hollande, où ils fondèrent parfois des foyers d'hostilité à la France.

En 1702 éclata, dans les Cévennes, la *Révolte des Camisards.* Cette guérilla religieuse, menée par des chefs populaires (le plus célèbre fut Jean Cavalier) mit partiellement en échec l'armée royale. Événement symbolique, le 21 août 1715, quelques jours avant la mort de Louis XIV, se tint le premier synode de l'Église réformée clandestine.

Périodes de semi-tolérance et moments de répression alternèrent, ensuite, jusqu'à la seconde moitié du XVIIe siècle. L'obstination de Marie Durand et de ses compagnes enfermées, pendant plusieurs dizaines d'années, à la Tour de Constance d'Aigues-Mortes et, en 1762, le supplice de

5. La *grâce d'Alès* trouva sa confirmation dans l'édit signé à Nîmes le 20 juillet : « *Comme nous voulons,* exposait Louis XIII, *maintenir ceux qui font profession de la Religion Prétendue Réformée en (son) exercice libre et tranquille (...), nous ne pouvons que désirer leur conversion, pour laquelle nous offrons continuellement nos prières à Dieu. C'est pourquoi nous exhortons tous nos sujets de ladite RPR de se dépouiller de toute passion pour être plus capables de recevoir la lumière du ciel et revenir au giron de l'Église en laquelle depuis plus de onze cents ans continuels les rois nos prédécesseurs ont vécu sans aucune interruption ni changement* ».

Jean Calas, accusé d'avoir tué son fils désireux de se convertir au catholicisme (Voltaire réhabilita sa mémoire quelques années plus tard), marquèrent durablement la mémoire protestante.

Une vingtaine d'années plus tard, Louis XVI signa, le 28 novembre 1787, l'*Édit de tolérance* – préparé par Malesherbes – « *concernant tous ceux qui ne font pas profession de la religion catholique* ». Ce texte semblait devoir régler, non seulement l'état civil des protestants, mais celui des adeptes des autres religions. Toutefois le Parlement de Metz n'accepta de l'enregistrer qu'en précisant qu'« *il ne serait rien innové...en ce qui concernait les juifs du ressort* ».

Mais le monarque faisait preuve, dans ce domaine, d'une grande fermeté. « *Monsieur de Malesherbes,* dit-il à son ministre, *vous vous êtes fait protestant ; moi, maintenant, je vous fais juif* ».

a.2.2. Les Israélites

Expulsés par Charles VI en 1394, puis par Louis XII en 1500, les israélites avaient retrouvé droit de cité en France sous le règne de Henri II (lettres patentes de 1550). Sans doute, leur culte n'était-il pas reconnu, mais les membres de la *Nation juive portugaise de Bordeaux* (environ 2500 en 1789, auxquels il convient d'ajouter un nombre équivalent de Juifs de la communauté de Saint-Esprit, faubourg de Bayonne) étaient regardés comme citoyens avant même la Révolution. Lors du choix des députés aux États Généraux, il ne manqua que quelques voix à David Gradis, notable israélite de Bordeaux, pour être élu au nom du Tiers état.

Malesherbes se mit au travail et, aidé par quelques collaborateurs compétents, consacra de longues heures à la question juive, entre février et juin 1788. Mais la réunion des États Généraux mit fin au travail de la commission qu'il dirigeait.

L'émancipation des Israélites français intervint en deux temps. Dès le 28 janvier 1790, l'Assemblée Constituante vota, par 374 voix contre 224, un décret précisant que « *les Juifs portugais, espagnols et avignonnais continueront de jouir des droits dont ils ont joui jusqu'à présent, et qui sont consacrés en leur faveur par des lettres patentes ; et (qu')en conséquence, ils jouiront des droits de citoyens actifs, lorsqu'ils réuniront par ailleurs les conditions requises par les décrets de l'Assemblée* ».

Ce texte fut promulgué par Louis XVI le 9 février 1790.

Pour la première fois, tous les cultes pratiqués au sein de la Nation étaient légalement reconnus. La question religieuse pouvait, dès lors, apparaître quasiment résolue. Elle était, pourtant, trop passionnelle pour ne pas resurgir.

Restait, en effet, la question des Juifs de l'Est, installés en Alsace-Lorraine (dont le nombre était d'environ 20 000), ainsi que des juifs parisiens, au nombre de quelques centaines seulement.

Le débat sur l'émancipation de l'ensemble des Juifs de France fut animé. « *Il faut tout refuser aux Juifs comme Nation, dans le sens de corps constitué* – déclarait le comte de Clermont-Tonnerre – *et accorder tout aux Juifs comme individus. (...) Il faut qu'ils ne fassent dans l'État, ni un corps politique, ni un ordre ; il faut qu'ils soient individuellement citoyens* ».

Finalement, le 27 septembre 1791, l'Assemblée Constituante vota un décret aux termes duquel tous les israélites *qui prêteraient le serment civique* » seraient considérés comme citoyens français[6].

Ce texte fut promulgué par Louis XVI le 13 novembre 1791.

b. LA PÉRIODE RÉVOLUTIONNAIRE

Il convient, pour notre sujet, d'évoquer trois textes :

b.1. La Déclaration des droits de l'homme et du citoyen du 26 août 1789

Ce texte disposait, à son article 10, dans une belle formule qui résume parfaitement la position du droit français en la matière :

« *Nul ne doit être inquiété pour ses opinions, même religieuses, pourvu que leur manifestation ne trouble pas l'ordre public établi par la Loi* ».

La liberté de culte était garantie, pour autant qu'elle ne mît pas en cause la tranquillité générale.

b.2. La Constitution civile du clergé

Quelques mois plus tard, le 12 juillet 1790, l'Assemblée Constituante adoptait la *constitution civile du clergé.* Le roi attendit le 24 août pour sanctionner ce texte qui heurtait sa conscience mais, l'ayant promulgué, il perdit, sans doute, sa dernière occasion d'arrêter la Révolution. Par son veto, Louis XVI aurait pu inciter, en effet, beaucoup de Français à s'opposer au durcissement de l'anticléricalisme.

La *Constitution civile du clergé* était, en réalité, un essai de *francisation* de la religion catholique, prévoyant :

– l'indépendance du clergé à l'égard du Vatican ;

– la nationalisation des biens de l'Église ;

– la sécularisation des actes de l'état civil, dont les religieux avaient, jusqu'alors, le monopole ;

– la fonctionnarisation des ministres du culte ;

– la répartition du clergé séculier en 83 évêchés, soit un par département ;

– l'élection des évêques et des curés.

6. François Debré a retracé l'origine de ce texte dans *Le livre des égarés,* récit vivant et bien documenté (à la fin de ce livre, l'auteur raconte qu'un israélite, venu pour *prêter le serment civique,* apprit qu'on ne pouvait le prêter que tête nue et qu'il devait, dès lors, enlever la calotte qu'il portait en signe d'observance religieuse. Pour devenir *citoyen,* il fallait renoncer à une part de soi-même...).

Le Vatican ayant refusé de sanctionner le texte, l'Assemblée Constituante exigea de tous les prêtres un serment de fidélité à la Constitution du royaume (27 novembre 1790).

Dès lors, les prêtres se divisèrent entre « *jureurs* » et «*réfractaires* » (52 % des prêtres et des vicaires, mais seulement quatre évêques, acceptèrent de prêter le *serment de fidélité* à la Nation). Cette crise religieuse se doublait d'une crise politique, puisque la plupart des *prêtres réfractaires* prirent le parti de la contre-révolution.

b.3. La Constitution de l'An III

La Constitution du V fructidor An III (22 août 1795) qui fut approuvée par référendum, le 23 septembre suivant, s'efforçait timidement d'instaurer la séparation des Églises et de l'État. À son article 354 (cette Constitution est la plus longue de notre Histoire), après avoir relevé que « *nul ne peut être empêché d'exercer, en se conformant aux lois, le culte qu'il a choisi* », elle précisait : « *Nul ne peut être forcé de contribuer aux dépenses d'un culte. La République n'en salarie aucun* ».

Mais, dans la pratique, cet essai de séparation s'accompagna de fortes limitations à la liberté religieuse. Une loi du 22 germinal an IV réprima, par exemple, le fait de sonner les cloches pour convoquer les fidèles à un exercice du culte et, surtout, la loi du 19 fructidor An V donna à l'autorité administrative le droit de déporter, par des arrêtés individuels motivés, les prêtres qui troubleraient la tranquillité publique. Plusieurs centaines furent ainsi envoyés en Guyane, où la majorité trouva la mort.

c. L'ÉPOQUE CONCORDATAIRE (DE 1879 À 1905)

Quel était l'état du sentiment religieux en France à l'aube du XIXe siècle ? Le cardinal Consalvi, négociateur romain du Concordat, le résumait ainsi :

«*Le peuple (...) est indifférent dans sa plus grande majorité ; il l'est entièrement dans les villes, en partie dans les campagnes* ».

Cette majorité indifférente était fatiguée des querelles passionnées de l'irréductible minorité de catholiques croyants et de la minorité, moins nombreuse encore, de Jacobins anti-religieux, mais elle demeurait attachée aux formes de la morale chrétienne qui avait régi la vie des Français de temps immémorial, et aux cérémonies catholiques qui en accompagnaient le déroulement du berceau à la tombe ; peu religieuse, elle tenait à retrouver un cadre religieux.

Un des conseillers d'État chargés par Bonaparte d'inspecter le pays exprimait cette distinction en termes imagés : *On aimerait mieux des cloches sans prêtres que des prêtres sans cloches*[7]. S'il ne prit pas le mot

7. Formule qui montre que les fidèles sont davantage attachés à la *tradition* qu'à la *doctrine*.

à la lettre, Bonaparte en respecta l'esprit[8] : il rendit aux fidèles les cloches et les prêtres, mais empêcha les prêtres de s'éloigner des cloches (voir Adrien Dansette, *Histoire religieuse de la France contemporaine,* Tome 1 : *De la Révolution à la IIIe République,* 1948, Flammarion, page 158).

Le Concordat de 1801, signé par le Premier Consul et le pape Pie VII, le 23 fructidor An IX (15 juillet 1801), fut promulgué par la loi du 18 germinal An X. Complété par les *Articles organiques,* ajoutés unilatéralement par Bonaparte, il s'est appliqué jusqu'à la loi de séparation du 9 décembre 1905 et demeure toujours en vigueur en Alsace-Moselle.

Les principes posés par cet accord étaient les suivants :

1- Le droit, pour le Premier Consul, de nommer les évêques, qui nommeront, à leur tour, les curés ; « *ainsi l'autorité circulera-t-elle sans entrave du haut en bas de la hiérarchie* ».

2- La liberté des cultes, qui n'intervint, en fait, pour les israélites, qu'après la réunion d'une *assemblée des notables* de leur confession (juillet 1806) puis d'un *Grand Sanhédrin* (formé – comme autrefois à Jérusalem – de 71 membres, dont deux tiers de rabbins) et de trois décrets du 17 mars 1808, dont l'un, qui annulait, notamment, pour une période de dix ans, les prêts consentis par les israélites à certaines catégories de citoyens, fût, parfois, qualifié de « *décret infâme* ». Mais l'Empereur, s'il n'abrogea pas ce texte, exonéra, les uns après les autres, les départements qui se trouvaient tributaires de ses dispositions restrictives. Au début de 1811, il n'en restait plus aucun. En définitive, et malgré certaines réticences que les préventions de l'époque contribuent à expliquer, Napoléon favorisa, dans l'ensemble, l'émancipation des juifs. Tolérant par nature sur le plan confessionnel, il précisera à Sainte-Hélène :

«*Je voulais, en les rendant libres et en leur conférant des droits égaux à ceux des catholiques et des protestants, en faire de bons citoyens (...) J'entendais les faire renoncer à la pratique de l'usure, trop habituelle chez certains d'entre eux, et je crois que j'y ai réussi. Sans les évènements de 1814, tous les juifs d'Europe seraient venus s'établir en France, où l'égalité leur était assurée et où la porte des honneurs leur était ouverte* ».

3- La reconnaissance de certains cultes, qui bénéficieront, dès lors, d'une aide de l'État, alors que les autres cultes seront simplement « *licites* » (ce qui voulait dire qu'ils n'étaient pas interdits).

4- Les cultes reconnus étaient le culte catholique (le Premier Consul avait refusé de proclamer le catholicisme « *religion d'État* », mais seulement accepté de le reconnaître comme « *religion de la grande majorité des Français* »), les deux principales Églises protestantes (l'Église réformée

8. « *Je suis convaincu qu'une partie de la France se ferait protestante surtout si je favorisais cette disposition,* affirmait Bonaparte à Bourrienne ; *mais je le suis encore davantage que la plus grande partie resterait catholique, et lutterait (...) contre le schisme d'une portion de leurs concitoyens. Je crains les querelles religieuses, les dissensions dans les familles (...). En relevant la religion qui a toujours dominé dans le pays et qui domine encore dans les cœurs, et en laissant les minorités exercer librement leur culte, je suis en harmonie avec la nation et je satisfais tout le monde* ». Peut-être pensait-il ce qu'il confiait à Cabanis : « *Savez-vous ce qu'est le concordat que je viens de signer ? C'est la vaccine de la religion : dans cinquante ans, il n'y en aura plus en France* ».

calviniste et la confession luthérienne d'Augsbourg) et le culte israélite (sous les réserves qui ont été rappelées). Ces quatre cultes, officiellement reconnus, se voyaient érigés en service public. Cela impliquait :

– la création d'un budget des cultes ;

– la création d'un ministère des cultes (les deux ministres des Cultes de l'Empire seront Portalis et Bigot de Préameneu) ;

– la fonctionnarisation des ministres du culte rémunérés par l'État (pour le culte israélite, cette fonctionnarisation n'intervint qu'en 1831, au début du règne de Louis-Philippe). Il faut noter que les prélats de l'Empire seront des fonctionnaires qui occuperont un rang honorable, sans plus, dans la hiérarchie administrative : un archevêque, par exemple, viendra après un premier président de Cour d'appel (et le clergé, en tant que corps, après le Conseil d'État et la Cour de cassation) ;

– l'institution d'une procédure disciplinaire devant le Conseil d'État : l'*appel comme d'abus* pouvant aboutir à un blâme contre les membres du clergé ayant commis un acte contraire aux intérêts de l'État.

d. LA MARCHE VERS LA SÉPARATION DES ÉGLISES ET DE L'ÉTAT

La séparation des Églises et de l'État intervint au terme d'un long processus de dégradation des rapports entre le Saint-Siège et la République. Le Vatican estimait que l'organisation d'une religion en service public constituait une immixtion intolérable de l'État dans le domaine religieux. Il jugeait, en effet, que ce système violait le principe de la liberté religieuse en obligeant tant les citoyens qui ne professaient aucune religion que ceux qui ne pratiquaient aucun culte, à participer directement aux dépenses d'un culte qui leur était étranger.

Il faut ajouter qu'une nouvelle génération de républicains apparut dans les années 1860. Jusqu'alors, les hommes politiques de gauche – notamment les *vieilles barbes* de 1848 – étaient, presque tous, des spiritualistes convaincus qui ne lançaient contre l'Église que des attaques rituelles, dont la répétition atténuait la portée (contre les horreurs de l'Inquisition, la condamnation de Galilée, les méfaits des Jésuites). C'était le cas d'Hippolyte Carnot, de Jules Favre, de Garnier-Pagès ou de Ledru-Rollin. Tout changea, dans les années 1860, avec l'avènement d'une nouvelle génération – Gambetta, Brisson, Ferry, Floquet – dont l'irréligion était faite de positivisme, de matérialisme, d'athéisme. Gambetta tenait Auguste Comte, pour « *le plus grand penseur du XIXe siècle* » et proclamait bientôt : « *Le cléricalisme, voilà l'ennemi* ».

Cette nouvelle idéologie entraîna, bientôt, l'adoption d'une nouvelle politique.

C'est ainsi que, les 29 et 30 mars 1880, le gouvernement[9] publia deux décrets – en application de lois qui avaient donné lieu, l'année pré-

9. Alors présidé par Freycinet, avec Jules Ferry comme *ministre de l'Instruction publique et des Beaux-Arts*.

cédente, à des discussions houleuses – visant les congrégations non autorisées : l'un prononçait la dissolution de la *compagnie de Jésus,* l'autre donnait un délai de trois mois aux autres congrégations non autorisées pour demander la régularisation de leur situation juridique[10].

Dans les années suivantes, le Parlement vota un certain nombre de textes, qui diminuaient l'influence de la religion dans l'État :

• 1881 : laïcisation des hôpitaux et des cimetières ;

• 1882 : *loi Ferry* sur l'obligation et la laïcité de l'enseignement primaire[11] ;

• 1883 : suppression des aumôneries militaires ;

• 1884 : suppression des prières publiques ;

• 27 juillet 1884 : rétablissement du divorce par la *loi Naquet*[12] (le divorce n'avait été autorisé en France qu'entre 1792 et 1816[13]) ;

• 1889 : obligation faite aux séminaristes d'accomplir leur service militaire ;

• 1er juillet 1901 : loi proclamant la liberté d'association, mais excluant de son bénéfice les congrégations religieuses non autorisées.

Ces diverses mesures contribuèrent à accroître la tension entre la République et le Saint Siège. Le 25 juillet 1904[14], la France rompait les relations diplomatiques avec le Vatican. Puis, après des débats particulièrement houleux, qui durèrent plus d'une année, le Parlement votait la loi du 9 décembre 1905 proclamant la séparation des Églises et de l'État. Cette loi affirmait le principe de laïcité, dont nous allons étudier les conséquences.

B. LA CONCEPTION FRANÇAISE DE LA LAÏCITÉ

Ce principe repose sur trois grandes idées :
– la République ne reconnaît aucun culte ;
– la République ne salarie ni ne subventionne aucun culte ;
– la République assure la liberté de conscience.

10. Au début du mois de novembre 1880, les Dominicains seront expulsés à Paris. Près de Toulouse, les 37 moines de l'abbaye de Saint-Michel de Frigolet imposèrent la mobilisation d'un régiment d'infanterie et de cinq escadrons de dragons et d'artillerie, soit environ 2 000 hommes commandés par le général Billot et le préfet des Bouches-du-Rhône, Eugène Poubelle.

11. Cette loi sera promulguée le 29 mars 1882, sous le deuxième ministère Freycinet.

12. Ce texte – comme nous l'avons vu – rétablit le divorce, supprimé en 1816, mais le soumit à des conditions beaucoup plus restrictives que celles du *Code Napoléon.* Le divorce par consentement mutuel n'était, en effet, plus autorisé et la loi retenait seulement trois motifs de séparation : peine infamante, adultère et sévices ou injures graves. Elle interdisait également le remariage entre le conjoint adultère et son complice.

13. Se rappeler une réplique du film, déjà cité, de Jean-Paul Rappeneau : *Les mariés de l'An II,* avec Jean-Paul Belmondo (le vieil aristocrate qui observe, pendant les guerres de la Révolution, au moment de courtiser une jolie femme : « *Ah ! le divorce, la bonne institution républicaine !* »).

14. Elles seront rétablies en 1921.

a. LA RÉPUBLIQUE NE RECONNAÎT AUCUN CULTE ET LE PROBLÈME DES SECTES

Le texte affirme ainsi qu'il abandonne le système des religions reconnues (système du Concordat de 1801) et qu'il efface, par suite, toute distinction entre les cultes reconnus et les cultes simplement « *licites* ».

Puisque la République ne reconnaît aucun culte, toutes les religions sont désormais placées sur le même plan par rapport à l'État. Le fait religieux cesse d'être un fait public.

Cela pose, d'ailleurs, le problème de la définition du « *fait religieux* » et celui de l'interdiction des *sectes.*

a.1. Le phénomène sectaire et son évolution

D'après les Renseignements Généraux, les *sectes* regroupaient, en 1995, environ 160 000 adeptes (contre 100 000 en 1982) et 100 000 sympathisants (contre 50 000 en 1982).

Il faut souligner que, sur ce chiffre de 160 000, 130 000 appartenaient aux *Témoins de Jéhovah,* et que 12 *sectes* seulement – notamment l'*Église de scientologie de Paris* – comprenaient de 2 000 à 10 000 adeptes, regroupant 80 % des mouvements regroupant moins de 500 adeptes, près de 60 *sectes* en comptant même moins de 50.

Le fait religieux n'étant plus un fait public, les tribunaux sont largement désarmés devant le *phénomène sectaire.*

a.2. Les réactions de la jurisprudence

Il convient d'observer, à cet égard, que, saisi d'une demande d'avis du Tribunal Administratif de Clermont-Ferrand, qui voulait savoir si une association locale des *Témoins de Jéhovah,* pouvait être exemptée de taxe foncière, le Conseil d'État a précisé, le 24 octobre 1997, les trois critères qui permettent de dire qu'une association présente un caractère cultuel et qu'elle a droit, dès lors, à l'exonération en cause (prévue par le 4° de l'article 1381 du Code général des impôts) :

– il faut, en premier lieu, que l'association se voue à un culte, c'est à dire qu'elle organise des cérémonies réunissant des croyants qui pratiquent en commun certains rites ;

– il faut, en second lieu, que l'association se consacre exclusivement à ce culte, ce qui interdit les activités culturelles, éditoriales ou sociales ;

– il faut, enfin, qu'elle ne porte pas atteinte à l'ordre public (voir *Le Monde* des 26 et 27 octobre 1997). Il faut préciser que la troisième condition avait déjà été opposée aux *Témoins de Jéhovah de France* par un arrêt du Conseil d'État du 1er février 1985, (*Rec.* page 22). Au motif que cette association, ne présentant pas le « *caractère d'une association cultuelle au sens de la loi du 9 décembre 1905* », ne pouvait recevoir un legs dans les conditions prévues, par l'article 910 du Code Civil, relatif aux libéralités faites à une association pour l'exercice d'un culte.

Dans cet avis du 24 octobre 1997, le Conseil d'État énonçait :

«*La reconnaissance du caractère cultuel d'une association est subordonnée à l'exercice d'un culte et à la condition que l'exercice de celui-ci soit l'objet exclusif de l'association. Le respect de la condition relative au caractère exclusivement cultuel de l'association doit être apprécié au regard des stipulations statutaires de l'association en cause et de ses activités réelles.... La liberté des cultes étant assurée par la République, en vertu de l'article 1*er *de la loi du 9 décembre 1905, sous les seules restrictions imposées dans l'intérêt de l'ordre public, le fait que certaines des activités de l'association pourraient porter atteinte à l'ordre public s'oppose à ce que ladite association bénéficie du statut d'association cultuelle et, par suite, prétende à l'exemption de la taxe foncière sur les propriétés bâties* » (CE Ass., 24 octobre 1997, avis, *Rec.* page 372).

Ce critère de l'*association cultuelle* pourrait permettre d'établir une distinction entre le « *but religieux* » au sens strict et le but poursuivi par les sectes, dont le développement pose, depuis de longues années, un problème difficile à résoudre au législateur français.

a.3. L'impossible définition juridique et la nécessaire liberté culturelle des sectes

Notons, toutefois, que la Commission parlementaire d'enquête sur les sectes, présidée par Monsieur Alain Gest, ancien député, a conclu à l'impossibilité d'établir une législation spécifique aux sectes (Rapp. A.N. n° 2468, 22 décembre 1995).

La commission s'est fondée sur le fait « *que le principe de neutralité de l'État signifie que les croyances religieuses ne sont pas un fait public sous réserve des restrictions liées au respect de l'ordre public, que le fait religieux relève des seuls individus, de la seule sphère privée des citoyens* ».

Elle a constaté que l'État « *se borne à réglementer la vie des structures juridiques ainsi que des pratiques sociales qui constituent le support des religions* », mais qu'« *il n'opère aucune distinction juridique entre les différents cultes, n'effectue aucune discrimination, positive ou négative, entre eux* ». Il en résulte, pour la commission, une « *impossibilité juridique de (préciser) les critères permettant de définir les formes sociales que peut revêtir l'exercice d'une croyance religieuse,* a fortiori *de distinguer une Église d'une secte* ».

Il faut bien comprendre que l'adoption d'une législation spéciale aux sectes supposerait une définition précise et vérifiable du phénomène sectaire. Or une telle définition est pratiquement impossible dans une société de liberté et, notamment, en France où les libertés de religion et d'expression sont reconnues par la Déclaration des Droits de 1789 (articles 10 et 11), confirmée par le Préambule de la Constitution de 1946 (qui dispose que « *le peuple français proclame à nouveau que tout être humain, sans distinction de race, de religion ni de croyance, possède des droits inaliénables et sacrés* »).

En réalité, le droit français considère les sectes comme de véritables religions. Il est permis de dire que, sur le plan juridique, une religion est « *une secte qui a réussi* ».

Les sectes réunissent, d'ailleurs, les deux critères qui caractérisent la *religion* : le critère subjectif, c'est à dire la foi en un être ou une force supérieurs ; le critère objectif, c'est à dire l'insertion de l'individu dans une communauté de croyants. Comme l'écrit le doyen Carbonnier, « *ce qui subsiste des sectes n'est pas d'une autre substance que ce qu'on appelle religion : il s'agit toujours de relier collectivement les hommes aux dieux par des croyances et par des cultes* ».

Dès lors, puisque les sectes sont des religions, il n'y a aucune raison de leur appliquer *a priori,* un régime juridique discriminatoire.

Il faut ajouter qu'une action préventive contre les sectes se heurte au principe de la *présomption d'innocence.*

Bref, il apparaît bien ainsi que la moins mauvaise solution est de ne pas enserrer les sectes dans une définition légale pratiquement impossible à respecter, mais de poursuivre, avec la plus grande rigueur, les agissements illégaux dont se rendent coupables doutes les associations, en particulier, celles qui abusent de la crédibilité des personnes vulnérables[15].

a.4. La réaction récente des pouvoirs publics et le vote de la loi du 12 juin 2001

Dès 1967, la méfiance des tribunaux à l'égard des sectes s'était révélée au grand jour. La Cour d'Appel de Nîmes avait, en effet, considéré que le fait, pour une épouse, d'adhérer à une secte (en espèce, les *Témoins de Jéhovah*) constituait une *violation grave des devoirs du mariage,* qui justifiait le divorce pour faute (Nîmes, 18 juin 1967, *D.*1969.366).

Mais ce fut, surtout, à la suite de la mort collective des adeptes de l'*Ordre du Temple solaire,* en décembre 1995, que les pouvoirs publics prirent conscience de la gravité du problème des sectes. Monsieur Jacques Toubon, alors ministre de la Justice, diffusa ainsi, en février 1996, une circulaire à l'intention des procureurs généraux et des procureurs de la République, qui appelait l'attention des Parquets sur la dangerosité du phénomène sectaire et les invitait à en prendre « *une connaissance*

15. Il faut noter, en la matière, un intéressant arrêt du Conseil d'État du 24 avril 1994 à propos de la procédure d'adoption. Un Tribunal Administratif avait annulé une décision de refus d'agrément, au motif que l'Administration ne saurait opposer aux demandeurs, qui adhéraient, sans dissimulation, à la doctrine des *Témoins de Jéhovah,* les positions adoptées par ce mouvement religieux en matière de transfusion sanguine, sans rechercher quelle était leur position personnelle. Le Conseil d'État, dans l'arrêt précité, a annulé ce jugement, au motif que la décision contestée avait été prise eu égard à l'insuffisance des garanties offertes, étant donné que les prises de position des intéressés sur des problèmes de santé (transfusion sanguine) pouvaient entraîner certains risques, et non en considération de l'appartenance des intéressés à une confession (CE, 24 avril 1994, *Département du Doubs,* Req. n° 110178).

approfondie ». Il estimait, pour sa part, que l'arsenal juridique était suffisant pour faire face aux dangers qu'elle présentait.

La polémique a rebondi en février 2000, à la suite de la proposition de la *Mission interministérielle de lutte contre les sectes,* présidée par Monsieur Vivien, de dissoudre certains mouvements sectaires dangereux, comme, par exemple, l'*Ordre du Temple solaire,* et l'*Église de la Scientologie.* Madame Elisabeth Guigou, Garde des Sceaux, a alors déclaré qu'il existait « *une véritable montée en puissance judiciaire de la lutte contre les sectes* » et qu'à la date du 31 juillet 1999, 134 enquêtes étaient en cours, et 116 informations ouvertes sur les agissements qui leur étaient reprochés : violences, agressions sexuelles, escroqueries et abus de faiblesse (*Le Monde* du 11 février 2000).

Cette situation conduisit deux parlementaires – Nicolas About et Catherine Picard – à déposer une proposition de loi « *tendant à renforcer la prévention et la répression à l'encontre des groupement à caractère sectaire* », qui fut définitivement adoptée, par les députés, le 30 mai 2001, à l'unanimité des groupes parlementaires (**loi n° 2001-503 du 12 juin 2001 sur la prévention et la répression des mouvements sectaires**).

Le nouveau texte modifie l'article réprimant l'*abus de faiblesse* – actuellement incriminé par l'article 223-15-2 du Nouveau Code Pénal – comme suit :

«*Est puni de trois ans d'emprisonnement et de 375 000 euros d'amende, l'abus frauduleux de l'état d'ignorance ou de la situation de faiblesse... d'une personne en état de sujétion psychologique ou physique résultant de l'exercice de pressions graves ou réitérées ou de techniques propres à altérer son jugement, pour conduire ce mineur ou cette personne à un acte ou à une abstention qui lui sont gravement préjudiciables* ».

Le texte ancien de l'article 313-4 sanctionnait seulement « *l'abus frauduleux de l'état d'ignorance ou de la situation de faiblesse (...) d'une personne dont la particulière vulnérabilité, due à son âge, à une maladie, à une infirmité, à une déficience physique ou psychique (...), est apparente ou connue de son auteur* ». En ajoutant la formule « *une personne en état de sujétion psychologique ou physique résultant de l'exercice de pressions (...) ou de techniques propres à altérer son jugement* », les parlementaires espèrent rendre plus facile la répression de l'activité sectaire.

Il faut noter que **la loi nouvelle prévoit également l'aggravation des peines, lorsque l'infraction est commise par « *le dirigeant de fait ou de droit* » d'un groupement à caractère sectaire. (article 223-15-2, 2e alinéa).**

En tout état de cause, c'est bien sur le terrain du droit pénal commun qu'il faut se placer pour sanctionner les sectes.

À cet égard, le juge d'instruction Renaud Van Ruymbeke a renvoyé, le 28 mars 2001, l'***Église de Scientologie d'Ile-de-France*** devant le Tribunal correctionnel pour « *tentative d'escroquerie* » et divers autres délits, dans l'espèce suivante : le groupement était accusé d'avoir posté, avec un peu trop d'insistance, sa propagande à plusieurs citoyens qui s'en émurent.

En particulier, **un scientologue repenti,** agacé de continuer à recevoir des courriers américains ou français de la Scientologie, avait saisi la **Commission nationale de l'informatique et des libertés (CNIL).** Les étiquettes des lettres comportaient un même numéro à six chiffres, quels que soient les expéditeurs ou le pays d'origine. La Commission en déduisit que les coordonnées de l'intéressé avaient été entrées dans une base de données commune, en France et aux Etats-Unis.

Elle demanda, dès lors, que le plaignant fût rayé du fichier. Les courriers ayant repris de plus belle, l'intéressé porta plainte et, le 16 mai 2000, des policiers du *Service d'enquête sur les fraudes aux technologies de l'information* saisirent des ordinateurs au siège parisien de l'Église de Scientologie et placèrent en garde à vue son président, officiellement « *ministre du culte* ».

Le juge d'instruction le mit en examen le 3 octobre 2000 puis le renvoya devant le Tribunal correctionnel pour « *atteinte aux droits de la personnalité résultant de fichiers informatiques* », « *publicité mensongère* » et « *tentative d'escroquerie* ».

Le magistrat lui reprochait d'avoir *tenté de tromper* les plaignants – il y en a eu, finalement, plusieurs – « *au moyen de manoeuvres frauduleuses, en l'espèce l'envoi à domicile de courriers publicitaires multiples contenant des promesses irréalisables, voire chimériques, supposant l'achat d'ouvrages et de nombreux cours de formation* », et de « *les déterminer ainsi à remettre des fonds de plus en plus importants* ».

Par un jugement du 17 mai 2002, le Tribunal correctionnel condamna le président de l'association à 2 000 euros d'amende pour *violation de la loi informatique et libertés*, et la personne morale, en tant que telle, à une amende de 8 000 euros. Par un arrêt du 13 octobre 2003, la Cour d'appel de Paris condamna, d'une part, le président et, d'autre part, l'association à une amende de 5 000 euros. Le pourvoi formé contre cet arrêt fut rejeté par la Cour de cassation (Chambre criminelle) par un arrêt du 1er octobre 2004.

b. LA RÉPUBLIQUE NE SALARIE NI NE SUBVENTIONNE AUCUN CULTE

Ce principe suppose :
– la suppression du service public de l'Église,
– l'interdiction de toute subvention aux organismes religieux.

b.1. La suppression du service public des cultes

Les conséquences en sont nombreuses :

1- disparition du budget des cultes ;

2- disparition du ministère des cultes ;

3- suppression des traitements versés par l'État aux ministres du culte ;

4- cessation de l'intervention de l'État dans la nomination des dignitaires ecclésiastiques ;

5- légalité de l'interdiction faite aux écclésiatiques d'apporter leur concours à l'enseignement public secondaire (voir, en ce sens, le célèbre arrêt du Conseil d'État du 10 mai 1912, Abbé Bouteyre, *Rec.* page 794, par lequel il a été jugé que le ministre de l'Instruction Publique n'avait fait qu'user légitimement de ses pouvoirs en refusant d'autoriser un prêtre à se présenter à un concours de recrutement de professeurs du second degré en l'espèce, l'agrégation de philosophie).

Il faut noter que, si un problème de cette nature se présentait à nouveau, il n'est nullement certain que le Conseil d'État adopterait la même solution. Dans un jugement du 7 juillet 1970, le Tribunal Administratif de Paris a, en effet, jugé illégal le refus d'admettre un ecclésiastique à participer au concours d'agrégation d'anglais (T.A. Paris, 7 juillet 1970, Spagnol, *Rec.* page 851).

De même, il ressort d'un avis du Conseil d'État que, « *si les dispositions constitutionnelles qui ont établi la laïcité de l'État et celle de l'enseignement imposent la neutralité de l'ensemble des services publics, ... elles ne mettent pas obstacle par elles-mêmes à ce que des fonctions de ces services soient confiées à des membres du clergé* » (avis du 21 septembre 1972). Cet avis préfigure l'avis du 27 novembre 1989, par lequel la Haute Assemblée a estimé que le port, par des élèves de l'école publique, de signes d'appartenance à une communauté religieuse n'est pas, en lui-même, incompatible avec le principe de la laïcité.

6- le principe de la laïcité du personnel ne s'applique pas à l'enseignement supérieur, qui possède, dans ses rangs, un certain nombre d'ecclésiastiques. Comme l'observait le commissaire du gouvernement Helbronner, dans ses conclusions sur l'arrêt *Abbé Bouteyre,* « ***les auditeurs, les élèves, sont ici en âge de juger (et) l'incompatibilité entre cet enseignement (supérieur) (...) et l'état ecclésiastique n'a plus les mêmes raisons d'être*** ».

– *Les exceptions géographiques au principe de séparation :*

Elles sont au nombre de deux :

• La loi de 1905 ne s'applique pas, tout d'abord, en Alsace-Moselle, où, par suite, l'État français demeure souverain – au moins théoriquement – en matière de nomination des évêques. C'est ainsi que le 24 octobre 1997, le Journal Officiel de la République Française a annoncé la nomination, par Monsieur Jacques Chirac, du Père Joseph Doré comme archevêque de Strasbourg. Le chef de l'État nomme par décret l'évêque, auquel le pape confère ensuite l'institution canonique par une bulle pontificale. Les deux actes ne prennent effet qu'après l'examen de la bulle du Saint-Siège par le Conseil d'État, qui en contrôle la conformité au droit français.

La même procédure s'applique pour le diocèse de Metz (voir *Le Monde* du 24 octobre 1997).

• La loi de 1905 ne s'applique pas non plus en Guyane. En effet, si ses dispositions ont été étendues à la Guadeloupe, la Martinique et la

Réunion, par un décret du 6 février 1911, elles n'ont pas fait l'objet d'une extension à la Guyane avant la loi du 19 mars 1946 assimilant ce territoire aux départements métropolitains. Or, l'ordonnance du 12 novembre 1828, relative au *gouvernement de la Guyane française* – antérieure à la loi du 19 mars 1946 – a disposé que les membres du clergé de la Guyane étaient rétribués sur le budget départemental, après agrément de l'autorité préfectorale, sur demande de l'autorité religieuse, qui propose également leur mutation et leur radiation. Les dispositions de cette ordonnance du 12 novembre 1828 continuent à s'appliquer en Guyane (CE, 9 octobre 1981, *Beherec, Rec.* page 358).

• La loi de 1905 ne s'applique pas non plus à l'île française de Mayotte – peuplée aujourd'hui de près 70 000 habitants – qui fait partie de l'archipel des Comores, dans l'océan Indien, au nord-ouest de Madagascar. En effet, le décret du 6 février 1911, qui étendait cette loi à la Guadeloupe, la Martinique et la Réunion, ne prévoyait pas son extension à l'île de Mayotte. C'est, dès lors – aujourd'hui encore – le Préfet qui nomme le *grand cadi,* représentant officiel du culte musulman.

Au total, près de 3 millions de citoyens français – environ un vingtième de la population – ne sont pas soumis à la loi de séparation des Églises et de l'État.

b.2. L'interdiction des subventions aux organismes religieux

La loi du 9 décembre 1905 interdit expressément « *l'inscription de crédits en vue de subventionner à titre permanent et régulier le service des cultes* ».

On en déduit que l'État :

– a la possibilité de subventionner des activités qui présentent un caractère général – et qui ne relèvent pas, dès lors, du « *service des cultes* » – bien qu'elles s'exercent dans un cadre confessionnel (hospices, hôpitaux, oeuvres de bienfaisance) ;

– a le droit de prendre en charge certains services religieux comme, par exemple, les aumôneries dans les établissements publics, les asiles et les prisons. L'article 2 de la loi du 9 décembre 1905 dispose, d'ailleurs, que « *pourront être inscrites au budget, les dépenses relatives à des services d'aumônerie et destinées à assurer le libre service des cultes dans (...) les lycées, collèges, hospices, asiles et prisons* » (une ordonnance du 6 février 1947 dispose, à cet égard, que « *le service religieux est assuré dans les établissements pénitentiaires par les ministres du culte, (...) nommés par le Garde des Sceaux sur la proposition du Préfet* »);

– a le droit de rémunérer les ministres du cultes, lorsque ceux-ci rendent des services aux personnes publiques. Dans ces « *services rendus aux personnes publiques* » figurent les émissions religieuses sur les chaînes de service public de la télévision ou les frais des services religieux organisés à l'occasion des obsèques publiques de personnalités (François Mitterrand ?) ou du retour des corps de soldats français morts pour la patrie.

Il faut, toutefois, observer que le Tribunal Administratif de Nantes a annulé, en janvier 1998, la délibération, en date du 13 mai 1996, par laquelle le conseil régional des Pays de la Loire avait attribué une subvention de 100 000 francs à l'évêché de la ville. Cette somme avait contribué au financement de l'accueil du pape Jean-Paul II à Saint-Laurent-sur-Sèvre, où il s'était recueilli sur la tombe de saint Louis-Marie Grignion de Montfort, prédicateur itinérant qui, au début du XVIIIe siècle, répandit la dévotion mariale dans les province de l'Ouest.

Pour annuler la délibération du 13 mai 1996, le Tribunal s'est fondé sur l'article 2 de la loi du 9 décembre 1905, qui dispose – comme nous l'avons vu – que « *la République ne reconnaît, ne salarie ni ne subventionne aucun culte* » et qu'« *en conséquence, seront supprimées des budgets de l'État, des départements et des communes, toutes dépenses relatives à l'exercice des cultes* ». Le Tribunal a étendu cette règle à la *région*, collectivité territoriale qui n'existait pas en 1905 (voir *Le Monde* du 22 janvier 1998).

Dans le même sens, a été jugée illégale la délibération du 26 mars 1996, par laquelle le conseil municipal de la ville de Reims avait décidé de financer les installations techniques nécessaires à la célébration de la messe papale du 22 septembre 1996 qui, même si elle s'inscrivait dans le contexte général de la commémoration nationale du baptême de Clovis, conservait un caractère essentiellement religieux (T.A. Châlons-en-Champagne, 18 juin 1996, *Gaz. Pal.* 1996, II, page 643).

c. LA RÉPUBLIQUE ASSURE LA LIBERTÉ DE CONSCIENCE

L'article 2 de la loi du 9 décembre 1905 dispose que « *la République assure la liberté de conscience (et) garantit le libre exercice des cultes* ».

De même, l'article 1er de la Constitution du 4 octobre 1958 énonce : « *La France est une république laïque. Elle respecte toutes les croyances* ».

Pour faire respecter cette liberté de conscience, le législateur de 1905 a créé **le délit d'*atteinte à la liberté de conscience* »** (article 31 de la loi), qui punit « *ceux qui, par voies de fait, violences ou menaces contre un individu, soit en lui faisant craindre de perdre son emploi, d'exposer à un dommage, sa personne, sa famille ou sa fortune, l'auront déterminé à exercer ou à s'abstenir d'exercer un culte, à faire partie ou à cesser de faire partie d'une association cultuelle, à contribuer ou à s'abstenir de contribuer aux frais d'un culte* ».

Ce délit est puni d'une amende de 1 500 euros et des autres peines sanctionnant les contraventions de la 5e classe.

Dans le même sens, l'article 32 de la loi du 9 décembre 1905 punit des mêmes peines « *ceux qui auront empêché, retardé ou interrompu les exercices d'un culte par des troubles ou désordres causés dans un local servant à ces exercices* ».

Ces actes – déjà punis par l'ancien article 261 du Code Pénal, abrogé par la loi du 9 décembre 1905 – peuvent être le fait d'individus étrangers à l'exercice du culte (par exemple, comme l'a jugé la Cour d'Appel de Douai le 24 février 1869, d'un individu jetant de la farine sur les fidèles arrivant à l'église et nuisant, par là, au recueillement nécessaire (*S.* 1869, 1, page 164), ou – comme l'a estimé, plus récemment, le Tribunal Correctionnel de Bar-le-Duc – de jeunes en état d'ivresse faisant irruption dans une église pendant une messe de Noël et y semant la confusion : 2 juin 1982, *Gaz. Pal.* 1982, 2, page 556).

Ces faits peuvent aussi provenir de l'attitude de fidèles participant à la cérémonie (cas d'une personne chantant haut et fort pendant un office, et semant le trouble dans l'assemblée : voir, Cour d'Appel de Toulouse 19 novembre 1868, *S.* 1869, 2, page 4).

Il faut encore noter que, par deux arrêts du 4 février 1999, la Cour Administrative d'Appel de Nantes a donné raison aux habitants de deux communes rurales de Loire-Atlantique, qui demandaient l'application de la loi du 9 décembre 1905 sur la séparation de l'Église et de l'État interdisant « *d'élever ou d'apposer aucun signe ou emblème religieux sur les monuments publics ou en quelque emplacement public que ce soit, à l'exception des édifices servant au culte, des terrains de sépultures dans les cimetières, des monuments funéraires ainsi que des musées ou des expositions* ».

En application de ces arrêts, les maires des deux communes (Joué-sur-Erdre et Vallet) ont été contraints de décrocher le crucifix qui ornait la salle du conseil municipal (voir *Le Monde* du 6 février 1999).

Toutefois, la liberté des cultes signifie, non seulement que l'État s'oblige à respecter lui-même cette liberté, mais qu'il s'engage à en prévenir les violations par quiconque. La laïcité, à cet égard, n'est pas autre chose que la garantie de « *l'équilibre des différences* ».

Cet équilibre trouve, bien évidemment, sa limite naturelle dans les exigences de l'ordre public.

Une autre polémique a surgi, récemment, du fait de la présence, dans la salle de la Cour d'assises de La Moselle, à Metz, d'un tableau représentant *le Christ en croix*, peint, en 1866, par Théodore Devilly. La question s'est posée de savoir si ce tableau pouvait rester dans une salle où la Justice était rendue « *au nom du peuple français* ». Après consultation, les magistrats et autres fonctionnaires de la Cour d'Appel, ainsi que les avocats au barreau de Metz, se sont prononcés pour son maintien en place. Néammoins, à titre de compromis, un rideau l'a longtemps tenu caché aux yeux du public, en attendant la décision de la Chancellerie[16]. Mais, au cours de l'été 2006, le garde des Sceaux, Monsieur Pascal Clément, a décidé que le tableau quitterait le Palais de Justice de Metz – où il trônait depuis 1866 – pour rejoindre l'église abbatiale de Saint-Avold, à une quarantaine de kilomètres de là. « *Cette disposition* – a-t-il déclaré – *va permettre de maintenir cette œuvre dans le patrimoine de l'État, tout en l'exposant publiquement dans un cadre approprié* » (voir *Le Monde* du 1er août 2006, page 7).

16. Voir, sur cette question, le *Journal du Dimanche* du 3 septembre 2000, page 7 et *Libération* du 5 octobre 2000.

Le problème de l'organisation de « *l'équilibre des différences* » a connu un regain d'actualité récent, notamment avec l'affaire du *tchador* ou foulard islamique. De là l'intérêt d'examiner, dans une deuxième partie, « *l'évolution récente des rapports entre la religion et l'État* ».

C. L'ÉVOLUTION RÉCENTE DE LA LIBERTÉ DES PRATIQUES RELIGIEUSES : LA MONTÉE DES INTÉGRISMES ET LE PROBLÈME DU TCHADOR

Il est permis d'observer qu'une fois apaisée la querelle religieuse qui avait donné lieu au vote de la loi de séparation, les règles posées par celle-ci ont été appliqués dans un esprit de conciliation. Pendant plus de soixante ans – entre la reprise des relations diplomatiques entre la France et le Vatican (1921) et le milieu des années 1980 – les règles posées par la loi de 1905 ont paru parfaitement adaptées à la situation française.

L'augmentation du nombre des personnes se déclarant « *sans religion* » (qui est passé de 17 % en 1977 à 39 % en 1997) et l'intégration, de plus en plus marquée, des diverses religions dans le cadre républicain – qui a permis à un auteur de parler du *pouvoir dissolvant de la République* – ont permis à la « *conception française de la laïcité* » d'être appliquée sans heurts (à l'exception, bien évidemment, pour les israélites, de la période de l'Occupation).

Le problème a commencé à se poser en des termes nouveaux, au milieu des années 1980. Le rôle de plus en plus important de l'Islam, qui est devenu la deuxième religion française (la France compte près de 5 millions de musulmans, dont 70 % déclarent observer le jeûne du Ramadan : voir *Le Monde* du 20 novembre 2001, page 12), et la montée générale des *intégrismes* (souvenons-nous du mot prêté à André Malraux : « *Le XXIe siècle sera religieux ou ne sera pas* »), ont contraint les autorités administratives et judiciaires à préciser les rapports entre la République et la religion.

a. L'AFFAIRE DU *TCHADOR*

L'affaire du *tchador* résulte, à l'origine, de la décision d'exclusion prise par le directeur d'un établissement scolaire public, à l'encontre de jeunes élèves musulmanes qui avaient revêtu leur voile (ou *tchador*) pour manifester leur appartenance à la communauté islamique.

Le ministre de l'Éducation nationale de l'époque, Monsieur Jospin, avait saisi le Conseil d'État d'une demande d'avis sur la question de savoir si le fait de porter des signes d'appartenance à une communauté religieuse était – ou non – compatible avec le principe de laïcité.

Le Conseil d'État a émis son avis le 27 novembre 1989. Cet avis, qui résume parfaitement les règles de la *laïcité à la française*, pose deux grands principes.

1) il rappelle, d'abord, que « *le principe de la laïcité de l'enseignement public (...) interdit toute discrimination dans l'accès à l'enseignement, qui serait fondée sur les convictions ou croyances religieuses des élèves* » ;

2) le Conseil d'État précise, toutefois, que « *la liberté d'expression et de manifestation de croyance religieuse ne saurait permettre aux élèves d'arborer des signes d'appartenance religieuse qui, par leur nature, par les conditions dans lesquelles ils seraient portés individuellement ou collectivement, ou par leur caractère ostentatoire, constitueraient un acte de pression, de provocation, de prosélytisme ou de propagande, porteraient atteinte à la dignité ou à la liberté de l'élève ou d'autres membres de la communauté éducative, (...) compromettraient le déroulement des activités d'enseignement et le rôle éducatif des enseignants, enfin, troubleraient l'ordre dans l'établissement ou le fonctionnement normal du service public* »(avis du 27 novembre 1989, Études et Documents du Conseil d'État, 1989, pages 239 et suivantes).

Statuant au contentieux, le Conseil d'État a confirmé ces principes dans un arrêt du 2 novembre 1992 et annulé les décisions d'exclusion qui avaient été prises à l'encontre des jeunes filles (CE, 2 novembre 1992, *Kherouaa et autres, Rec.* page 389).

La Haute Assemblée a rappelé, depuis lors, ces principes à de nombreuses reprises.

Cette jurisprudence s'ordonne autour de deux idées.

La première est que le simple fait de porter un foulard islamique (*tchador*) dans un établissement scolaire public, ne constitue pas, en lui-même, une atteinte au principe de laïcité (voir, en ce sens, CE, 27 novembre 1996, *Ministre de l'Éducation nationale contre Khalid et Madame Sefiani, Rec.* page 460).

Mais – deuxième idée – le droit des élèves d'exprimer leur conviction religieuse à l'intérieur d'un établissement scolaire public est limité par le respect de l'ordre public et des obligations scolaires. Ce droit ne peut ainsi justifier légalement la participation des élèves à des mouvements de protestation troublant gravement le fonctionnement normal de l'établissement (voir CE, 27 novembre 1996, *Ligue Islamique du Nord et époux Chabou, Rec.* page 461).

Toutefois, les mesures prises en vue du maintien de l'ordre public, dans un établissement d'enseignement, doivent s'avérer « *strictement nécessaires* ». C'est ainsi que le Conseil d'État a jugé illégaux les arrêtés du doyen de la Faculté de Sciences Juridiques de l'Université de Lille II, interdisant l'accès à la faculté à deux étudiantes portant un « foulard islamique », en raison de menaces énoncées dans un tract anonyme, alors que les autorités universitaires disposaient des moyens nécessaires pour assurer l'ordre public (CE, 26 juillet 1996, *Université de Lille II, Rec.* page 916 et *La Vie Judiciaire* du 9 mars 1997).

À l'inverse, dans un arrêt du 10 mars 1995, le Conseil d'État a rejeté le recours formé contre la décision du conseil de discipline du collège de

Nantua infligeant des sanctions à deux élèves musulmanes qui avaient refusé, lors d'un enseignement d'éducation physique, d'ôter le foulard qu'elles portaient en signe d'appartenance religieuse. Le Conseil d'État a relevé, notamment, « *que le port de ce foulard (était) incompatible avec le bon déroulement des cours d'éducation physique (et) que la décision d'exclusion définitive des deux élèves a(vait) été prise en raison des troubles que leur refus a(vait) entraîné dans la vie de l'établissement, aggravés par les manifestations auxquelles participait (leur) père à l'entrée du collège* » (CE, 10 mars 1995, *Aoukili, Rec.* page 122).

De même, n'a pas été jugée illégale l'exclusion définitive infligée à des élèves qui avaient participé à des mouvements de protestation ayant gravement troublé le fonctionnement normal de l'établissement et qui excédaient ainsi les limites du droit d'exprimer et de manifester leurs croyances religieuses à l'intérieur des locaux scolaires (CE, 27 novembre 1996, *Ligue Islamique du Nord et époux Chabou,* précité).

De même encore, des absences répétées au cours d'éducation physique de jeunes filles de confession musulmanes ont été regardées comme « *justifiant légalement la mesure d'exclusion définitive prise à leur encontre* » (CE, 27 novembre 1996, *Époux Wissaadane et époux Chedouane, Rec.* page 462).

Dans un sens analogue et par un arrêt du 20 octobre 1999 (CE, *Ministre de l'Éducation nationale c/ Époux Ait Ahmad, Rec. Tables,* page 810), le Conseil d'État, saisi par le ministre de l'Éducation nationale, a annulé des décisions de la Cour Administrative d'Appel de Nancy et reconnu au personnel éducatif la faculté d'exiger des « *tenues compatibles avec le bon déroulement des cours* ». Cet arrêt faisait suite à un incident survenu, en décembre 1994, dans un collège de Vandoeuvre-lès-Nancy, au terme duquel une élève avait été exclue pour avoir conservé son *tchador* en classe de gymnastique. Le Conseil d'État a estimé que « *l'exercice de la liberté d'expression et de manifestation de croyances religieuses ne fait pas obstacle à la faculté pour les chefs d'établissement, et le cas échéant les enseignants, d'exiger des élèves le port de tenues compatibles avec le bon déroulement des cours, notamment en gymnastique et en technologie* » (voir *Le Monde* du 23 octobre 1999, page 12).

En dehors des problèmes universitaires, il faut noter que, par un jugement du 17 octobre 2002, le Tribunal administratif de Paris a estimé que l'autorité administrative pouvait refuser de renouveler le contrat d'un agent non-titulaire en raison du port d'un vêtement manifestant, de matière ostentatoire, l'appartenance à une religion. En l'espèce, le contrat à durée déterminée de la requérante, assistante sociale au sein d'un centre d'accueil et de soins hospitaliers, n'avait pas été renouvelé au motif qu'elle refusait d'enlever le voile qu'elle portait malgré les plaintes formulées par certains patients du centre. Le Tribunal Administratif a estimé que « ***le principe de laïcité de l'État et celui de la neutralité des services publics faisaient obstacle à ce que des agents disposent, dans l'exercice de leurs fonctions, du droit de manifester leur croyance religieuse, notamment par une extériorisation vestimentaire et que ce prin-***

cipe concernait tous les services publics et pas seulement celui de l'enseignement ».

Le Tribunal a précisé que cette obligation trouvait à s'appliquer avec une rigueur particulière dans les services publics dont les usagers étaient dans un état de fragilité ou de dépendance (Tribunal administratif de Paris, 17 octobre 2002, req. n° 0101740/5).

De son côté, le Conseil d'État a exigé que les photographies produites à l'appui d'une demande de carte nationale d'identité ou d'un passeport, représentent l'intéressé « *de face (et) tête nue* ». Comme il l'a énoncé dans un arrêt du 24 octobre 2003, « *le port du voile ou du foulard, par lequel les femmes de confession musulmane peuvent entendre manifester leurs convictions religieuses, peut faire l'objet de restrictions notamment dans l'intérêt de l'ordre public ; que les restrictions prévues par les dispositions de l'article 5 du décret du 26 février 2001*[17]*, qui visent à limiter les risques de falsification et d'usurpation d'identité, ne sont pas disproportionnées au regard de cet objectif et, par suite, ne méconnaissent aucune des prescriptions ni aucun des principes invoqués par la requérante* » (CE, 24 octobre 2003, *Mme Fatima*, req. n° 250084)[18].

b. LA LOI DU 15 MARS 2004

Les questions posées paraissaient résolues de manière satisfaisante pour les établissements d'enseignement secondaire. Mais, par un zèle qui traduit la propension française à légiférer dès qu'un problème se pose – sans prendre, parfois, le temps de réfléchir suffisamment aux implications d'un nouveau texte – la loi n° 2004-228 du 15 mars 2004, *encadrant, en application du principe de laïcité, le port de signes ou de tenues manifestant une appartenance religieuse dans les écoles, collèges et lycées publics,* est venue – semble-t-il – compliquer inutilement les choses.

Elle interdit, en effet, à son article 1er, « *dans les écoles, les collèges et les lycées publics, le port de signes ou tenues par lesquels les élèves manifestent ostensiblement une appartenance religieuse* ».

Or, comment ne pas voir qu'il n'existe aucun critère objectif permettant de distinguer le signe « *ostensible* » de celui qui ne l'est pas ? Le foulard islamique, la kippa et, peut-être même, la croix sont « *ostensibles* » pour ceux qui s'y intéressent et non pour ceux que la question religieuse ne passionnent pas. Au surplus, pour quelle raison de principe établirait-on, dans un pays laïc, une distinction entre les personnes qui « *manifestent ostensiblement une appartenance religieuse* » – dans les faits, les adeptes des grandes confessions : le christianisme, le judaïsme, l'islam – et celles qui témoignent de l'adhésion à l'une des centaines de sectes

17. Qui dispose que les demandes de passeport doivent être accompagnées de deux photos d'identité, de face, tête nue, de format 35x45 mm, récentes et parfaitement ressemblantes.
18. La même solution a été retenue dans un arrêt du Conseil d'État du 2 juin 2003 (*Mlle Rabia X.*, req. n° 245321) ; voir également CE, 27 juillet 2001 *Fonds de défense des musulmans en justice*, req. n° 216903.

recensées par la Commission d'enquête parlementaire en 1995 ? Une telle discrimination, fondée sur le fait que les premières sont facilement identifiables, alors que les autres ne peuvent être reconnues que par les initiés, risque fort d'être condamnée, un jour, par les instances judiciaires, nationales ou européennes[19].

En tout état de cause, il convient maintenant de veiller à ce que le nouveau texte soit appliqué. Or, dans un pays où le sens de la règle n'est pas la vertu cardinale, il pourra être difficile de déjouer les efforts d'imagination d'adolescents aiguillonnés par leurs croyances ou par le désir, faussement laïc mais très français, de prendre en défaut la nouvelle règle de droit ? Sanctionnera-t-on ceux qui, une fois franchie la porte d'entrée de l'établissement, sortiront de leur poche un foulard, une kippa ou une croix et s'en revêtiront dans la cour ou dans une salle de classe ? À moins de créer un corps de *gardiens de la laïcité*, impopulaire et onéreux, et d'envoyer ses membres dans tous les lieux où un enseignement sera dispensé, la solution du problème apparaît difficile.

c. LES PRINCIPES POSÉS PAR LE CONSEIL D'ÉTAT S'APPLIQUENT AUX MANIFESTATIONS EXTÉRIEURES DE TOUTES LES RELIGIONS

Bien évidemment, les règles qui valent pour la religion musulmane s'appliquent également aux autres religions. Le Conseil d'État l'a précisé depuis longtemps, pour la religion catholique ; il l'a rappelé récemment, à propos de la religion israélite.

c.1. La religion catholique

Une jurisprudence traditionnelle considère qu'un maire ne fait user des pouvoirs de police qui lui sont conférés, dans l'intérêt de l'ordre public, en interdisant les manifestations extérieures – processions, cortèges et cérémonies – qui peuvent blesser les opinions philosophiques d'autrui et détruire la neutralité de la rue (CE, 19 février 1909, *Abbé Olivier, Rec.* page 181 ; 19 mars 1909, *Deguille, Rec.* page 311).

À l'inverse, le Conseil d'État a annulé la décision du chef de service qui, pour rejeter la demande d'autorisations d'absence pour la célébration du *Vendredi saint*, de la *fête de Dieu*[20] et de la *fête de la Médaille miraculeuse*[21] se fondait non pas sur les troubles que ces absences causeraient au travail de l'intéressé, mais sur la circonstance que seules les

19. Sur cette question, voir, notamment, Daniel Amson, *La querelle religieuse. Quinze siècles d'incompréhensions*, 2004, Odile Jacob, page 339.
20. Plus communément appelée *Fête-Dieu*.
21. Fête anniversaire de l'apparition de la Vierge à Catherine Labouré, fille de la Charité à Paris, le 27 novembre 1830. Il existe, rue du Bac, une chapelle de la Médaille miraculeuse sur le lieu présumé de cette apparition.

fêtes religieuses légales en France pouvaient donner lieu à des dispenses d'assiduité (CE, 12 février 1997, *Mademoiselle Henny, Rec.* page 891).

Toutefois, la Haute Assemblée n'a pas regardé comme illégale la décision du gouverneur de la Banque de France refusant à une de ses employées athées une journée de congé avec maintien du traitement pour la célébration de la mort de Giordano Bruno[22] sur le bûcher à Rome, le 17 février 1600 (CE, 3 juin 1988, *Madame Barsacq-Adde, Rec.* page 227).

Ce n'est là que l'application traditionnelle de la jurisprudence qui s'efforce de concilier les exigences parfois contradictoires de l'ordre et de la liberté, en tenant compte des circonstances de l'espèce, du rapport des forces en présence et du climat politique du moment.

c.2. La religion israélite

Le Conseil d'État a statué, à ce sujet, dans deux arrêts du 14 avril 1995, relatifs à la pratique religieuse d'élèves de religion israélite.

Dans la première affaire, le Consistoire central des israélites de France avait formé un recours tendant à l'annulation de l'article 8 du décret du 18 février 1991, qui dispose : « *L'obligation d'assiduité... consiste, pour les élèves, à se soumettre aux horaires d'enseignement définis par l'emploi du temps de l'établissement ; elle s'impose pour les enseignements obligatoires et pour les enseignements facultatifs, dès lors que les élèves se sont inscrits à ces derniers. Les élèves doivent accomplir les travaux écrits et oraux qui leur sont demandés par les enseignants...et se soumettre aux modalités de contrôle des connaissances qui leur sont imposées* ».

Le Conseil d'État a rejeté le recours, en relevant que « *lesdites dispositions n'ont pas eu pour objet et ne sauraient avoir légalement pour effet, d'interdire aux élèves qui en font la demande de bénéficier individuellement des autorisations d'absence nécessaires à l'exercice d'un culte ou à la célébration d'une fête religieuse, dans le cas ou ces absences sont compatibles avec l'accomplissement des tâches inhérentes à leurs études et avec le respect de l'ordre public dans l'établissement* » (CE, 14 avril 1995, Consistoire central des Israélites de France, req. n° 125148).

Le second arrêt a été rendu dans l'espèce suivante :

Elève au lycée de Nice depuis l'année scolaire 1989-1990, le jeune Koen, qui était de religion israélite, avait été dispensé de l'assistance aux cours du samedi matin.

Mais, à la rentrée de septembre 1992, le proviseur du lycée fit savoir à ses parents que leur fils ne pourrait être inscrit en classe préparatoire au cours de l'année 1992-1993 qu'à la condition d'assister aux enseignements du samedi matin. Le jeune homme déféra cette décision au juge administratif, et le Conseil d'État rejeta sa requête par un arrêt, également prononcé le 14 avril 1995.

22. Philosophe italien, accusé d'hérésie par l'Inquisition, qui fut brûlé vif après avoir été incarcéré pendant 7 ans.

Pour motiver sa décision, la Haute Assemblée releva que « *les contraintes inhérentes au travail des élèves en classe de mathématiques supérieures font obstacle à ce qu'une scolarité normale s'accompagne d'une dérogation systématique à l'obligation de présence le samedi, dès lors que l'emploi du temps comporte un nombre important de cours et de contrôles de connaissances organisés le samedi matin* » (CE, 14 avril 1995, *Koen*, req. n° 157663).

Cette jurisprudence confirme bien que le juge cherche à assurer un équilibre entre la laïcité de l'État, la liberté religieuse et le respect de l'ordre public. Aussi longtemps que la liberté de conscience ne porte pas atteinte à l'ordre public, il veille à ce qu'elle soit respectée. Mais, juge des rapports entre les personnes publiques et les administrés, il veille également à ce que le respect de la liberté religieuse n'entraîne pas un trouble susceptible de nuire au fonctionnement satisfaisant du service public.

Pour leur part, les Français, malgré la montée récente des intégrismes, affirment leur attachement aux principes de la laïcité à l'école. En effet, si 57 % des personnes interrogées, à la fin du mois de juin 2000, se déclaraient favorables à un « *enseignement d'histoire des religions* », 55 % se montraient hostiles à la distribution de menus spéciaux à certains élèves (37 % « *pas du tout d'accord* » et 18 % « *plutôt pas d'accord* ») contre 44 % (21 % « *tout à fait d'accord* » et 23 % « *plutôt d'accord* »).

De même, 72 % des sondés se déclaraient hostiles aux dispenses de cours les jours de fêtes religieuses (49 % « *pas du tout d'accord* » et 23 % « *plutôt pas d'accord* »)[23].

Il apparaît ainsi que, bien que le pluralisme religieux soit accepté de fait, les Français ne semblent pas disposés à remettre en cause le consensus sur lequel repose l'école laïque, c'est à dire – encore une fois – l'*équilibre des différences* que la République a institué depuis près d'un siècle.

d. ACTUALITÉ DE LA NOTION DE LAÏCITÉ

L'évolution récente de la société française et le contexte international (notamment les attentats du 11 septembre 2001 aux États-Unis) ont conduit à un nouveau débat sur la laïcité.

Sans doute, celle-ci appartient-elle aujourd'hui au patrimoine national. Mais cela ne l'empêche pas de rester un sujet de dissensions.

Le 14 mars 2002, Monsieur Jack Lang, alors ministre de l'Éducation nationale, annonçait qu'un *enseignement des religions* serait, désormais, dispensé à l'école. « *Manquer d'informations religieuses rend strictement incompréhensible le* ***Don Juan de Mozart*** *ou* ***les sculptures de la cathédrale de Chartres.*** *Comment comprendre le 11 septembre ou les déchire-*

23. Les résultats de ce sondage CSA-*Le Monde-Notre Histoire* ont été publiés dans le numéro du *Monde* du 28 septembre 2000 (page 12).

ments yougoslaves sans connaissances religieuses ? L'ignorance du passé et des croyances de l'autre est grosse de clichés et de préjugés ».

Presqu'en même temps, paraissait le rapport de Monsieur Régis Debray sur « *l'enseignement du fait religieux dans l'école laïque* ». L'auteur observait que « *traditions religieuses et avenir des humanités sont embarqués dans le même bateau. On ne renforcera pas l'étude du religieux sans renforcer l'étude tout court* ».

Afin de « *dépassionner, et même, osons le mot, banaliser le sujet* », Monsieur Debray proposait de concentrer les efforts sur la formation des enseignants, en créant un module obligatoire « *philosophie de la laïcité et histoire des religions* » en deuxième année d'Institut universitaire de formation des maîtres (I.U.F.M.) (voir *Le Monde,* 15 mars 2002, page 14).

Lors d'un séminaire du 5 au 7 novembre 2002 avec 300 responsables pédagogiques, le ministre délégué à l'Enseignement scolaire, Monsieur Xavier Darcos, a appelé les enseignants à aborder les faits religieux à l'école pour lutter contre le « *déficit culturel* » des élèves. L'enseignement – estimait-il – devra être « *critique* » et « *totalement laïque* », afin d'éviter un retour de « *Dieu à l'école* » (voir *Le Monde,* 7 novembre 2002, page 12).

Le 14 février 2003, il a déploré le « *communautarisme souvent lié à l'islamisme qui s'installe dans les établissements scolaires* », précisant qu'il est « *totalement incompatible avec l'idée d'une éducation nationale* » et que « ***le problème s'envenime avec la réapparition d'insultes racistes et antisémites dont on pensait que nous étions débarrassés*** ».

Monsieur Darcos a aussi souhaité que « ***le drapeau français flotte au-dessus de l'entrée de chaque école, qu'y soit systématiquement inscrite la devise de la République*** » et que soit renforcé l'enseignement d'éducation civique « ***en le réorientant sur le respect des fondements rationnels de la République*** » (voir *Le Monde* du 15 février 2002, page 13).

Quelques mois plus tard, la Fédération protestante de France souhaitait la création d'un *Conseil consultatif des cultes et de la laïcité,* qui pourrait émettre des avis sur la liberté religieuse et la laïcité en France. Son président, le pasteur de Clermont, appelait de ses vœux, un *toilettage* de la loi de séparation des Églises et de l'État de 1905 (voir *Le Monde,* 8-9 décembre 2002, page 9).

Mais il existe, en France, un profond attachement à la laïcité. *Le Monde* a publié, il y a quelques années, une lettre insistant sur le fait que la France était « *le seul pays où les affaires de l'État et celles des religions étaient véritablement séparées, où la liberté des cultes et celle des consciences étaient garanties, mais où les religions relevaient uniquement de la vie privée, condition même de liberté individuelle, de pluralisme, de tolérance véritable* ». Ce texte énonçait, dès lors, qu'*il ne fallait en aucun cas toucher à la loi de séparation des églises et de l'État, car c'est l'un des fondements de notre République.*

L'auteur du courrier observait que « *l'argument du financement par l'Arabie saoudite et autres émirats intégristes ne tient pas debout. Ce n'est pas la construction de bâtiments cultuels qui est dangereuse, mais les personnes qui, envoyées par ces États, y prêchent. C'est là que la vigilance de la République devrait s'exercer* » (voir *Le Monde,* 1er février 2003, page 16).

De façon générale, depuis la loi de séparation de 1905 – et à l'exception, bien évidemment, de la période de Vichy, dont il n'est pas traité ici – la frontière de l'*ordre public* a été fixée, avec tolérance et lucidité, par le Conseil d'État. Rien ne permet de penser que les textes législatifs, et notamment la loi du 15 mars 2004 – qui ne peuvent (ou ne pourront) qu'affirmer péremptoirement ce que la Haute Assemblée énonce avec prudence – résoudront le mal dont beaucoup de Français se plaignent aujourd'hui. Ne soyons pas comme les insensés qui, à la fin du XIXe siècle, rallumèrent les guerres de religion dans le pays. Soyons conscients que notre Histoire montre combien nous sommes réceptifs aux querelles religieuses, vulnérables aux anathèmes qu'elles occasionnent, attirés par la bonne conscience avec laquelle elles nous encouragent à rejeter l'autre. Et, mesurant nos faiblesses, faisons confiance au *génie de la patrie* – qu'incarnaient tant les auteurs de la Déclaration des droits de 1789 que les magistrats de la Cour de cassation qui, en dépit des menaces et des pressions, annulèrent, en 1906, l'arrêt du Conseil de guerre déclarant coupable le capitaine Dreyfus – qui a longtemps inspiré une laïcité unique au monde, respectueuse des identités mais intégrationniste, permettant l'expression des croyances mais assurant le maintien de l'ordre public, « *soucieuse des principes mais sachant les appliquer aux cas d'espèce avec la rigueur du doctrinaire tempérée par la conscience du casuiste* »[24].

24. Daniel Amson, *La querelle religieuse, op. cit.*, page 348.

CHAPITRE 8

L'ÉGALITÉ DEVANT LA JUSTICE

Aspects particuliers de la justice politique : la responsabilité du chef de l'État et des ministres, les immunités parlementaires

Si indépendante qu'elle soit, la justice est toujours le reflet d'une classe ou au moins d'une société.

Jacques Fauvet[1]

« *Ne prévariquez point dans l'exercice de la justice ; ne montre ni ménagement au faible, ni faveur au puissant : juge ton semblable avec impartialité* ». « *Ne fais pas fléchir le droit, n'aie pas égard à la personne, et n'accepte point de présent corrupteur, car la corruption aveugle les yeux des sages et fausse la parole des justes* ». Depuis la Bible[2], la recherche de l'égalité devant la Justice a été un objectif fondamental des sociétés humaines animées de l'esprit de progrès.

Cet objectif n'a pas toujours été facilement réalisé. La *Pétition des droits,* rédigée par le Parlement britannique et à laquelle le roi Charles 1er vint consentir le 7 juin 1628 – considérée, pourtant, comme un texte libéral – disposait « *qu'aucun homme libre ne pourra(it) être arrêté ou mis en prison, ni dépossédé..., mis hors la loi ou exilé, ni molesté d'aucune autre manière, si ce n'est en vertu d'une sentence légale de ses pairs ou des lois du pays* ». De même, en France, le projet de déclaration des droits contenu dans le cahier de doléances du tiers état de la prévôté et vicomté de Paris, en date de mai 1789, stipulait « *qu'il (était) du droit naturel de tout citoyen de ne pouvoir être condamné en matière criminelle que sur la décision de ses pairs* »[3].

1. Voir Raymond Lindon, *Justice : Un magistrat dépose...*, 1975, PUF, page 87.
2. Voir *Lévitique,* XIX, 15 et *Deutéronome,* XVI, 19.
3. Voir Stéphane Rials, *La déclaration des droits de l'homme et du citoyen, op. cit.*, pages 482, 483, 564 et 565.

L'idée que les individus devaient être jugés par leurs pairs – c'est-à-dire par les personnes du même rang social – et que, dès lors, le privilège de juridiction relevait bien du droit naturel, imprégnait encore ainsi fortement les mentalités, même libérales, à la veille de la Révolution de 1789.

L'égalité devant la Justice ne fut pas non plus proclamée par la Déclaration des droits de l'homme et du citoyen du 26 août 1789. Certes, l'article 1er de ce texte proclamait que « *les hommes naissent et demeurent libres et égaux en droits* ». Mais, c'était pour ajouter, aussitôt que « *les distinctions sociales* » pouvaient être « *fondées sur l'utilité commune* », ce qui n'interdisait nullement d'instituer des privilèges de juridiction dans le but de rendre plus harmonieux le fonctionnement de la société.

Il fallut attendre la Constitution du 3 septembre 1791 pour voir proclamer – sans qu'il fût, pour autant, organisé – le principe de l'égalité devant la Justice. L'article 4 affirmait ainsi que « *les citoyens ne (pourraient) être distraits des juges que la loi leur assigne, par aucune commission, ni par d'autres attributions et évocations que celles qui sont déterminées par les lois* »[4]. Mais, contredisant ce principe général, l'Assemblée avait, dès le 5 mars 1791, adopté un décret, qui soumettait les crimes de « *lèse-nation* »[5] à une Haute Cour nationale.

Des dispositions analogues devaient être prises dans la plupart des textes constitutionnels français, et les articles 68-1 et 68-2 de notre Constitution actuelle – qui méconnaissent, quoique moins nettement que par le passé, le principe de l'égalité devant la Justice – en portent, aujourd'hui encore, le témoignage.

Or, ce qui crée, chez beaucoup de citoyens, le sentiment que la Justice n'est pas la même pour tous ce n'est pas une analyse raisonnée – et, moins encore, minutieuse – de la teneur des décisions qui s'appliquent aux différentes catégories de justiciables ; c'est le sentiment, confus mais puissant, que certains bénéficient, grâce à leur position – politique ou professionnelle – d'une relative impunité. Et, d'une certaine manière, parmi d'autres raisons, le mouvement actuel de judiciarisation de la société est une réponse à ce *vécu* qui n'est pas toujours très éloigné de la réalité des choses. « *Le justiciable* – écrivait un haut magistrat il y a trente ans – *a le sentiment d'une injustice lorsqu'il se produit un certain arbitraire dans la répression ou la poursuite, lorsque le glaive de la loi s'abat pour une infraction dont il ne nie pas qu'il l'a commise, alors que d'autres, qui ont commis la même, mais qui ne sont pas du même bord politique, du même milieu social ou que le hasard a favorisés, bénéficient de l'impunité. Certes, la Justice tient la balance égale entre les justiciables. Cependant ceux-ci éprouvent plus qu'un malaise lorsque les agents de la poursuite ne tiennent pas la balance égale entre les délinquants* »[6].

4. Elle n'en prévoyait pas moins – légitimement – des dispositions relatives à l'immunité des représentants de la Nation.
5. L'expression avait pour but de remplacer celle de « *lèse-majesté* ».
6. Voir Raymond Lindon et Daniel Amson, *Un Ombudsman en France ?, JCP* 1970.I.2322.

Pourtant, il est permis d'observer, parodiant à peine un mot heureux de Clemenceau, que le qualificatif de politique a la propriété de vider de sa substance le substantif auquel il est accolé et que, de même que la musique militaire est le contraire de la musique, la justice politique se tient aux antipodes de la justice[7]. Ce que Guizot exprimait en une formule plus brève, mais tout aussi pénétrante : « *Dès que la politique pénètre dans l'enceinte des tribunaux, la justice en sort* »[8].

Ces propos sont illustrés, en premier lieu, par la longue irresponsabilité du chef de l'État et, à un moindre degré, des ministres, dans la tradition politique française ; en second lieu, par l'immunité dont ont bénéficié, jusqu'à une époque récente, les membres des Assemblées parlementaires.

A. LA LONGUE IRRESPONSABILITÉ DU CHEF DE L'ÉTAT ET DES MINISTRES

Héritage de l'Ancien Régime, cette irresponsabilité continue – à certains égards – d'être admise aujourd'hui, entretenant, chez les citoyens, le sentiment que le droit fléchit en faveur des puissants.

a. L'ANCIEN RÉGIME

Le roi de France, sous l'Ancien Régime, était inviolable et sacré. Cela ne l'empêcha pas – bien au contraire – d'être soumis à un régime dérogatoire au droit commun lorsque, dans l'exaltation des débuts de la première République, les représentants de la Nation décidèrent de le juger.

L'exemple, il est vrai, avait été donné par l'Angleterre. Mis en accusation par le Parlement croupion[9], pour avoir trahi les lois fondamentales du royaume, le roi Charles 1er avait été déféré, en décembre 1648, à une commission extraordinaire[10], qui le condamna à mort le 29 janvier 1649, comme « *tyran, traître, meurtrier et ennemi du pays* ». Exécuté le 9 février, devant le Palais de Whitehall, il émut l'assistance par son sang-

7. Sur l'origine de la formule – que Clemenceau semble avoir reprise du grand philosophe Léon Brunschvicg – voir Raymond Lindon, *Justice : Un magistrat dépose...*, 1975, PUF, page 60.
8. Cité par Raymond Lindon, *id*, page 86.
9. Le *Rump Parliament,* dont avaient été exclus tous les membres non puritains – 143, au total – favorables à un accord avec le monarque. La Chambre des Communes ne comprenait plus alors qu'environ 80 députés, soit un tiers de ses membres.
10. Sur 135 personnes convoquées pour faire partie de cette instance, une cinquantaine seulement se présentèrent. Cromwell y adjoignit quelques dizaines d'hommes déterminés, sans même demander l'accord de la Chambre des Lords, comme l'imposait, pourtant, la pratique constitutionnelle. « *L'unicaméralisme de ce Parlement de janvier 1649 est donc contraire à toutes les règles, passées ou présentes, qui régissent la vie politique insulaire* » (Voir, sur cette question, Bernard Cottret, *Cromwell,* 1992, Fayard, pages 264 à 274.).

froid et son courage, servant, peut-être ainsi, la cause de sa dynastie[11], sinon même, plus largement, celle de la monarchie britannique.

S'inspirant de ce précédent, la Convention résolut, en décembre 1792, de traduire devant elle Louis XVI, suspendu provisoirement de ses fonctions depuis le 10 août précédent et dont le règne avait pris légalement fin le 21 septembre, jour de l'abolition de la royauté en France. « *Louis doit mourir parce qu'il faut que la patrie vive* », déclarait Robespierre le 3 décembre, alors que Marat affirmait, le lendemain, que le roi déchu n'était qu'un criminel comme un autre, auquel il fallait faire un procès en bonne et due forme pour établir sa culpabilité aux yeux de tous. Mis en accusation le 6 décembre, condamné à mort le 17 janvier 1793[12], le roi sera guillotiné le 21, montrant devant la mort la même fermeté d'âme que Charles 1er, en 1649. Dans les deux pays, l'accusation et le procès avaient été uniquement inspirés par des motifs politiques.

Aucun autre souverain français – ou britannique – ne devait être jugé par la suite. Mais notre Ancien Régime offre, au moins, l'exemple d'un ministre célèbre auquel fut intenté un procès, à l'évidence plus politique que pénal : Nicolas Fouquet, surintendant des Finances depuis 1653, que Louis XIV fit arrêter, le 5 septembre 1661, à la sortie du Conseil. Déféré à une chambre de justice, formée de commissaires choisis, pour leur zèle monarchique, parmi les conseillers des divers Parlements du royaume, accusé du crime de péculat[13], le ministre fut condamné au bannissement à vie. Furieux de ce verdict, qu'il tenait pour trop clément, Louis XIV disgracia trois des juges qui avaient refusé de voter la peine de mort, notamment le rapporteur de l'affaire, Olivier Lefèvre d'Ormesson. Et – décision sans précédent – il aggrava la peine du condamné, la faisant passer du bannissement à la prison à vie, exerçant ainsi, mais à l'envers, le droit de grâce qui lui était reconnu[14].

La République ne se montra guère plus tolérante pour les crimes politiques commis par ses ministres.

11. Onze ans plus tard – après la proclamation de la République (mai 1649), la dictature d'Olivier Cromwell (qui dura jusqu'à sa mort, le 30 septembre 1658) et l'abdication de son fils Richard (mai 1659) – Charles II, le fils du roi martyr, « *entrait à Londres au milieu des témoignages d'une joie universelle et en triomphe, à tel point qu'il en parut lui-même étonné et demanda aussitôt : Où donc étaient mes ennemis ?* ». La première Révolution d'Angleterre avait duré douze ans et Olivier Cromwell – écrira Guizot – « *ne laissait après lui, pour lui succéder, que les deux ennemis qu'il avait ardemment combattus, l'anarchisme et les Stuarts* »... En 1814 – puis en 1815 – les Français rappelleront, de même, sur le trône, le frère du roi qu'ils avaient fait guillotiner 25 ans plus tôt. Mais Napoléon, exilé à l'île d'Elbe puis à Sainte-Hélène, pouvait légitimement se faire un mérite d'avoir doté la France d'institutions administratives qui survivraient longtemps à l'Empire.

12. Par 387 voix contre 334. Un rectificatif, organisé le 18 janvier, donna, ensuite, 361 voix pour la mort contre 360. Enfin, une demande de sursis à l'exécution fut rejetée, le 20, par 380 voix contre 310.

13. C'est-à-dire d'avoir « *appliqué à son profit particulier les deniers du roi* ».

14. Fouquet, qui avait été arrêté par d'Artagnan, capitaine des mousquetaires du roi, mourra captif à la forteresse de Pignerol (place forte du Piémont, alors française) en mars 1680. On pourrait rapprocher son cas de celui de Semblançay, qui, exerçant, sous Francois 1er, les fonctions de surintendant des Finances, sans en avoir le titre, fut rendu responsable des défaites subies par l'armée française en Italie (parce qu'il n'avait pu fourn r l'argent nécessaire à son entretien), accusé de malversations et pendu à Paris, en 1527.

b. FONCTION MINISTÉRIELLE ET JUSTICE POLITIQUE SOUS LA RÉVOLUTION

Huit ministres, au moins, comptèrent parmi les victimes des rivalités de l'époque révolutionnaire. Montmorin-Saint-Hérem, d'abord, ministre des Affaires Étrangères, presque sans interruption, de 1787 à 1791, se vit accuser, dans l'ambiance de suspicion qui régnait alors, d'être à la tête du Comité autrichien. Arrêté après le 10 août 1792 et envoyé à la prison de l'Abbaye il fut l'une des principales victimes des massacres de septembre (voir *supra,* page 218).

Un sort comparable frappa son successeur, Jean-Marie de Lessart, qui exerça ses fonctions, pendant quelques semaines, au milieu des plus grands désordres. Décrété d'accusation, par l'Assemblée législative, le 10 mars 1792, pour avoir « *négligé et trahi les intérêts de la nation française dans ses relations avec les puissances étrangères* », il fut déféré à la Haute Cour nationale, créée par la loi du 10 mai 1791. Emprisonné à Orléans – où cette haute juridiction devait siéger pour rester à l'abri de l'agitation de la capitale – il attendait un procès équitable, qui aurait, sans doute, fait justice des accusations portées à son encontre. Mais, le 24 août 1792, une bande de quelque 500 patriotes, armés de sabres et de fusils, quittait Paris en direction d'Orléans, prétendant « juger » elle-même les accusés de la Haute Cour. Devant cette menace, l'Assemblée ordonna que les prisonniers fussent dirigés vers Paris. Ils étaient parvenus à Versailles, le 9 septembre, lorsque la bande de massacreurs, ayant réussi à les rejoindre, les mit à mort, sans autre forme de procès.

Un ancien ministre de la Guerre, Franqueville d'Abancourt, paya également de sa vie les dix-huit jours[15] pendant lesquels un portefeuille lui fut confié. Décrété d'accusation, dans la nuit du 10 au 11 août, pour avoir organisé la défense des Tuileries, déféré, lui aussi, à la Haute Cour nationale qui devait siéger à Orléans, il tomba sous les coups des septembriseurs[16], le 9 septembre 1792, lors de son transfert à Paris.

Il ne fait aucun doute que les trois ministres, dont le sort tragique vient d'être évoqué, n'avaient pas commis d'actes délictueux qui dussent les soumettre aux rigueurs de la Justice. Leur assassinat – puisqu'il n'existe pas d'autre terme pour qualifier leur fin tragique – résulta seulement des hautes fonctions qui leur avaient été confiées. Pour eux, comme pour bien d'autres victimes[17] des soubresauts – sinon même du zèle

15. Du 23 juillet au 10 août 1792.

16. On désigne, quelquefois, sous ce terme, les personnes qui prirent part aux massacres de septembre 1792.

17. Aux trois ministres qui viennent d'être mentionnés, il faut ajouter Duport-Dutertre, auquel avait été confié le portefeuille de la Justice de novembre 1790 à mars 1792 et qui, accusé de s'être opposé à la guerre contre l'Autriche, fut guillotiné le 29 novembre 1793 ; l'un de ses successeurs, Antoine Duranthon, qui subit le même sort trois semaines plus tard, pour avoir, « *pendant son ministère, partagé les principes contre-révolutionnaires de Louis XVI* » (il avait seulement montré peu de zèle à poursuivre les prêtres réfractaires) ; Pierre-Henri Tondu, ministre des Affaires étrangères, guillotiné le 27 décembre 1793, à la suite de la trahison de Dumouriez, dont il avait été l'ami ; Étienne Clavière, ministre des Contributions et Revenus publics, mis en

Suite note page suivante

répressif[18] – qui accompagnent souvent les changements de régime, la Roche Tarpéienne[19] se trouvait proche du Capitole[20].

Il fallut, d'ailleurs, attendre près de quarante ans pour que l'action ministérielle fût, à nouveau, sanctionnée pénalement.

c. LES PROCÈS POLITIQUES DE LA MONARCHIE DE JUILLET

Deux épisodes de l'histoire judiciaire française méritent d'être mentionnés ici : le procès des ministres de Charles X et l'Affaire Teste et Cubières.

c.1. Le procès des ministres de Charles X

L'article 55 de la Charte du 4 juin 1814 disposait que « *la Chambre des députés a le droit d'accuser les ministres, et de les traduire devant la Chambre des pairs, qui seule a celui de les juger* ». Et l'article 56 précisait qu'« *ils ne peuvent être accusés que pour fait de trahison ou de concussion* », des lois particulières devant « *spécifier cette nature de délits, et en déterminer la poursuite* ».

Ces dispositions ne devaient être appliquées qu'une seule fois, mais dans des circonstances dramatiques.

Le 2 mars 1830, Charles X avait prononcé un discours du trône, qui affirmait sa conception du pouvoir personnel. « *Si de coupables manœuvres suscitaient à mon gouvernement des obstacles que je ne veux pas prévoir, je trouverais* – déclarait-il – *la force de surmonter les obstacles* ». Les députés réagirent avec vigueur et 221 d'entre eux adoptèrent un texte promis à la célébrité – l'*Adresse des 221* – qui exposait clairement une conception parlementaire du régime : « *La charte fait du concours permanent des vues politiques de votre gouvernement avec les vœux de votre peuple, la condition indispensable de la marche régulière*

Suite note 17 :
accusation au lendemain de la chute des Girondins, qui se poignarda dans sa cellule, le 8 décembre 1793. Un seul des ministres de l'époque déclarés « *indignes de la confiance publique* », échappa à la mort : Champion de Villeneuve qui, bien que destitué en 1792, vécut jusqu'en 1844 et devint presque centenaire.

18. Parmi les multiples exemples du zèle répressif qui anime une population demeurée largement passive pendant une période tragique, citons un sondage, réalisé par l'IFOP en janvier 1945, selon lequel 65 % des Français estimaient que l'épuration réalisée au sein de l'Administration était insuffisante (voir Claude Singer, *Vichy, L'Université et les Juifs,* 1992, Les Belles Lettres, page 327). Ce chiffre laisse penser que les partisans d'une épuration plus sévère se trouvaient, environ, cinquante fois plus nombreux que les personnes qui s'étaient élevées contre le régime de Vichy...

19. Extrémité sud-ouest du Capitole, d'où l'on précipitait certains condamnés à mort, jusqu'au premier siècle de l'ère chrétienne.

20. La plus illustre des collines de Rome, sur laquelle s'élevait le temple de Jupiter Capitolin, protecteur de la Cité.

des affaires publiques. Sire, notre loyauté, notre dévouement nous condamnent à vous dire que ce concours n'existe pas »[21].

C'était une véritable déclaration de guerre au monarque, qui réagit, le 16 mai, en prononçant la dissolution de la Chambre. Mais, le 19 juillet 1830, les électeurs[22] renvoyèrent une Assemblée plus hostile encore au roi que la précédente. On dénombrait 221 opposants dans la Chambre dissoute ; la nouvelle en comptait 274, contre seulement 143 favorables au ministère, que dirigeait le prince de Polignac, particulièrement détesté des Français.

Pourtant, bien que désavoué, Charles X n'entendait pas gouverner en monarque parlementaire : « *Je ne vous renverrai pas,* déclarait-il à ses ministres. *Si je cédais aux exigences des députés, ils finiraient par nous traiter comme ils ont traité mon frère* »[23]. Il résolut, par suite, d'engager une véritable *épreuve de force* et, le 25 juillet 1830, signa quatre ordonnances par lesquelles il prononçait, notamment, la dissolution de la Chambre – qui n'avait pas encore siégé – et suspendait la liberté de la presse.

Le même jour, Charles X réunit ses ministres à Saint-Cloud. Après avoir fait relire deux fois les textes préparés, il demanda leur avis :

– « *Nous sommes d'accord sur la fin, mais non sur les moyens* », répondit d'Haussez, ministre de la Marine.

– « *Vous ne voulez donc pas signer* », lui dit le roi.

– « *Je signerai, Sire, parce que je considérerais comme un crime d'abandonner dans une telle circonstance la monarchie et le roi* ».

Guernon-Ranville, ministre de l'Instruction publique, se montra plus réservé encore, « *et ne signa les ordonnances que par point d'honneur, pour ne pas paraître abandonner son roi* ».

Lorsque chacun eut apposé son nom, Charles X déclara : « *Voilà de grandes mesures ! Il faudra beaucoup de courage et de fermeté pour les faire réussir. Je compte sur vous, vous pouvez compter sur moi. Notre cause est commune. Entre nous, c'est à la vie et à la mort* »[24].

Le propos ne devait pas tarder à se révéler exact. La population parisienne se souleva, en effet, dès qu'elle fut informée des ordonnances, et, le 31 juillet à trois heures du matin, Charles X dut s'enfuir de Saint-Cloud, avant d'abdiquer en faveur de son petit-fils[25].

À l'exemple du souverain, ses ministres prirent la route de l'exil. Quelques-uns réussirent à gagner l'Angleterre, mais quatre furent arrêtés : Chantelauze, ministre de la Justice, qui avait accompagné Charles X jus-

21. 181 députés votèrent contre l'Adresse. Un déplacement d'une vingtaine de voix aurait suffi pour inverser le résultat.
22. La Charte organisait un suffrage censitaire, qui réservait le droit de vote aux citoyens payant un impôt d'un certain montant. On comptait ainsi un peu moins de 100 000 électeurs.
23. Charles X était le frère de Louis XVI.
24. Voir G. de Bertier de Sauvigny, *La Restauration, op. cit.*, page 442.
25. Le duc de Bordeaux, futur comte de Chambord. Il faut noter que Charles X n'abdiqua pas en faveur de son fils, le duc d'Angoulême – dernier dauphin de France – qu'il jugeait, sans doute, incapable de régner.

qu'à Rambouillet ; Peyronnet, ministre de l'Intérieur ; Guernon-Ranville et, surtout, Polignac, président du Conseil, arrêté à Granville, au moment où il s'apprêtait à prendre le bateau pour gagner Jersey[26].

Mis en accusation, presque aussitôt par la Chambre des députés[27], les quatre ministres[28] furent transférés au château de Vincennes. La foule parisienne s'y porta aussitôt en masse, en affirmant clairement son intention de les mettre à mort. Elle se heurta au général Daumesnil, gouverneur de la Place, qui avait refusé de la rendre aux Alliés en 1814. S'avançant, seul, vers les émeutiers, il déclara que les caves du château étaient pleines de poudre et qu'il n'hésiterait pas à y mettre le feu plutôt que de livrer les ministres, que le gouvernement avait confiés à sa garde. Cette intrépidité eut raison des émeutiers, qui se dispersèrent

Il appartenait, néanmoins, à la Chambre de pairs de statuer sur le sort des quatre anciens ministres. Les audiences se déroulèrent au Palais du Luxembourg, en décembre 1830, dans un climat de vive agitation. La foule, massée au-dehors, réclamait, à grands cris, « la tête des anciens ministres ». Le Procureur général se fit son interprète et termina son réquisitoire en déclarant aux pairs : « *Vous répondrez à la demande de la France en deuil, à la plainte des citoyens, à l'accusation de leurs députés, par une condamnation éclatante, égale à l'énormité du forfait* ». C'était là des propos bien vifs pour stigmatiser un crime, qu'il aurait peut-être, lui-même, commis s'il avait fait partie du gouvernement[29].

Les plaidoiries furent prononcées alors que la foule menaçait les grilles du Luxembourg et, dans l'après-midi du 20, un pair s'approcha vivement de Pasquier, qui présidait les débats et lui dit à l'oreille : « *Vous n'avez pas un instant à perdre pour lever la séance* ». Ainsi fut fait et, le lendemain, ayant délibéré, la Chambre, déclara les anciens ministres coupables de trahison. Mais, observant qu'« *aucune loi n'avait déterminé la peine applicable à ce crime* », elle choisit elle-même les sanctions qui devaient le réprimer.

Elle condamna, dès lors, Polignac à la déportation – y ajoutant, pour faire bonne figure la mort civile – et prononça contre les autres accusés la peine de la prison à vie.

Lorsque la sentence fut communiquée à la foule, elle poussa des cris de colère, et les gardes nationaux – ceux-là mêmes qui devaient protéger le Palais contre ses débordements – brisèrent, de rage, leurs fusils sur le

---

26. La légende veut qu'il se soit caché, dans sa fuite, en se faisant passer pour le valet de chambre d'une marquise, et que le fait qu'il mette des gants pour brosser les souliers de celle-ci ait éveillé les soupçons.

27. 244 députés sur 291 votèrent la mise en accusation de *Polignac*, mais seulement 215, celle de Guernon-Ranville.

28. Illustration du caractère relatif de la notion d'injure, étudiée dans un précédent chapitre : la *Gazette des tribunaux* raconte, dans son numéro du 30 octobre, l'histoire d'un coutelier parisien qui, ayant été traité par son ouvrier de « *Polignac* », porta plainte contre lui et obtint sa condamnation à une amende de cinq francs.

29. Le Procureur général, Jean-Charles Persil, était un ardent conservateur, qui méprisait le jeu parlementaire. Devenu, plus tard, ministre de la Justice, il se rendit célèbre en déposant des projets de loi qui restreignaient la liberté de la presse.

pavé. Les anciens ministres, pour leur part, se montrèrent plus dignes. Guernon-Ranville demeura impassible et Chantelauze lui dit, » *d'un air enchanté : Eh bien ! mon cher, nous aurons le temps de faire des parties d'échecs* ». Mais – on le sait – en matière politique, le mot perpétuel n'est pas français et, dès 1836, Chantelauze et Peyronnet, d'abord, puis Guernon-Ranville et Polignac, qui avaient, tous, été enfermés au fort de Ham, furent libérés par une mesure de grâce de Louis-Philippe.

c.2. L'Affaire Teste et Cubières

Les origines de cette affaire remontent à 1839. Cette année-là, le général Despans-Cubieres, ancien ministre de la Guerre[30], se présenta aux élections législatives en Haute-Saône. Sollicité par un nommé Parmentier, administrateur d'une mine de houille située dans ce département, aux fins d'obtenir la concession d'une mine de sel voisine, il se mit en rapport avec le ministre des Travaux publics, Jean-Baptiste Teste, qui devait malheureusement être nommé, par la suite, Premier président de la Cour de cassation. Ayant appris que ce dernier pourrait faire droit à la demande de concession moyennant le versement d'une prébende élevée, il en fit part à son solliciteur, lequel lui remit une somme de 94 000 francs. De fait, peu de temps après, Parmentier obtenait la concession de la mine de sel.

La chose resta parfaitement ignorée jusqu'en 1847. Mais, à cette date, l'heureux concessionnaire, prétendant que Cubières devait lui restituer une partie de la somme, n'hésita pas à l'assigner devant le Tribunal de la Seine, et à produire les lettres compromettantes qu'il avait reçues de lui. Un journal judiciaire livra ces lettres à la publicité, et le scandale éclata.

Le gouvernement fut contraint d'ouvrir une enquête et la Chambre des pairs, constituée en Haute Cour, se saisit de l'affaire[31]. Elle découvrit rapidement que Teste avait bien reçu la somme de 94 000 francs. » *La séance d'hier 12 juillet (1847) est un des plus terribles spectacles auxquels j'aie assisté de ma vie,* écrira Victor Hugo. *Nous avons vu l'exécution du président Teste en Cour des pairs (...) D'heure en heure, d'instant en instant, on lui arrachait quelque chose ; à midi, sa considération de magistrat ; à une heure, sa renommée de ministre intègre ... À la fin, ce n'était plus qu'un cadavre* ». Le soir même, dans sa cellule, Teste tenta vainement de se suicider, en se tirant deux coups de pistolet.

Le lendemain, il ne fut pas en mesure de se présenter à l'audience et le Procureur général – qui, la veille encore, était son collègue – renonça à requérir contre lui. Mais, après trois jours de délibération, la Haute Cour le condamna, néanmoins, à la peine de trois ans de prison, à la dégradation civique, à une amende de 94 000 francs et à verser la même somme aux Hospices de la Seine.

30. Du 31 mars au 12 mai 1839 puis, à nouveau, du 1er mars au 29 octobre 1840.
31. Saisine juridiquement contestable, dans la mesure où elle intervenait d'*office,* et non sur renvoi de la Chambre des députés.

De leur côté, le général Despans-Cubieres et Parmentier furent condamnés, chacun, à 10 000 francs d'amende et à la dégradation civique.

Mais, par un étrange caprice du Destin, l'ancien ministre de la Guerre bénéficia du coup d'État du 2 décembre 1851. Voyant, sans doute, en lui une victime du régime de Juillet, le prince-président le réhabilita le 17 août 1852. Le Capitole, cette fois, était proche de la Roche tarpéienne...

On rencontre également de tels retours de fortune dans l'histoire de la responsabilité pénale des ministres sous la IIIe République.

d. LE PRIVILÈGE DE JURIDICTION SOUS LA IIIe RÉPUBLIQUE

d.1. Le refus de la Chambre d'accorder le privilège de juridiction : le scandale de Panama et l'Affaire Baihaut

L'article 12 de la loi constitutionnelle du 16 juillet 1875 était ainsi libellé : » *Les ministres peuvent être mis en accusation par la Chambre des députés pour crimes commis dans l'exercice de leurs fonctions. En ce cas, ils sont jugés par le Sénat* ». Cette rédaction faisait dépendre la mise en cause de la responsabilité pénale des ministres devant le Parlement de la seule volonté de la Chambre basse.

Il en résultait que – comme sous la IVe République – les députés n'étaient pas tenus de mettre en accusation un ministre pour les fautes pénales qu'il avait commises[32] : ils « *pouvaient* » le faire, comme la Constitution le leur permettait ; mais ils « *pouvaient* » également ne pas le faire et, refusant d'accorder à l'intéressé le privilège d'être jugé par le Sénat, l'abandonner au sort que lui réserveraient les tribunaux de droit commun[33]. Ce fut cette deuxième solution qu'ils choisirent, en 1892, pour l'ancien ministre des Travaux publics, Charles Baihaut, gravement compromis dans l'Affaire de Panama.

Connaissant de graves difficultés[34], la Compagnie chargée des travaux de percement du canal, présidée par Ferdinand de Lesseps, avait dû,

32. L'article 12 de la loi constitutionnelle du 16 juillet 1875 visait les « *crimes* commis dans l'exercice de leurs fonctions », alors que l'article 56 de la Constitution du 27 octobre 1946 mentionnait les « *crimes et délits* commis dans l'exercice de leurs fonctions ».

33. Comme il sera précisé plus loin, les articles 68-1 et 68-2 de la Constitution du 4 octobre 1958 (dans la rédaction que leur a donnée la loi constitutionnelle du 27 juillet 1993) ne donnent pas une telle possibilité au Parlement, puisqu'ils précisent que, lorsque les membres du gouvernement ont commis, dans l'exercice de leurs fonctions, « *des actes qualifiés crimes ou délits, ... ils sont jugés par la Cour de justice de la République* ». L'emploi du présent de l'indicatif (« ils sont »), et non de la forme potestative («ils peuvent être »), interdit bien aux tribunaux de droit commun de les juger pour de tels actes.

34. Ferdinand de Lesseps, glorieux réalisateur du canal de Suez, mais âgé de plus de 75 ans, avait indiqué à un certain nombre d'actionnaires enthousiastes (ils seront, au total, plus de 100 000) qu'il convenait de prévoir 600 millions de francs pour les travaux, alors que les experts recommandaient de constituer un capital au moins deux fois supérieur.

en effet, émettre des obligations à lots. Or, une telle émission supposait le vote d'une loi[35]. En 1885, Lesseps demandait, par suite, au ministère Brisson le dépôt d'un projet de loi autorisant l'émission d'un emprunt de 600 millions. Le ministre des Travaux publics, Charles Demôle[36], envoyait aussitôt une mission au Panama, afin d'obtenir un rapport sur l'avancement des travaux.

Le 27 avril suivant, ce rapport – défavorable – était remis à Baihaut, devenu ministre des Travaux publics dans le gouvernement dirigé par Freycinet, qui avait succédé à Brisson en janvier 1886.

Or, le nouveau ministre, bien que doué d'une fort belle intelligence – polytechnicien et ingénieur des mines, il avait lancé les premières études en vue de la création du métro parisien – fit savoir qu'il ne déposerait pas de rapport tendant à autoriser le vote de l'emprunt à lots, s'il n'obtenait pas une prébende d'un million de francs, soit environ vingt millions de francs actuels. Les administrateurs de la société s'engagèrent à lui remettre aussitôt un chèque de 375 000 francs, promettant que le vote de la Chambre serait récompensé par une somme de 250 000 francs et que l'émission de l'emprunt entraînerait le solde de tout compte, soit un nouveau versement de 375 000 francs.

Cet accord ayant été conclu, le ministre transmit, le 17 juin, à la commission un rapport favorable, revêtu de la signature de ses collègues Carnot[37] et Sarrien, respectivement ministres des Finances et de l'Intérieur. Le soir même, Baihaut recevait 250 000 francs et, le 21 juin, 125 000 francs, puisqu'il avait rempli, d'ores et déjà, la partie de sa mission qui dépendait directement de lui. En outre, et pour s'attirer la bienveillance de l'Assemblée, la Compagnie n'avait pas hésité à proposer des « dons et autres libéralités » à divers parlementaires, dont certains les avaient acceptés (on les qualifia, par la suite, de « chéquards[38] »).

De fait, les 28 avril et 5 juin 1888, la Chambre des députés et le Sénat adoptaient le projet de loi autorisant la Compagnie du canal de Panama à émettre des obligations à lots, pour un montant total de 720 millions de francs. Cet emprunt n'ayant pas suffi à empêcher la faillite de l'entreprise, une instruction judiciaire fut ouverte contre les administrateurs qui se trouvaient à l'origine de la corruption. Le gouvernement Ribot se montra très ferme : Ferdinand et Charles de Lesseps

35. Tel a longtemps été le cas, puisque l'article 292 de la loi du 24 juillet 1966 sur les sociétés commerciales disposait que « *l'émission d'obligations à lots doit être autorisée par la loi* ». Ce texte a seulement été abrogé en 2005 (ordonnance n° 2005-429 du 6 mai 2005).

36. Qui, devenu ministre de la Justice l'année suivante, déposa le projet d'expulsion des princes d'Orléans, dont le vote devait constituer une étape capitale dans l'affermissement du régime républicain.

37. Sadi Carnot – fils d'Hippolyte, ministre de l'Instruction publique en 1848 et petit-fils de l'*Organisateur de la Victoire* – serait élu président de la République en 1887.

38. Il s'en trouva, au total, 104. Le plus notoire fut Clemenceau, qui subit, de ce fait, un échec sévère aux élections législatives de 1893. Il ne reviendra au Parlement qu'en 1902, comme sénateur du Var.

furent arrêtés[39], tandis que le Parquet sollicitait la levée de l'immunité parlementaire de cinq députés, parmi lesquels Baihaut.

Le procès de l'ancien ministre s'ouvrit le 8 mars 1893, devant la Cour d'assises de la Seine, sans que – bien qu'il siégeât au gouvernement à l'époque des faits – ses collègues de la Chambre eussent invoqué la compétence de la Haute Cour[40]. Reconnu coupable de corruption, Baihaut fut condamné à la dégradation civique, cinq années d'emprisonnement, 750 000 francs d'amende et 375 000 francs d'indemnités. Il purgea sa peine à la prison d'Étampes, mais obtint, par la suite, sa réhabilitation. Il n'en reste pas moins, à ce jour, le seul ministre français à avoir été condamné par une Cour d'assises pour un crime commis dans l'exercice de ses fonctions.

Plus révélateurs de la justice politique, qui confine parfois à la vengeance, apparaissent les procès Caillaux et Malvy.

d.2. Le bénéfice différé du privilège de juridiction : les Affaires Caillaux et Malvy

d.2.1. L'AFFAIRE CAILLAUX

Fils d'un ancien ministre du 16 mai[41], héritier d'une solide fortune, reçu second au concours de l'Inspection des Finances, député à 36 ans et ministre des Finances à 38[42], Joseph Caillaux, malgré tout cela – ou à cause de tout cela ! – était devenu l'homme le plus haï de France. Ce sentiment s'exacerba encore lorsque, à nouveau ministre des Finances, il déposa, au début de 1907, un projet d'impôt général sur le revenu, que la Chambre adopta seulement en mars 1909 et le Sénat... en juillet 1914. Devenu président du Conseil en 1911, Caillaux se montra conciliant dans l'Affaire d'Agadir[43], ce qui accrut l'hostilité, à son égard, des partisans de la revanche.

39. La raison du grand homme avait sombré avec la faillite de son œuvre et il mourut, en 1894, ignorant ce suprême opprobre.

40. Jusqu'au renvoi de l'ancien ministre devant la Cour d'assises, les députés auraient pu, de leur propre chef, voter sa mise en accusation, afin de dessaisir la juridiction de droit commun et de porter le procès devant le Sénat. L'article 12 de la loi constitutionnelle du 16 juillet 1875 disposait, en effet, que, « *si l'instruction est commencée par la justice ordinaire, le décret de convocation du Sénat peut être rendu jusqu'à l'arrêt de renvoi* ». Le ministre évoquera lui-même son « *initiale prétention d'être jugé par la Haute Cour* », à laquelle il décida finalement de renoncer (voir Charles Baïhaut, *Impressions cellulaires*, Flammarion, page 285).

41. Son père, Eugène Caillaux, avait été ministre des Finances dans le cabinet formé par le duc de Broglie, au lendemain du 16 mai 1877.

42. Dans le plus long gouvernement de la IIIe République : celui formé par Waldeck-Rousseau, qui resta en place pendant près de 3 ans (22 juin 1899-7 juin 1902).

43. Quatre jours après la nomination de Caillaux comme président du Conseil, l'Allemagne envoyait un navire de guerre devant le port d'Agadir (1er juillet 1911), afin d'obliger la France à mettre un terme à sa politique d'agrandissement au Maroc. Ayant consulté le général Joffre, qui estima qu'il n'y avait pas 70 % de chances de victoire si la situation forçait à la guerre, le nouveau chef de gouvernement s'engagea dans la voie de la négociation, qui aboutit à la signature de la convention franco-allemande du 4 novembre 1911 : l'Allemagne obtenait un accès au Congo, mais renonçait à s'opposer à l'établissement du protectorat français au Maroc. Cet accord fut perçu comme une humiliation nationale, non seulement par la droite, qui dénonça une capitulation, mais par une partie de la gauche, notamment par Jaurès, qui flétrit « *cette diplomatie de maquignonnage* ».

Lorsque la guerre éclata, trois ans plus tard, l'ancien président du Conseil – dont la femme, Henriette, avait assassiné, le 16 mars 1914, Gaston Calmette, directeur du *Figaro,* qui s'apprêtait à publier la correspondance amoureuse qu'elle avait échangée avec l'homme d'État pendant leur liaison[44] – apparaissait bien ainsi comme une sorte de traître idéal[45]. Son neutralisme, bien connu des milieux diplomatiques, le fit approcher par le baron de Lancken, ancien conseiller de l'ambassade d'Allemagne à Paris et chef du département politique de la Belgique occupée. Au surplus, au cours d'un voyage en train, Caillaux adressa à un employé des wagons-lits des propos si décourageants, que ce dernier en fit aussitôt un rapport au commissaire de surveillance de la gare de Lyon : « *Ce que je ne comprends pas* lui aurait déclaré l'ancien ministre, *c'est cette idée de victoire qui est aussi bien ancrée dans les milieux populaires que dans les milieux intellectuels. Cependant, il n'y a rien à faire, la guerre est perdue pour nous* ».

On peut s'expliquer, dès lors, qu'au moment où il prit la tête du gouvernement en novembre 1917, Clemenceau, partisan obstiné de la lutte à outrance et qui portait, de longue date, à Caillaux, une vive hostilité, ait déclaré : « *Plus de campagnes pacifistes, plus de menées allemandes. Ni trahison ni demi-trahison. La guerre, rien que la guerre (...) la justice passe. Le pays connaîtra qu'il est défendu* »[46].

De fait, moins d'un mois après l'investiture du *Tigre*[47], Paul Deschanel – alors président de la Chambre – informait les députés qu'il était saisi d'une demande de poursuite contre Caillaux, pour « *intelligences avec l'ennemi* ». L'immunité parlementaire de l'ancien ministre fut levée, presque aussitôt, par 418 voix contre 2 – un chiffre qui, compte tenu de la faiblesse des charges qui pesaient contre l'accusé, n'est pas à l'honneur de la classe politique ! – et, le 14 janvier 1918, Caillaux était arrêté dans sa salle de bains, sans égard pour sa femme qui se trouvait dans la baignoire, puis écroué à la prison de la Santé. Cela donna à Poincaré l'occasion d'un mot que, toujours prudent, il attribua à Clemenceau : « *Caillaux est à la prison de la Santé, en pleine santé* »...

Le procès du ministre commença immédiatement et, jusqu'au 30 juillet 1918, Caillaux fut entendu cinquante-deux fois par l'officier instructeur, le capitaine Bouchardon. Le 15 octobre 1918, il était renvoyé devant le Sénat constitué en Haute Cour. La nouvelle instruction, aussitôt ordonnée par celle-ci[48], dura douze mois, pendant lesquels l'ancien président du Conseil resta en prison, alors que s'évanouissaient, l'une après l'autre, les charges relevées à son encontre. « *Je n'étais plus coupable que*

44. Elle sera acquittée le 28 juillet 1914 – 6 jours avant la déclaration de guerre – après une remarquable plaidoirie de Maître Labori.
45. On saura plus tard que Raoul Villain déclarait, après avoir assassiné Jaurès : « *Et maintenant si on allait tuer Caillaux !* ».
46. Sur Caillaux, voir la biographie de Jean-Denis Bredin : *Joseph Caillaux,* 1980, Hachette.
47. Surnom de Clemenceau, qui était devenu président du Conseil le 16 novembre 1917.
48. Confiée au sénateur Perès, que Caillaux présentera comme un « politicien à l'échine brisée ».

d'être innocent », résumera le ministre, défendu par Demange et Marius Moutet[49]. Mais, le 23 avril 1920, alors que la guerre était terminée depuis dix-sept mois, la Haute Cour le déclarait « coupable d'avoir entretenu une correspondance avec des sujets d'une puissance ennemie » et le condamnait à trois ans d'emprisonnement et dix ans d'inéligibilité, lui faisant, en outre, « *défense de paraître, pendant cinq ans, dans les lieux qui lui seront indiqués par le gouvernement*[50] ».

Caillaux sortit, toutefois, libre de l'audience, puisque la détention préventive couvrait la peine d'emprisonnement prononcée contre lui. Mais, pendant quelques années, il fut constamment suivi d'un ou deux inspecteurs (on rapporte qu'à La Motte-Beuvron, il descendit dans un hôtel avec une dame qui refusa de donner son nom ; qu'ils prirent des chambres séparées, mais « *qu'un rapprochement sur l'intimité duquel on ne peut concevoir aucun doute a eu lieu entre eux dans la nuit* »).

La carrière du condamné de la Haute Cour, dont la femme avait assassiné Calmette, semblait bien terminée. Elle ne l'était pas. Après la victoire du Cartel des gauches aux élections législatives du 11 mai 1924, le gouvernement Herriot déposa, en effet, un projet d'amnistie que le Parlement adopta après de vives discussions. Quelques semaines plus tard, le 17 avril 1925, Paul Painlevé, nouveau président du Conseil, choisissait Caillaux comme ministre des Finances. L'ancien détenu de la Santé retrouva ainsi, au Louvre, « *l'appartement où il avait joué enfant*[51], *qu'il avait habité plusieurs fois, qu'il avait quitté le jour où Henriette avait assassiné Calmette... Prodigieux retour du destin* ».

Ce n'était, pourtant, encore qu'une étape. Élu sénateur de la Sarthe le 12 juillet 1925, Caillaux, à nouveau choisi comme ministre des Finances, devenait vice-président du Conseil, dans le dixième cabinet Briand, du 23 juin au 19 juillet 1926. Au surplus, réélu sénateur en 1927, il accédait, en 1931, à la vice-présidence de la commission des Finances puis à sa présidence en 1932. Ainsi prit fin la carrière politique de cet homme de gauche, que Clemenceau présentait comme un « traître naturel », mais dans lequel Alfred Fabre-Luce – peu suspect de complaisance pour les radicaux – voyait un « seigneur, par le courage, l'esprit de fronde (et) l'autorité naturelle »[52].

d.2.2. L'AFFAIRE MALVY

Louis Malvy, député radical du Lot, très proche de Caillaux, avait été sous-secrétaire d'État à la présidence du Conseil dans le cabinet formé par celui-ci en juin 1911. Ministre de l'Intérieur en mars 1914, il conserva son poste pendant les premières années de la guerre[53].

49. Seul parlementaire élu pendant la première guerre mondiale, et qui sera ministre des Colonies dans le gouvernement de Front Populaire, formé le 4 juin 1936.
50. Les grandes villes lui seront interdites, sauf Toulouse, où il sera agressé, en 1922, par les Camelots du Roi.
51. Parce que son père l'avait occupé, comme ministre des Finances du duc de Broglie.
52. Voir Benoît Yvert, *Dictionnaire des ministres de 1789 à 1989, op. cit.*, page 395.
53. Sauf pendant les quatre jours du ministère Ribot (9-13 juin 1914).

Or, le 22 juillet 1917, Clemenceau, alors sénateur, l'accusa, devant la Chambre haute, de complaisance envers l'ennemi, tandis que, le 1er octobre, Léon Daudet, célèbre polémiste, adressait à Poincaré, président de la République, une lettre dans laquelle il accusait le ministre d'avoir renseigné l'ennemi sur le projet d'attaque du Chemin des Dames[54]. « *M. Malvy,* écrivait-il, *est un traître... et les preuves de cette trahison surabondent* ».

Devant de telles attaques, Malvy démissionna le 31 août et demanda lui-même, le 4 octobre, à interpeller le gouvernement sur les mesures qu'il comptait prendre « *pour assurer l'œuvre de la justice dans le calme et la sérénité nécessaires à la défense nationale* ». Painlevé, président du Conseil depuis un mois, répondit dès le 16 octobre. L'enquête effectuée par le gouvernement – affirmait-il – « *démontrait que toutes les accusations, visant soit des communications à l'ennemi de documents militaires diplomatiques, soit des participations à des désordres militaires, ne reposaient sur aucun fondement* ».

Mais ce communiqué ne donna satisfaction ni aux adversaires de l'ancien ministre, qui n'y virent qu'un témoignage de complaisance de la classe politique envers l'un des siens, ni à Malvy lui-même, qui estima que seule une décision judiciaire serait susceptible de lui rendre son honneur. Il sollicita, dès lors, la nomination d'une commission chargée d'examiner s'il y avait lieu de le mettre en accusation[55]. Son vœu fut rapidement exaucé – quoique dans un sens opposé à celui qu'il souhaitait – puisque, le 28 novembre, l'Assemblée vota, à l'unanimité, la résolution par laquelle elle ordonnait sa mise en accusation et le renvoyait devant le Sénat pour y être jugé. Celui-ci consacra à l'affaire une douzaine de séances, au cours desquelles Malvy se défendit, en affirmant qu'il avait toujours agi en parfait accord avec la politique générale des ministères dont il faisait partie. De fait, Viviani, Briand et Ribot, anciens présidents du Conseil, vinrent déposer qu'il s'était conformé à leurs directives.

Toutefois, le pays était en guerre et la décision de la Haute Cour ne devait pas affaiblir le moral des combattants. Dans son arrêt, prononcé le 6 août 1918, elle innocenta totalement l'ancien ministre du crime de trahison et des accusations relatives au Chemin des Dames. Mais elle estima qu'il « *avait pratiqué une politique personnelle d'abandon et de faiblesse* », méconnaissant ainsi les devoirs de sa charge, et le déclara coupable de « *forfaiture* », crime dont le Code pénal de l'époque donnait, pourtant, une définition qui ne s'appliquait pas aux agissements en cause.

54. Route du département de l'Aisne, située à une altitude moyenne de 185 m, et qui suit, sur une trentaine de kilomètres, la crête entre les rivières Aisne et Ailette. Construite au XVIIIe siècle pour permettre aux filles de Louis XV de se rendre à Bouconville chez la duchesse de Narbonne, elle fut le théâtre de nombreux combats pendant la Première Guerre mondiale. Le général Nivelle y lança, le 16 avril 1917, une offensive qui, malgré quelques succès, échoua le 21. C'est également du Chemin des Dames que partit l'offensive allemande du 27 mai 1918 sur Château-Thierry.

55. Une démarche comparable fut effectuée par Monsieur Laurent Fabius, en 1992, lorsqu'il demanda à la Haute Cour de Justice – alors compétente – de le mettre en accusation pour des délits qu'il n'avait pas commis, dans l'affaire du sang contaminé.

Mieux encore, la Haute Cour, usant du pouvoir souverain qui lui était reconnu depuis le procès des ministres de Charles X (voir *supra*, page 262), sanctionna des faits qui n'étaient pas visés par le Code, d'une peine que celui-ci ne prévoyait pas, à savoir le bannissement. Une fois de plus, la Justice politique s'éloignait de la Justice tout court. Mais, une fois de plus également, les effets de la décision qu'elle avait inspirée ne furent que provisoires, puisque, réélu député quelques années plus tard, Malvy redevint, peu après, président de la commission des Finances de la Chambre et même – ironie du Destin ! – ministre de l'Intérieur, en 1926[56]. Comme l'Affaire Caillaux, l'Affaire Malvy apportait bien la démonstration que, si le Capitole n'est pas loin de la Roche Tarpéienne, la Roche Tarpéienne, en vérité, n'est pas non plus très loin du Capitole.

La Justice politique ne se montra guère plus satisfaisante, dans les années qui suivirent la Libération, à l'égard des anciens ministres du gouvernement de Vichy.

e. LE PRIVILÈGE DE JURIDICTION DES ANCIENS MINISTRES DE VICHY

Le 18 novembre 1944, le gouvernement du général de Gaulle promulguait une ordonnance qui instituait une Haute Cour[57] de Justice, compétente pour juger, notamment, le chef de l'État (le maréchal Pétain) et les ministres ayant participé à l'« *activité des gouvernements ou pseudo-gouvernements qui (avaient) eu leur siège dans le territoire de la Métropole, depuis le 18 juin 1940, jusqu'à l'établissement sur le territoire continental du Gouvernement provisoire de la République française*[58] ». Or, bien que l'établissement d'une liste exhaustive des ministres de Vichy soit malaisé, il semble raisonnable d'évaluer leur nombre à un peu plus de quatre-vingt[59].

56. Dans le neuvième cabinet Briand (9 mars-23 juin 1926).

57. L'organisation de la Haute Cour fut modifiée par la loi du 27 décembre 1945, à la suite des incidents qui avaient marqué le procès de Pierre Laval ; mais sa compétence demeura identique.

58. Le 9 septembre 1944, deux semaines après le retour du général de Gaulle à Paris. Rappelons que celui-ci écrit, racontant son arrivée au ministère de la Guerre, rue Saint-Dominique, le 25 août : La France a failli sombrer. Mais, au ministère de la Guerre, « *l'aspect des choses demeure immuable... Le vestibule, l'escalier, les décors d'armures, sont tout juste tels qu'ils étaient. Voici, en personne, les huissiers qui, naguère, faisaient le service. J'entre dans le bureau du ministre que M. Paul Reynaud et moi quittâmes ensemble dans la nuit du 10 juin 1940. Pas un meuble, pas une tapisserie, pas un rideau, n'ont été déplacés. Sur la table, le téléphone est resté à la même place et l'on voit, inscrits sous les boutons d'appel, exactement les mêmes noms. Tout à l'heure, on me dira qu'il en est ainsi des autres immeubles où s'encadrait la République. Rien n'y manque, excepté l'État. Il m'appartient de l'y remettre. Aussi m'y suis-je d'abord installé* » (voir Général de Gaulle, *Mémoires de Guerre*, Tome II : *L'Unité*, 1956, Plon, page 306).

59. Le titre de *ministre*, au sens strict, se trouvait être réservé à un petit nombre, les autres étant *secrétaires d'État* ou *secrétaires généraux* rattachés à un ministère et chargés, en son sein, de questions spécifiques. Il existait également une autre catégorie de membres du gouvernement : les *commissaires généraux*, qui ne siégeaient pas non plus au Conseil des ministres. « *Mais peut-on ignorer totalement les secrétaires généraux des ministères et les commissaires généraux dont le rôle a été, dans certains cas, primordial et qui, par leur action, ont parfois marqué l'époque plus*

Suite note page suivante

Trois d'entre eux furent exécutés à la suite d'un arrêt de la Haute Cour : Joseph Darnand, secrétaire général au Maintien de l'ordre, Pierre Laval, chef du gouvernement et Fernand de Brinon, délégué général du gouvernement dans les Territoires occupés, condamnés à mort, respectivement, les 3 et 9 octobre 1945 et le 6 mars 1947. Un quatrième, Pierre Pucheu, ancien ministre de l'Intérieur, qui avait quitté la Métropole pour l'Afrique du Nord – où il souhaitait s'engager dans une unité combattante – fut traduit devant le Tribunal militaire d'Alger[60], condamné à mort le 11 mars 1944 et exécuté le 20. Deux membres du *gouvernement de Vichy* – Philippe Henriot et l'amiral Platon – tombèrent sous les balles de la Résistance, contre laquelle ils avaient demandé une répression accrue[61]. Il est possible de rapprocher de leur cas celui de l'amiral Darlan, assassiné par Bonnier de la Chapelle, le 24 décembre 1942, à Alger.

Six autres moururent, soit pendant l'exercice de leurs fonctions (le général Huntziger, *ministre secrétaire d'État à la Guerre,* disparu dans un accident d'avion en novembre 1941), soit après qu'elles eussent pris fin : Joseph Barthélemy (mort de maladie le 1er mai 1945, avant de comparaître devant la Haute Cour), Henri Giraud, homonyme du général, Lucien Romier, décédé en janvier 1944, Jean Bichelonne (qui succomba des suites d'une opération dans un hôpital de Berlin, en décembre 1944) et Henri Moysset, inculpé de trahison à la Libération, mais dont le décès, en 1949, éteignit l'action publique.

Sur les soixante-dix ministres restants, trois condamnés à mort virent leur sentence commuée : le maréchal Pétain[62], Georges Dayras[63] et

Suite note 59 :
profondément que les membres du gouvernement eux-mêmes ? Nous avons pris le parti d'en sélectionner un certain nombre en raison de leur funeste notoriété (Darquier de Pellepoix, commissaire général aux questions juives, par exemple) ou de leur importance » (voir Benoît Yvert, *Dictionnaire des ministres de 1789 à 1989, op. cit.*, page 651.).

60. En vertu d'un décret du 3 septembre 1943, pris par le Comité français de libération nationale, accusant les ministres de Vichy de trahison.

61. Philippe Henriot fut abattu, le 28 juin 1944, par un commando de Corps Francs et l'amiral Platon, jugé, condamné puis exécuté par les FFI, le 19 août suivant.

62. Le maréchal Pétain, chef de l'État français, fut condamné à mort par la Haute Cour, le 15 août 1945, par 14 voix contre 13. Les juges, toutefois, *« tenant compte de son grand âge, émirent le vœu que la condamnation à mort ne fût pas exécutée »*. Déférant à ce vœu, le général de Gaulle, qui *« était, d'ailleurs, décidé à signer la grâce, en tout cas..., (fit) prendre les dispositions voulues pour soustraire le maréchal aux injures qui risquaient de l'assaillir »*. Transporté par avion au fort du Portalet, il irait plus tard à l'île d'Yeu. *« Mon intention,* écrit le chef de la France Libre dans ses *Mémoires de guerre, était qu'après avoir été détenu pendant deux ans dans une enceinte fortifiée, il allât terminer sa vie, retiré chez lui près d'Antibes »* (voir Général de Gaulle, *Mémoires de guerre,* tome III, 1959, Plon, page 250). Le destin ne le voulut pas. Le général quitta, en effet, le pouvoir le 20 janvier 1946 et ses successeurs n'avaient pas l'autorité nécessaire pour ordonner la libération de l'ancien *chef de l'État français.* Ce ne fut que le 8 juin 1951 – neuf jours avant les élections législatives – que le gouvernement Queuille commua la détention perpétuelle du maréchal en une assignation à résidence. Un mois et demi plus tard, le 23 juillet 1951, le plus illustre des condamnés de la Haute Cour mourait à 95 ans.

63. Secrétaire général à la Justice de 1940 à 1944, il fut, avec Joseph Barthélemy et Pierre Pucheu, à l'origine de la loi du 20 août 1941 (antidatée du 14) qui, grâce à la création d'une Section spéciale de la cour d'appel, rendait possible l'exécution de détenus déjà jugés et emprisonnés au moment des faits qui leur seraient reprochés. Ce tragique épisode de la *Section spéciale* a donné lieu, en 1975, à un film de Costa-Gavras.

Jacques Benoist-Méchin[64], lequel quitta la centrale de Clairvaux le 24 décembre 1953 et devint, en 1956, au moment de l'Affaire de Suez, négociateur officieux sur les questions nord-africaines et proches-orientales auprès de l'Élysée[65].

Mais plusieurs ministres de Vichy furent acquittés par la Haute Cour, notamment pour faits de Résistance[66] ; une douzaine bénéficièrent d'un non-lieu, motivé, presque toujours également, par le rôle qu'ils avaient joué dans la lutte contre l'occupant[67] ; quelques-uns même ne furent pas inquiétés, notamment le champion de tennis Jean Borotra, commissaire général à l'Éducation et aux Sports d'août 1940 à avril 1942, contre lequel le Parquet de la Haute Cour renonça à exercer la moindre poursuite et qui se vit reconnaître le titre de déporté résistant par un arrêt du Conseil d'État du 30 janvier 1963 et Jean Filippi, seul ancien ministre de Vichy, à avoir occupé un poste gouvernemental sous la IVe République[68]. De façon générale, l'épuration ministérielle resta relativement limitée ; Raphaël Alibert, principal inspirateur du statut des Juifs du 3 octobre 1940 et condamné à mort par contumace en 1947, fut ainsi amnistié douze ans plus tard, et René Bousquet, secrétaire général à la Police, condamné seulement, en 1949, à cinq ans de dégradation, se vit immédiatement relever de sa peine[69]. Le privilège de juridiction, accordé aux membres du gouvernement de Vichy, leur permit, dès lors, le plus souvent, d'échapper aux rigueurs de l'épuration. L'idée se fit, peu à peu, jour, dans l'opinion, que les ministres étaient intouchables. Il fallut attendre la Ve République pour voir ce sentiment remis en cause.

f. LE PRIVILÈGE DE JURIDICTION DES MINISTRES DE LA Ve RÉPUBLIQUE

Il convient d'examiner successivement le régime initial prévu par la Constitution du 4 octobre 1948 et celui qui procède de la révision constitutionnelle du 27 juillet 1993.

64. Secrétaire d'État à la présidence du Conseil de juin 1941 à septembre 1942. Après sa condamnation à mort, il fut gracié par le président Auriol.

65. Voir Benoît Yvert, *id.*, page 666.

66. Ainsi, Jacques Leroy-Ladurie, ministre de l'Agriculture et du Ravitaillement, qui s'opposa aux excès de la collaboration puis s'engagea dans le maquis. Il poursuivit une carrière politique après la guerre, notamment comme député du Calvados.

67. Tels René Belin, ancien dirigeant de la CGT, ministre ou secrétaire d'État au Travail de juillet 1940 à avril 1942 ; le général Bergeret, secrétaire d'État à l'Aviation de septembre 1940 à avril 1942 ; Raymond Grasset, secrétaire d'État puis ministre-secrétaire d'État à la Santé et la Famille d'avril 1942 à août 1944, qui deviendra, après la guerre, président du Conseil départemental de l'ordre des médecins du Puy-de-Dôme ; ou encore François Lehideux, secrétaire d'État à la Production industrielle de juillet 1941 à avril 1942, qui, après le non-lieu dont il bénéficia (17 février 1949), retrouva des fonctions importantes dans l'industrie automobile.

68. Secrétaire d'État au Budget dans le gouvernement Guy Mollet, du 1er février 1956 au 13 juin 1957.

69. Inculpé, en 1990, de crimes contre l'humanité, il sera assassiné le 8 juin 1993.

f.1. La responsabilité pénale des ministres dans le texte initial de la Constitution de 1958

L'article 68 de la Constitution disposait, à son premier alinéa, toujours en vigueur[70] :

« *Le président de la République n'est responsable des actes accomplis dans l'exercice de ses fonctions qu'en cas de haute trahison. Il ne peut être mis en accusation que par les deux assemblées statuant par un vote identique au scrutin public et à la majorité absolue des membres les composant ; il est jugé par la Haute Cour de Justice* ».

Un second alinéa prévoyait que « *les membres du gouvernement sont pénalement responsables des actes accomplis dans l'exercice de leurs fonctions et qualifiés crimes ou délits au moment où ils ont été commis* », formule qu'a entièrement reprise le nouvel article 68-1, résultant de la loi constitutionnelle du 27 juillet 1993.

Mais le texte initial ajoutait, toujours à propos des ministres :

« *La procédure définie ci-dessus* » – c'est-à-dire en cas de *haute trahison* du président de la République – « *leur est applicable* », la Haute Cour se trouvant alors « *liée par la définition des crimes et délits ainsi que par la détermination des peines telles qu'elles résultent des lois pénales en vigueur au moment où les faits ont été commis* ».

Or, si, à premier examen, ce texte ne paraissait pas protéger exagérément les ministres en cas de fautes commises dans l'exercice de leurs fonctions, son application s'avéra fort délicate. La principale difficulté tenait, en effet, au sens qu'il convenait de donner aux mots « exercice des fonctions ».

Le Procureur général avait, certes, estimé, dans l'Affaire Malvy, qu'« *il y a crime dans l'exercice des fonctions lorsque le ministre a usé ou abusé de l'autorité qu'il tire de sa fonction et qu'il s'est servi de cette fonction pour atteindre le but qu'il poursuit* ». Mais cette définition était loin de résoudre tous les problèmes et on pouvait se demander, par exemple, si un ministre qui commettait un excès de vitesse en se rendant à une réunion électorale, où il devait défendre le point de vue du gouvernement, agissait « dans l'exercice de ses fonctions » ?

De même, s'il répondait avec trop de vivacité à un journaliste l'interrogeant sur une question de politique générale, commettait-il une faute à titre personnel ou dans l'exercice de ses fonctions ?

Les réponses à ces questions sont nécessairement nuancées. En 1961, le Tribunal de grande instance et la cour d'appel de Paris ont ainsi condamné le ministre de l'Intérieur, Roger Frey, pour diffamation envers le colonel de Blignières, qu'il avait accusé d'être un des chefs de l'O.A.S.[71]. Mais, dans un arrêt du 14 mars 1963, la Cour de cassation a estimé que le ministre, s'étant exprimé au cours d'une conférence de

70. Mais qui constitue, désormais, l'unique alinéa de l'article 68.

71. Organisation de l'Armée Secrète, constituée en février 1961, pour empêcher – même par la violence – que l'Algérie ne soit séparée de la France.

presse tenue dans son ministère – c'est-à-dire dans l'exercice de ses fonctions – devait échapper aux juridictions ordinaires. De même, le 25 juin 1982, la Cour d'appel de Paris infirma l'ordonnance par laquelle un Juge d'instruction s'était déclaré compétent pour connaître de la plainte déposée par le directeur du journal *Minute* contre Monsieur Jack Lang, ministre de la Culture, qui l'avait traité de *fasciste* lors d'une interview où il s'exprimait « à titre personnel ».

Bien évidemment, ni Roger Frey ni Monsieur Jack Lang ne furent poursuivis devant la Haute Cour, pour avoir commis des actes pénalement répréhensibles dans l'exercice de leurs fonctions.

f.1.1. Les condamnations de ministres par les tribunaux de droit commun

Il arriva, néanmoins, qu'un ministre fût condamné par les juridictions de droit commun pour un délit se rapportant à des actes politiques. Le 14 mars 1982, le Tribunal de grande instance de Paris sanctionna ainsi Gaston Defferre, ministre de l'Intérieur, pour diffamation envers Monsieur Chirac, à la suite de propos tenus lors d'une réunion publique à Marseille.

De même, Georges Fillioud[72], en 1984, et Pierre Joxe[73], en 1990, furent-ils condamnés de ce chef, sans que personne ne songeât à réclamer leur démission[74].

Les ministres, dès lors, n'étaient plus tout à fait des intouchables, mais il restait difficile de les faire condamner pour les actes qu'ils avaient commis dans l'exercice de leurs fonctions. Trois affaires devaient le confirmer et démontrer, par suite, la nécessité d'une réforme constitutionnelle.

f.1.2. L'impossible condamnation des ministres par la Haute Cour

Le 11 avril 1980, d'abord, une proposition de résolution visant à mettre en accusation Michel Poniatowski, ministre de l'Intérieur, pour divers délits qu'il aurait commis dans l'exercice de ses fonctions, lors de l'enquête sur l'assassinat du prince de Broglie[75], fut jugée recevable par le bureau de l'Assemblée, qui désigna une commission *ad hoc.* Mais celle-ci conclut à l'innocence du ministre, et les députés adoptèrent son rapport.

Le 7 juillet 1983, ensuite, le bureau de l'Assemblée nationale déclarait irrecevable la proposition de résolution déposée par cinquante dépu-

72. Secrétaire d'État chargé des Techniques de la communication dans le gouvernement Mauroy.
73. Ministre de l'Intérieur dans le gouvernement Rocard.
74. Par un jugement du 20 avril 1995 – postérieur, dès lors, à la révision constitutionnelle du 27 juillet 1993 – le Tribunal correctionnel de Lyon a rappelé, à propos de Monsieur Michel Noir, que, pour les actes sans rapport avec leurs fonctions, les ministres restaient responsables devant les tribunaux de droit commun, comme les autres citoyens.
75. Membre d'une famille ayant donné trois ministres à la France, le prince de Broglie, député de l'Eure, plusieurs fois secrétaire d'État et ancien président de la Haute Cour de Justice, avait été assassiné, devant son domicile, en décembre 1976.

tés R.P.R. et tendant au renvoi devant la Haute Cour de Justice de deux ministres communistes, M.M. Charles Fiterman et Jack Ralite[76], accusés de « s'être opposés publiquement à des décisions de justice ». Ce rejet fut motivé, de manière assez spécieuse, par le fait que la proposition de mise en accusation constituait une « manœuvre politique », alors qu'un tel jugement n'aurait pu être porté que par la commission *ad hoc* éventuellement constituée.

Beaucoup plus importante se révéla l'*Affaire Nucci*, du nom du ministre de la Coopération des gouvernements Mauroy et Fabius[77], accusé de graves malversations financières dans la gestion du *Carrefour du développement*[78].

Les griefs n'étant guère contestables, les deux Assemblées – fait sans précédent dans l'histoire des IVe et Ve Républiques – renvoyèrent le ministre devant la Haute Cour de Justice, par des votes émis les 7 octobre et 10 décembre 1987[79]. La commission d'instruction, composée de magistrats, commença ses travaux et, le 19 février 1988, notifia à Monsieur Nucci son inculpation pour « *faux en écritures publiques et usage, faux en écritures privées et usage, soustraction de fonds par dépositaires publics, recel* », en qualité d'auteur et de complice[80].

Mais l'affaire n'était pas encore jugée, ni même instruite, lorsque les élections législatives des 5 et 12 juin 1988 ramenèrent une majorité de gauche à l'Assemblée nationale[81]. La nouvelle Chambre, après avoir tardé le plus possible à désigner les nouveaux membres de la Haute Cour[82], adopta la loi du 15 janvier 1990 sur la transparence financière de la vie politique, qui comprenait une disposition (l'article 19) amnistiant toutes les infractions commises avant le 15 juin 1989, à condition que leur auteur ne se soit pas enrichi personnellement et n'ait pas été investi d'un mandat parlementaire national au moment des faits (ce qui était le cas de Monsieur Nucci, alors membre du gouvernement). En vertu de ce texte de circonstance, les magistrats instructeurs de la Haute Cour ne purent que rendre un arrêt de non-lieu, en date du 4 avril 1990, assorti, toutefois, de considérations très sévères sur les agissements en cause.

L'opinion fut vivement émue par l'impunité dont bénéficiait Monsieur Nucci (qui devait, pourtant, être élu, peu après, conseiller général)

---

76. Respectivement ministre des Transports et ministre délégué auprès du ministre des Affaires sociales, chargé de l'Emploi.
77. Monsieur Nucci avait exercé ses fonctions du 8 décembre 1982 au 20 mars 1986.
78. Association créée en 1983 et dépendant du ministère de la Coopération.
79. L'Assemblée nationale vota la résolution de mise en accusation le 7 octobre 1987, par 340 voix contre 211. Le Sénat l'adopta le 10 décembre suivant, par 189 voix contre 67.
80. Sur ces divers épisodes relatifs à des fautes commises par des ministres – ou à des accusations portées à leur encontre – voir, notamment, Dominique Turpin, *Droit Constitutionnel,* 1992, PUF, pages 513 et 514.
81. Lors du renvoi de Monsieur Nucci devant la Haute Cour, en 1987, la majorité de l'Assemblée était orientée à droite. Il en était de même de la majorité du Sénat, comme ce fut presque toujours le cas sous la Ve République.
82. L'article 67 de la Constitution prévoit que la Haute Cour doit être renouvelée après les élections législatives.

et, presque aussitôt après les élections législatives des 21 et 28 mars 1993, la nouvelle majorité de droite prépara une réforme du système de mise en jeu de la responsabilité des ministres.

f.2. La révision constitutionnelle du 27 juillet 1993 : la création de la Cour de Justice de la République et le procès du sang contaminé

Jusqu'à la loi du 27 juillet 1993, la mise en accusation d'un ministre résultait – nous l'avons vu – d'une décision des deux Assemblées, alors que son éventuel jugement ne pouvait être prononcé que par la Haute Cour, composée exclusivement de parlementaires[83]. Tant au niveau de leur mise en accusation qu'à celui de la sanction qui pouvait leur être infligée, les ministres dépendaient ainsi de députés et de sénateurs, dont ils avaient, bien souvent, été les collègues. Les citoyens en déduisaient que les membres du gouvernement qui se rendaient coupables de délits dans l'exercice de leurs fonctions, bénéficiaient, en quelque sorte, de la protection de leurs pairs. De fait, la solidarité parlementaire n'est pas un vain mot et Robert de Jouvenel a pu écrire, jadis, qu'« *il y a(vait) moins de différence entre deux députés, dont l'un est révolutionnaire et l'autre ne l'est pas, qu'entre deux révolutionnaires, dont l'un est député et l'autre ne l'est pas* »[84].

L'impunité des ministres – ou le sentiment qu'elle existait – entraînait une frustration chez de nombreux citoyens, qui estimaient que la Justice n'était pas la même pour tous. C'est la raison pour laquelle la loi constitutionnelle du 27 juillet 1993 a institué une Cour de Justice de la République, chargée de juger, conformément à la loi pénale, les membres du gouvernement – y compris le Premier ministre – pour les actes accomplis dans l'exercice de leurs fonctions.

La nouvelle juridiction, qui remplace la Haute Cour de Justice – cette dernière n'est plus compétente que pour juger le président de la République, s'il est mis en accusation par les deux Assemblées, pour haute trahison – comprend quinze membres, dont douze sont des parlementaires[85] et trois, des magistrats du siège de la Cour de cassation. Au surplus – préséance dont l'importance ne saurait faire de doute – l'un de ces trois magistrats préside la Cour de Justice de la République.

Mais il ne suffisait pas de prévoir que les ministres seraient, désormais, jugés par un organe moins politique qu'auparavant ; il fallait encore permettre aux particuliers, qui s'estimeraient lésés par la faute pénale d'un membre du gouvernement, de saisir la nouvelle juridiction. À cet effet, l'article 68-2 de la Constitution permet à toute personne qui se prétend victime d'un crime ou d'un délit commis par un ministre dans l'exercice de ses fonctions de « porter plainte auprès d'une commission des requêtes », com-

83. 12 députés et 12 sénateurs, élus par leur Assemblée respective.
84. Voir Robert de Jouvenel, *La République des camarades,* 1914, Grasset, page 17.
85. 6 députés et 6 sénateurs, élus par leur Assemblée respective.

posée de sept membres (trois magistrats du siège de la Cour de cassation, deux conseillers d'État et deux conseillers maîtres à la Cour des Comptes[86]).

La Cour de Justice de la République a fonctionné, jusqu'alors, à trois reprises :

– une première fois, au début de l'année 1999 dans l'Affaire du sang contaminé. Saisie de plaintes déposées contre Monsieur Laurent Fabius, Madame Georgina Dufoix et Monsieur Edmond Hervé (respectivement Premier ministre, ministre des Affaires sociales et secrétaire d'État à la Santé, de juillet 1984 à mars 1986), elle a prononcé, le 9 mars, trois acquittements, assortissant, toutefois, le dernier d'un blâme, dont la portée était surtout symbolique ;

– une deuxième fois, beaucoup plus rapidement, dans un litige terminé par un arrêt du 16 mai 2000, par lequel elle a relaxé Madame Ségolène Royal, ministre déléguée à la Famille et à l'Enfance, des faits de « complicité de diffamations envers des fonctionnaires publics » qui lui étaient reprochés par deux enseignants d'un lycée de Marseille, à la suite des propos qu'elle avait tenus pour condamner le bizutage ;

– une troisième fois, à propos de Michel Gillibert (secrétaire d'État chargé des Handicapés et Accidentés de la vie de 1988 à 1992, puis secrétaire d'État aux Handicapés de 1992 à 1993), accusé d'avoir détourné des fonds publics au profit d'associations créées à son initiative, que, par un arrêt du 7 juillet 2004, elle condamna à trois ans d'emprisonnement avec sursis et 20 000 euros d'amende ainsi qu'à la privation, pendant cinq ans, de ses droits de vote et d'eligibilité.

D'autres dossiers sont en cours, qui permettront à la Cour de Justice de la République de préciser le seuil à partir duquel l'imprévoyance – ou le défaut de connaissances techniques – d'un ministre peut lui être reproché pénalement. Mais, s'il est légitime que les membres du gouvernement fassent preuve de vigilance, il ne convient pas que la crainte d'une sanction pénale ne vienne les paralyser dans leur action. La Cour de Justice de la République devra veiller à assurer l'équilibre nécessaire entre le devoir de prudence et la nécessité d'agir.

f.3. La jurisprudence *Bérégovoy-Balladur*

Depuis le gouvernement formé en 1993 par Monsieur Balladur, un usage s'est instauré, selon lequel un parlementaire mis en examen devait renoncer à ses fonctions ministérielles. Il s'agit là d'une règle **qui méconnaît le principe fondamental de la présomption d'innocence**, mais dont il a néanmoins été fait usage à plusieurs reprises.

Sans doute, cette *jurisprudence* a-t-elle été appliquée à bon droit à Monsieur Alain Carignon, ministre de la Communication dans le gouverne-

86. Les sept membres de la commission des requêtes sont désignés pour cinq ans par les juridictions auxquelles ils appartiennent (art. 12 de la loi organique du 23 novembre 1993).

ment Balladur, qui a démissionné, en juillet 1994, dix jours avant sa mise en examen pour *recel et complicité d'abus de biens sociaux*. Il fut, par la suite, en effet, condamné à cinq ans de détention, dont trois ans de prison ferme par un jugement du Tribunal correctionnel de Lyon du 16 novembre 1995, peine aggravée par un arrêt de la Cour d'appel de Lyon (7e Chambre A correctionnelle) du 9 juillet 1996, le condamnant à quatre ans de prison ferme pour *corruption, complicité d'abus de biens sociaux et subornation de témoins* ainsi qu'à cinq ans d'inéligibilité[87]. L'ancien ministre a aussitôt été incarcéré à la prison de Villefranche-sur-Saône.

Le pourvoi, formé contre cette décision, par Monsieur Carignon (et d'autres prévenus), a été rejeté par un arrêt de la Chambre criminelle de la Cour de cassation du 27 octobre 1997 (pourvoi n° 96-83698).

Mais, Monsieur Gérard Longuet, ministre du Commerce extérieur dans le même gouvernement Balladur, a également démissionné le 14 octobre 1994, quelques heures après avoir été mis en examen, à propos du mode de financement de la construction de sa villa à Saint-Tropez (« *aujourd'hui,* déclarait-il à l'époque, *j'estime que ce que je n'ai pu obtenir comme ministre, je l'obtiendrai certainement comme citoyen : le droit à une justice sereine pour faire valoir mes droits* »). De fait, l'ancien ministre fut relaxé par un jugement du Tribunal correctionnel de Paris du 4 novembre 1997, confirmé par un arrêt de la Cour d'appel de la même ville du 27 novembre 1998.

De même, quelques mois après la démission de Monsieur Longuet, Monsieur Roussin, ministre de la Coopération, quittait, à son tour, le gouvernement Balladur, à la veille de sa mise en examen pour « *recel d'abus de biens sociaux et recel d'infraction à la législation sur la facturation* », dans le cadre du dossier des *HLM de Paris*. Or, il devait bénéficier, quelques mois plus tard, d'une ordonnance de non-lieu. « *C'est un euphémisme de dire que ces décisions judiciaires eurent moins d'écho médiatique que celles relatives à leur mise en examen* », observait, à très juste titre, le Professeur Olivier Beaud.

Dans un sens analogue, Monsieur Bernard Tapie, ministre de la Ville, avait dû quitter le gouvernement Bérégovoy, en mai 1992, à la suite de l'émoi provoqué par des déclarations à la presse et à la radio, dans lesquelles il critiquait la manière dont un juge instruisait le dossier qui devait conduire à son *inculpation* – le terme de *mise en examen* n'existait pas encore – pour *abus de biens sociaux*, à la suite d'un différend commercial

---

87. Cette décision était fondée sur des motifs particulièrement sévères : « *Attendu qu'Alain Carignon, élu du peuple depuis vingt ans, a bénéficié de la confiance d'une part de ses concitoyens et d'autre part des plus hautes autorités de l'Etat qui l'ont appelé à deux reprises, à occuper des fonctions ministérielles ; Que les éminentes tâches, qui lui ont ainsi été dévolues, auraient dû le conduire à avoir un comportement au-dessus de tout soupçon ; Qu'au lieu de cela il n'a pas hésité à trahir la confiance que ses électeurs lui manifestaient, en monnayant le pouvoir de maire qu'il tenait du suffrage universel, afin de bénéficier d'avantages matériels qui se sont élevés à 19 073 150 francs (2 907 683 euros) et de satisfaire ses ambitions personnelles ;* ***Qu'il a ainsi commis l'acte le plus grave qui puisse être reproché à un élu ; Qu'un tel comportement est de nature à fragiliser les institutions démocratiques et à faire perdre aux citoyens la confiance qu'ils doivent avoir en des hommes qu'ils ont choisis pour exercer le pouvoir politique*** ».

avec Monsieur Tranchant dans l'*affaire Toshiba*. Mais, précisément, l'intéressé – qui devait, par la suite, être condamné pénalement pour d'autres faits – avait retrouvé son portefeuille ministériel, à la suite de l'ordonnance de non-lieu, finalement prononcé par le juge d'instruction.

Ce fut encore en vertu de la *jurisprudence Bérégovoy-Balladur* qu'intervint, le 2 novembre 1999, la démission de Monsieur Strauss-Kahn, qui devait, plus tard, être déclaré innocent des faits que la *rumeur médiatique* le soupçonnait d'avoir commis.

Cette *jurisprudence* semble bien, dès lors, critiquable, même si elle a conduit encore, en 2004, à la démission de Monsieur Pierre Bédier, secrétaire d'Etat aux Programmes immobiliers de la justice dans le gouvernement de Monsieur Raffarin[88].

Cette pratique gouvernementale, largement favorisée par le *journalisme d'investigation* – qui participe, il est vrai, au fonctionnement de la démocratie – doit, cependant, être critiquée. Etait inutile d'ajouter au Code civil un article 9-1, affirmant le « *droit au respect de la présomption d'innocence* » – déjà proclamée par de nombreux textes antérieurs et, notamment, par la Déclaration des droits de l'homme et du citoyen – si le pouvoir exécutif ne se soumet pas aux obligations qu'il impose ?

f. 4. Le cas particulier des ministres entendus comme témoins

Il peut se faire que, dans une affaire déterminée, un juge d'instruction souhaite entendre comme témoin un ministre en exercice. Une telle audition est juridiquement possible. De fait, le 7 août 2000, Monsieur Christian Pierret, secrétaire d'État à l'Industrie, a été entendu, pendant plus de trois heures, par un juge d'instruction de Saint-Dié, dans une affaire de détournement de fonds de la mairie au profit des sapeurs-pompiers. Le secrétaire d'État, qui était maire-adjoint de la ville à l'époque de certains faits en cause, a pu ainsi contribuer, par son témoignage, à la recherche de la vérité (voir *Le Monde* du 9 août 2000, page 6).

88. L'intéressé, mis en examen le 21 janvier 2004, par le juge Philippe Courroye, pour « *corruption passive et recel d'abus de biens sociaux* », était soupçonné d'avoir perçu, alors qu'il était maire de Mantes-la-Jolie, des fonds en espèces de la part du président-directeur général d'une société de nettoyage, en échange de son appui pour l'attribution à cette dernière de marchés de la commune. Laissé libre, sans contrôle judiciaire, il démissionna le même jour. Le procès s'est ouvert devant la 11e Chambre correctionnelle du Tribunal de Grande Instance de Paris le 25 septembre 2006 (voir *Le Monde* du 28 septembre 2006) et s'est terminé le 12 décembre suivant par la condamnation de l'ancien secrétaire d'État à six ans d'inégibilité et dix-huit mois de prison avec sursis. Monsieur Bédier a aussitôt relevé appel de la décision (voir *Le Monde* du 14 décembre 2006).

g. LE PRIVILÈGE DE JURIDICTION DU CHEF DE L'ÉTAT

g.1. L'irresponsabilité du Président pour les actes commis dans l'exercice de ses fonctions, en dehors du cas de haute trahison

Il a déjà été indiqué qu'aux termes de l'article 68 de la Constitution, le président de la République n'était responsable des actes accomplis dans l'exercice de ses fonctions qu'en cas de « haute trahison ».

Or, cette notion n'est pas précisée par le Code pénal. Celui-ci incrimine seulement, en effet, la « *trahison* », visée à l'article 411-1 et qui résulte du « *fait de livrer à une puissance étrangère (...) soit des troupes appartenant aux forces armées françaises, soit tout ou partie du territoire national* » ou encore d'accomplir, dans ce but, « *des promesses, offres, pressions, menaces ou voies de fait* ».

Il est clair que la « haute trahison », prévue par l'article 68 de la Constitution, est d'une nature différente[89]. Il s'agit, en réalité, d'un délit ou d'un crime politique, qui pourrait résulter, par exemple, du refus du chef de l'État d'appeler à la tête du gouvernement une personnalité issue de la majorité parlementaire, de la mise en vigueur abusive ou du maintien prolongé des pouvoirs exceptionnels de l'article 16[90] ou, peut-être également, de la décision de ne pas promulguer une loi, qui serait, sans doute, considérée comme un défi à la représentation nationale[91].

Dans ces diverses hypothèses, le président de la République pourrait être mis en accusation par un vote des deux Chambres, statuant, chacune, à la majorité absolue de ses membres. Il serait, ensuite, jugé par la Haute Cour, composée exclusivement de vingt-quatre parlementaires.

Mais, si – en dehors du cas de haute trahison – l'irresponsabilité du chef de l'État est bien fixée pour les actes commis dans l'exercice de ses fonctions, elle apparaît moins évidente pour les faits antérieurs à son élection.

89. Il faut noter que deux chefs d'État français ont été condamnés à mort : Louis XVI, par la Convention, le 17 janvier 1793, pour conspiration contre la liberté et attentats contre la sûreté de l'État et le maréchal Pétain, le 15 août 1945, par la Haute Cour de Justice (qui exprima le vœu qu'en raison du grand âge de l'accusé, la condamnation ne fût pas exécutée), au motif, notamment, qu'il avait « *entretenu des intelligences avec l'Allemagne, puissance en guerre avec la France, en vue de favoriser les entreprises (de) l'ennemi* ».

90. Voir André Hauriou et Jean Gicquel, *Droit constitutionnel et institutions politiques,* 1980, Montchrestien, page 970.

91. Le refus de promulguer une loi serait beaucoup plus grave que celui de signer une ordonnance – que François Mitterrand opposa, d'ailleurs, à quatre reprises, en 1986 – puisque l'article 10 de la Constitution prévoit que la formalité de la promulgation doit intervenir « *dans les quinze jours qui suivent la transmission au gouvernement de la loi définitivement adoptée* », sauf si le président de la République demande une nouvelle délibération de la loi ou de certains de ses articles.

g.2. Le problème de la responsabilité du Président pour les actes antérieurs à son élection

g.2.1. La jurisprudence de 1974-1975

Le président de la République peut-il, pendant son mandat, faire l'objet de poursuites pénales, pour des faits antérieurs à son élection ? La question, longtemps théorique, s'est posée, en 1974, lorsque René Dumont, candidat malheureux à l'élection présidentielle[92], reprocha à Monsieur Giscard d'Estaing, élu le 19 mai 1974, d'avoir fait apposer des affiches électorales en dehors des panneaux prévus à cet effet, avant l'ouverture officielle de la campagne. Le nouveau président ne déclina nullement la compétence du Tribunal correctionnel, qui estima, d'ailleurs, qu'il n'avait pas commis le délit qui lui était reproché (voir Trib. corr. Paris, 5 décembre 1974, *JCP*.1975.II.17969, confirmé par la 11e chambre de la Cour de Paris, le 28 avril 1975).

Cette question a connu un regain d'actualité avec l'enquête sur le financement du R.P.R., menée par le Juge d'instruction Patrick Desmure[93], au cours de laquelle sont apparus des éléments susceptibles de mettre en cause Monsieur Jacques Chirac, notamment un courrier qu'il aurait signé en 1993, avant son élection à la présidence de la République. Le problème s'est alors posé de savoir si – au-delà du titulaire actuel de la fonction – un magistrat pouvait procéder à l'audition, voire à la mise en examen, du président de la République en exercice, pour des faits antérieurs au début de son mandat.

g.2.2. La décision du Conseil constitutionnel du 22 janvier 1999

Sans être saisi directement du dossier, le Conseil constitutionnel a estimé, dans une décision du 22 janvier 1999, que le chef de l'État bénéficiait d'un privilège de juridiction devant la Haute Cour et ne pouvait, dès lors, être poursuivi, même pour des actes sans aucun rapport avec ses fonctions. De son côté, la Cour d'appel de Versailles, ayant à connaître du litige, a estimé que le président ne pouvait faire l'objet d'un acte de poursuite pendant la durée de son mandat, mais qu'« une mise en examen devenait possible » après l'expiration de celui-ci.

Toutefois, le 23 août 2000, le Procureur général près la Cour de cassation, Monsieur Jean-François Burgelin, a fait savoir au Procureur général de Versailles que « *le juge d'instruction (était) incompétent pour connaître d'éventuelles charges qui pourraient exister à l'encontre du président de la République et dont l'appréciation relèverait alors exclusivement du Parlement* ». Mais Monsieur Burgelin n'a pas formé, contre l'arrêt du 11 janvier 2000, le pourvoi dans l'intérêt de la loi, visé par l'article 621 du Code de procédure pénale, observant, à bon droit, qu'aux termes de cet article,

92. Il défendait les couleurs des écologistes, ce qui peut expliquer l'action judiciaire qu'il engagea, destinée à lutter contre la multiplication des affiches électorales.
93. Juge d'instruction au Tribunal de grande instance de Nanterre.

une cassation éventuelle ne pourrait n profiter ni nuire aux parties engagées dans la procédure (voir *Le Monde* du 31 août 2000, page 29).

Seule, la ministre de la Justice – Madame Élisabeth Guigou – pouvait, selon l'article 620, donner au Procureur général près la Cour de cassation « l'ordre formel » d'introduire un pourvoi. Elle a estimé ne pas devoir le faire, « *n'entendant pas intervenir dans les dossiers judiciaires et spécialement dans ce dossier-là* » (voir *Le Monde* du 15 septembre 2000, page 40).

g.2.3 L'arrêt de la Cour de cassation du 10 octobre 2001

Il était, dès lors, possible de penser, à ce stade de la procédure, que la responsabilité du chef de l'État, pour les actes antérieurs à sa fonction, ne pouvait être mise en cause que devant la Haute Cour de Justice, elle-même saisie « *par les deux Assemblées statuant par un vote identique au scrutin public et à la majorité absolue des membres les composant* », comme le prévoit l'article 68 de la Constitution. Si les choses en étaient restées là, elles auraient présenté une relative clarté et auraient eu, au moins, le mérite de donner une réponse – bonne ou mauvaise – à la question juridique qui se posait.

Mais, précisément, l'affaire ne s'est pas arrêtée là. Animé de la plus vive hostilité à l'égard du chef de l'État, Monsieur Arnaud Montebourg, député socialiste de Saône-et-Loire, a demandé, en effet, le 27 février 2001, au Procureur de la République près le Tribunal de grande instance de Nanterre la communication de deux pièces figurant dans le dossier d'instruction du juge Desmure.

Il faisait valoir que ces documents lui étaient nécessaires pour rédiger la *proposition de résolution de mise en accusation* de Monsieur Chirac, qu'il souhaitait déposer sur le bureau de l'Assemblée nationale, et qui ne serait recevable que si elle était signée par le dixième au moins des députés (aux termes de l'article 158 du règlement de l'Assemblée nationale, une disposition analogue figurant à l'article 86 du règlement du Sénat).

C'est alors que, dans le cadre d'une enquête sur les HLM de Paris, le juge d'instruction Eric Halphen adressa au président de la République, le 27 mars 2001, une convocation en qualité de *témoin*. Le chef de l'État ayant estimé que son statut lui interdisait de déférer à cette convocation, le magistrat rendit, le 25 avril, une ordonnance, dans laquelle il se déclarait « *incompétent pour instruire sur la participation de Jacques Chirac aux faits dont (il était) saisi* ». Il observait que « *la responsabilité pénale du président de la République pour les actes antérieurs à son élection ne (pouvait) être mise en cause que devant la Haute Cour de Justice* » et qu'« *une audition en tant que témoin assisté (devait) être considérée, selon la loi du 15 juin 2000*[94]*, comme une mise en cause de cette personne* ».

94. Aux termes de la loi n°2000-516, renforçant la *protection de la présomption d'innocence et les droits des victimes* et de la circulaire CRIM 00-16 F1 du 20 décembre 2000, *présentant les dispositions de cette loi,* **le statut du témoin assisté est intermédiaire entre celui du simple témoin et celui du mis en examen.**

Mais, le 21 novembre 2000, un militant écologiste saisit les juges d'instruction d'une requête en vue de l'audition, comme témoin, de Monsieur Chirac, en sa qualité d'ancien maire de Paris, pour répondre des irrégularités qui affecteraient les marchés publics passés par la *Société d'économie mixte parisienne de prestations,* dissoute le 22 juillet 1996, dont la Ville de Paris était actionnaire.

Par ordonnance du 14 décembre suivant, les juges d'instruction saisis se déclarèrent incompétents pour procéder à l'acte d'information sollicité, au motif qu'il tendait à la mise en cause pénale du président de la République dont, aux termes de la décision du 22 janvier 1999, la responsabilité ne pouvait être recherchée que devant la Haute Cour de Justice, selon les modalités fixées par l'article 68 de la Constitution. Cette ordonnance fut confirmée par un arrêt de la Cour d'appel de Paris (chambre de l'instruction) du 29 juin 2001.

Le demandeur ayant formé un pourvoi contre cet arrêt, la Cour de cassation statua, en Assemblée plénière[95], le 10 octobre suivant. Revenant partiellement sur la décision du Conseil constitutionnel du 22 janvier 1999, elle estima que le chef de l'État **ne relevait pas de la Haute Cour de Justice pour les délits qu'il aurait pu commettre avant le début de ses fonctions, mais des tribunaux ordinaires, « *la prescription de l'action publique étant suspendue (...) pendant la durée du mandat présidentiel* »**.

La Cour de cassation précisa que la Haute Cour « *n'était compétente que pour connaître des actes de haute trahison du président de la République commis dans l'exercice de ses fonctions* » et que les poursuites, « *pour tous les autres actes* », devaient être exercées, certes à l'expiration de son mandat, mais devant le juge pénal de droit commun.

Cette décision a transformé ainsi le ***privilège de juridiction,*** institué par les *sages de la rue Montpensier,* en une véritable ***immunité pénale.***

Or, l'article 62 de la Constitution dispose que « *les décisions du Conseil constitutionnel... s'imposent aux pouvoirs publics et à toutes les autorités administratives et juridictionnelles* ». Il en résulte que l'arrêt de la Cour de cassation du 10 octobre 2001 a, non seulement modifié la jurisprudence du Conseil constitutionnel, mais encore remis en cause la portée de l'article 62 de la Constitution, selon lequel la décision du 22 janvier 1999 – qui, fait sans précédent, avait été confirmé par un *communiqué* du 10 octobre 2000 – s'imposait « *à toutes les autorités juridictionnelles* ».

Le juriste – ne parlons même pas du citoyen peu familiarisé avec le maniement des textes constitutionnels ! – ne saurait s'y retrouver. Une question aussi importante – et hautement symbolique – que la responsabilité pénale du président de la République est abandonnée au *flou constitutionnel.*

95. L'Assemblée plénière de la Cour de cassation, présidée par le Premier président, comprend, en outre, les présidents et doyens des chambres ainsi qu'un conseiller pris au sein de chaque chambre.

Mais l'antinomie entre Justice et politique résulte également de l'immunité dont ont longtemps bénéficié les membres des Assemblées parlementaires.

B. L'IMMUNITÉ PARLEMENTAIRE

a. BREF HISTORIQUE DE L'IMMUNITÉ PARLEMENTAIRE EN FRANCE

Le jour même où notre première Assemblée nationale entra en lutte ouverte avec la Cour, le 23 juin 1789[96], elle décréta que « *la personne de chacun des députés (était) inviolable* ». Un an plus tard, le 26 juin 1790, elle précisait que « *les députés à l'Assemblée nationale peuvent, dans le cas de flagrant délit, être arrêtés conformément aux ordonnances ; ... mais qu'ils ne peuvent être décrétés par aucun juge avant que le Corps législatif (...) ait décidé qu'il y a lieu à l'accusation* ».

La Constitution de 1791 reprit ces dispositions. Elle rappela, à l'article 7 (section V du chapitre 1er du titre III), que les représentants de la Nation étant « *inviolables, ils ne pourront être recherchés, accusés ni jugés en aucun temps pour ce qu'ils auront dit, écrit ou fait dans l'exercice de leurs fonctions de représentants* », mais permit, à son article 8, qu'ils soient poursuivis en matière criminelle, « *après que le Corps législatif aura décidé qu'il y a lieu à accusation* ».

La protection dont bénéficiaient ainsi les représentants ne pouvait que déplaire à la Convention, qui décréta, le 12 novembre 1793, que « *la justice due au peuple et le principe sacré de l'égalité, ne sauraient permettre que, dans la recherche des coupables et dans la punition des crimes, il soit établi une distinction injuste entre un représentant du peuple et tout autre citoyen* ». Ce fut là – comme beaucoup d'autres, adoptés au cours de cette période – un texte d'exception dans l'histoire du droit public français. De fait, depuis 1795, toutes les Constitutions de la France prévirent et organisèrent les immunités des représentants de la Nation.

Nous allons rapidement examiner les règles fixées, à cet égard, par la Constitution de 1958 et les textes qui l'ont modifiée.

96. Jour où Louis XVI, ayant voulu congédier le tiers état, provoqua la réponse célèbre de Mirabeau au marquis de Dreux-Brézé, grand maître des cérémonies : « *Allez dire au roi que nous sommes ici par la volonté du peuple et que nous n'en sortirons que par la force des baïonnettes* ».

b. L'IMMUNITÉ PARLEMENTAIRE DANS LA CONSTITUTION DE 1958

L'immunité a pour but essentiel de garantir aux parlementaires qu'ils pourront exercer leurs fonctions sans risque d'être poursuivis abusivement par l'exécutif – dont dépend le Ministère public – à la suite des fautes, civiles ou pénales, qu'ils pourraient avoir commises.

Elle prend, traditionnellement, deux formes, visées, l'une et l'autre, par la Constitution de 1958 : l'irresponsabilité et l'inviolabilité. Seul, le régime juridique de la seconde a été modifié par la loi constitutionnelle du 4 août 1995.

b.1. L'irresponsabilité parlementaire dans la Constitution de 1958

Aux termes de l'article 26, alinéa 1, de la Constitution de 1958 – qui reprend exactement les termes de l'article 21 de la Constitution de 1946 – « *aucun membre du Parlement ne peut être poursuivi, recherché, arrêté, détenu ou jugé à l'occasion des opinions ou votes émis par lui dans l'exercice de ses fonctions* ».

Cette irresponsabilité est absolue. Il en résulte que :

– Le parlementaire ne peut faire l'objet d'aucune poursuite, civile ou pénale, pour les discours qu'il a prononcés ou les textes qu'il a écrits dans l'exercice de son mandat (de là, peut-être, la pratique de duel, à laquelle les parlementaires recoururent fréquemment, jusque dans les années 1960, pour régler des affaires d'honneur, dont les tribunaux ne pouvaient pas connaître[97]).

– L'irresponsabilité prévue par l'article 26, alinéa 1, ne cesse pas à la fin du mandat, mais continue de couvrir tous les actes qui s'y rattachent. Cela veut dire, par exemple, qu'un député ne pourrait pas être poursuivi en 2002 pour un discours qu'il aurait prononcé, dans l'exercice de sa fonction parlementaire, en 1998.

---

97. Le 20 décembre 1892, au cours d'une séance restée fameuse, Paul Déroulède apostropha ainsi Georges Clemenceau, auquel il reprochait le rôle qu'il avait joué dans l'Affaire de Panama : « *Cet infatigable intermédiaire (...), son nom est sur toutes les lèvres (...) Pas un de vous pourtant ne le nommerait (...), car il est trois choses en lui que vous redoutez : son épée, son pistolet, sa langue. Eh bien ! moi, je brave les trois et je le nomme : c'est M. Clemenceau* ». Le 22 décembre, les deux hommes échangèrent six balles sans résultat.
Le dernier duel de l'histoire parlementaire française est – sauf erreur – celui qui opposa, en avril 1967, Gaston Defferre, l'un des leaders de la gauche à l'Assemblée nationale, et le député gaulliste, René Ribière, qu'il avait traité d'« abruti ». Le combat eut lieu à Neuilly, malgré les précautions de la police, et se termina par une estafilade au bras de l'offensé. Au cours d'un entretien télévisé avec Bernard Pivot, Madame Edmonde Charles-Roux, veuve de Gaston Defferre, a indiqué que le but de son époux était bien de blesser son adversaire, qui devait se marier peu de temps après.
Il faut noter que, pendant longtemps – même après l'entrée en vigueur du Code pénal de 1810 – le duel, du moins lorsqu'il était loyal, demeura impuni, parce qu'il n'était expressément réprimé par aucun texte. Un revirement jurisprudentiel s'opéra en 1837, lorsque par un arrêt des Chambres réunies du 15 décembre, la Cour de cassation estima que l'homicide ou les blessures commis au cours d'un duel, celui-ci fût-il loyal, entraient dans les dispositions générales du Code pénal et constituaient des crimes ou des délits (*Bull. Crim.* n° 184).

– L'irresponsabilité ne s'étend pas, cependant, à toute l'activité politique du parlementaire, mais ne vise que les actes qu'il accomplit « dans l'exercice de ses fonctions ». Il a, par exemple, été jugé que les termes du rapport au gouvernement remis par un parlementaire en mission n'étaient pas couverts par l'irresponsabilité de l'article 26, puisque « *ce n'était pas en sa qualité de membre du Parlement que le prévenu avait été choisi par le Premier ministre pour effectuer une mission (...), mais en sa qualité de spécialiste du problème* » (voir Conseil constitutionnel, 7 novembre 1989, *Rec.* page 90).

– Le texte de l'article 26, alinéa 1er, n'interdit pas, enfin, les poursuites disciplinaires. Un parlementaire pourra ainsi faire l'objet d'une sanction infligée par le bureau de l'Assemblée dont il fait partie (par exemple, une retenue sur son indemnité), pour les voies de fait qu'il aurait commises, à la Chambre, sur un autre parlementaire ou sur un journaliste. De même, en 1975, le général Stehlin, vice-président de l'Assemblée nationale, qui avait pris position en faveur des avions américains (et non d'appareils français) lors du renouvellement de la flotte aérienne de plusieurs pays de l'Otan, fut sanctionné par l'autorité militaire pour manquement à l'obligation de réserve.

b.2. L'inviolabilité parlementaire dans le texte de la Constitution de 1958 et la loi constitutionnelle du 4 août 1995

Les dispositions relatives à l'inviolabilité parlementaire ont été modifiées par la loi constitutionnelle du 4 août 1995.

Le régime initialement prévu par la Constitution de 1958 reposait sur une distinction :

– pendant la durée des sessions, aucun membre du Parlement ne pouvait être « *poursuivi ou arrêté en matière criminelle ou correctionnelle qu'avec l'autorisation de l'Assemblée dont il (faisait) partie, sauf le cas de flagrant délit* » ;

– en dehors des sessions, aucun membre du Parlement ne pouvait « *être arrêté qu'avec l'autorisation du bureau de l'Assemblée, dont il (faisait) partie, sauf le cas de flagrant délit, de poursuite autorisée ou de condamnation définitive* ».

Ce texte – pourtant traditionnel – laissa penser aux citoyens que les parlementaires bénéficiaient d'un privilège injustifié. Et, de fait, sur trente et une demandes de levée de l'immunité parlementaire transmises, en session, au président de l'Assemblée nationale, de 1958 à 1995, huit seulement furent votées, parmi lesquelles celle concernant François Mitterrand, inculpé d'outrage à magistrat, dans l'Affaire de l'Observatoire[98].

98. Le 16 octobre 1959, la presse révélait que François Mitterrand avait échappé à un attentat dans le jardin de l'Observatoire, à Paris. Trois jours plus tard, l'intéressé reconnaissait avoir appris, auparavant, qu'un attentat se préparait contre lui, mais accusait l'extrême droite de vouloir le discréditer. Le 21 octobre 1959, le Sénat votait la levée de son immunité parlementaire par 175 voix contre 27. Poursuivi par les lacunes de ses premières dépositions, l'intéressé sera encore sous le coup d'une information, le dossier n'ayant pas été refermé, lorsqu'il sera candidat de la gauche à l'élection présidentielle de 1965.

Dans le but de parvenir à un meilleur équilibre entre la protection nécessaire au bon exercice du mandat parlementaire et le respect des règles de la procédure pénale, le régime fixé en 1958 fut profondément modifié par la loi constitutionnelle du 4 août 1995.

Le nouveau texte a unifié les garanties dont bénéficie le parlementaire, que les Chambres soient, ou ne soient pas, en session. L'article 26, alinéas 2 à 4, dans la rédaction que lui a donnée la loi constitutionnelle du 4 août 1995, dispose, en effet :

« *Aucun membre du Parlement ne peut faire l'objet, en matière criminelle ou correctionnelle, d'une arrestation ou de toute autre mesure privative ou restrictive de liberté qu'avec l'autorisation du Bureau de l'assemblée dont il fait partie. Cette autorisation n'est pas requise en cas de crime ou délit flagrant ou de condamnation définitive.*

La détention, les mesures privatives ou restrictives de liberté ou la poursuite d'un membre du Parlement sont suspendues pour la durée de la session si l'assemblée dont il fait partie le requiert.

L'assemblée intéressée est réunie de plein droit pour des séances supplémentaires (afin de) permettre, le cas échéant, l'application de l'alinéa ci-dessus ».

Désormais – **que le Parlement soit ou ne soit pas en session** – le parlementaire ne peut être privé de sa liberté, ou voir celle-ci limitée (par exemple, par une assignation à résidence ou un contrôle judiciaire), sans l'autorisation du Bureau de son assemblée.

Il faut souligner que cette protection s'applique sans qu'il y ait lieu de distinguer selon que les crimes ou délits ont été commis dans l'exercice ou en dehors de l'exercice des fonctions parlementaires. Ainsi le député ou le sénateur **est-il placé sous la protection de l'assemblée dont il est membre.** Il faut, néanmoins, souligner que cette protection ne s'applique que si le parlementaire est susceptible « *d'une arrestation ou de tout autre mesure privative ou restrictive de liberté* », **mais qu'elle ne s'applique plus lorsqu'il est seulement « *poursuivi* », comme c'était le cas avant la révision du 4 août 1995.**

Au surplus, cette protection cesse de s'appliquer :

– dans l'hypothèse d'un crime flagrant ;

– dans l'hypothèse d'un délit flagrant ;

– dans l'hypothèse où l'élu fait déjà l'objet d'une condamnation définitive à une peine privative de liberté (intervenue avant son élection au Parlement[99]).

99. Cette disposition permettant d'éviter qu'une élection au Parlement ne prive de ses effets une condamnation pénale antérieure (qui n'aurait pas empêché le candidat de se présenter).

Il y a, dès lors, cinq points à retenir :

– le parlementaire peut être librement **poursuivi**[100],

– le régime de l'inviolabilité est, désormais, le même, pendant les sessions et hors session ;

– c'est, désormais, le Bureau de l'assemblée, dont fait partie le parlementaire concerné, qui est chargé, dans tous les cas, de donner l'autorisation prévue ;

– cette autorisation n'est nécessaire que si le parlementaire est sous le coup, en matière criminelle ou correctionnelle, « d'une arrestation ou de toute autre mesure privative ou restrictive de liberté » (par contre, le parlementaire peut être poursuivi – et non pas arrêté – sans l'autorisation du Bureau de la chambre à laquelle il appartient) ;

– l'autorisation n'est pas requise en cas de crime, de délit flagrant ou de condamnation définitive antérieure.

Un tel système – dans le cadre duquel a, notamment, été levée l'immunité parlementaire de Monsieur Bernard Tapie, le 21 novembre 1995, – favorise, sans aucun doute, l'égalité des citoyens devant la Justice.

Il faut noter, en terminant, que la réforme de 1995 a légitimement remis en cause la conception traditionnelle qui tendait à la protection des parlementaires contre l'arbitraire du Pouvoir. Les députés et les sénateurs ne courent plus guère, en effet, aujourd'hui, le risque d'être arrêtés à la suite d'un discours ou d'un vote. L'inviolabilité dont ils bénéficiaient n'était plus perçue, dès lors, comme une « garantie », mais comme un « privilège ».

Au lieu d'être sympathique à l'opinion, comme elle l'était au XIXe siècle, elle lui était devenue désagréable, parce qu'elle méconnaissait le principe fondamental de l'égalité des citoyens devant la Justice. Il est heureux que la réforme du 4 août 1995 ait mis fin à cette inégalité, qui était vivement ressentie par beaucoup de citoyens.

Les parlementaires peuvent, néanmoins, être sanctionnés s'ils méconnaissent les dispositions du règlement de l'Assemblée à laquelle ils appartiennent. Le président de celle-ci peut, en effet, leur infliger diverses sanctions, lorsqu'ils troublent la tenue des débats. Ce sont, dans l'ordre croissant :

– le *rappel à l'ordre*, visant essentiellement les parlementaires qui parlent sans y être autorisés, bien que, dans la tradition française, les Assemblées ne soient pas des « *salles de classe* » ;

100. Cette possibilité s'explique du fait de la création, par la même loi du 4 août 1995, d'une *session unique « qui commence le premier jour ouvrable d'octobre et prend fin le dernier jour ouvrable de juin »* (art. 28 de la Constitution). En effet, la longueur de cette session risquait de rendre impossible le déclenchement d'une poursuite contre un parlementaire puisqu'il fallait – sous le régime institué par la Constitution de 1958 – obtenir « *l'autorisation de l'Assemblée dont il (faisait) partie, sauf le cas de flagrant délit* ». Cette procédure, longue et parfois refusée, était admissible lorsque les sessions étaient brèves, puisque le déclenchement des poursuites pouvait être mis en œuvre dès la fin de la session. Afin de permettre un fonctionnement plus équitable de la justice, la loi constitutionnelle du 4 août 1995 a implicitement autorisé la *poursuite du parlementaire pendant le cours de la session unique.*

– le *rappel à l'ordre avec inscription au procès-verbal.* Dans cette hypothèse, l'avertissement, mentionné dans le *Journal Officiel,* sera porté à la connaissance du public. Cette procédure est souvent utilisée dans le cas de récidive de faits ayant déjà donné lieu à un *rappel à l'ordre* simple, notamment à l'Assemblée nationale, en cas de tumulte, d'injures ou de menaces. La sanction entraîne alors, de plein droit, **la suppression d'un quart de l'indemnité parlementaire durant un mois** ;

– la *censure simple,* prononcée par l'Assemblée au terme d'un vote « *par assis-debout* », à l'encontre d'un parlementaire qui n'aurait pas déféré à un *rappel à l'ordre avec inscription au procès-verbal.* Elle prive l'intéressé, durant un mois, du tiers de son indemnité parlementaire et de la totalité de son indemnité de fonction au Sénat et de la moitié de son indemnité parlementaire à l'Assemblée nationale[101] ;

– la *censure avec exclusion temporaire,* appliquée, en théorie, lorsqu'un parlementaire fait appel à la violence ou se rend coupable d'injure à l'égard d'un des pouvoirs publics constitutionnels. Il est alors interdit de présence dans l'Assemblée à laquelle il appartient pendant quinze jours et privé, pendant deux mois, des indemnités applicables en cas de *censure simple*[102].

Il n'y a, en vérité, aucune législation qui soit, dans ce domaine, pleinement satisfaisante. Le Parlement est une tribune qui doit permettre aux élus de la nation de s'exprimer avec toute la liberté nécessaire. Mais – dans ce domaine comme dans bien d'autres – **la liberté ne doit pas dégénérer en abus et permettre des pugilats entre hommes (et femmes ?) politiques d'avis opposés.** La courtoisie – comme, dans la vie, la bonne éducation – devrait toujours rester la règle. Elle n'empêche pas l'affirmation des idées et – peut-être, paradoxalement – permet, parfois, de les exprimer plus fortement.

101. Cette sanction a été appliquée, le 2 février 1984, à plusieurs députés ayant mis en cause « *le passé* » du chef de l'Etat (alors le président Mitterrand).

102. Voir, sur cette question, Michel Lascombe, *Le droit constitutionnel de la Ve République, op. cit.*, page 183.

INDEX

Table des matières

Composition et mise en page par
Laser Graphie
42160 Andrézieux-Bouthéon

Impression et façonnage par
France Quercy
46090 Mercuès

Dépôt légal : février 2007
N° d'impression : 70112 - N° d'éditeur : 1802